수학 기본기를 다지는

완쏠 유형 입문은
이렇게 만들었습니다!

고등수학의
바탕이 되는
필수 개념 수록

❶ + ❶ 연습 문제로
기초와 실전을
한번에

수학의 쉬워지는 **완**벽한 **솔**루션

완쏠

기본기를
다지기 위한
필수유형 선별

학습자의 이해를 돕는
친절한 해설

단순 반복 NO!
유형별로 구성한
문항 배치

이 책의 짜임새

PART ① 쉬운 개념 학습 + 기초·기본 문제

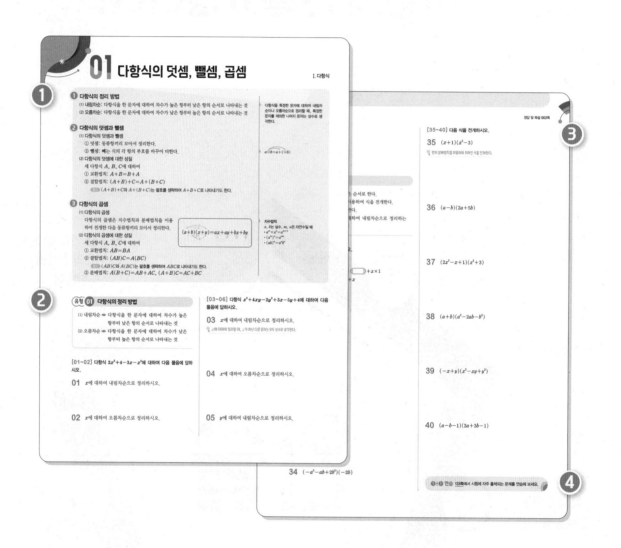

① 교과서에서 다루는 반드시 알아야 할 기본 개념을 쉽게, 가볍게, 체계적으로 정리

② 개념을 바로 적용할 수 있는 유형 제시

③ 개념 적용 반복 훈련이 가능한 기초·기본 문제로 수학의 기본기 강화

④ 개념과 ❶+❶ 구성의 PART 2 안내

PART **2** ❶+❶ 연습 (학교 시험 문제로 실전 연습)

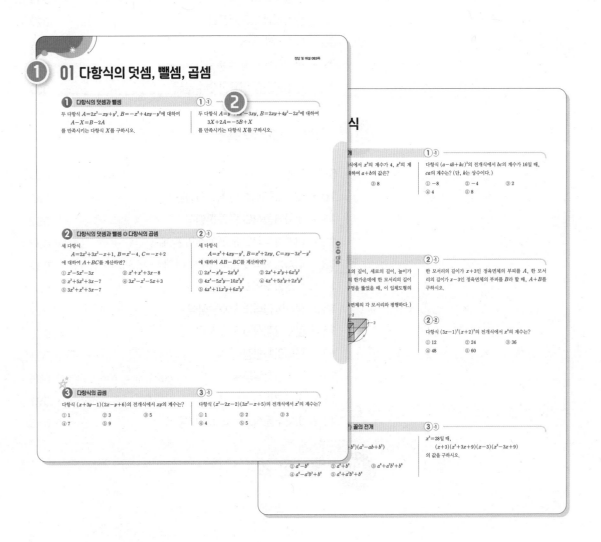

❶ PART 1의 개념과 ❶ + ❶ 구성의 실전 문제

❷ 학교 시험에서 자주 출제되지만 어렵지 않은 기본적인 문제들로
실전 감각 UP! 자신감 UP!

이 책의 차례

I

다항식

01 다항식의 덧셈, 뺄셈, 곱셈

❶ 다항식의 정리 방법

(1) **내림차순**: 다항식을 한 문자에 대하여 차수가 높은 항부터 낮은 항의 순서로 나타내는 것

(2) **오름차순**: 다항식을 한 문자에 대하여 차수가 낮은 항부터 높은 항의 순서로 나타내는 것

> 다항식을 특정한 문자에 대하여 내림차순이나 오름차순으로 정리할 때, 특정한 문자를 제외한 나머지 문자는 상수로 생각한다.

❷ 다항식의 덧셈과 뺄셈

(1) 다항식의 덧셈과 뺄셈

① **덧셈**: 동류항끼리 모아서 정리한다.

② **뺄셈**: 빼는 식의 각 항의 부호를 바꾸어 더한다.

(2) 다항식의 덧셈에 대한 성질

세 다항식 A, B, C에 대하여

① **교환법칙**: $A+B=B+A$

② **결합법칙**: $(A+B)+C=A+(B+C)$

> 참고 $(A+B)+C$와 $A+(B+C)$는 괄호를 생략하여 $A+B+C$로 나타내기도 한다.

> $a-b=a+(-b)$

❸ 다항식의 곱셈

(1) 다항식의 곱셈

다항식의 곱셈은 지수법칙과 분배법칙을 이용하여 전개한 다음 동류항끼리 모아서 정리한다.

$$(a+b)(x+y)=ax+ay+bx+by$$

(2) 다항식의 곱셈에 대한 성질

세 다항식 A, B, C에 대하여

① **교환법칙**: $AB=BA$

② **결합법칙**: $(AB)C=A(BC)$

> 참고 $(AB)C$와 $A(BC)$는 괄호를 생략하여 ABC로 나타내기도 한다.

③ **분배법칙**: $A(B+C)=AB+AC$, $(A+B)C=AC+BC$

> **지수법칙**
> a, b는 실수, m, n은 자연수일 때
> • $a^m \times a^n = a^{m+n}$
> • $(a^m)^n = a^{mn}$
> • $(ab)^n = a^n b^n$

유형 01 다항식의 정리 방법

(1) **내림차순** ➡ 다항식을 한 문자에 대하여 차수가 높은 항부터 낮은 항의 순서로 나타내는 것

(2) **오름차순** ➡ 다항식을 한 문자에 대하여 차수가 낮은 항부터 높은 항의 순서로 나타내는 것

[01~02] 다항식 $2x^2+4-3x-x^3$에 대하여 다음 물음에 답하시오.

01 x에 대하여 내림차순으로 정리하시오.

02 x에 대하여 오름차순으로 정리하시오.

[03~06] 다항식 $x^2+4xy-2y^2+3x-5y+4$에 대하여 다음 물음에 답하시오.

03 x에 대하여 내림차순으로 정리하시오.

💡 x에 대하여 정리할 때, x가 아닌 다른 문자는 모두 상수로 생각한다.

04 x에 대하여 오름차순으로 정리하시오.

05 y에 대하여 내림차순으로 정리하시오.

06 y에 대하여 오름차순으로 정리하시오.

[11~15] 두 다항식 $A=x^2-3x-2$, $B=3x^2+x-1$에 대하여 다음을 계산하시오.

11 $A+B$

유형 02 다항식의 덧셈과 뺄셈

다항식의 덧셈과 뺄셈은 다음과 같은 순서로 한다.
❶ 괄호가 있는 경우 괄호를 푼다.
❷ 동류항끼리 모아서 정리한다.
이때 뺄셈은 빼는 식의 각 항의 부호를 바꾸어 더한다.
→ 같은 문자에 대하여 차수가 같은 항

12 $A-B$

[07~10] 다음을 계산하시오.

07 $(x^2-x-3)+(2x^2+3x-2)$
➡ $(x^2-x-3)+(2x^2+3x-2)$
  $=x^2-x-3+2x^2+3x-2$
  $=(1+2)x^2+(\boxed{})x+(\boxed{})$
  $=\boxed{}$

13 $A+2B$

08 $(x^3-x^2+x+2)+(2x^2+5x+1)$

14 $B-2(B-A)$
➡ $B-2(B-A)$
  $=B-2B+2A$
  $=2A-B$
  $=$

09 $(-3x^2+x-1)-(x^2+5x+2)$
➡ $(-3x^2+x-1)-(x^2+5x+2)$
  $=-3x^2+x-1-x^2-5x-2$
  $=(\boxed{})x^2+(1-5)x+(\boxed{})$
  $=\boxed{}$

10 $(-2x^3+2x^2+1)-(-5x^3+x^2-2x-3)$

15 $(5A+B)-(2A-3B)$

[16~20] 두 다항식 $A=-x^2+xy-2y^2$, $B=2x^2-3xy+y^2$ 에 대하여 다음을 계산하시오.

16 $A+B$

17 $A-B$

18 $3A-B$

19 $-3A-(2B-A)$

➡ $-3A-(2B-A)$
$=-3A-2B+A$
$=-2A-2B$
$=$

20 $(5B-A)-(3A+2B)$

[21~25] 세 다항식 $A=x^2+3xy-y^2$, $B=2xy-3y^2+x^2$, $C=-y^2+2x^2-4xy$ 에 대하여 다음을 계산하시오.

21 $A+B+C$

22 $A-B-C$

23 $2A+B-2C$

24 $-2B-(3A+C)$

25 $(2B-A)-(-4C+3B)$

유형 **03** 단항식의 곱셈

> (단항식)×(단항식)은 다음과 같이 계산한다.
> (1) 계수는 계수끼리, 문자는 문자끼리 계산한다.
> (2) 같은 문자끼리의 곱은 지수법칙을 이용하여 간단히 한다.

[26~29] 다음을 계산하시오.

26 $(x^3)^2\times(x^2)^4$

27 $x^2y\times 3xy^3$

28 $5x^2y^2\times(-2xy^3)$

29 $(-x^2y)^3 \times (2xy^3)^2$

유형 04 다항식의 곱셈

다항식의 곱셈은 다음과 같은 순서로 한다.
❶ 지수법칙과 분배법칙을 이용하여 식을 전개한다.
❷ 동류항끼리 모아서 정리한다.
이때 전개식을 한 문자에 대하여 내림차순으로 정리하는 것이 좋다. ⤳전개하여 얻은 다항식

[30~34] 다음 식을 전개하시오.

30 $x(x-2y+1)$

➡ $x(x-2y+1)=x\times x+x\times(\boxed{})+x\times 1$

$\qquad\qquad\qquad =x^2-\boxed{}+x$

31 $x(2x^2-3x-2)$

32 $ab(3a^2+a-5b)$

33 $(x^2+xy-y^2)(-xy)$

34 $(-a^3-ab+2b^2)(-2b)$

[35~40] 다음 식을 전개하시오.

35 $(x+1)(x^2-3)$

💡 먼저 분배법칙을 이용하여 주어진 식을 전개한다.

36 $(a-b)(2a+5b)$

37 $(2x^2-x+1)(x^2+3)$

38 $(a+b)(a^2-2ab-b^2)$

39 $(-x+y)(x^2-xy+y^2)$

40 $(a-b-1)(2a+3b-1)$

❶+❶ **연습** **133**쪽에서 시험에 자주 출제되는 문제를 연습해 보세요.

02 곱셈 공식

❶ 곱셈 공식

(1) $(a+b)^2=a^2+2ab+b^2$, $(a-b)^2=a^2-2ab+b^2$

(2) $(a+b)(a-b)=a^2-b^2$

(3) $(x+a)(x+b)=x^2+(a+b)x+ab$

(4) $(ax+b)(cx+d)=acx^2+(ad+bc)x+bd$

(5) $(a+b+c)^2=a^2+b^2+c^2+2ab+2bc+2ca$

(6) $(a+b)^3=a^3+3a^2b+3ab^2+b^3$, $(a-b)^3=a^3-3a^2b+3ab^2-b^3$

(7) $(a+b)(a^2-ab+b^2)=a^3+b^3$, $(a-b)(a^2+ab+b^2)=a^3-b^3$

(8) $(x+a)(x+b)(x+c)=x^3+(a+b+c)x^2+(ab+bc+ca)x+abc$

(9) $(a+b+c)(a^2+b^2+c^2-ab-bc-ca)=a^3+b^3+c^3-3abc$

(10) $(a^2+ab+b^2)(a^2-ab+b^2)=a^4+a^2b^2+b^4$

$(a-b)^3$
$=\{a+(-b)\}^3$
$=a^3+3a^2\times(-b)+3a\times(-b)^2$
$\qquad\qquad\qquad\quad+(-b)^3$
$=a^3-3a^2b+3ab^2-b^3$

유형 01 **중등 과정** $(a\pm b)^2$, $(a+b)(a-b)$ 꼴의 전개

(1) $(a+b)^2=a^2+2ab+b^2$, $(a-b)^2=a^2-2ab+b^2$

(2) $(a+b)(a-b)=a^2-b^2$

[01~06] 곱셈 공식을 이용하여 다음 식을 전개하시오.

01 $(x+2)^2$

02 $(2x+1)^2$

03 $(3a-2)^2$

04 $(x-3y)^2$

05 $(x+3)(x-3)$

06 $(5a+b)(5a-b)$

유형 02 **중등 과정** $(x+a)(x+b)$, $(ax+b)(cx+d)$ 꼴의 전개

(1) $(x+a)(x+b)=x^2+(a+b)x+ab$

(2) $(ax+b)(cx+d)=acx^2+(ad+bc)x+bd$

[07~11] 곱셈 공식을 이용하여 다음 식을 전개하시오.

07 $(x+1)(x+6)$

08 $(x+3)(x-5)$

09 $(a-2)(a-4)$

10 $(2x+1)(3x+1)$

11 $(x+3)(4x-7)$

15 $(3x-2y+z)^2$

16 $(a+3b-2c)^2$

17 $(2a-4b-c)^2$

유형 03 $(a+b+c)^2$ 꼴의 전개

$$(a+b+c)^2=a^2+b^2+c^2+2ab+2bc+2ca$$

[12~17] 곱셈 공식을 이용하여 다음 식을 전개하시오.

12 $(x+y+z)^2$

13 $(x+y-z)^2$

➡ $(x+y-z)^2=x^2+y^2+(\boxed{})^2+2\times x\times y+2\times y\times(\boxed{})$
$$\qquad\qquad\qquad +2\times(\boxed{})\times x$$
$$\quad\;\; =x^2+y^2+\boxed{}+2xy-\boxed{}-\boxed{}$$

14 $(a-b+2c)^2$

유형 04 $(a\pm b)^3$ 꼴의 전개

$$(a+b)^3=a^3+3a^2b+3ab^2+b^3$$
$$(a-b)^3=a^3-3a^2b+3ab^2-b^3$$

[18~23] 곱셈 공식을 이용하여 다음 식을 전개하시오.

18 $(x+1)^3$

➡ $(x+1)^3=x^3+\boxed{}\times x^2\times 1+\boxed{}\times x\times 1^2+1^3$
$$\qquad\quad =x^3+\boxed{}+\boxed{}+1$$

19 $(3a+1)^3$

20 $(x+2y)^3$

21 $(x-2)^3$

➡ $(x-2)^3 = x^3 - \boxed{} \times x^2 \times 2 + \boxed{} \times x \times 2^2 - 2^3$
$= x^3 - \boxed{} + \boxed{} - 8$

22 $(3x-2)^3$

23 $(4a-3b)^3$

27 $(x-2)(x^2+2x+4)$

➡ $(x-2)(x^2+2x+4) = (x-2)(x^2+x\times2+2^2)$
$= x^3 - \boxed{}^3$
$= x^3 - \boxed{}$

28 $(3a-1)(9a^2+3a+1)$

29 $(2x-3y)(4x^2+6xy+9y^2)$

유형 05 $(a\pm b)(a^2\mp ab+b^2)$ 꼴의 전개

$(a+b)(a^2-ab+b^2) = a^3+b^3$
$(a-b)(a^2+ab+b^2) = a^3-b^3$

[24~29] 곱셈 공식을 이용하여 다음 식을 전개하시오.

24 $(x+1)(x^2-x+1)$

➡ $(x+1)(x^2-x+1) = (x+1)(x^2-x\times1+1^2)$
$= x^3 + \boxed{}^3$
$= x^3 + \boxed{}$

25 $(2x+1)(4x^2-2x+1)$

26 $(a+2b)(a^2-2ab+4b^2)$

유형 06 $(x+a)(x+b)(x+c)$ 꼴의 전개

$(x+a)(x+b)(x+c)$
$= x^3 + (a+b+c)x^2 + (ab+bc+ca)x + abc$

[30~34] 곱셈 공식을 이용하여 다음 식을 전개하시오.

30 $(x+1)(x+2)(x+3)$

➡ $(x+1)(x+2)(x+3)$
$= x^3 + (\boxed{}+\boxed{}+\boxed{})x^2 + (1\times2+2\times\boxed{}+3\times\boxed{})x$
$+ 1\times2\times\boxed{}$
$= x^3 + \boxed{}x^2 + \boxed{}x + \boxed{}$

31 $(x-1)(x+2)(x+3)$

32 $(x+2)(x-3)(x+4)$

33 $(a-2)(a+4)(a-5)$

34 $(a-1)(a-3)(a-5)$

유형 **07** $(a+b+c)(a^2+b^2+c^2-ab-bc-ca)$ 꼴의 전개

$$(a+b+c)(a^2+b^2+c^2-ab-bc-ca)$$
$$=a^3+b^3+c^3-3abc$$

[35~39] 곱셈 공식을 이용하여 다음 식을 전개하시오.

35 $(x+y+1)(x^2+y^2+1-xy-y-x)$

➡ $(x+y+1)(x^2+y^2+1-xy-y-x)$

$=(x+y+1)(x^2+y^2+1^2-x\times y-y\times\square-\square\times x)$

$=x^3+y^3+\square^3-3\times x\times y\times\square$

$=\boxed{}$

36 $(x-y+z)(x^2+y^2+z^2+xy+yz-zx)$

37 $(a+b-3)(a^2+b^2+9-ab+3b+3a)$

38 $(2x+y-z)(4x^2+y^2+z^2-2xy+yz+2zx)$

39 $(3a-b-2c)(9a^2+b^2+4c^2+3ab-2bc+6ca)$

유형 **08** $(a^2+ab+b^2)(a^2-ab+b^2)$ 꼴의 전개

$$(a^2+ab+b^2)(a^2-ab+b^2)=a^4+a^2b^2+b^4$$
└→ 가운데 항의 부호만 다르다.

[40~44] 곱셈 공식을 이용하여 다음 식을 전개하시오.

40 $(x^2+x+1)(x^2-x+1)$

➡ $(x^2+x+1)(x^2-x+1)$

$=(x^2+\square\times 1+1^2)(x^2-\square\times 1+1^2)$

$=x^4+\square\times 1^2+1^4$

$=\boxed{}$

41 $(x^2+2x+4)(x^2-2x+4)$

42 $(4x^2-2x+1)(4x^2+2x+1)$

43 $(9a^2+3ab+b^2)(9a^2-3ab+b^2)$

44 $(4a^2-6ab+9b^2)(4a^2+6ab+9b^2)$

유형 **09** 공통부분이 있는 다항식의 전개

(1) 공통부분이 보이는 경우
  공통부분을 한 문자로 치환하여 전개한다.
(2) 공통부분이 보이지 않는 경우
  공통부분이 생기도록 식을 변형한 후 한 문자로 치환하여 전개한다.

[45~48] 다음 식을 전개하시오.

45 $(x^2+x+5)(x^2+x-2)$

➡ $\boxed{}=X$로 치환하면
  $(x^2+x+5)(x^2+x-2)$
  $=(X+5)(X-2)$
  $=X^2+3X-10$
  $=(\boxed{})^2+3(\boxed{})-10$
  $=(x^4+\boxed{}+x^2)+(3x^2+\boxed{})-10$
  $=\boxed{}$

46 $(x+3y-2)(x+3y+4)$

➡ $\boxed{}=X$로 치환하면
  $(x+3y-2)(x+3y+4)$
  $=(X-2)(X+4)$
  $=$

47 $(x^2+x+3)(x^2-4x+3)$

48 $(a+2b)(a+2b-1)+3$

[49~51] 다음 식을 전개하시오.

49 $(x+1)(x+2)(x+3)(x+4)$

➡ $(x+1)(x+2)(x+3)(x+4)$
  $=\{(x+1)(x+4)\}\{(x+2)(x+3)\}$
  $=(x^2+5x+4)(x^2+5x+6)$ ⟵ 일차항의 계수를 같게 만든다.
  $\boxed{}=X$로 치환하면
  (주어진 식)
  $=(X+4)(X+6)$
  $=X^2+10X+\boxed{}$
  $=(\boxed{})^2+10(\boxed{})+24$
  $=(x^4+10x^3+\boxed{})+(\boxed{}+50x)+24$
  $=\boxed{}$

50 $(x+1)(x+2)(x-2)(x-3)$

➡ $(x+1)(x+2)(x-2)(x-3)$
  $=\{(x+1)(x-2)\}\{(x+2)(x-3)\}$
  $=$

51 $x(x+3)(x-2)(x-5)$

🅾➕🅾 **연습** 134쪽에서 시험에 자주 출제되는 문제를 연습해 보세요.

03 곱셈 공식의 변형

❶ 곱셈 공식의 변형

(1) $a^2+b^2=(a+b)^2-2ab=(a-b)^2+2ab$

(2) $(a+b)^2=(a-b)^2+4ab$, $(a-b)^2=(a+b)^2-4ab$

(3) $a^3+b^3=(a+b)^3-3ab(a+b)$, $a^3-b^3=(a-b)^3+3ab(a-b)$

(4) $a^2+b^2+c^2=(a+b+c)^2-2(ab+bc+ca)$

(5) $a^2+b^2+c^2+ab+bc+ca=\dfrac{1}{2}\{(a+b)^2+(b+c)^2+(c+a)^2\}$

 $a^2+b^2+c^2-ab-bc-ca=\dfrac{1}{2}\{(a-b)^2+(b-c)^2+(c-a)^2\}$

(6) $a^3+b^3+c^3=(a+b+c)(a^2+b^2+c^2-ab-bc-ca)+3abc$

$$x^2+\dfrac{1}{x^2}=\left(x+\dfrac{1}{x}\right)^2-2$$
$$=\left(x-\dfrac{1}{x}\right)^2+2$$
$$x^3+\dfrac{1}{x^3}=\left(x+\dfrac{1}{x}\right)^3-3\left(x+\dfrac{1}{x}\right)$$
$$x^3-\dfrac{1}{x^3}=\left(x-\dfrac{1}{x}\right)^3+3\left(x-\dfrac{1}{x}\right)$$

정답 및 해설 **007**쪽

유형 ① 곱셈 공식의 변형; 문자가 2개인 경우

문자가 2개인 식의 값을 구할 때는 다음과 같이 식을 변형한다.

(1) $a^2+b^2=(a+b)^2-2ab$ $a+b$, $a-b$, ab의 값을 이용할 수 있도록 변형

 $=(a-b)^2+2ab$

(2) $(a+b)^2=(a-b)^2+4ab$

 $(a-b)^2=(a+b)^2-4ab$

(3) $a^3+b^3=(a+b)^3-3ab(a+b)$

 $a^3-b^3=(a-b)^3+3ab(a-b)$

[01~03] $a+b=3$, $ab=2$일 때, 다음 식의 값을 구하시오.

01 a^2+b^2

02 $(a-b)^2$

03 a^3+b^3

➡ $a^3+b^3=(a+b)^3-3ab(a+b)$

 $=\boxed{}^3-3\times\boxed{}\times\boxed{}=\boxed{}$

[04~06] $a-b=4$, $ab=-1$일 때, 다음 식의 값을 구하시오.

04 a^2+b^2

05 $(a+b)^2$

06 a^3-b^3

➡ $a^3-b^3=(a-b)^3+3ab(a-b)$

 $=\boxed{}^3+3\times(\boxed{})\times\boxed{}=\boxed{}$

[07~09] $a+b=-5$, $ab=4$일 때, 다음 식의 값을 구하시오.

(단, $a>b$)

07 a^2+b^2

08 $(a-b)^2$

09 a^3-b^3

💡 $(a-b)^2$에서 $a-b$의 값을 알 수 있다.

[10~12] $a-b=2$, $ab=3$일 때, 다음 식의 값을 구하시오.

(단, $a>0$, $b>0$)

10 a^2+b^2

11 $(a+b)^2$

12 a^3+b^3

💡 $(a+b)^2$에서 $a+b$의 값을 알 수 있다.

유형 **02** 곱셈 공식의 변형 ; $x \pm \dfrac{1}{x}$ 꼴을 포함하는 경우

$x+\dfrac{1}{x}$ 또는 $x-\dfrac{1}{x}$ 꼴을 포함하는 식의 값을 구할 때는 다음과 같이 식을 변형한다. ↗ $x+\dfrac{1}{x}$, $x-\dfrac{1}{x}$의 값을 이용할 수 있도록 변형

(1) $x^2+\dfrac{1}{x^2}=\left(x+\dfrac{1}{x}\right)^2-2=\left(x-\dfrac{1}{x}\right)^2+2$

(2) $x^3+\dfrac{1}{x^3}=\left(x+\dfrac{1}{x}\right)^3-3\left(x+\dfrac{1}{x}\right)$

$x^3-\dfrac{1}{x^3}=\left(x-\dfrac{1}{x}\right)^3+3\left(x-\dfrac{1}{x}\right)$

[13~15] $x+\dfrac{1}{x}=3$일 때, 다음 식의 값을 구하시오.

13 $x^2+\dfrac{1}{x^2}$

14 $\left(x-\dfrac{1}{x}\right)^2$

➡ $\left(x-\dfrac{1}{x}\right)^2=\left(x+\dfrac{1}{x}\right)^2-\square=\square^2-\square=\square$

15 $x^3+\dfrac{1}{x^3}$

[16~18] $x+\dfrac{1}{x}=-2$일 때, 다음 식의 값을 구하시오.

16 $x^2+\dfrac{1}{x^2}$

17 $\left(x-\dfrac{1}{x}\right)^2$

18 $x^3+\dfrac{1}{x^3}$

[19~21] $x-\dfrac{1}{x}=3$일 때, 다음 식의 값을 구하시오.

19 $x^2+\dfrac{1}{x^2}$

20 $\left(x+\dfrac{1}{x}\right)^2$

➡ $\left(x+\dfrac{1}{x}\right)^2=\left(x-\dfrac{1}{x}\right)^2+\square=\square^2+\square=\square$

21 $x^3-\dfrac{1}{x^3}$

[22~24] $x-\dfrac{1}{x}=-2$일 때, 다음 식의 값을 구하시오.

22 $x^2+\dfrac{1}{x^2}$

23 $\left(x+\dfrac{1}{x}\right)^2$

24 $x^3-\dfrac{1}{x^3}$

[25~27] $x^2-5x+1=0$일 때, 다음 식의 값을 구하시오.

25 $x+\dfrac{1}{x}$

➡ $x\neq0$이므로 $x^2-5x+1=0$의 양변을 x로 나누면

$x-5+\dfrac{1}{x}=0$ $\quad$ ∴ $x+\dfrac{1}{x}=\square$

26 $x^2+\dfrac{1}{x^2}$

27 $x^3+\dfrac{1}{x^3}$

[28~30] $x^2+4x-1=0$일 때, 다음 식의 값을 구하시오.

28 $x-\dfrac{1}{x}$

29 $x^2+\dfrac{1}{x^2}$

30 $x^3-\dfrac{1}{x^3}$

[31~33] $x^2-x-1=0$일 때, 다음 식의 값을 구하시오.

31 $x-\dfrac{1}{x}$

32 $x^2+\dfrac{1}{x^2}$

33 $x^3-\dfrac{1}{x^3}$

유형 03 곱셈 공식의 변형; 문자가 3개인 경우

문자가 3개인 식의 값을 구할 때는 다음과 같이 식을 변형한다.

(1) $a^2+b^2+c^2=(a+b+c)^2-2(ab+bc+ca)$

(2) $a^2+b^2+c^2+ab+bc+ca$

$\quad=\dfrac{1}{2}\{(a+b)^2+(b+c)^2+(c+a)^2\}$

$a^2+b^2+c^2-ab-bc-ca$

$\quad=\dfrac{1}{2}\{(a-b)^2+(b-c)^2+(c-a)^2\}$

(3) $a^3+b^3+c^3$

$\quad=(a+b+c)(a^2+b^2+c^2-ab-bc-ca)+3abc$

34 $a+b+c=3$, $ab+bc+ca=2$일 때, $a^2+b^2+c^2$의 값을 구하시오.

35 $a+b+c=2$, $a^2+b^2+c^2=16$일 때, $ab+bc+ca$의 값을 구하시오.

➡ $a^2+b^2+c^2=(a+b+c)^2-2(ab+bc+ca)$에서

$\boxed{}=\boxed{}^2-2(ab+bc+ca)$

$2(ab+bc+ca)=\boxed{}$

$\therefore ab+bc+ca=\boxed{}$

36 $a+b=1+\sqrt{3}$, $b+c=1-\sqrt{3}$, $c+a=4$일 때, $a^2+b^2+c^2+ab+bc+ca$의 값을 구하시오.

37 $a-b=2$, $b-c=1$일 때, $a^2+b^2+c^2-ab-bc-ca$의 값을 구하시오.

💡 주어진 식을 변끼리 더하여 a, c에 대한 식을 얻는다.

38 $a+b+c=-2$, $ab+bc+ca=-1$, $abc=2$일 때, $a^3+b^3+c^3$의 값을 구하시오.

① 단계 $a^2+b^2+c^2$의 값을 구한다.

② 단계 $a^3+b^3+c^3$의 값을 구한다.

39 $a+b+c=3$, $ab+bc+ca=-1$, $abc=-3$일 때, $a^3+b^3+c^3$의 값을 구하시오.

40 $a+b+c=3$, $a^2+b^2+c^2=17$, $abc=-4$일 때, $a^3+b^3+c^3$의 값을 구하시오.

💡 $ab+bc+ca$의 값을 먼저 구한다.

41 $a+b+c=4$, $a^2+b^2+c^2=14$, $abc=-6$일 때, $a^3+b^3+c^3$의 값을 구하시오.

①+① 연습 136쪽에서 시험에 자주 출제되는 문제를 연습해 보세요.

04 다항식의 나눗셈

I. 다항식

1 다항식의 나눗셈

(1) 다항식의 나눗셈

다항식의 나눗셈은 각 다항식을 내림차순으로 정리한 다음 자연수의 나눗셈과 같은 방법으로 계산한다.

(2) 다항식의 나눗셈에 대한 등식

다항식 A를 다항식 B $(B\neq0)$로 나누었을 때의 몫을 Q, 나머지를 R라 하면

$$A=BQ+R \ (단, \ (R의 차수)<(B의 차수))$$

특히 $R=0$이면 A는 B로 나누어떨어진다고 한다.

(3) 조립제법

다항식을 일차식으로 나눌 때, 계수만을 이용하여 몫과 나머지를 구하는 방법

> (예) 다항식 x^3-2x-1을 $x-2$로 나눌 때, 다음과 같이 조립제법을 이용하면 몫은 x^2+2x+2이고 나머지는 3임을 알 수 있다.

$$
\begin{array}{r|rrrr}
2 & 1 & 0 & -2 & -1 \\
 & & \times2\ 2 & \times2\ 4 & \times2\ 4 \\
\hline
 & 1 & 2 & 2 & 3 \Rightarrow 나머지: 3
\end{array}
$$

몫: x^2+2x+2

> 다항식의 나눗셈을 할 때는 차수를 맞춰서 계산한다. 이때 해당되는 차수의 항이 없으면 그 자리를 비워 둔다.

> 조립제법을 이용할 때는 차수가 높은 항부터 차례대로 모든 항의 계수를 적고, 이때 해당되는 차수의 항이 없으면 그 자리에 0을 적는다.

정답 및 해설 009쪽

중등 과정

유형 01 다항식과 단항식의 나눗셈

(다항식)÷(단항식)은 다음과 같이 두 가지 방법으로 계산할 수 있다.

[방법 1] 분수 꼴로 바꾸어 계산한다.

$$(A+B)\div C=\frac{A+B}{C}=\frac{A}{C}+\frac{B}{C}$$

[방법 2] 역수를 이용하여 나눗셈을 곱셈으로 바꾸어 계산한다.

$$(A+B)\div C=(A+B)\times\frac{1}{C}=A\times\frac{1}{C}+B\times\frac{1}{C}$$

[01~06] 다음을 계산하시오.

01 $(9xy^2+6xy)\div3x$

02 $(5ab^2-10a^2b+20a)\div(-5a)$

03 $(8x^3y^2z-2x^2yz^2-4xyz)\div2xyz$

04 $(a^2b-6ab^3c)\div\dfrac{ab}{c}$

05 $(5a^4b^3+a^2b-3ab^2)\div\dfrac{1}{3}ab$

06 $(6x^3y^2z^3-12x^2z+3xyz^2)\div\left(-\dfrac{3}{2}xz\right)$

04 다항식의 나눗셈 019

유형 02 **다항식의 나눗셈; 몫과 나머지**

다항식을 다항식으로 나눌 때는 각 다항식을 내림차순으로 정리한 다음 차수를 맞춰서 계산한다.
이때 해당되는 차수의 항이 없으면 그 자리를 비워 둔다.

[07~10] 다음 나눗셈의 몫과 나머지를 각각 구하시오.

07 $(2x^2-5x+4) \div (x+1)$

➡

$$
\begin{array}{r}
2x - \boxed{} \\
x+1 \overline{) 2x^2-5x+4} \\
2x^2+\boxed{} \\
\hline
-7x+4 \\
-7x-\boxed{} \\
\hline
\boxed{}
\end{array}
$$

∴ 몫: $\boxed{}$, 나머지: $\boxed{}$

08 $(x^3+3x^2-x-5) \div (-x-2)$

09 $(2x^3-x-1) \div (x+3)$

💡 계수가 0인 항의 자리는 비워 두고 계산한다.

10 $(x^3+3x^2-2) \div (x-1)$

[11~14] 다음 나눗셈의 몫과 나머지를 각각 구하시오.

11 $(3x^3-5x+2) \div (x^2+2x+1)$

➡

$$
\begin{array}{r}
3x - \boxed{} \\
x^2+2x+1 \overline{) 3x^3-5x+2} \\
3x^3+6x^2+\boxed{} \\
\hline
-6x^2-8x+2 \\
\boxed{}-12x-\boxed{} \\
\hline
\boxed{}+8
\end{array}
$$

∴ 몫: $\boxed{}$, 나머지: $\boxed{}$

12 $(2x^3+x^2-x-1) \div (x^2+x-5)$

13 $(4x^3+x^2-3x) \div (x^2+2x+4)$

14 $(2x^3+3x^2-x+1) \div (2x^2-x+1)$

유형 03 다항식의 나눗셈; $A=BQ+R$ 꼴

다항식 A를 다항식 B $(B\neq0)$로 나누었을 때의 몫을 Q, 나머지를 R라 하면
$$A=BQ+R \text{ (단, (R의 차수)<(B의 차수))}$$
특히 $R=0$이면 A는 B로 나누어떨어진다고 한다.

[15~18] 다음 두 다항식 A, B에 대하여 A를 B로 나누었을 때의 몫 Q와 나머지 R를 각각 구하고, $A=BQ+R$ 꼴로 나타내시오.

15 $A=x^3+3x^2+2x-1$, $B=x-2$

➡

$$
\begin{array}{r}
x^2+\boxed{}+\boxed{} \\
x-2 \overline{\smash{)}\, x^3+3x^2+2x-1} \\
\underline{x^3-\boxed{}} \\
5x^2+2x \\
\underline{5x^2-\boxed{}} \\
12x-1 \\
\underline{\boxed{}-24} \\
\boxed{}
\end{array}
$$

$\therefore Q=\boxed{}$, $R=\boxed{}$,
$x^3+3x^2+2x-1=(x-2)(\boxed{})+\boxed{}$

16 $A=3x^3-x^2+x+5$, $B=x^2+2x-1$

17 $A=x^3-3x+4$, $B=x+2$

18 $A=2x^3-3x^2-6$, $B=x^2+1$

유형 04 조립제법; 일차항의 계수가 1일 때

다항식을 일차식으로 나눌 때는 조립제법을 이용하여 몫과 나머지를 쉽게 구할 수 있다.
이때 계수가 0인 것도 반드시 표시해야 한다.

[19~24] 조립제법을 이용하여 다음 나눗셈의 몫과 나머지를 각각 구하시오.

19 $(x^3-5x^2+3x-2)\div(x-1)$

➡
$$
\begin{array}{r|rrrr}
1 & 1 & -5 & 3 & -2 \\
& & \boxed{} & \boxed{} & \boxed{} \\
\hline
& \boxed{} & \boxed{} & \boxed{} & \boxed{}
\end{array}
$$

$\therefore$ 몫: $\boxed{}$, 나머지: $\boxed{}$

20 $(2x^3-x^2-x+1)\div(x+1)$

21 $(x^3-2x^2+7)\div(x+2)$

💡 계수가 0인 것도 표시한다.

22 $(3x^3-4x+1)\div(x-2)$

23 $(2x^3+3x^2-4x-1) \div \left(x-\dfrac{1}{2}\right)$

26 $(4x^3-2x^2+6x+3) \div (2x-1)$

24 $(4x^3+5x-2) \div \left(x+\dfrac{1}{2}\right)$

27 $(9x^3-3x^2-2x+1) \div (3x+1)$

유형 05 조립제법; 일차항의 계수가 1이 아닐 때

다항식 $f(x)$를 일차식 $x+\dfrac{b}{a}$로 나누었을 때의 몫을 $Q(x)$,
나머지를 R라 하면

$$f(x)=\left(x+\dfrac{b}{a}\right)Q(x)+R$$
$$=(ax+b)\times\dfrac{1}{a}Q(x)+R$$

➡ • $f(x)$를 일차식 $ax+b$로 나누었을 때의 몫: $\dfrac{1}{a}Q(x)$

  • $f(x)$를 일차식 $ax+b$로 나누었을 때의 나머지: R

28 $(8x^3-4x+6) \div (2x+1)$

[25~29] 조립제법을 이용하여 다음 나눗셈의 몫과 나머지를 각각 구하시오.

29 $(3x^3-11x^2+2) \div (3x-2)$

25 $(2x^3+x^2-5x+1) \div (2x-1)$

➡

$$
\begin{array}{c|cccc}
\frac{1}{2} & 2 & 1 & -5 & 1 \\
 & & \square & \square & \boxed{} \\
\hline
 & \square & \square & \boxed{} & \boxed{}
\end{array}
$$

$\therefore 2x^3+x^2-5x+1=\left(x-\dfrac{1}{2}\right)(2x^2+2x-4)-1$

$\qquad\qquad\qquad = (2x-1)(\boxed{})-\square$

$\therefore$ 몫: $\boxed{}$, 나머지: $\boxed{}$

❶±❶ 연습 137쪽에서 시험에 자주 출제되는 문제를 연습해 보세요.

05 항등식과 나머지정리

❶ 항등식

(1) **항등식**: 문자를 포함하는 등식에서 그 문자에 어떤 값을 대입해도 항상 성립하는 등식

참고 등식 ⎧ 항등식 ➡ 항상 성립하는 등식
　　　　⎩ 방정식 ➡ 특정한 값을 대입했을 때만 성립하는 등식

(2) **항등식의 성질**

① $ax^2+bx+c=0$이 x에 대한 항등식이면 $a=b=c=0$이다.
　또한, $a=b=c=0$이면 $ax^2+bx+c=0$은 x에 대한 항등식이다.

② $ax^2+bx+c=a'x^2+b'x+c'$이 x에 대한 항등식이면 $a=a'$, $b=b'$, $c=c'$이다.
　또한, $a=a'$, $b=b'$, $c=c'$이면 $ax^2+bx+c=a'x^2+b'x+c'$은 x에 대한 항등식이다.

(3) **미정계수법**: 항등식의 뜻과 성질을 이용하여 미지의 계수를 정하는 방법

① 계수비교법: 등식의 양변의 동류항의 계수를 비교하여 계수를 정하는 방법

② 수치대입법: 등식의 문자에 적당한 수를 대입하여 계수를 정하는 방법

> 다음은 모두 x에 대한 항등식이다.
> • 모든 x에 대하여 성립하는 식
> • 임의의 x에 대하여 성립하는 식
> • x의 값에 관계없이 항상 성립하는 식
> • 어떤 x의 값에 대하여도 항상 성립하는 등식

> 수치대입법을 이용할 때는 계산이 간단한 값을 미정계수의 개수만큼 대입한다.
> → $0, 1, -1, \cdots$

❷ 나머지정리

(1) **나머지정리**

다항식 $P(x)$를 일차식 $x-\alpha$로 나누었을 때의 나머지를 R라 하면
　　$R=P(\alpha)$

(2) **인수정리** → (나누는 식)$=0$을 만족시키는 값

다항식 $P(x)$에 대하여

① $P(\alpha)=0$이면 $P(x)$는 일차식 $x-\alpha$로 나누어떨어진다.

② $P(x)$가 일차식 $x-\alpha$로 나누어떨어지면 $P(\alpha)=0$이다.

참고 다음은 모두 다항식 $P(x)$가 일차식 $x-\alpha$로 나누어떨어짐을 나타낸다.

　　• $P(x)$를 $x-\alpha$로 나누었을 때의 나머지가 0이다. → $P(\alpha)=0$
　　• $P(x)$가 $x-\alpha$를 인수로 갖는다. → $P(x)=(x-\alpha)Q(x)$

> 다항식을 일차식으로 나누었을 때의 나머지는 상수이다.

정답 및 해설 012쪽

유형 01 항등식의 뜻

(1) 등식에 포함된 문자에 어떤 값을 대입해도 항상 성립하면 항등식이다.

(2) 등식에 포함된 문자에 특정한 값을 대입했을 때만 성립하면 항등식이 아니다. → 방정식이다.

참고 어떤 등식이 항등식이지 방정식인지 알아볼 때는 먼저 식을 간단히 정리한다.

[01~06] 다음 중 x에 대한 항등식인 것은 ○표, 항등식이 아닌 것은 ×표를 ( ) 안에 써넣으시오.

01 $x+1=x-3$ 　　　　(　　)

02 $3(x-1)=3x-3$ 　　　　(　　)

03 $x^2=2x$ 　　　　(　　)

04 $x^2+4x+4=(x+2)^2$ 　　　　(　　)

05 $x^2(x+1)=x^3-x^2$ 　　　　(　　)

06 $(x+2)(x-5)=x^2-3x-10$ 　　　　(　　)

유형 02 항등식의 성질

(1) $ax^2+bx+c=0$이 x에 대한 항등식이다.
➡ $a=b=c=0$
(2) $ax^2+bx+c=a'x^2+b'x+c'$이 x에 대한 항등식이다.
➡ $a=a'$, $b=b'$, $c=c'$

[07~10] 다음 등식이 x에 대한 항등식일 때, 두 상수 a, b의 값을 각각 구하시오.

07 $(a-3)x+b+1=0$

08 $x^2+ax-4=bx^2+3x-4$

09 $(a+1)x^2+bx+2=4x^2+5x+2$
➡ 주어진 등식이 x에 대한 항등식이므로
$a+1=\boxed{}$, $b=\boxed{}$
$\therefore a=\boxed{}$, $b=\boxed{}$

10 $(a+5)x^2+(b-4)x=8x$

[11~14] 다음 등식이 x에 대한 항등식일 때, 세 상수 a, b, c의 값을 각각 구하시오.

11 $ax^2+bx+c=x^2-3x+4$

12 $2x^2+3x+a=bx^2+cx+7$

13 $(a-1)x^2+(b+1)x+c=3x^2-5x-1$
➡ 주어진 등식이 x에 대한 항등식이므로
$a-1=\boxed{}$, $b+1=\boxed{}$, $c=\boxed{}$
$\therefore a=\boxed{}$, $b=\boxed{}$, $c=\boxed{}$

14 $(a+3)x^2+(b-3)x+c-5=6$

유형 03 미정계수법

(1) 등식의 양변을 내림차순으로 정리하기 쉬운 경우 또는 식이 간단하여 전개하기 쉬운 경우에는 계수비교법을 이용하여 미정계수를 구한다.
(2) 등식의 문자에 적당한 값을 대입하면 식이 간단해지는 경우 또는 식이 길고 복잡하여 전개하기 어려운 경우에는 수치대입법을 이용하여 미정계수를 구한다.

참고 계수비교법은 양변의 동류항의 계수가 서로 같다는 항등식의 성질을 이용하는 것이고, 수치대입법은 문자에 어떤 값을 대입해도 항상 성립한다는 항등식의 뜻을 이용하는 것이다.

[15~20] 다음 등식이 x에 대한 항등식이 되도록 하는 상수 a, b 또는 a, b, c의 값을 구하시오.

15 $a(x+2)+bx=3x+2$
➡ [방법 1] 계수비교법을 이용한 방법
주어진 등식의 좌변을 전개하여 정리하면
$\boxed{}+2a+bx=3x+2$
$(\boxed{})x+2a=3x+2$
양변의 동류항의 계수를 서로 비교하면
$\boxed{}=3$, $2a=\boxed{}$
$\therefore a=\boxed{}$, $b=\boxed{}$

[방법 2] 수치대입법을 이용한 방법
주어진 등식의 양변에 $x=\boxed{}$을 대입하면
$2a=\boxed{}$ $\therefore a=\boxed{}$
주어진 등식의 양변에 $x=\boxed{}$를 대입하면
$-2b=\boxed{}$ $\therefore b=\boxed{}$

16 $(x-1)(x+3)-5=x^2+ax+b+1$

유형 **04** 나머지정리

다항식 $P(x)$를 일차식 $x-\alpha$로 나누었을 때의 나머지는

$P(\alpha)$

참고 다항식 $P(x)$를 일차식 $ax+b$로 나누었을 때의 나머지는

$$P\left(-\frac{b}{a}\right)\,_{ax+b=0\text{에서 }x=-\frac{b}{a}}$$

[21~26] 다항식 $P(x)=x^3+2x^2-x+1$을 다음 일차식으로 나누었을 때의 나머지를 구하시오.

21 $x-1$

17 $a(x+1)(x-2)+b(x-1)=3x^2-4x-5$

22 $x+1$

18 $ax(x+1)+bx+c=x^2+2x+5$

23 $x-2$

24 $x+3$

19 $(ax+b)(x-1)=3x^2+cx-2$

25 $x+\dfrac{1}{2}$

20 $a(x-1)^2+b(x-1)+c=x^2-4x+6$

26 $x-\dfrac{1}{2}$

[27~31] 다항식 $P(x)=-x^3+x^2+3x+2$를 다음 일차식으로 나누었을 때의 나머지를 구하시오.

27 $2x-1$

➡ 다항식 $P(x)$를 $2x-1$로 나누었을 때의 나머지는

$$P\left(\boxed{}\right)=-\left(\boxed{}\right)^3+\left(\boxed{}\right)^2+3\times\boxed{}+2=\boxed{}$$

28 $2x-2$

29 $3x+1$

30 $2x-3$

31 $4x+1$

[32~35] 다항식 $P(x)=x^3+ax^2-3x+4$를 다음 일차식으로 나누었을 때의 나머지가 [ ] 안의 수가 되도록 상수 a의 값을 구하시오.

32 $x-1$ [2]

➡ 나머지정리에 의하여 다항식 $P(x)$를 $x-1$로 나누었을 때의 나머지는 $\boxed{}$이므로

$P(1)=\boxed{}$에서

$1^3+a\times1^2-3\times1+4=\boxed{}$

$1+\boxed{}-3+4=\boxed{}$

$\therefore a=\boxed{}$

33 $x-2$ [-2]

34 $x+3$ [4]

35 $x+1$ [3]

[36~39] 다항식 $P(x)=x^3-2x^2-ax+3$을 다음 일차식으로 나누었을 때의 나머지가 [ ] 안의 수가 되도록 상수 a의 값을 구하시오.

36 $x+1$ [1]

37 $x-2$ [-1]

38 $x+2$ [-3]

39 $x-3$ [3]

유형 05 나머지정리; 이차식으로 나누는 경우

$P(x)$를 $x-\alpha$로 나누었을 때의 나머지가 $P(\alpha)$이고
$x-\beta$로 나누었을 때의 나머지가 $P(\beta)$일 때, $P(x)$를
$(x-\alpha)(x-\beta)$로 나누었을 때의 나머지
➡ $P(x)$를 $(x-\alpha)(x-\beta)$로 나누었을 때의 나머지를
$ax+b$ (a, b는 상수)라 하고 몫과 나머지를 이용하여
항등식을 세운다.

[40~42] 다음 물음에 답하시오.

40 다항식 $P(x)$를 $x-1$로 나누었을 때의 나머지가 2,
$x-2$로 나누었을 때의 나머지가 3일 때, $P(x)$를
$(x-1)(x-2)$로 나누었을 때의 나머지를 구하시오.

❶단계 다항식 $P(x)$를 $(x-1)(x-2)$로 나누었을 때의 몫을
$Q(x)$, 나머지를 $ax+b$ (a, b는 상수)라 하면
$P(x)=(x-1)(x-2)Q(x)+ax+b$

❷단계 나머지정리에 의하여 $P(1)=\boxed{}$, $P(2)=\boxed{}$이므로
위의 식의 양변에 $x=\boxed{}$, $x=2$를 각각 대입하면
$P(1)=a+b$, $P(2)=\boxed{}$
∴ $a+b=\boxed{}$, $\boxed{}=3$

❸단계 위의 두 식을 연립하여 풀면
$a=1$, $b=\boxed{}$
따라서 구하는 나머지는 $\boxed{}$이다.

41 다항식 $P(x)$를 $x+1$로 나누었을 때의 나머지가 5,
$x-3$으로 나누었을 때의 나머지가 1일 때, $P(x)$를
$(x+1)(x-3)$으로 나누었을 때의 나머지를 구하시오.

❶단계 다항식 $P(x)$를 $(x+1)(x-3)$으로 나누었을 때의 몫을 $Q(x)$,
나머지를 $ax+b$ (a, b는 상수)라 하고 몫과 나머지를 이용하여 항등식을
세운다.

❷단계 주어진 조건을 이용하여 a, b에 대한 식을 세운다.

❸단계 **❷단계** 에서 세운 식을 연립하여 a, b의 값을 각각 구한 후, 나
머지를 구한다.

42 다항식 $P(x)$를 $x+2$로 나누었을 때의 나머지가 -2,
$x-1$로 나누었을 때의 나머지가 7일 때, $P(x)$를
$(x+2)(x-1)$로 나누었을 때의 나머지를 구하시오.

유형 06 인수정리

다항식 $P(x)$가 일차식 $x-\alpha$로 나누어떨어진다.
➡ $P(\alpha)=0$
➡ 다항식 $P(x)$는 $x-\alpha$를 인수로 갖는다.

43 다음 〈보기〉 중 다항식 $P(x)=x^3-2x^2-5x+6$의 인
수인 것을 모두 고르시오.

〈보기〉	
ㄱ. $x-1$	ㄴ. $x-2$
ㄷ. $x+2$	ㄹ. $x-3$

[44~47] 다항식 $P(x)=x^4+4x^3-x^2-16x-12$를 다음 일차
식으로 나누었을 때 나누어떨어지는 것은 ○표, 나누어떨어지지 않
는 것은 ×표를 ( ) 안에 써넣으시오.

44 $x-1$ (   )

45 $x+1$ (   )

46 $x-2$ (   )

47 $x+2$ (   )

[48~53] 다항식 $P(x)=x^3+ax^2-2$가 다음 일차식으로 나누어떨어지도록 하는 상수 a의 값을 구하시오.

48 $x-1$

➡ 다항식 $P(x)$가 $x-1$로 나누어떨어지려면 인수정리에 의하여

$P(\boxed{})=0$이어야 하므로

$1^3+a\times1^2-2=0,\ a-1=0$

$\therefore a=\boxed{}$

49 $x+1$

50 $x-2$

51 $x+2$

52 $x-\dfrac{1}{2}$

53 $x+\dfrac{1}{2}$

[54~57] 다항식 $P(x)=x^3+ax^2+bx-3$이 다음 이차식으로 나누어떨어질 때, 두 상수 a, b의 값을 각각 구하시오.

54 $(x+1)(x-1)$

➡ 인수정리에 의하여 $P(\boxed{})=0$, $P(1)=0$이므로

$(-1)^3+a\times(-1)^2+b\times(-1)-3=\boxed{}$,

$1^3+a\times1^2+b\times1-3=0$

$\therefore a-b=4,\ a+b=\boxed{}$

위의 두 식을 연립하여 풀면

$a=\boxed{}$, $b=\boxed{}$

55 $(x+2)(x-1)$

➡ 인수정리에 의하여 $P(-2)=0$, $P(1)=0$이므로

56 $(x+1)(x-3)$

57 $(x+1)(x-2)$

❶+❶ 연습 138쪽에서 시험에 자주 출제되는 문제를 연습해 보세요.

06 인수분해

① 인수분해

(1) 인수분해: 하나의 다항식을 두 개 이상의 다항식의 곱으로 나타내는 것

(2) 인수분해 공식

① $a^2+2ab+b^2=(a+b)^2$, $a^2-2ab+b^2=(a-b)^2$

② $a^2-b^2=(a+b)(a-b)$

③ $x^2+(a+b)x+ab=(x+a)(x+b)$

④ $acx^2+(ad+bc)x+bd=(ax+b)(cx+d)$

⑤ $a^2+b^2+c^2+2ab+2bc+2ca=(a+b+c)^2$

⑥ $a^3+3a^2b+3ab^2+b^3=(a+b)^3$, $a^3-3a^2b+3ab^2-b^3=(a-b)^3$

⑦ $a^3+b^3=(a+b)(a^2-ab+b^2)$, $a^3-b^3=(a-b)(a^2+ab+b^2)$

⑧ $a^3+b^3+c^3-3abc=(a+b+c)(a^2+b^2+c^2-ab-bc-ca)$

⑨ $a^4+a^2b^2+b^4=(a^2+ab+b^2)(a^2-ab+b^2)$

> 일반적으로 다항식의 인수분해는 계수가 유리수인 범위까지 한다.
>
> 인수분해 공식은 곱셈 공식의 좌변과 우변을 바꾸어 놓은 것이다.

정답 및 해설 015쪽

중등 과정

유형 01 공통인수가 있는 다항식의 인수분해

각 항에 공통인수가 있으면 공통인수로 묶어 내어 인수분해한다.

➡ $ma+mb=m(a+b)$, $ma-mb=m(a-b)$

[01~06] 다음 식을 인수분해하시오.

01 $a^3b-a^2b^4$

02 $5xy-10x^2y+20x^2y^2$

03 $a^2(b+c)-a(b+c)$

04 $ay+bx-ax-by$

💡 먼저 공통인수가 보이도록 식을 변형한다.

05 $8x-4y+(2x-y)^2$

06 $(x-y)x+4z(y-x)$

중등 과정

유형 02 $a^2\pm2ab+b^2$, a^2-b^2 꼴의 인수분해

(1) $a^2+2ab+b^2=(a+b)^2$, $a^2-2ab+b^2=(a-b)^2$

(2) $a^2-b^2=(a+b)(a-b)$

[07~12] 다음 식을 인수분해하시오.

07 x^2-4x+4

08 x^2+6x+9

09 $4x^2+4x+1$

10 $9a^2-12a+4$

11 x^2-16

12 $25a^2-4b^2$

중등 과정

유형 **03** $x^2+(a+b)x+ab,$
$acx^2+(ad+bc)x+bd$ 꼴의 인수분해

(1) $x^2+(a+b)x+ab=(x+a)(x+b)$
(2) $acx^2+(ad+bc)x+bd=(ax+b)(cx+d)$

[13~18] 다음 식을 인수분해하시오.

13 x^2-4x+3

14 x^2-8x-9

15 $a^2+2ab-8b^2$

16 $4x^2+5x+1$

17 $6x^2-7x-5$

18 $3x^2-13xy+4y^2$

유형 **04** $a^2+b^2+c^2+2ab+2bc+2ca$ 꼴의
인수분해

$a^2+b^2+c^2+2ab+2bc+2ca=(a+b+c)^2$

[19~25] 다음 식을 인수분해하시오.

19 $x^2+y^2+z^2+2xy-2yz-2zx$
➡ $x^2+y^2+z^2+2xy-2yz-2zx$
$=x^2+y^2+(\boxed{})^2+2\times x\times y+2\times y\times(\boxed{})$
$+2\times(\boxed{})\times x$
$=(\boxed{})^2$

20 $x^2+4y^2+z^2-4xy-4yz+2zx$

21 $4a^2+b^2+c^2-4ab+2bc-4ca$

22 $9x^2+y^2+4z^2+6xy-4yz-12zx$

23 $4a^2+16b^2+9c^2-16ab+24bc-12ca$

24 $a^2+b^2+2ab-8a-8b+16$

25 $x^2+9y^2-6xy-4x+12y+4$

유형 05 $a^3 \pm 3a^2b + 3ab^2 \pm b^3$ 꼴의 인수분해

$a^3+3a^2b+3ab^2+b^3=(a+b)^3$
$a^3-3a^2b+3ab^2-b^3=(a-b)^3$

[26~35] 다음 식을 인수분해하시오.

26 x^3+3x^2+3x+1
➡ x^3+3x^2+3x+1
$=x^3+3\times\boxed{}^2\times1+3\times x\times\boxed{}^2+1^3$
$=(\boxed{})^3$

27 $x^3+9x^2+27x+27$

28 $8a^3+12a^2+6a+1$

29 $8x^3+36x^2y+54xy^2+27y^3$

30 $64a^3+144a^2b+108ab^2+27b^3$

31 x^3-3x^2+3x-1
➡ x^3-3x^2+3x-1
$=x^3-3\times\boxed{}^2\times1+3\times x\times\boxed{}^2-1^3$
$=(\boxed{})^3$

32 $x^3-12x^2+48x-64$

33 $27a^3-27a^2+9a-1$

34 $125x^3 - 75x^2y + 15xy^2 - y^3$

35 $8a^3 - 36a^2b + 54ab^2 - 27b^3$

유형 06 $a^3 \pm b^3$ 꼴의 인수분해

$a^3 + b^3 = (a+b)(a^2 - ab + b^2)$
$a^3 - b^3 = (a-b)(a^2 + ab + b^2)$

[36~45] 다음 식을 인수분해하시오.

36 $x^3 + 1$
➡ $x^3 + 1 = x^3 + \boxed{}^3$
$\quad = (x + \boxed{})(x^2 - x \times 1 + \boxed{}^2)$
$\quad = (x + \boxed{})(x^2 - x + \boxed{})$

37 $x^3 + 27$

38 $8a^3 + 1$

39 $64a^3 + 27b^3$

40 $125x^3 + 8y^3$

41 $x^3 - 1$
➡ $x^3 - 1 = x^3 - \boxed{}^3$
$\quad = (x - \boxed{})(x^2 + x \times 1 + \boxed{}^2)$
$\quad = (x - \boxed{})(x^2 + x + \boxed{})$

42 $x^3 - 8$

43 $27a^3 - 1$

44 $8a^3 - 27b^3$

45 $64x^3 - 125y^3$

$$a^3+b^3+c^3-3abc$$
$$=(a+b+c)(a^2+b^2+c^2-ab-bc-ca)$$

[46~50] 다음 식을 인수분해하시오.

46 $x^3-y^3+z^3+3xyz$

➡ $x^3-y^3+z^3+3xyz$

$=x^3+(\boxed{})^3+z^3-3\times x\times(\boxed{})\times z$

$=\{x+(\boxed{})+z\}$

$\quad\times\{x^2+(\boxed{})^2+z^2-x\times(\boxed{})-(\boxed{})\times z-z\times x\}$

$=(x-y+z)(x^2+y^2+z^2+\boxed{}+\boxed{}-zx)$

47 $a^3+8b^3-c^3+6abc$

48 $8x^3-y^3+27z^3+18xyz$

49 $x^3-y^3-1-3xy$

50 $a^3-64c^3+1+12ac$

$$a^4+a^2b^2+b^4=(a^2+ab+b^2)(a^2-ab+b^2)$$

[51~55] 다음 식을 인수분해하시오.

51 x^4+x^2+1

➡ $x^4+x^2+1=x^4+x^2\times1^2+1^4$

$\quad=(x^2+\boxed{}\times1+1^2)(x^2-\boxed{}\times1+1^2)$

$\quad=(x^2+\boxed{}+1)(x^2-\boxed{}+1)$

52 x^4+4x^2+16

53 $81a^4+9a^2+1$

54 $256x^4+16x^2y^2+y^4$

55 $16a^4+36a^2b^2+81b^4$

①+① 연습 140쪽에서 시험에 자주 출제되는 문제를 연습해 보세요.

07 복잡한 식의 인수분해

① 공통부분이 있는 다항식의 인수분해

공통부분이 있는 다항식은 공통부분을 하나의 문자로 치환하여 인수분해한다.

② $(x+a)(x+b)(x+c)(x+d)+k$ 꼴의 인수분해

$(x+a)(x+b)(x+c)(x+d)+k$ 꼴의 다항식은 공통부분이 생기도록 짝을 지어 전개한 후 공통부분을 치환하여 인수분해한다.

③ x^4+ax^2+b 꼴의 인수분해

x^4+ax^2+b 꼴의 다항식은 $x^2=X$로 치환하거나 이차항을 적당히 분리하여 A^2-B^2 꼴로 변형한 후 인수분해한다.

▶ x^4+ax^2+b (a, b는 상수)와 같이 차수가 짝수인 항과 상수항으로만 이루어진 다항식을 복이차식이라 한다.

④ 여러 개의 문자를 포함한 다항식의 인수분해

여러 개의 문자를 포함한 다항식은 차수가 가장 낮은 문자에 대하여 내림차순으로 정리한 후 인수분해한다.

중등 과정

유형 01 공통부분이 있는 다항식의 인수분해

공통부분이 있는 다항식은 다음과 같은 순서로 인수분해한다.

❶ 공통부분을 X로 치환한다.
❷ ❶에서 얻은 식을 인수분해한다.
❸ X에 원래의 공통부분을 대입하여 정리한다.

[01~07] 다음 식을 인수분해하시오.

01 $(x+y)^2-2(x+y)-3$

➡ $\boxed{}=X$로 치환하면

$(x+y)^2-2(x+y)-3=\boxed{}$

$=(X+1)(\boxed{})$

$=(x+y+1)(\boxed{})$

02 $(a+b)^2+3(a+b)-10$

03 $(a-b)^2-12(a-b)+36$

04 $(x+1)^2-(x+1)-6$

➡ $\boxed{}=X$로 치환하면

$(x+1)^2-(x+1)-6=\boxed{}$

$=(X+2)(\boxed{})$

$=(x+1+2)(x+1-\boxed{})$

$=(x+3)(\boxed{})$

05 $(x-2)^2-3(x-2)-4$

➡ $x-2=X$로 치환하면

$(x-2)^2-3(x-2)-4=$

06 $(a-1)^2-7(a-1)+12$

07 $(x+3)^2-8(x+3)+16$

[08~11] 다음 식을 인수분해하시오.

08 $(x-y)(x-y+4)+3$

➡ $\boxed{}=X$로 치환하면

$(x-y)(x-y+4)+3=X(X+4)+3$
$$=X^2+4X+3$$
$$=(X+1)(X+\boxed{})$$
$$=(x-y+1)(x-y+\boxed{})$$

09 $(x-2y-1)(x-2y+2)-18$

10 $(2a+b-3)(2a+b-1)-8$

11 $(a+b)^2-a-b-12$

[12~15] 다음 식을 인수분해하시오.

12 $(x^2+3x)^2-6(x^2+3x)+5$

➡ $\boxed{}=X$로 치환하면

$(x^2+3x)^2-6(x^2+3x)+5=X^2-6X+5$
$$=(X-1)(X-\boxed{})$$
$$=(x^2+3x-1)(x^2+3x-\boxed{})$$

13 $(a^2-2a)^2-11(a^2-2a)+24$

14 $(x^2-x-1)(x^2-x+3)-5$

➡ $x^2-x=X$로 치환하면

$(x^2-x-1)(x^2-x+3)-5=$

15 $(x^2+x+1)(x^2+x+2)-20$

유형 **02** $(x+a)(x+b)(x+c)(x+d)+k$ 꼴의 인수분해

$(x+a)(x+b)(x+c)(x+d)+k$ 꼴의 다항식은 공통부분이 생기도록 두 일차식의 상수항의 합이 같게 짝 지어서 전개한 후 공통부분을 치환하여 인수분해한다.

[16~20] 다음 식을 인수분해하시오.

16 $(x+1)(x+2)(x+3)(x+4)-8$

➡ $(x+1)(x+2)(x+3)(x+4)-8$
$$=\{(x+1)(x+4)\}\{(x+2)(x+3)\}-8$$
$$=(x^2+5x+4)(x^2+5x+6)-8$$

$\boxed{}=X$로 치환하면 ⟶ 일차항의 계수를 같게 만든다.

(주어진 식)$=(X+4)(X+6)-8$
$$=X^2+10X+\boxed{}$$
$$=(X+2)(X+\boxed{})$$
$$=(x^2+5x+2)(x^2+5x+\boxed{})$$

17 $(x-1)(x-3)(x+2)(x+4)+24$

➡ $(x-1)(x-3)(x+2)(x+4)+24$

$=\{(x-1)(x+2)\}\{(x-3)(x+4)\}+24$

$=$

18 $(x+1)(x-2)(x+3)(x+6)+36$

19 $x(x-1)(x-2)(x-3)-24$

20 $(x-3)(x-1)^2(x+1)-12$

💡 $(x-1)^2=(x-1)(x-1)$이다.

22 x^4+3x^2-10

23 x^4-x^2-12

24 x^4-20x^2+64

25 x^4-1

26 $2x^4-5x^2+3$

유형 **03** x^4+ax^2+b 꼴의 인수분해
; 치환했을 때 인수분해가 되는 경우

x^4+ax^2+b 꼴의 다항식은 $x^2=X$로 치환하여 X에 대한 이차식으로 변형한 후 인수분해한다.

[21~26] 다음 식을 인수분해하시오.

21 x^4-4x^2+3

➡ $\boxed{}=X$로 치환하면

$x^4-4x^2+3=\boxed{}$

$\qquad =(X-\boxed{})(X-3)$

$\qquad =(x^2-\boxed{})(x^2-3)$

$\qquad =(x+\boxed{})(x-1)(x^2-3)$

유형 **04** x^4+ax^2+b 꼴의 인수분해
; 치환했을 때 인수분해가 되지 않는 경우

x^4+ax^2+b 꼴의 다항식에서 $x^2=X$로 치환했을 때 인수분해가 되지 않는 경우에는 x^4+ax^2+b에서 이차항을 적당히 더하고 빼거나 분리하여 $(x^2+A)^2-(Bx)^2$ 꼴로 변형한 후 인수분해한다.

[27~33] 다음 식을 인수분해하시오.

27 x^4+x^2+1

➡ $x^4+x^2+1=(x^4+2x^2+1)-\boxed{}$

$\qquad =(x^2+1)^2-\boxed{}$ ⟵ $a^2-b^2=(a+b)(a-b)$

$\qquad =\{(x^2+1)+\boxed{}\}\{(x^2+1)-x\}$

$\qquad =(\boxed{})(x^2-x+1)$

28 x^4+2x^2+9

29 x^4-20x^2+4

30 x^4-15x^2+9

31 $16x^4+4x^2+1$

32 x^4+64

➡ $x^4+64=(x^4+16x^2+64)-16x^2$

___

33 x^4+4

유형 05 **여러 개의 문자를 포함한 다항식의 인수분해**
; 문자의 차수가 다른 경우

여러 개의 문자를 포함한 다항식은 차수가 가장 낮은 문자에 대하여 내림차순으로 정리한 후 인수분해한다.

[34~39] 다음 식을 인수분해하시오.

34 $x^2+xy+3x+y+2$

➡ 주어진 식을 y에 대하여 내림차순으로 정리하면

$$x^2+xy+3x+y+2=(\boxed{})y+x^2+3x+2$$
$$=(\boxed{})y+(x+1)(x+2)$$
$$=(x+1)(\boxed{})$$

35 $x^2+xy-x-2y-2$

36 $2b^2+ab-4a-7b-4$

37 $x^3-xy^2-y^2z+x^2z$

➡ 주어진 식을 z에 대하여 내림차순으로 정리하면

$$x^3-xy^2-y^2z+x^2z=$$

38 a^2-ac-b^2+bc

39 $a^2+b^2-2ab-2bc+2ca$

➡ 주어진 식을 c에 대하여 내림차순으로 정리하면

$a^2+b^2-2ab-2bc+2ca=$

43 $2x^2+y^2-3xy-3x+y-2$

[44~46] 다음 식을 인수분해하시오.

44 $ab(a-b)+bc(b-c)+ca(c-a)$

➡ 주어진 식을 전개한 후 c에 대하여 내림차순으로 정리하면

$ab(a-b)+bc(b-c)+ca(c-a)$

$=a^2b-ab^2+b^2c-bc^2+ac^2-a^2c$

$=(\boxed{})c^2-(\boxed{})c+a^2b-ab^2$

$=(a-b)c^2-(\boxed{})(a-b)c+ab(a-b)$

$=(a-b)\{c^2-(\boxed{})c+ab\}$

$=(a-b)(\boxed{})(c-b)$

유형 06
여러 개의 문자를 포함한 다항식의 인수분해
; 모든 문자의 차수가 같은 경우

여러 개의 문자를 포함한 다항식에서 모든 문자의 차수가 같은 경우에는 어느 한 문자에 대하여 내림차순으로 정리한 후 인수분해한다.

[40~43] 다음 식을 인수분해하시오.

40 $x^2-xy-2y^2-x+5y-2$

➡ 주어진 식을 x에 대하여 내림차순으로 정리하면

$x^2-xy-2y^2-x+5y-2$

$=x^2-(y+1)x-(2y^2-5y+2)$

$=x^2-(y+1)x-(\boxed{})(y-2)$

$=\{x-(\boxed{})\}\{x+(y-2)\}$

$=(\boxed{})(x+y-2)$ → y에 대하여 내림차순으로 정리한 후 인수분해해도 결과는 같다.

45 $a(b^2-c^2)+b(c^2-a^2)+c(a^2-b^2)$

➡ 주어진 식을 전개한 후 c에 대하여 내림차순으로 정리하면

$a(b^2-c^2)+b(c^2-a^2)+c(a^2-b^2)$

$=ab^2-ac^2+bc^2-a^2b+a^2c-b^2c$

$=$

41 $x^2+y^2-2xy-3x+3y+2$

➡ 주어진 식을 x에 대하여 내림차순으로 정리하면

$x^2+y^2-2xy-3x+3y+2=$

46 $a^2(b-c)+b^2(a+c)-c^2(a+b)$

42 $x^2-2xy-3y^2-5x+7y+6$

❶+❶ 연습 142쪽에서 시험에 자주 출제되는 문제를 연습해 보세요.

① **인수정리를 이용한 인수분해**

$P(x)$가 삼차 이상의 다항식이면 $P(a)=0$ 을 만족시키는 상수 a의 값을 구하여

$P(x)=(x-a)Q(x)$ 꼴로 인수분해한다.

> 참고 $P(a)=0$ ➡ 다항식 $P(x)$가 $x-a$로 나누어떨어진다.
> ➡ $x-a$가 다항식 $P(x)$의 인수이다.
> ➡ $P(x)=(x-a)Q(x)$

② **인수분해의 활용**

(1) 인수분해를 이용한 식의 값

곱셈 공식과 인수분해 공식을 이용하여 간단히 한 후 계산한다.

(2) 인수분해를 이용한 수의 계산

수를 문자로 치환한 다음 인수분해 공식을 이용하여 간단히 한 후 계산한다.

(3) 삼각형의 모양 판단하기

인수분해를 이용하여 주어진 등식으로부터 삼각형의 세 변의 길이 사이의 관계를 파악한 후 삼각형의 모양을 판단한다.

정답 및 해설 **022**쪽

유형 **01** **인수정리를 이용한 인수분해**

인수분해 공식을 이용하기 어려운 삼차 이상의 다항식 $P(x)$는 다음과 같은 순서로 인수분해한다.

❶ $P(a)=0$ 을 만족시키는 상수 a의 값을 구한다.

❷ 조립제법을 이용하여 $P(x)$를 $x-a$로 나누었을 때의 몫 $Q(x)$를 구하여 $P(x)=(x-a)Q(x)$ 꼴로 나타낸다.

❸ 인수분해 공식을 이용하거나 ❶, ❷의 과정을 반복하여 $Q(x)$가 더 이상 인수분해되지 않을 때까지 인수분해한다.

> 참고 다항식 $P(x)$의 계수와 상수항이 모두 정수일 때, $P(a)=0$ 을 만족시키는 상수 a의 값은 $\pm\dfrac{(상수항의 약수)}{(최고차항의 계수의 약수)}$ 중 에서 찾을 수 있다.

[01~04] 다음 식을 인수분해하시오.

01 x^3+3x-4

➡ $P(x)=x^3+3x-4$라 하면

$P(1)=1^3+3\times1-4=\boxed{}$

이므로 $\boxed{}$ 은 $P(x)$의 인수이다.

조립제법을 이용하여 $P(x)$를 인수분해하면

$$
\begin{array}{r|rrrr}
1 & 1 & 0 & 3 & -4 \\
  &   & \square & \square & \square \\
\hline
  & \square & \square & \square & 0 \\
\end{array}
$$

$\therefore P(x)=(x-1)(\boxed{})$

02 x^3-2x^2-5x+6

➡ $P(x)=x^3-2x^2-5x+6$이라 하면

$P(1)=1^3-2\times1^2-5\times1+6=0$

이므로 $x-1$은 $P(x)$의 인수이다.

조립제법을 이용하여 $P(x)$를 인수분해하면

03 x^3+x^2-x+2

04 $x^3-6x^2+11x-6$

[05~08] 다음 식을 인수분해하시오.

05 x^4-2x^3-x+2

➡ $P(x)=x^4-2x^3-x+2$라 하면

$P(1)=1^4-2\times1^3-1+2=\boxed{}$

이므로 $\boxed{}$은 $P(x)$의 인수이다.

조립제법을 이용하여 $P(x)$를 인수분해하면

1	1	-2	0	-1	2
		$\boxed{}$	$\boxed{}$	$\boxed{}$	$\boxed{}$
	$\boxed{}$	$\boxed{}$	$\boxed{}$	$\boxed{}$	0

$\therefore P(x)=(x-1)(x^3-x^2-x-2)$

이때 $Q(x)=x^3-x^2-x-2$라 하면

$Q(2)=2^3-2^2-2-2=\boxed{}$이므로 $\boxed{}$는 $Q(x)$의 인수이다.

조립제법을 이용하여 $Q(x)$를 인수분해하면

2	1	-1	-1	-2
		$\boxed{}$	$\boxed{}$	$\boxed{}$
	$\boxed{}$	$\boxed{}$	$\boxed{}$	0

따라서 $Q(x)=(x-2)(\boxed{})$이므로

$P(x)=(x-1)Q(x)$

$\qquad=(x-1)(x-2)(\boxed{})$

06 $x^4+x^3-3x^2-x+2$

➡ $P(x)=x^4+x^3-3x^2-x+2$라 하면

$P(1)=1^4+1^3-3\times1^2-1+2=0$

이므로 $x-1$은 $P(x)$의 인수이다.

조립제법을 이용하여 $P(x)$를 인수분해하면

07 $x^4+2x^3+2x^2+7x+6$

08 $x^4-x^3-7x^2+x+6$

[09~12] 다항식 $P(x)=x^3-2x^2+3x+a$가 다음을 인수로 가질 때, 상수 a의 값을 구하고 $P(x)$를 인수분해하시오.

09 $x-1$

➡ $P(x)$가 $x-1$을 인수로 가지므로

$P(\boxed{})=0$에서

$P(\boxed{})=\boxed{}^3-2\times\boxed{}^2+3\times\boxed{}+a=0$

$\therefore a=\boxed{}$

즉, $P(x)=x^3-2x^2+3x-\boxed{}$이고 $x-1$이 $P(x)$의 인수이

므로 조립제법을 이용하여 $P(x)$를 인수분해하면

1	1	-2	3	$\boxed{}$
		1	$\boxed{}$	2
	1	$\boxed{}$	2	0

$\therefore P(x)=(x-1)(\boxed{})$

10 $x-2$

11 $x+1$

12 $x+2$

유형 02 인수분해를 이용한 식의 값

곱셈 공식 또는 인수분해 공식을 이용하여 식을 변형한 후 주어진 조건을 대입한다.

[13~16] 다음을 구하시오.

13 $x+y=1$, $xy=-6$일 때, $x^3+x^2y+xy^2+y^3$의 값

➡ $x^3+x^2y+xy^2+y^3=(x+y)x^2+(x+y)y^2$
$$=(x+y)(x^2+y^2)$$

이고

$x^2+y^2=(x+y)^2-\boxed{}$
$$=1^2-2\times(\boxed{})$$
$$=\boxed{}$$

이므로

$x^3+x^2y+xy^2+y^3=1\times\boxed{}=\boxed{}$

14 $a-b=3$, $ab=-2$일 때, $a^4+a^2b^2+b^4$의 값

15 $a+b=3$, $b+c=5$, $c+a=4$일 때, $a^2+b^2+c^2+2ab+2bc+2ca$의 값

16 $a+b+c=0$일 때, $\dfrac{a^3+b^3+c^3}{abc}$의 값 (단, $abc\neq0$)

유형 03 인수분해를 이용한 수의 계산

인수분해를 이용한 수의 계산은 다음과 같은 순서로 한다.
❶ 반복적으로 나타나는 수를 문자로 치환하여 나타낸다.
❷ 문자로 치환하여 나타낸 식을 인수분해한 후 치환했던 수를 다시 대입하여 계산한다.

[17~24] 다음 식의 값을 구하시오.

17 $\dfrac{99^3+1}{99^2-99+1}$

➡ $\boxed{}=x$라 하면
$$\frac{99^3+1}{99^2-99+1}=\frac{x^3+1}{x^2-x+1}$$
$$=\frac{(x+1)(\boxed{})}{x^2-x+1}$$
$$=\boxed{}$$
$$=99+\boxed{}$$
$$=\boxed{}$$

18 $\dfrac{201^3-1}{201^2+201+1}$

➡ $201=x$라 하면

19 $\dfrac{151^3-1}{151\times152+1}$

20 $\dfrac{49^4+49^2+1}{49^2-49+1}$

21 $29^3 + 3 \times 29^2 + 3 \times 29 + 1$

22 $102^3 - 6 \times 102^2 + 12 \times 102 - 8$

23 $\sqrt{20 \times 22 \times 24 \times 26 + 16}$

➡ $\boxed{} = x$ 라 하면

$\sqrt{20 \times 22 \times 24 \times 26 + 16}$

$= \sqrt{x(\boxed{})(x+4)(\boxed{}) + 16}$

$= \sqrt{\{x(\boxed{})\}\{(\boxed{})(x+4)\} + 16}$

$= \sqrt{(\boxed{})(x^2 + 6x + 8) + 16}$

$\boxed{} = A$ 라 하면

$(x^2 + 6x)(x^2 + 6x + 8) + 16 = A(\boxed{}) + 16$

$\qquad\qquad\qquad\qquad = A^2 + 8A + 16$

$\qquad\qquad\qquad\qquad = (\boxed{})^2$

$\qquad\qquad\qquad\qquad = (x^2 + 6x + 4)^2$

$\therefore \sqrt{20 \times 22 \times 24 \times 26 + 16} = \boxed{}$

$\qquad\qquad\qquad\qquad\qquad = 20^2 + 6 \times 20 + \boxed{}$

$\qquad\qquad\qquad\qquad\qquad = \boxed{}$

24 $\sqrt{21 \times 22 \times 23 \times 24 + 1}$

➡ $21 = x$ 라 하면

$\sqrt{21 \times 22 \times 23 \times 24 + 1}$

$= \sqrt{x(x+1)(x+2)(x+3) + 1}$

$=$

인수분해를 이용하여 주어진 등식으로부터 삼각형의 세 변의 길이 사이의 관계를 파악한 후 다음을 이용하여 삼각형의 모양을 판단한다.

삼각형의 세 변의 길이가 a, b, c일 때

① $a=b$ 또는 $b=c$ 또는 $c=a$ ➡ 이등변삼각형

② $a=b=c$ ➡ 정삼각형

③ $a^2 = b^2 + c^2$ ➡ 빗변의 길이가 a인 직각삼각형

[25~27] 삼각형의 세 변의 길이를 a, b, c라 할 때, 다음과 같은 관계식이 성립하는 삼각형의 모양을 말하시오.

25 $b^2 + ab - c^2 - ac = 0$

❶ 단계 $b^2 + ab - c^2 - ac = 0$의 좌변을 $\boxed{}$에 대한 내림차순으로 정리하면

$(b-c)a + b^2 - c^2 = 0$

$(b-c)a + (\boxed{})(b-c) = 0$

$\therefore (\boxed{})(a+b+c) = 0$

❷ 단계 $a > 0$, $b > 0$, $c > 0$에서

$\boxed{} > 0$이므로

$\boxed{} = 0$ $\therefore b = \boxed{}$

따라서 이 삼각형은 $b = \boxed{}$인 이등변삼각형이다.

26 $a^4 + a^2b^2 + b^2c^2 - c^4 = 0$

❶ 단계 $a^4 + a^2b^2 + b^2c^2 - c^4 = 0$의 좌변을 인수분해한다.

❷ 단계 a, b, c가 삼각형의 세 변의 길이임을 이용하여 세 변 사이의 관계를 파악한 후, 삼각형의 모양을 판단한다.

27 $ab^2 + b^2c - a^3 - c^3 - a^2c - ac^2 = 0$

💡 먼저 차수가 가장 낮은 문자에 대하여 내림차순으로 정리한다.

❶+❶ 연습 143쪽에서 시험에 자주 출제되는 문제를 연습해 보세요.

II

방정식과 부등식

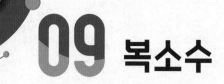

복소수

❶ 복소수

(1) 허수단위 i: 제곱하여 -1이 되는 수를 허수단위라 하고, 기호로 i와 같이 나타낸다. 즉, $i^2=-1$, $i=\sqrt{-1}$이다.

(2) 복소수: 두 실수 a, b에 대하여 $a+bi$ 꼴로 나타내어지는 수

(3) 복소수의 분류

$$복소수\ a+bi\begin{cases}실수\ a & (b=0) \\ 허수\ a+bi & (b\neq0)\end{cases}\ (a,\ b는\ 실수)$$

$$\underset{\substack{\uparrow \\ 실수부분}}{a}\ +\ \underset{\substack{\uparrow \\ 허수부분}}{b\ i}$$

(4) 복소수가 서로 같을 조건

두 복소수 $a+bi$, $c+di$ $(a, b, c, d$는 실수$)$에 대하여

① $a=c$, $b=d$이면 $a+bi=c+di$이고, $a+bi=c+di$이면 $a=c$, $b=d$이다.

② $a=0$, $b=0$이면 $a+bi=0$이고, $a+bi=0$이면 $a=0$, $b=0$이다.

(5) 켤레복소수: 복소수 $a+bi$ $(a, b$는 실수$)$에 대하여 허수부분의 부호를 바꾼 복소수 $a-bi$를 $a+bi$의 켤레복소수라 하고, 기호로 $\overline{a+bi}$와 같이 나타낸다.

↱ 복소수 z의 켤레복소수 $\bar{z}$는 z bar(바)라고 읽는다.

- 실수가 아닌 복소수를 허수라 한다. 이때 실수부분이 0인 허수 $0+bi$는 간단히 bi로 나타낼 수 있고, 이것을 순허수라 한다.

- $0i=0$으로 정하면 실수 a는 $a=a+0i$로 나타낼 수 있으므로 실수도 복소수이다.

❷ 복소수의 사칙연산

(1) 복소수의 사칙연산

a, b, c, d가 실수일 때

① 덧셈: $(a+bi)+(c+di)=(a+c)+(b+d)i$

② 뺄셈: $(a+bi)-(c+di)=(a-c)+(b-d)i$

③ 곱셈: $(a+bi)(c+di)=(ac-bd)+(ad+bc)i$

④ 나눗셈: $\dfrac{a+bi}{c+di}=\dfrac{(a+bi)(c-di)}{(c+di)(c-di)}=\dfrac{ac+bd}{c^2+d^2}+\dfrac{bc-ad}{c^2+d^2}i$ (단, $c+di\neq0$)

↖ $c+di$의 켤레복소수

(2) 복소수의 연산에 대한 성질

세 복소수 z_1, z_2, z_3에 대하여

① 교환법칙: $z_1+z_2=z_2+z_1$, $z_1z_2=z_2z_1$

② 결합법칙: $(z_1+z_2)+z_3=z_1+(z_2+z_3)$, $(z_1z_2)z_3=z_1(z_2z_3)$

③ 분배법칙: $z_1(z_2+z_3)=z_1z_2+z_1z_3$, $(z_1+z_2)z_3=z_1z_3+z_2z_3$

- 두 복소수 z_1, z_2의 켤레복소수를 각각 $\overline{z_1}$, $\overline{z_2}$라 하면

① $\overline{(\overline{z_1})}=z_1$

② $\overline{z_1\pm z_2}=\overline{z_1}\pm\overline{z_2}$ (복부호동순)

③ $\overline{z_1z_2}=\overline{z_1}\times\overline{z_2}$

$\overline{\left(\dfrac{z_2}{z_1}\right)}=\dfrac{\overline{z_2}}{\overline{z_1}}$ (단, $z_1\neq0$)

유형 ❶ 복소수의 뜻과 분류

두 실수 a, b에 대하여 $a+bi$ 꼴로 나타내어지는 수를 복소수라 하고, a를 이 복소수의 실수부분, b를 허수부분이라 한다.

$$복소수 \atop a+bi\begin{cases}실수\ (b=0) & \rightarrow 제곱하여\ 음의\ 실수가\ 되는\ 수 \\ 허수\begin{cases}순허수\ (a=0,\ b\neq0) \\ 순허수가\ 아닌\ 허수\ (a\neq0,\ b\neq0)\end{cases}\end{cases}$$

[01~08] 다음 복소수의 실수부분과 허수부분을 각각 구하시오.

01 $3+i$

02 $1-2i$

03 $-2+5i$

04 $-4-7i$

05 $1+\sqrt{3}i$

06 $-\sqrt{2}+6i$

07 15

08 $9i$

[09~11] 다음 수를 〈보기〉에서 모두 고르시오.

〈보기〉		
ㄱ. $1+i$	ㄴ. $-5-2i$	ㄷ. $6i$
ㄹ. $1+\sqrt{5}$	ㅁ. -9	ㅂ. 0
ㅅ. i	ㅇ. $4+\sqrt{3}i$	ㅈ. 2π

09 실수

10 허수

11 순허수

유형 02 복소수가 서로 같을 조건

두 복소수 $a+bi$, $c+di$ (a, b, c, d는 실수)에 대하여
(1) $a+bi=c+di$ ➡ $a=c$, $b=d$
(2) $a+bi=0$ ➡ $a=0$, $b=0$
즉, 실수부분은 실수부분끼리, 허수부분은 허수부분끼리
같아야 한다.

[12~19] 다음 등식을 만족시키는 두 실수 a, b의 값을 각각 구하시오.

12 $a+bi=2+i$

13 $a+3i=2-bi$

14 $a+bi=3i$

15 $-a+bi=7$

16 $(a+1)+(b+2)i=4+5i$
➡ $a+1=\square$, $b+2=\square$이므로
$a=\square$, $b=\square$

17 $(a-3)-3i=-5+(b-1)i$

18 $(a-b)+4i=-3+2bi$

19 $(2a+b)+(a-3b)i=-8-11i$

유형 03 켤레복소수

복소수 $a+bi$ (a, b는 실수)의 켤레복소수 $\overline{a+bi}$는
$$\overline{a+bi}=a-bi \longrightarrow \text{두 복소수 } a+bi \text{와 } a-bi \text{는 서로 켤레복소수이다.}$$

[20~25] 다음 복소수의 켤레복소수를 구하시오.

20 $1+3i$

21 $-6-2i$

22 $-3i+7$

23 $\sqrt{5}i-4$

24 6

25 $-11i$

유형 04 복소수의 덧셈과 뺄셈

복소수의 덧셈과 뺄셈은 실수부분은 실수부분끼리, 허수부분은 허수부분끼리 계산한다. 즉, a, b, c, d가 실수일 때
$$(a+bi)+(c+di)=(a+c)+(b+d)i,$$
$$(a+bi)-(c+di)=(a-c)+(b-d)i$$
허수부분
실수부분

[26~33] 다음을 계산하시오.

26 $(-1+3i)+(4+i)$

27 $2i+(-3+i)$

28 $(-8+5i)+(-2i+4)$

29 $(5+3i)-(6+i)$

30 $(-7-i)-(-6i)$

31 $(4-5i)-(2+3i)$

32 $(-i+9)-(3i+5)+(8i-3)$

33 $-7i+(-2i+3)-(5-6i)$

유형 05 복소수의 곱셈

복소수의 곱셈은 분배법칙을 이용하여 전개한 후 계산한다.
즉, a, b, c, d가 실수일 때
$$(a+bi)(c+di)=(ac-bd)+(ad+bc)i$$

[34~39] 다음을 계산하시오.

34 $(1+i)(3+2i)$
$$\Rightarrow (1+i)(3+2i)=3+2i+3i+2i^2$$
$$=3+2i+3i-\square$$
$$=\square+5i$$

35 $3i(5-2i)$

36 $(-2+3i)(i-6)$

37 $(5+i)^2$

38 $(3-4i)^2$

39 $(-3-i)(-3+i)$

---

45 $\dfrac{1}{2+i}-\dfrac{1}{3-i}$

46 $(1+3i)^2+\dfrac{2i}{1-i}$

유형 06 복소수의 나눗셈

복소수의 나눗셈은 분모의 켤레복소수를 분모, 분자에 각각 곱하여 계산한다. 즉, a, b, c, d가 실수일 때

$$\frac{a+bi}{c+di}=\frac{(a+bi)(c-di)}{(c+di)(c-di)}=\frac{ac+bd}{c^2+d^2}+\frac{bc-ad}{c^2+d^2}i$$
$$(\text{단},\ c+di\neq0)$$

> (참고) 분모에 i가 있으므로 분모의 켤레복소수를 분모, 분자에 곱하여 분모를 실수화한다.

유형 07 켤레복소수를 포함한 복소수의 사칙연산

복소수 z의 켤레복소수를 $\overline{z}$라 할 때
(1) $z+\overline{z}=(\text{실수}) \rightarrow (a+bi)+(a-bi)=2a$
(2) $z\overline{z}=(\text{실수}) \rightarrow (a+bi)(a-bi)=a^2+b^2$

> (참고) $z=\overline{z} \Rightarrow z$는 실수
> $z=-\overline{z} \Rightarrow z$는 순허수 또는 0

[40~44] 다음을 $a+bi$ (a, b는 실수) 꼴로 나타내시오.

40 $\dfrac{1}{3+i}$

$\Rightarrow \dfrac{1}{3+i}=\dfrac{\boxed{}}{(3+i)(\boxed{})}=\dfrac{3-i}{9-\boxed{}}$

$=\dfrac{3-i}{\boxed{}}=\dfrac{3}{\boxed{}}-\dfrac{1}{\boxed{}}i$

41 $\dfrac{2}{1-i}$

42 $\dfrac{i}{2+3i}$

43 $\dfrac{4-i}{1-2i}$

44 $\dfrac{3-2i}{2+i}$

[47~50] 복소수 $z=1+i$에 대하여 다음 식의 값을 구하시오.
(단, $\overline{z}$는 z의 켤레복소수이다.)

47 $\overline{z}$

48 $z+\overline{z}$

49 $\overline{z}^2$

50 $\dfrac{z}{z}$

[51~54] 복소수 $z=3-2i$에 대하여 다음 식의 값을 구하시오.
(단, $\overline{z}$는 z의 켤레복소수이다.)

51 $\overline{z}$

52 $z-\overline{z}$

53 $z\overline{z}$

54 $\dfrac{\overline{z}}{z}$

> **1+1 연습** 144쪽에서 시험에 자주 출제되는 문제를 연습해 보세요.

10 i의 거듭제곱, 음수의 제곱근

❶ i의 거듭제곱

허수단위 i의 거듭제곱 i^n (n은 자연수)의 값을 차례대로 구하면 i, -1, $-i$, 1이 반복되어 나타난다. 즉,

$$i^{4k-3}=i,\ i^{4k-2}=-1,\ i^{4k-1}=-i,\ i^{4k}=1\ (단,\ k는\ 자연수)$$

↳ i^n의 값은 n을 4로 나누었을 때의 나머지가 같으면 서로 같다.

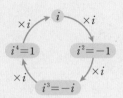

❷ 음수의 제곱근

(1) 음수의 제곱근

$a>0$일 때

① $\sqrt{-a}=\sqrt{a}i$

② $-a$의 제곱근은 $\pm\sqrt{a}i$이다.

(2) 음수의 제곱근의 성질

① $a<0$, $b<0$이면 $\sqrt{a}\sqrt{b}=-\sqrt{ab}$

② $a>0$, $b<0$이면 $\dfrac{\sqrt{a}}{\sqrt{b}}=-\sqrt{\dfrac{a}{b}}$

참고 0이 아닌 두 실수 a, b에 대하여

① $\sqrt{a}\sqrt{b}=-\sqrt{ab}$이면 $a<0$, $b<0$　　　　② $\dfrac{\sqrt{a}}{\sqrt{b}}=-\sqrt{\dfrac{a}{b}}$이면 $a>0$, $b<0$

①, ②를 제외한 나머지 경우는 다음이 성립한다.

$$\sqrt{a}\sqrt{b}=\sqrt{ab}$$

$$\dfrac{\sqrt{a}}{\sqrt{b}}=\sqrt{\dfrac{a}{b}}\ (단,\ b\neq0)$$

유형 01 i의 거듭제곱

자연수 k에 대하여

$$i^{4k-3}=i,\ i^{4k-2}=-1,\ i^{4k-1}=-i,\ i^{4k}=1$$

[01~07] 다음을 계산하시오.

01 i^{14}

➡ $i^{14}=i^{4\times3+2}=(i^4)^3\times i^{\square}$

　　$=1\times(\boxed{})=\boxed{}$

02 i^{37}

03 i^{100}

04 $(-i)^{11}$

05 $(-i)^{54}$

06 $\left(\dfrac{1}{i}\right)^3$

💡 분모와 분자에 각각 i를 곱하여 분모를 실수화한다.

07 $\left(-\dfrac{1}{i}\right)^{23}$

[08~12] 다음을 계산하여 $a+bi$ $(a, b$는 실수) 꼴로 나타내시오.

08 $i+i^2+i^3+i^4+i^5$

09 $i+i^2+i^3+\cdots+i^{23}$

10 $1+i+i^2+\cdots+i^{100}$

11 $\dfrac{1}{i}+\dfrac{1}{i^2}+\dfrac{1}{i^3}+\dfrac{1}{i^4}$

12 $1+\dfrac{1}{i}+\dfrac{1}{i^2}+\dfrac{1}{i^3}+\cdots+\dfrac{1}{i^{100}}$

14 $(1-i)^{10}$

15 $\left(\dfrac{1+i}{1-i}\right)^5$

16 $\left(\dfrac{1+i}{1-i}\right)^{43}$

17 $\left(\dfrac{1-i}{1+i}\right)^{14}$

18 $\left(\dfrac{1-i}{1+i}\right)^{112}$

유형 **02** 복소수의 거듭제곱

복소수 z에 대하여 z^n (n은 자연수)의 값은 다음과 같은 방법으로 구한다.

(1) $(1\pm i)^n$ 꼴은 $(1\pm i)^2=\pm 2i$ (복부호동순)임을 이용한다.

(2) $\left(\dfrac{1+i}{1-i}\right)^n$, $\left(\dfrac{1-i}{1+i}\right)^n$ 꼴은 $\dfrac{1+i}{1-i}=i$, $\dfrac{1-i}{1+i}=-i$임을 이용한다.

[13~19] 다음을 계산하시오.

13 $(1+i)^4$

19 $\left(\dfrac{1+i}{1-i}\right)^{15}+\left(\dfrac{1-i}{1+i}\right)^{25}$

유형 03 음수의 제곱근

임의의 양수 a에 대하여
(1) $\sqrt{-a} = \sqrt{a}\,i$
(2) $-a$의 제곱근은 $\pm\sqrt{a}\,i$이다.
    → 제곱하여 $-a$가 되는 수

[20~25] 다음 수를 허수단위 *i*를 사용하여 나타내시오.

20 $\sqrt{-2}$

21 $\sqrt{-7}$

22 $\sqrt{-16}$

23 $\sqrt{-\dfrac{1}{3}}$

24 $-\sqrt{-12}$

25 $-\sqrt{-\dfrac{1}{9}}$

[26~31] 다음 수의 제곱근을 구하시오.

26 -3

27 -11

28 -9

29 -32

30 $-\dfrac{1}{6}$

31 $-\dfrac{1}{25}$

유형 04 음수의 제곱근의 계산

음수의 제곱근의 계산은 $\sqrt{-a} = \sqrt{a}\,i$ $(a>0)$임을 이용하여 음수의 제곱근을 허수단위 *i*를 사용하여 나타낸 후 계산한다.

[32~37] 다음을 계산하여 $a+bi$ (a, b는 실수) 꼴로 나타내시오.

32 $\sqrt{-4} + \sqrt{-25}$

➡ $\sqrt{-4} + \sqrt{-25} = \boxed{} + \boxed{} = \boxed{}$

33 $\sqrt{-9} + \sqrt{-36}$

34 $\sqrt{-8} + 3\sqrt{-2}$

35 $\sqrt{-16} - \sqrt{-1}$

36 $\sqrt{-9} - \sqrt{-3}$

37 $2\sqrt{-2} - 3\sqrt{-18}$

유형 05 음수의 제곱근의 성질

(1) $a<0$, $b<0$일 때, $\sqrt{a}\sqrt{b} = -\sqrt{ab}$
(2) $a>0$, $b<0$일 때, $\dfrac{\sqrt{a}}{\sqrt{b}} = -\sqrt{\dfrac{a}{b}}$

[38~43] 다음을 계산하여 $a+bi$ (a, b는 실수) 꼴로 나타내시오.

38 $\sqrt{-2}\sqrt{3}$

➡ $\sqrt{-2}\sqrt{3} = \boxed{} \times \sqrt{3} = \boxed{}$

39 $\sqrt{3}\sqrt{-27}$

40 $\sqrt{-4}\sqrt{-9}$

41 $\dfrac{\sqrt{-9}}{\sqrt{3}}$

42 $\dfrac{\sqrt{12}}{\sqrt{-4}}$

43 $\dfrac{\sqrt{-7}}{\sqrt{-14}}$

[44~45] 다음을 계산하여 $a+bi$ (a, b는 실수) 꼴로 나타내시오.

44 $\sqrt{-3}\sqrt{-12}+\dfrac{\sqrt{18}}{\sqrt{-6}}$

45 $\sqrt{-8}-\sqrt{-2}-\sqrt{-4}\sqrt{-4}+\dfrac{\sqrt{-24}}{\sqrt{3}}$

[46~50] 0이 아닌 두 실수 a, b에 대하여 $\sqrt{a}\sqrt{b}=\ -\sqrt{ab}$일 때, 다음 식을 간단히 하시오.

46 $|a|+|b|$

47 $\sqrt{a^2}-\sqrt{b^2}$

48 $\sqrt{a^2}\sqrt{b^2}$

49 $|a+b|$

50 $|a|-|b|-\sqrt{(a+b)^2}$

[51~55] 0이 아닌 두 실수 a, b에 대하여 $\dfrac{\sqrt{a}}{\sqrt{b}}=-\sqrt{\dfrac{a}{b}}$일 때, 다음 식을 간단히 하시오.

51 $|a|+|b|$

52 $\sqrt{a^2}-\sqrt{b^2}$

53 $\sqrt{a^2}\sqrt{b^2}$

54 $|b-a|$

55 $-\sqrt{a^2}+\sqrt{b^2}+|ab|$

❶+❶ 연습 146쪽에서 시험에 자주 출제되는 문제를 연습해 보세요.

1 방정식 $ax=b$의 풀이

(1) $a \neq 0$일 때, $x = \dfrac{b}{a}$

(2) $a=0$, $b \neq 0$일 때, 해는 없다.

(3) $a=0$, $b=0$일 때, 해는 무수히 많다.

2 이차방정식의 풀이

(1) 인수분해를 이용한 풀이: x에 대한 이차방정식 $(ax-b)(cx-d)=0$의 근은

$$x = \frac{b}{a} \text{ 또는 } x = \frac{d}{c}$$

(2) 근의 공식을 이용한 풀이: 계수가 실수인 이차방정식 $ax^2+bx+c=0$의 근은

$$x = \frac{-b \pm \sqrt{b^2-4ac}}{2a}$$

> 참고 x의 계수가 짝수인 이차방정식 $ax^2+2b'x+c=0$의 근은
>
> $$x = \frac{-b' \pm \sqrt{b'^2-ac}}{a}$$

(3) 절댓값 기호를 포함한 방정식의 풀이

절댓값 기호를 포함한 방정식은 $|A| = \begin{cases} A & (A \geq 0) \\ -A & (A < 0) \end{cases}$ 임을 이용하여 절댓값 기호 안의 식

의 값이 0이 되는 x의 값을 기준으로 x의 값의 범위를 나누어 푼다.

● 완전제곱식을 이용한 이차방정식의 풀이
x에 대한 이차방정식이 $(x-a)^2=b$ 꼴로 변형되면
$$x-a = \pm\sqrt{b} \quad \therefore x = a \pm \sqrt{b}$$

3 이차방정식의 근의 판별

(1) 이차방정식의 판별식: 계수가 실수인 이차방정식 $ax^2+bx+c=0$에서 b^2-4ac를 이차방정식의 판별식이라 하고, 기호 D로 나타낸다. 즉,

$$D = b^2 - 4ac$$

(2) 이차방정식의 근의 판별

계수가 실수인 이차방정식 $ax^2+bx+c=0$에서 $D=b^2-4ac$라 할 때

① $D>0$이면 서로 다른 두 실근을 갖는다. $\rightarrow D \geq 0$, 즉 $b^2-4ac \geq 0$이면 실근을 갖는다.

서로 같은 → ② $D=0$이면 중근을 갖는다.
두 실근

③ $D<0$이면 서로 다른 두 허근을 갖는다.

● 계수가 실수인 이차방정식은 복소수의 범위에서 항상 근을 갖는다. 이때 실수인 근을 실근, 허수인 근을 허근이라 한다.

유형 01 방정식 $ax=b$의 풀이

x에 대한 방정식 $ax=b$의 해는

(1) $a \neq 0$일 때, $x = \dfrac{b}{a}$

(2) $a=0$, $b \neq 0$일 때, 해는 없다. $\rightarrow 0 \times x = b$

(3) $a=0$, $b=0$일 때, 해는 무수히 많다. $\rightarrow 0 \times x = 0$

[01~05] x에 대한 다음 방정식을 푸시오. (단, a는 상수)

01 $ax=3$

➡ (i) $a \neq 0$일 때, 양변을 $\boxed{}$로 나누면 $x = \boxed{}$

(ii) $a=0$일 때, $0 \times x = \boxed{}$이므로 _____.

02 $(a-2)x=(a+1)(a-2)$

➡ (i) $a \neq 2$일 때,

(ii) $a = 2$일 때,

03 $(a^2-1)x=a+1$

04 $a(x-a)=2x-4$

💡 먼저 $Ax=B$ 꼴로 정리한다.

05 $a(ax-1)=-ax+1$

유형 02 **인수분해를 이용한 이차방정식의 풀이**

x에 대한 이차방정식 $(ax-b)(cx-d)=0$의 근은

$$x=\frac{b}{a} \text{ 또는 } x=\frac{d}{c}$$

[06~10] 인수분해를 이용하여 다음 이차방정식을 푸시오.

06 $x^2-3x-4=0$

➡ $x^2-3x-4=0$에서 $(\boxed{})(\boxed{})=0$

∴ $x=\boxed{}$ 또는 $x=\boxed{}$

07 $x^2+5x-14=0$

08 $2x^2+3x+1=0$

09 $3x^2-11x-4=0$

10 $x^2-10x+25=0$

유형 03 **근의 공식을 이용한 이차방정식의 풀이**

계수가 실수인 이차방정식 $ax^2+bx+c=0$의 근은

$$x=\frac{-b\pm\sqrt{b^2-4ac}}{2a}$$

[11~16] 근의 공식을 이용하여 다음 이차방정식을 풀고, 그 근이 실근인지 허근인지 말하시오.

11 $x^2+3x-1=0$

➡ $x=\dfrac{-3\pm\sqrt{\boxed{}^2-4\times\boxed{}\times(\boxed{})}}{2\times\boxed{}}$

$=\dfrac{-3\pm\sqrt{\boxed{}}}{\boxed{}}$

따라서 주어진 이차방정식의 근은 _____ 이다.

12 $x^2-7x+5=0$

13 $2x^2-x+3=0$

14 $x^2-2x-4=0$

💡 x의 계수가 짝수이다.

15 $3x^2-4x+2=0$

16 $4x^2+4x+3=0$

유형 04 절댓값 기호를 포함한 방정식의 풀이

절댓값 기호를 포함한 방정식은 다음과 같은 순서로 푼다.
❶ 절댓값 기호 안의 식의 값이 0이 되도록 하는 x의 값을 기준으로 x의 값의 범위를 나눈다.
❷ 각 범위에서 절댓값 기호를 없앤 후 식을 정리하여 x의 값을 구한다.
❸ ❷에서 구한 x의 값 중 해당 범위에 속하는 것만 주어진 방정식의 해이다.

[17~22] 다음 방정식을 푸시오.

17 $|x-1|=2x+1$

➡ $|x-1|=2x+1$에서

(i) $x<\square$일 때, $\boxed{}=2x+1$

  $3x=0$ ∴ $x=\square$

(ii) $x\geq\square$일 때, $\boxed{}=2x+1$

  ∴ $x=\square$

  그런데 $x\geq\square$이므로 해는 없다.

(i), (ii)에서 $x=\square$

18 $|x+3|=3x+1$

➡ $|x+3|=3x+1$에서

(i) $x<-3$일 때,

(ii) $x\geq-3$일 때,

19 $x^2-2|x|-3=0$

20 $2x^2+|x|-6=0$

21 $x^2+|2x-1|-2=0$

22 $3x^2-2|x-1|-6=0$

유형 05 한 근이 주어진 이차방정식

이차방정식 $ax^2+bx+c=0$의 한 근이 α이다.
➡ $x=\alpha$를 $ax^2+bx+c=0$에 대입하면 등식이 성립한다.
➡ $a\alpha^2+b\alpha+c=0$

[23~26] 다음을 만족시키는 상수 k의 값을 구하시오.

23 이차방정식 $x^2+kx-2k+3=0$의 한 근이 1이다.

➡ $x=\square$을 $x^2+kx-2k+3=0$에 대입하면

  $\boxed{}=0,\ 4-k=0$

  ∴ $k=\square$

24 이차방정식 $x^2-kx+4k-6=0$의 한 근이 -1이다.

25 이차방정식 $x^2-2kx+k-3=0$의 한 근이 2이다.

26 이차방정식 $2x^2+kx-5k=0$의 한 근이 3이다.

유형 06 이차방정식의 근의 판별

계수가 실수인 이차방정식 $ax^2+bx+c=0$에서
$D=b^2-4ac$라 할 때
(1) $D>0$이면 서로 다른 두 실근을 갖는다.
(2) $D=0$이면 중근을 갖는다.
(3) $D<0$이면 서로 다른 두 허근을 갖는다.

참고 x의 계수가 짝수인 이차방정식 $ax^2+2b'x+c=0$의 판별식은
$$\frac{D}{4}=b'^2-ac$$

[27~32] 다음 이차방정식의 근을 판별하시오.

27 $x^2+5x+2=0$

➡ 주어진 이차방정식의 판별식을 D라 하면
$D=\square^2-4\times\square\times\square=17>0$
따라서 _____ 을 갖는다.

28 $x^2-x+8=0$

29 $4x^2-4x+1=0$

30 $3x^2+5x-1=0$

31 $9x^2+12x+4=0$

32 $2x^2-2x+5=0$

[33~35] x에 대한 다음 이차방정식이 서로 다른 두 실근을 갖도록 하는 실수 k의 값의 범위를 구하시오.

33 $x^2+2x+k=0$

➡ 주어진 이차방정식의 판별식을 D라 하면
$\dfrac{D}{4}=\square^2-\square\times k=1-k>0$
$\therefore k<\square$

34 $x^2-3x-k=0$

35 $x^2+x+2k-1=0$

[36~38] x에 대한 다음 이차방정식이 중근을 갖도록 하는 실수 k의 값을 구하시오.

36 $x^2+4x+k=0$

37 $x^2+5x+k+3=0$

38 $3x^2-2kx+3=0$

[39~41] x에 대한 다음 이차방정식이 서로 다른 두 허근을 갖도록 하는 실수 k의 값의 범위를 구하시오.

39 $x^2-5x+k=0$

40 $x^2+3x+2k-1=0$

41 $5x^2+2x-k=0$

[42~44] x에 대한 다음 이차방정식이 실근을 갖도록 하는 실수 k의 값의 범위를 구하시오.

42 $x^2-3x+k-4=0$

43 $x^2-6x+3k=0$

44 $2x^2-x+1-k=0$

유형 07 이차식이 완전제곱식이 될 조건

이차식 ax^2+bx+c가 완전제곱식이 되려면
↗ (일차식)² 꼴
➡ 이차방정식 $ax^2+bx+c=0$이 중근을 가져야 한다.
➡ $b^2-4ac=0$이어야 한다.

[45~49] x에 대한 다음 이차식이 완전제곱식이 되도록 하는 실수 a의 값을 구하시오. (단, $a\neq0$)

45 x^2+6x+a
➡ 이차식 x^2+6x+a가 완전제곱식이 되려면 이차방정식 $x^2+6x+a=0$이 중근을 가져야 하므로 이 이차방정식의 판별식을 D라 하면
$$\frac{D}{4}=\square^2-\square\times a=9-a=\square$$
$$\therefore a=\square$$

46 x^2+3x-a

47 ax^2-8x+a

48 ax^2-ax+1

49 $ax^2+2ax-3$

❶+❶ 연습 147쪽에서 시험에 자주 출제되는 문제를 연습해 보세요.

① 이차방정식의 근과 계수의 관계

(1) 이차방정식의 근과 계수의 관계

이차방정식 $ax^2+bx+c=0$의 두 근을 α, β라 하면

$$\alpha+\beta=-\frac{b}{a}, \ \alpha\beta=\frac{c}{a}$$

(2) 두 수를 근으로 하는 이차방정식

두 수 α, β를 근으로 하고 x^2의 계수가 1인 이차방정식은

$$x^2-(\alpha+\beta)x+\alpha\beta=0$$

두 근의 합   두 근의 곱

(3) 이차식의 인수분해

이차방정식 $ax^2+bx+c=0$의 두 근을 α, β라 하면

$$ax^2+bx+c=a(x-\alpha)(x-\beta)$$

> 이차방정식의 근과 계수의 관계를 이용하면 두 근을 직접 구하지 않아도 두 근의 합과 곱을 구할 수 있다.

② 이차방정식의 켤레근

이차방정식 $ax^2+bx+c=0$에서

부호를 바꾼다.

(1) a, b, c가 유리수일 때, 한 근이 $p+q\sqrt{m}$이면 다른 한 근은 $p-q\sqrt{m}$이다.

(단, p, q는 유리수, $q\neq0$, $\sqrt{m}$은 무리수이다.)

주의 이차방정식의 계수가 모두 유리수라는 조건이 없으면 $p+q\sqrt{m}$이 방정식의 한 근일 때, 다른 한 근이 반드시 $p-q\sqrt{m}$이 되는 것은 아님에 주의한다.

부호를 바꾼다.

(2) a, b, c가 실수일 때, 한 근이 $p+qi$이면 다른 한 근은 $p-qi$이다.

(단, p, q는 실수, $q\neq0$, $i=\sqrt{-1}$이다.)

참고 $p+q\sqrt{m}$과 $p-q\sqrt{m}$, $p+qi$와 $p-qi$를 각각 켤레근이라 한다.

정답 및 해설 033쪽

유형 01   이차방정식의 근과 계수의 관계

이차방정식 $ax^2+bx+c=0$의 두 근을 α, β라 하면

(1) 두 근의 합 ➡ $\alpha+\beta=-\dfrac{b}{a}$

(2) 두 근의 곱 ➡ $\alpha\beta=\dfrac{c}{a}$

[01~07] 다음 이차방정식의 두 근의 합과 곱을 각각 구하시오.

01 $x^2-5x+1=0$

02 $x^2+4x+2=0$

03 $x^2-x-3=0$

04 $x^2+7=0$

05 $2x^2-3x+2=0$

06 $2x^2+x-5=0$

07 $3x^2+4x=0$

유형 02 근과 계수의 관계를 이용한 식의 값

이차방정식 $ax^2+bx+c=0$의 두 근을 α, β라 하면 $\alpha+\beta$, $\alpha\beta$의 값과 곱셈 공식의 변형을 이용하여 주어진 식의 값을 구한다.

> 참고 자주 사용하는 곱셈 공식의 변형
> ① $a^2+b^2=(a+b)^2-2ab$, $(a-b)^2=(a+b)^2-4ab$
> ② $a^3+b^3=(a+b)^3-3ab(a+b)$

[08~15] 이차방정식 $x^2-3x-5=0$의 두 근을 α, β라 할 때, 다음 식의 값을 구하시오.

08 $\alpha+\beta$

09 $\alpha\beta$

10 $\dfrac{1}{\alpha}+\dfrac{1}{\beta}$

$\Rightarrow \dfrac{1}{\alpha}+\dfrac{1}{\beta}=\dfrac{\alpha+\beta}{\alpha\beta}=\dfrac{\boxed{}}{\boxed{}}=\boxed{}$

11 $(\alpha+1)(\beta+1)$

12 $\alpha^2+\beta^2$

13 $\dfrac{\beta}{\alpha}+\dfrac{\alpha}{\beta}$

$\Rightarrow \dfrac{\beta}{\alpha}+\dfrac{\alpha}{\beta}=\dfrac{\alpha^2+\beta^2}{\alpha\beta}=$

14 $(\alpha-\beta)^2$

15 $\alpha^3+\beta^3$

[16~23] 이차방정식 $2x^2+4x+1=0$의 두 근을 α, β라 할 때, 다음 식의 값을 구하시오.

16 $\alpha+\beta$

17 $\alpha\beta$

18 $\dfrac{1}{\alpha}+\dfrac{1}{\beta}$

19 $(\alpha+1)(\beta+1)$

20 $\alpha^2+\beta^2$

21 $\dfrac{\beta}{\alpha}+\dfrac{\alpha}{\beta}$

22 $(\alpha-\beta)^2$

23 $\alpha^3+\beta^3$

유형 ③ 두 근의 조건이 주어진 이차방정식

(1) 두 근의 비가 $m:n$이면
 ➡ 두 근을 ma, na ($a\neq0$)라 하고 이차방정식의 근과 계수의 관계를 이용한다.
(2) 두 근의 차가 k이면
 ➡ 두 근을 α, $\alpha+k$라 하고 이차방정식의 근과 계수의 관계를 이용한다. → 또는 $a-k$, a

---

[24~27] 다음 이차방정식의 두 근의 비가 [ ] 안과 같을 때, 실수 k의 값을 모두 구하시오.

24 $x^2-4x+k=0$ $[1:3]$

➡ 두 근의 비가 $1:3$이므로 두 근을 α, $\boxed{}$ ($a\neq0$)라 하면 이차방정식의 근과 계수의 관계에 의하여

$\alpha+\boxed{}=4,\ 4\alpha=4$ $\therefore \alpha=\boxed{}$

$\alpha\times\boxed{}=k$ $\therefore k=3\alpha^2$ …… ㉠

$\alpha=\boxed{}$을 ㉠에 대입하면 $k=\boxed{}$

25 $x^2-6x-k=0$ $[1:2]$

26 $x^2-kx+6=0$ $[3:2]$

27 $2x^2-7x+k=0$ $[3:4]$

[28~31] 다음 이차방정식의 두 근의 차가 [ ] 안의 수와 같을 때, 실수 k의 값을 모두 구하시오.

28 $x^2-7x+k=0$ $[1]$

➡ 두 근의 차가 1이므로 두 근을 α, $\boxed{}$이라 하면 이차방정식의 근과 계수의 관계에 의하여

$\alpha+(\boxed{})=7,\ 2\alpha=6$ $\therefore \alpha=\boxed{}$

$\alpha(\boxed{})=\boxed{}$ $\therefore k=\alpha^2+\alpha$ …… ㉠

$\alpha=\boxed{}$을 ㉠에 대입하면 $k=\boxed{}$

29 $x^2+5x-k=0$ $[3]$

30 $x^2+kx+8=0$ $[2]$

31 $x^2-(k-1)x-4=0$ $[5]$

유형 ④ 이차방정식의 작성

(1) 두 수 α, β를 근으로 하고 x^2의 계수가 1인 이차방정식은
 $(x-\alpha)(x-\beta)=0$ ➡ $x^2-(\alpha+\beta)x+\alpha\beta=0$
(2) 두 수 α, β를 근으로 하고 x^2의 계수가 a인 이차방정식은
 $a(x-\alpha)(x-\beta)=0$ ➡ $a\{x^2-(\alpha+\beta)x+\alpha\beta\}=0$

[32~38] 다음 두 수를 근으로 하고 x^2의 계수가 1인 이차방정식을 구하시오.

32 2, 3

➡ (두 근의 합)$=\boxed{}+\boxed{}=\boxed{}$
 (두 근의 곱)$=\boxed{}\times\boxed{}=\boxed{}$
 따라서 구하는 이차방정식은 _____이다.

33 $-1, 4$

34 $\dfrac{1}{3}, \dfrac{5}{3}$

35 $-\sqrt{2}, \sqrt{2}$

36 $2-\sqrt{3}, 2+\sqrt{3}$

37 $-5i, 5i$

38 $2-i, 2+i$

[39~42] 이차방정식 $x^2-2x-3=0$의 두 근을 α, β라 할 때, 다음 두 수를 근으로 하고 x^2의 계수가 1인 이차방정식을 구하시오.

39 $-\alpha, -\beta$

➡ 이차방정식의 근과 계수의 관계에 의하여 $\alpha+\beta=\boxed{}$,

$\alpha\beta=\boxed{}$이므로

(두 근의 합)$=(-\alpha)+(-\beta)=-(\alpha+\beta)=\boxed{}$

(두 근의 곱)$=(-\alpha)\times(-\beta)=\alpha\beta=\boxed{}$

따라서 구하는 이차방정식은 _____ 이다.

40 $\alpha+1, \beta+1$

41 $\alpha+\beta, \alpha\beta$

42 $\dfrac{1}{\alpha}, \dfrac{1}{\beta}$

유형 **05** 이차식의 인수분해

이차방정식 $ax^2+bx+c=0$의 두 근을 α, β라 하면

$$ax^2+bx+c=a(x-\alpha)(x-\beta)$$

참고 계수가 실수인 이차식은 복소수의 범위에서 항상 두 일차식의 곱으로 인수분해할 수 있다.

[43~48] 다음 이차식을 복소수의 범위에서 인수분해하시오.

43 x^2-x-1

➡ 이차방정식 $x^2-x-1=0$의 근은

$$x=\dfrac{-(-1)\pm\sqrt{(\boxed{})^2-4\times\boxed{}\times(\boxed{})}}{2\times\boxed{}}=\dfrac{1\pm\sqrt{\boxed{}}}{\boxed{}}$$

$$\therefore\ x^2-x-1=\left(x-\boxed{}\right)\left(x-\boxed{}\right)$$

44 x^2+4x+7

45 x^2-3

46 x^2+4

47 $2x^2-3x-3$

48 $3x^2-x+5$

유형 **06** 이차방정식의 켤레근

이차방정식 $ax^2+bx+c=0$에서

(1) a, b, c가 유리수일 때, 한 근이 $p+q\sqrt{m}$이면 다른 한 근은 $p-q\sqrt{m}$이다.
　　　　(단, p, q는 유리수, $q\neq0$, $\sqrt{m}$은 무리수이다.)

(2) a, b, c가 실수일 때, 한 근이 $p+qi$이면 다른 한 근은 $p-qi$이다. (단, p, q는 실수, $q\neq0$, $i=\sqrt{-1}$이다.)

[49~52] 이차방정식 $x^2+ax+b=0$의 한 근이 다음과 같을 때, 다른 한 근과 두 유리수 a, b의 값을 각각 구하시오.

49 $1+\sqrt{2}$

➡ a, b가 유리수이고 주어진 이차방정식의 한 근이 $1+\sqrt{2}$이므로 다른 한 근은 ☐이다.

따라서 이차방정식의 근과 계수의 관계에 의하여

$(1+\sqrt{2})+(\boxed{})=-a$ → 두 근의 합

$(1+\sqrt{2})(\boxed{})=b$ → 두 근의 곱

$\therefore a=\boxed{},\ b=\boxed{}$

50 $3-\sqrt{5}$

51 $-2+\sqrt{3}$

52 $-1-2\sqrt{2}$

[53~56] 이차방정식 $x^2+ax+b=0$의 한 근이 다음과 같을 때, 다른 한 근과 두 실수 a, b의 값을 각각 구하시오.

53 $1+i$

➡ a, b가 실수이고 주어진 이차방정식의 한 근이 $1+i$이므로 다른 한 근은 ☐이다.

따라서 이차방정식의 근과 계수의 관계에 의하여

$(1+i)+(\boxed{})=-a$ → 두 근의 합

$(1+i)(\boxed{})=b$ → 두 근의 곱

$\therefore a=\boxed{},\ b=\boxed{}$

54 $3-i$

55 $-2+3i$

56 $1-2\sqrt{2}i$

①+① 연습 149쪽에서 시험에 자주 출제되는 문제를 연습해 보세요.

❶ 이차방정식과 이차함수의 관계

(1) 이차방정식과 이차함수의 관계

이차함수 $y=ax^2+bx+c$의 그래프와 x축의 교점의 x좌표는 이차
방정식 $ax^2+bx+c=0$의 실근과 같다.

(2) 이차함수의 그래프와 x축의 위치 관계

이차함수 $y=ax^2+bx+c$의 그래프와 x축의 위치 관계는 이차방정
식 $ax^2+bx+c=0$의 판별식 D의 부호에 따라 다음과 같다.

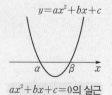

$ax^2+bx+c=0$의 실근

> 이차함수 $y=ax^2+bx+c$의 그래프와 x축의 교점의 개수는 이차방정식 $ax^2+bx+c=0$의 실근의 개수와 같다.

$ax^2+bx+c=0$의 판별식 D	$D>0$	$D=0$	$D<0$
$ax^2+bx+c=0$의 근	서로 다른 두 실근	중근	서로 다른 두 허근
함수 $y=ax^2+bx+c$의 그래프와 x축의 위치 관계	서로 다른 두 점에서 만난다. 교점의 개수: 2	한 점에서 만난다. (접한다.) 교점의 개수: 1	만나지 않는다. 교점의 개수: 0
함수 $y=ax^2+bx+c\ (a>0)$의 그래프			
함수 $y=ax^2+bx+c\ (a<0)$의 그래프			

❷ 이차함수의 그래프와 직선의 위치 관계

이차함수 $y=ax^2+bx+c$의 그래프와 직선 $y=mx+n$의 위치 관계는 이차방정식
$ax^2+bx+c=mx+n$, 즉 $ax^2+(b-m)x+c-n=0$의 판별식 D의 부호에 따라 다음과 같
다.

> 이차함수 $y=ax^2+bx+c$의 그래프와 직선 $y=mx+n$의 교점의 x좌표는 이차방정식 $ax^2+bx+c=mx+n$의 실근과 같다.

$D\geq0$이면 이차함수의 그래프와 직선이 만난다.

$ax^2+bx+c=mx+n$의 판별식 D	$D>0$	$D=0$	$D<0$
함수 $y=ax^2+bx+c\ (a>0)$의 그래프와 직선 $y=mx+n$의 위치 관계	서로 다른 두 점에서 만난다. 교점의 개수: 2	한 점에서 만난다. (접한다.) 교점의 개수: 1	만나지 않는다. 교점의 개수: 0

유형 01 이차함수의 그래프

이차함수 $y=a(x-p)^2+q$의
그래프는 이차함수 $y=ax^2$의
그래프를 x축의 방향으로 p만큼,
y축의 방향으로 q만큼 평행이동
한 것이다.

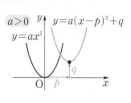

참고 이차함수 $y=ax^2+bx+c$의 그래프는 $y=a(x-p)^2+q$ 꼴
로 변형하여 그린다.

꼭짓점의 좌표: $\left(-\dfrac{b}{2a},\ -\dfrac{b^2-4ac}{4a}\right)$, 축의 방정식: $x=-\dfrac{b}{2a}$

$\rightarrow y=ax^2+bx+c=a\left(x+\dfrac{b}{2a}\right)^2-\dfrac{b^2-4ac}{4a}$

[01~04] 다음 이차함수의 그래프를 그리시오.

01 $y=(x-2)^2-2$

02 $y=-(x+1)^2+3$

03 $y=x^2+6x+7$

04 $y=-2x^2+4x+3$

유형 **02** 이차함수의 그래프와 계수의 부호

이차함수 $y=ax^2+bx+c$의 그래프에서

(1) a의 부호 ← 그래프의 모양으로 판정

  ① 아래로 볼록하면 ➡ $a>0$

  ② 위로 볼록하면 ➡ $a<0$

(2) b의 부호 ← 축의 위치로 판정

  ① 축이 y축의 오른쪽에 있으면

    ➡ a, b는 서로 다른 부호 $ab<0$

  ② 축이 y축의 왼쪽에 있으면

    ➡ a, b는 같은 부호 $ab>0$

(3) c의 부호 ← y축과의 교점의 위치로 판정

  ① y축과의 교점이 원점의 위쪽에 있으면 ➡ $c>0$

  ② y축과의 교점이 원점의 아래쪽에 있으면 ➡ $c<0$

[05~08] 이차함수 $y=ax^2+bx+c$의 그래프가 다음 그림과 같을 때, a, b, c의 부호를 각각 결정하시오. (단, a, b, c는 상수이다.)

05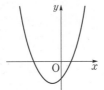

06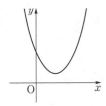

07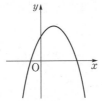

08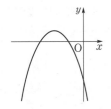

[09~12] 이차함수 $y=ax^2+bx+c$의 그래프가 오른쪽 그림과 같을 때, 다음 중 옳은 것은 ○표, 옳지 않은 것은 ×표를 (   ) 안에 써넣으시오.

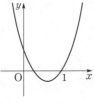

09 $b<0$ (   )

10 $ac>0$ (   )

11 $a+b+c>0$ (   )

12 $a-b+c>0$ (   )

유형 **03** 이차함수의 그래프와 x축의 교점

이차함수 $y=ax^2+bx+c$의 그래프와 x축의 교점의 x좌표가 α, β이다.

➡ 이차방정식 $ax^2+bx+c=0$의 두 실근이 α, β이다.

[13~16] 다음 이차함수의 그래프와 x축의 교점의 x좌표를 구하시오.

13 $y=x^2-3x+2$

14 $y=x^2+3x-4$

15 $y=x^2-8x+16$

16 $y=-2x^2-x+3$

[17~19] 다음을 만족시키는 두 상수 a, b의 값을 각각 구하시오.

17 이차함수 $y=x^2+ax+b$의 그래프와 x축의 교점의 x좌표가 1, 2이다.

➡ 이차함수 $y=x^2+ax+b$의 그래프와 x축의 교점의 x좌표가 1, 2이므로 이차방정식 □□□□□의 두 근이 □, □이다.
따라서 이차방정식의 근과 계수의 관계에 의하여

$1+□=-a$ → 두 근의 합
$1\times2=b$ → 두 근의 곱

∴ $a=□$, $b=□$

18 이차함수 $y=x^2+ax+b$의 그래프와 x축의 교점의 x좌표가 -2, 3이다.

19 이차함수 $y=x^2+ax+b$의 그래프와 x축의 교점의 x좌표가 -5, -1이다.

유형 04 **이차함수의 그래프와 x축의 위치 관계**

이차함수 $y=ax^2+bx+c$의 그래프와 x축의 위치 관계는
이차방정식 $ax^2+bx+c=0$의 판별식을 D라 할 때
(1) $D>0$ ➡ 서로 다른 두 점에서 만난다.
(2) $D=0$ ➡ 한 점에서 만난다. (접한다.)
(3) $D<0$ ➡ 만나지 않는다.

[20~23] 다음 이차함수의 그래프와 x축의 위치 관계를 말하시오.

20 $y=x^2+3x-2$

21 $y=-x^2+x-5$

22 $y=x^2+6x+9$

23 $y=-3x^2-x-2$

[24~26] 다음 이차함수의 그래프가 x축과 서로 다른 두 점에서 만나도록 하는 실수 k의 값의 범위를 구하시오.

24 $y=x^2-x-k$

➡ 이차함수 $y=x^2-x-k$의 그래프가 x축과 서로 다른 두 점에서 만나려면 이차방정식 □□□□□이 서로 다른 두 실근을 가져야 하므로 이 이차방정식의 판별식을 D라 하면

$D=(-1)^2-4\times1\times(□)=4k+1>0$

∴ $k>□$

25 $y=x^2+2x+k$

26 $y=-2x^2+4x+3-k$

[27~29] 다음 이차함수의 그래프가 x축과 한 점에서 만나도록 하는 실수 k의 값을 구하시오.

27 $y=x^2+4x+k$

💡 이차방정식의 판별식을 D라 하면 $D=0$이어야 한다.

28 $y=x^2-kx+12$

29 $y=2x^2+kx+k-2$

[30~32] 다음 이차함수의 그래프가 x축과 만나지 않도록 하는 실수 k의 값의 범위를 구하시오.

30 $y=x^2-3x+k$

💡 이차방정식의 판별식을 D라 하면 $D<0$이어야 한다.

31 $y=-x^2-5x+k$

32 $y=-3x^2-4x-k-1$

유형 **05** 이차함수의 그래프와 직선의 위치 관계

이차함수 $y=ax^2+bx+c$의 그래프와 직선 $y=mx+n$의 위치 관계는 이차방정식 $ax^2+bx+c=mx+n$, 즉 $ax^2+(b-m)x+c-n=0$의 판별식을 D라 할 때

(1) $D>0$ ➡ 서로 다른 두 점에서 만난다.
(2) $D=0$ ➡ 한 점에서 만난다. (접한다.)
(3) $D<0$ ➡ 만나지 않는다.

[33~36] 다음 이차함수의 그래프와 직선의 위치 관계를 말하시오.

33 $y=x^2-2x,\ y=x+4$

34 $y=x^2-2x+5,\ y=-x-3$

35 $y=2x^2-x+3,\ y=3x+1$

36 $y=-x^2+3x-1,\ y=5x-2$

[37~39] 다음 이차함수의 그래프와 직선이 서로 다른 두 점에서 만나도록 하는 실수 k의 값의 범위를 구하시오.

37 $y=x^2-3x+k,\ y=x+2$

➡ 이차함수 $y=x^2-3x+k$의 그래프와 직선 $y=x+2$가 서로 다른 두 점에서 만나려면 이차방정식 $x^2-3x+k=x+2$, 즉

$\boxed{}$ 이 서로 다른 두 실근을 가져야 하므로 이 이차방정식의 판별식을 D라 하면

$\dfrac{D}{4}=(\boxed{})^2-1\times(\boxed{})=6-k>0$

$\therefore k<\boxed{}$

38 $y=x^2+2x+4,\ y=x+k$

39 $y=-2x^2-4x+k,\ y=-x-3$

[40~42] 다음 이차함수의 그래프와 직선이 한 점에서 만나도록 하는 실수 k의 값을 모두 구하시오.

40 $y=x^2-2x+k,\ y=2x-1$

💡 이차방정식의 판별식을 D라 하면 $D=0$이어야 한다.

41 $y=-x^2+4x+2,\ y=x+k$

42 $y=2x^2+kx-3,\ y=-x-5$

[43~45] 다음 이차함수의 그래프와 직선이 만나지 않도록 하는 실수 k의 값의 범위를 구하시오.

43 $y=x^2-5x+k,\ y=x+3$

💡 이차방정식의 판별식을 D라 하면 $D<0$이어야 한다.

44 $y=-x^2-2x-1,\ y=3x-k$

45 $y=3x^2-4x-2,\ y=-x-k$

유형 06 이차함수의 그래프와 직선의 교점

이차함수 $y=f(x)$의 그래프와 직선 $y=g(x)$의 교점의 x좌표가 α, β이다.

➡ 이차방정식 $f(x)=g(x)$, 즉 $f(x)-g(x)=0$의 두 실근이 α, β이다.

[46~49] 주어진 이차함수의 그래프와 직선 $y=ax+b$의 교점의 x좌표가 [　] 안과 같을 때, 두 상수 a, b의 값을 각각 구하시오.

46 $y=x^2+3x-2$　　[1, 3]

➡ 이차함수 $y=x^2+3x-2$의 그래프와 직선 $y=ax+b$의 교점의 x좌표가 1, 3이므로 이차방정식 $x^2+3x-2=ax+b$, 즉

$$\boxed{}$$의 두 근이 1, 3이다.

따라서 이차방정식의 근과 계수의 관계에 의하여

$\boxed{}+3=a-3$　→ 두 근의 합

$1\times3=\boxed{}$　→ 두 근의 곱

$\therefore\ a=\boxed{},\ b=\boxed{}$

47 $y=x^2+3$　　$[-4,\ 2]$

48 $y=x^2-4x-5$　　$[1-\sqrt{2},\ 1+\sqrt{2}]$

49 $y=-x^2+3x+7$　　$[2-\sqrt{3},\ 2+\sqrt{3}]$

❶+❶ **연습** 151쪽에서 시험에 자주 출제되는 문제를 연습해 보세요.

14 이차함수의 최대, 최소

❶ 이차함수의 최대, 최소

(1) **함수의 최댓값과 최솟값**: 어떤 함수의 모든 함숫값 중에서 가장 큰 값을 최댓값이라 하고, 가장 작은 값을 최솟값이라 한다.

(2) **이차함수의 최댓값과 최솟값**: 이차함수 $y=a(x-p)^2+q$는

    ① $a>0$일 때, $x=p$에서 최솟값 q를 갖고, 최댓값은 없다.

    ② $a<0$일 때, $x=p$에서 최댓값 q를 갖고, 최솟값은 없다.

> 이차함수 $y=ax^2+bx+c$의 최댓값과 최솟값은 이차함수의 식을 $y=a(x-p)^2+q$ 꼴로 변형하여 구한다.

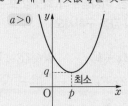 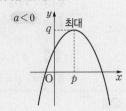

❷ 제한된 범위에서의 이차함수의 최대, 최소

x의 값의 범위가 $\alpha \leq x \leq \beta$일 때, 이차함수 $f(x)=a(x-p)^2+q$의 최댓값과 최솟값은 $y=f(x)$의 그래프의 꼭짓점의 x좌표인 p의 값에 따라 다음과 같다.

> 함수식이 같아도 x의 값의 범위가 다르면 최댓값과 최솟값이 달라질 수 있다.

(1) p가 x의 값의 범위에 속할 때, 즉 $\alpha \leq p \leq \beta$일 때

  ➡ $f(p)$, $f(\alpha)$, $f(\beta)$ 중 가장 큰 값이 최댓값, 가장 작은 값이 최솟값이다.

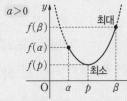 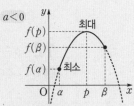

(2) p가 x의 값의 범위에 속하지 않을 때, 즉 $p<\alpha$ 또는 $p>\beta$일 때

  ➡ $f(\alpha)$, $f(\beta)$ 중 큰 값이 최댓값, 작은 값이 최솟값이다.

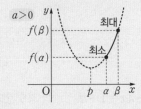 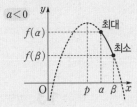

정답 및 해설 **039**쪽

중등 과정

유형 01 이차함수의 최대, 최소

이차함수 $y=a(x-p)^2+q$는

(1) $a>0$일 때, $x=p$에서 최솟값 q를 갖고, 최댓값은 없다.

(2) $a<0$일 때, $x=p$에서 최댓값 q를 갖고, 최솟값은 없다.

[01~05] 다음 이차함수의 최댓값과 최솟값을 각각 구하시오.

01 $y=(x-1)^2+3$

02 $y=-(x+3)^2-2$

03 $y=4x^2+1$

04　$y=x^2+4x+2$

05　$y=-2x^2+12x-5$

[06~10] 다음 이차함수의 최댓값 또는 최솟값과 그때의 x의 값을 각각 구하시오.

06　$y=x^2-2x$

➡ $y=x^2-2x=(x-\square)^2-\square$

　　따라서 $x=\square$ 에서 최솟값 $\boxed{}$ 을 갖는다.

07　$y=x^2-4x-1$

08　$y=-x^2+6x+5$

09　$y=2x^2+4x+1$

10　$y=-3x^2-12x-4$

유형 02 최댓값 또는 최솟값이 주어질 때 미지수 구하기

(1) 이차함수의 식이 $y=a(x-p)^2+q$이면
　➡ 최댓값 또는 최솟값이 q이다.
(2) 이차함수가 $x=p$에서 최댓값 또는 최솟값 q를 가지면
　➡ $y=a(x-p)^2+q$

[11~15] 주어진 이차함수의 최댓값 또는 최솟값이 [　] 안과 같을 때, 상수 k의 값을 구하시오.

11　$y=x^2-2x+k$　　　[최솟값: 4]

❶단계 $y=x^2-2x+k=(x-\square)^2+\boxed{}$

❷단계 이 이차함수의 최솟값이 4이므로

　$\boxed{}=4$　　∴ $k=\square$

12　$y=x^2+4x-k$　　　[최솟값: -2]

❶단계 주어진 이차함수의 식을 $y=a(x-p)^2+q$ 꼴로 변형한다.

❷단계 주어진 조건을 이용하여 상수 k의 값을 구한다.

13　$y=-x^2-4x+1-k$　　　[최댓값: 3]

14　$y=3x^2-6x+2k+1$　　　[최솟값: 6]

15　$y=-2x^2+4x+3k$　　　[최댓값: -7]

[16~20] 다음을 만족시키는 두 상수 a, b의 값을 각각 구하시오.

16 이차함수 $y=x^2+ax+b$는 $x=1$에서 최솟값 -2를 갖는다.

➡ 이차항의 계수가 1이고, $x=1$에서 최솟값 -2를 갖는 이차함수의 식은

$$y=(x-\boxed{})^2-\boxed{}=x^2-\boxed{}x-\boxed{}$$

$$\therefore a=\boxed{}, \ b=\boxed{}$$

17 이차함수 $y=x^2-ax+b$는 $x=3$에서 최솟값 4를 갖는다.

18 이차함수 $y=-x^2+2ax-b$는 $x=-2$에서 최댓값 7을 갖는다.

19 이차함수 $y=2x^2+4ax-b$는 $x=-1$에서 최솟값 -9를 갖는다.

20 이차함수 $y=-3x^2-6ax+2b$는 $x=2$에서 최댓값 11을 갖는다.

유형 03 제한된 범위에서의 이차함수의 최대, 최소

이차함수 $f(x)=a(x-p)^2+q \ (\alpha\le x\le\beta)$는

(1) $\alpha\le p\le\beta$일 때, $f(p)$, $f(\alpha)$, $f(\beta)$ 중 가장 큰 값이 최댓값, 가장 작은 값이 최솟값이다.

(2) $p<\alpha$ 또는 $p>\beta$일 때, $f(\alpha)$, $f(\beta)$ 중 큰 값이 최댓값, 작은 값이 최솟값이다.

[21~25] 주어진 x의 값의 범위에서 다음 이차함수의 최댓값과 최솟값을 각각 구하시오.

21 $y=x^2+2x-3 \ (-2\le x\le1)$

➡ $y=x^2+2x-3=(x+\boxed{})^2-4$

이므로 $-2\le x\le1$에서 주어진 함수의 그래프는 오른쪽 그림과 같다.

따라서 $x=\boxed{}$에서 최댓값 $\boxed{}$,

$x=\boxed{}$에서 최솟값 $\boxed{}$를 갖는다.

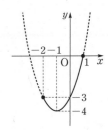

22 $y=x^2-6x+4 \ (0\le x\le4)$

23 $y=-x^2+4x-1 \ (-1\le x\le2)$

24 $y=2x^2+4x-1 \ (-3\le x\le-2)$

25 $y=-2x^2-8x-3 \left(-\dfrac{3}{2}\le x\le0\right)$

[26~30] 다음을 만족시키는 상수 k의 값을 구하시오.

26 $-3 \leq x \leq 1$에서 이차함수 $y = x^2 + 4x + k$의 최솟값이 2이다.

➡ $y = x^2 + 4x + k = (x+2)^2 + k - 4$

이므로 $-3 \leq x \leq 1$에서 주어진 함수의
그래프는 오른쪽 그림과 같다.

이때 꼭짓점의 x좌표 ☐가 x의 값의
범위에 속하므로 $x = $☐에서 최솟값
☐를 갖는다.

따라서 ☐$= 2$이므로

$k = $☐

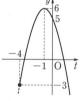

27 $-3 \leq x \leq 0$에서 이차함수 $y = -x^2 - 2x - k$의 최댓값이 5이다.

28 $1 \leq x \leq 4$에서 이차함수 $y = x^2 - 6x + k$의 최댓값이 7이다.

29 $-1 \leq x \leq 1$에서 이차함수 $y = 2x^2 - 8x + k$의 최솟값이 -9이다.

30 $-5 \leq x \leq -3$에서 이차함수 $y = -\dfrac{1}{2}x^2 - 2x - k$의 최댓값이 -3이다.

유형 **04** **공통부분이 있는 함수의 최댓값과 최솟값**

함수 $y = \{f(x)\}^2 + af(x) + b$의 최댓값과 최솟값은 다음과
같은 순서로 구한다.

❶ $f(x) = t$로 치환하여 t의 값의 범위를 구한다.
❷ $y = t^2 + at + b$를 $y = (t-p)^2 + q$ 꼴로 변형한다.
❸ ❶에서 구한 t의 값의 범위에서 최댓값 또는 최솟값을
구한다.

[31~34] 다음 함수의 최댓값을 구하시오.

31 $y = -(x^2 - 4x)^2 - 2(x^2 - 4x) + 5$

❶ 단계 $x^2 - 4x = t$로 치환하면
$t = x^2 - 4x = (x-2)^2 - 4$이므로
$t \geq$ ☐

❷ 단계 주어진 함수는
$y = -t^2 - 2t + 5$
  $= -(t+1)^2 + 6$ $(t \geq$ ☐ $)$
이므로 주어진 함수의 그래프는 오른쪽 그림과
같다.

❸ 단계 $t = $☐에서 주어진 함수의 최댓값은 ☐이다.

32 $y = -(x^2 + 4x + 2)^2 - 6(x^2 + 4x + 2) - 4$
❶ 단계 $x^2 + 4x + 2 = t$로 치환하여 t의 값의 범위를 구한다.

❷ 단계 $y = -t^2 - 6t - 4$를 $y = -(t-p)^2 + q$ 꼴로 변형한다.

❸ 단계 ❶ 단계 에서 구한 t의 값의 범위에서 최댓값을 구한다.

33 $y = -(x^2 - 8x + 10)^2 - 10(x^2 - 8x + 9) - 28$

34 $y=-(x^2-6x+10)^2-2(x^2-6x+11)+3$

유형 05 **이차함수의 최대, 최소의 활용**

이차함수의 최대, 최소의 활용 문제는 다음과 같은 순서로 해결한다.

❶ 주어진 상황을 x에 대한 이차식으로 나타낸다.

❷ x의 값의 범위를 정한다.

❸ ❷의 범위에서 최댓값 또는 최솟값을 구한다.

[35~38] 다음 함수의 최솟값을 구하시오.

35 $y=(x^2-2x)^2-2(x^2-2x)+3$

➡ $x^2-2x=t$로 치환하면

$t=x^2-2x=(x-1)^2-1$이므로

$t\geq\boxed{}$

이때 주어진 함수는

$y=t^2-2t+3=(t-1)^2+2\ (t\geq\boxed{})$

이므로 주어진 함수의 그래프는 오른쪽 그림과 같다.

따라서 $t=\boxed{}$에서 주어진 함수의 최솟값은 $\boxed{}$이다.

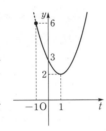

39 길이가 40 m인 철사를 구부려 직사각형을 만들 때, 직사각형의 넓이의 최댓값을 구하시오.

➡ 직사각형의 가로의 길이를 x m라 하면 세로의 길이는

$(\boxed{})$m이다.

직사각형의 넓이를 y m^{2}라 하면

$y=x(\boxed{})=-x^2+20x=-(x-10)^2+\boxed{}$

이때 $0<x<20$이므로 $x=\boxed{}$에서 최댓값 $\boxed{}$을 갖는다.

따라서 직사각형의 넓이의 최댓값은 $\boxed{}$ m^{2}이다.

⟶ 길이는 양수이므로 $x>0$, $20-x>0$

∴ $0<x<20$

36 $y=(x^2+2x+1)^2+4(x^2+2x+1)-3$

➡ $x^2+2x+1=t$로 치환하면

40 오른쪽 그림과 같이 직사각형 ABCD에서 두 점 A, B는 x축 위에 있고, 두 점 C, D는 이차함수 $y=-x^2+6$의 그래프 위에 있다. 이때 직사각형 ABCD의 둘레의 길이의 최댓값을 구하시오.

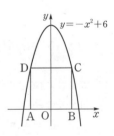

➡ 점 B의 좌표를 $(a,\ 0)\ (a>0)$이라 하면

$C(a,\ -a^2+6)$이므로 $\overline{AB}=2a$, $\overline{BC}=-a^2+6$

직사각형 ABCD의 둘레의 길이를 y라 하면

$y=$

37 $y=(x^2-4x+3)^2-6(x^2-4x+1)+1$

41 지면에서 수직 방향으로 쏘아 올린 물체의 t초 후의 지면으로부터의 높이를 y m라 하면 $y=-5t^2+40t\ (0<t<8)$인 관계가 성립한다고 한다. 물체가 최고 높이에 도달할 때까지 걸린 시간과 이때의 높이를 각각 구하시오.

38 $y=(x^2+6x+12)^2-4(x^2+6x+11)+1$

❶+❶ 연습 **153**쪽에서 시험에 자주 출제되는 문제를 연습해 보세요.

15 삼차방정식과 사차방정식

❶ 삼차방정식과 사차방정식

다항식 $P(x)$가 x에 대한 삼차식, 사차식일 때 방정식 $P(x)=0$을 각각 x에 대한 삼차방정식, 사차방정식이라 한다.

❷ 삼차방정식과 사차방정식의 풀이

(1) 삼차방정식과 사차방정식의 풀이

　방정식 $P(x)=0$은 다항식 $P(x)$를 인수분해한 후 다음을 이용하여 푼다.

　① $ABC=0$이면 $A=0$ 또는 $B=0$ 또는 $C=0$이다.

　② $ABCD=0$이면 $A=0$ 또는 $B=0$ 또는 $C=0$ 또는 $D=0$이다.

　참고 특별한 언급이 없으면 삼차방정식과 사차방정식의 해는 복소수의 범위에서 구한다.

(2) 인수정리, 치환을 이용한 삼차방정식과 사차방정식의 풀이

　① 인수정리를 이용한 삼, 사차방정식

　　방정식 $P(x)=0$에서 다항식 $P(x)$에 대하여 $P(\alpha)=0$이면 인수정리를 이용하여

　　$P(x)=(x-\alpha)Q(x)$ ← $P(\alpha)=0$이면 $P(x)$는 $x-\alpha$를 인수로 가지므로 조립제법을 이용하여

　　꼴로 인수분해한 후 푼다. 　$P(x)=(x-\alpha)Q(x)$ 꼴로 나타낸다.

　② 공통부분이 있는 방정식

　　방정식에 공통부분이 있으면 공통부분을 한 문자로 치환하고, 그 문자에 대한 방정식으로 변형한 후 인수분해하여 푼다.

● 인수정리
다항식 $P(x)$에 대하여 $P(\alpha)=0$이면 $P(x)$는 일차식 $x-\alpha$로 나누어떨어진다.

유형 01 인수분해를 이용한 삼, 사차방정식의 풀이

방정식 $P(x)=0$은 다항식 $P(x)$를 인수분해한 후 다음을 이용하여 푼다.

(1) $ABC=0$이면

　➡ $A=0$ 또는 $B=0$ 또는 $C=0$

(2) $ABCD=0$이면

　➡ $A=0$ 또는 $B=0$ 또는 $C=0$ 또는 $D=0$

참고 계수가 실수인 삼차방정식과 사차방정식은 복소수의 범위에서 각각 3개, 4개의 근을 갖는다.

[01~05] 인수분해를 이용하여 다음 삼차방정식을 푸시오.

01 $x^3-10x^2+24x=0$

➡ $x^3-10x^2+24x=0$의 좌변을 인수분해하면

　$\boxed{}(x^2-10x+24)=0$

　$\boxed{}(x-4)(x-\boxed{})=0$

　$\therefore x=\boxed{}$ 또는 $x=4$ 또는 $x=\boxed{}$

02 $x^3-4x=0$

03 $x^3+27=0$

💡 $a^3+b^3=(a+b)(a^2-ab+b^2)$ 임을 이용한다.

04 $x^3-125=0$

05 $27x^3-8=0$

[06~10] 인수분해를 이용하여 다음 사차방정식을 푸시오.

06 $x^4-64x=0$

➡ $x^4-64x=0$의 좌변을 인수분해하면

$\boxed{}(x^3-64)=0$

$\boxed{}(x-\boxed{})(x^2+4x+\boxed{})=0$

$\therefore x=\boxed{}$ 또는 $x=4$ 또는 $x=\boxed{}$

07 $x^4+8x=0$

08 $x^4-9x^2=0$

09 $x^4-1=0$

10 $81x^4-1=0$

유형 02 **인수정리를 이용한 삼, 사차방정식의 풀이**

방정식 $P(x)=0$은 인수정리를 이용하여 다음과 같은 순서로 푼다.

❶ $P(a)=0$을 만족시키는 상수 a의 값을 구한다.

❷ 조립제법을 이용하여 $P(x)=(x-a)Q(x)$ 꼴로 나타낸다.

❸ 인수분해 공식을 이용하거나 ❶, ❷의 과정을 반복하여 $Q(x)$가 더 이상 인수분해되지 않을 때까지 인수분해한 후 푼다.

참고 다항식 $P(x)$의 계수와 상수항이 모두 정수일 때, $P(a)=0$을 만족시키는 상수 a의 값은 $\pm\dfrac{(\text{상수항의 약수})}{(\text{최고차항의 계수의 약수})}$ 중에서 찾을 수 있다.

[11~15] 인수정리를 이용하여 다음 삼차방정식을 푸시오.

11 $x^3-4x^2+x+2=0$

➡ $P(x)=x^3-4x^2+x+2$라 하면

$P(1)=1^3-4\times1^2+1+2=0$

이므로 $\boxed{}$은 $P(x)$의 인수이다.

조립제법을 이용하여 $P(x)$를 인수분해하면

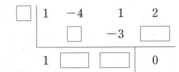

$$\begin{array}{c|cccc} \boxed{} & 1 & -4 & 1 & 2 \\ & & \boxed{} & -3 & \boxed{} \\ \hline & 1 & \boxed{} & \boxed{} & 0 \end{array}$$

$\therefore P(x)=(x-1)(\boxed{})$

따라서 주어진 방정식은

$(x-1)(\boxed{})=0$

$\therefore x=1$ 또는 $x=\boxed{}$

12 $x^3-4x^2+x+6=0$

➡ $P(x)=x^3-4x^2+x+6$이라 하면

$P(-1)=(-1)^3-4\times(-1)^2-1+6=0$

이므로 $\boxed{}$은 $P(x)$의 인수이다.

조립제법을 이용하여 $P(x)$를 인수분해하면

13 $x^3-3x^2-6x+8=0$

14 $x^3-4x^2+9x-10=0$

15 $x^3-3x^2+2x+6=0$

[16~20] 인수정리를 이용하여 다음 사차방정식을 푸시오.

16 $x^4+4x^3+5x^2-4x-6=0$

➡ $P(x)=x^4+4x^3+5x^2-4x-6$이라 하면

$P(1)=1^4+4\times1^3+5\times1^2-4\times1-6=0$

이므로 ☐은 $P(x)$의 인수이다.

조립제법을 이용하여 $P(x)$를 인수분해하면

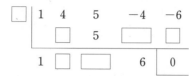

$P(x)=(x-☐)(x^3+5x^2+10x+6)$

이때 $Q(x)=x^3+5x^2+10x+6$이라 하면

$Q(-1)=(-1)^3+5\times(-1)^2+10\times(-1)+6=0$

이므로 ☐은 $Q(x)$의 인수이다.

조립제법을 이용하여 $Q(x)$를 인수분해하면

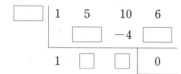

$Q(x)=(x+1)(\boxed{})$

$\therefore P(x)=(x-☐)Q(x)=(x-☐)(x+1)(\boxed{})$

따라서 주어진 방정식은

$(x-1)(x+1)(\boxed{})=0$

$\therefore x=-1$ 또는 $x=1$ 또는 $x=\boxed{}$

17 $x^4-3x^2-6x+8=0$

➡ $P(x)=x^4-3x^2-6x+8$이라 하면

$P(1)=1^4-3\times1^2-6\times1+8=0$

이므로 ☐은 $P(x)$의 인수이다.

조립제법을 이용하여 $P(x)$를 인수분해하면

18 $x^4+x^3-15x^2+23x-10=0$

19 $x^4-2x^3+x^2-4=0$

20 $x^4+x^3-7x^2-x+6=0$

유형 03 **공통부분이 있는 방정식의 풀이**

공통부분이 있는 방정식은 다음과 같은 순서로 푼다.
❶ 공통부분을 X로 치환하여 X에 대한 방정식으로 변형한 후 X에 대한 방정식을 푼다.
❷ X에 원래의 공통부분을 대입하여 x에 대한 방정식을 푼다.

[21~24] 다음 방정식을 푸시오.

21 $(x^2-5x)^2-2(x^2-5x)-24=0$

❶단계 $\boxed{}=X$로 치환하면 주어진 방정식은

$X^2-2X-24=0$, $(X+☐)(X-6)=0$

$\therefore X=\boxed{}$ 또는 $X=6$

❷단계 (i) $X=\boxed{}$일 때

$\boxed{}=-4$에서 $x^2-5x+4=0$

$(x-1)(x-4)=0$

$\therefore x=1$ 또는 $x=\boxed{}$

(ii) $X=6$일 때

$\boxed{}=6$에서 $x^2-5x-6=0$

$(x+1)(x-6)=0$

$\therefore x=\boxed{}$ 또는 $x=6$

(i), (ii)에서 주어진 방정식의 해는

$x=\boxed{}$ 또는 $x=1$ 또는 $x=\boxed{}$ 또는 $x=6$

22 $(x^2+4x-2)(x^2+4x+2)-5=0$

① 단계 공통부분을 X로 치환하여 X에 대한 방정식으로 변형한 후 X에 대한 방정식을 푼다.

② 단계 X에 원래의 공통부분을 대입하여 x에 대한 방정식을 푼다.

23 $(x^2-x)^2-8(x^2-x)+12=0$

24 $(x^2+x+1)(x^2+x+4)-18=0$

유형 **04** $x^4+ax^2+b=0$ 꼴의 방정식의 풀이

(1) 치환했을 때 인수분해가 되는 경우
  ➡ $x^2=X$로 치환하여 X에 대한 이차식으로 변형한 후 인수분해하여 푼다.
(2) 치환했을 때 인수분해가 되지 않는 경우
  ➡ x^4+ax^2+b에서 이차항을 적당히 더하고 빼거나 분리하여 $(x^2+A)^2-(Bx)^2$ 꼴로 변형한 후 인수분해하여 푼다.
  참고 $x^4+ax^2+b=0$ (a, b는 상수)과 같이 차수가 짝수인 항과 상수항으로만 이루어진 방정식을 복이차방정식이라 한다.

[25~28] 다음 방정식을 푸시오.

25 $x^4-4x^2-5=0$

➡ $\boxed{}=X$로 치환하면 주어진 방정식은
 $X^2-4X-5=0$, $(X+1)(X-5)=0$
 $\therefore X=-1$ 또는 $X=5$
 (ⅰ) $X=-1$일 때
   $x^2=\boxed{}$에서 $x=\pm i$
 (ⅱ) $X=5$일 때
   $x^2=5$에서 $x=\boxed{}$
 (ⅰ), (ⅱ)에서 주어진 방정식의 해는
 $x=\pm i$ 또는 $x=\boxed{}$

26 $x^4-9x^2+20=0$

➡ $\boxed{}=X$로 치환하면 주어진 방정식은

27 $x^4+7x^2-8=0$

28 $x^4-x^2-30=0$

[29~32] 다음 방정식을 푸시오.

29 $x^4-12x^2+16=0$

➡ $x^4-12x^2+16=0$에서 $(x^4-8x^2+16)-\boxed{}=0$
 $(x^2-4)^2-(2x)^2=0$, $(x^2+2x-4)(\boxed{})=0$
 $\therefore x^2+2x-4=0$ 또는 $\boxed{}=0$
 따라서 주어진 방정식의 해는
 $x=-1\pm\sqrt{5}$ 또는 $x=\boxed{}$

30 $x^4 - 11x^2 + 1 = 0$

➡ $x^4 - 11x^2 + 1 = 0$에서

$(x^4 - 2x^2 + 1) - \boxed{} = 0$

31 $x^4 - 8x^2 + 4 = 0$

32 $x^4 + 2x^2 + 9 = 0$

유형 05 $ax^4 + bx^3 + cx^2 + bx + a = 0 \, (a \neq 0)$ 꼴의 방정식의 풀이

$ax^4 + bx^3 + cx^2 + bx + a = 0 \, (a \neq 0)$ 꼴의 방정식은 다음과 같은 순서로 푼다.

❶ 양변을 x^2으로 나눈 후, $x^2 + \dfrac{1}{x^2} = \left(x + \dfrac{1}{x}\right)^2 - 2$임을 이용하여 좌변을 정리한다.

❷ $x + \dfrac{1}{x} = X$로 치환하여 주어진 방정식을 X에 대한 방정식으로 나타낸 후, X에 대한 방정식을 푼다.

❸ X에 $x + \dfrac{1}{x}$을 대입하여 x에 대한 방정식을 푼다.

> **참고** $ax^4 + bx^3 + cx^2 + bx + a = 0 \, (a \neq 0, \, a, \, b, \, c$는 상수)과 같이 내림차순 또는 오름차순으로 정리하였을 때, 가운데 항을 중심으로 계수가 서로 대칭인 방정식을 상반방정식이라 한다.

[33~35] 다음 방정식을 푸시오.

33 $x^4 + x^3 + 2x^2 + x + 1 = 0$

❶ 단계 $x \neq 0$이므로 방정식의 양변을 x^2으로 나누면

$x^2 + x + 2 + \dfrac{1}{x} + \dfrac{1}{x^2} = 0, \, \left(x^2 + \dfrac{1}{x^2}\right) + \left(x + \dfrac{1}{x}\right) + \boxed{} = 0$

$\therefore \left(x + \dfrac{1}{x}\right)^2 + \left(x + \dfrac{1}{x}\right) = 0$

❷ 단계 $\boxed{} = X$로 치환하면 $X^2 + X = 0$

$X(X+1) = 0 \qquad \therefore X = -1$ 또는 $X = 0$

❸ 단계 (ⅰ) $X = -1$일 때

$\boxed{} = -1$에서 $x^2 + x + 1 = 0 \qquad \therefore x = \dfrac{-1 \pm \sqrt{3}i}{2}$

(ⅱ) $X = 0$일 때

$\boxed{} = 0$에서 $x^2 + 1 = 0 \qquad \therefore x = \boxed{}$

(ⅰ), (ⅱ)에서 주어진 방정식의 해는

$x = \dfrac{-1 \pm \sqrt{3}i}{2}$ 또는 $x = \boxed{}$

34 $x^4 - 2x^3 - x^2 - 2x + 1 = 0$

❶ 단계 양변을 x^2으로 나눈 후, $x^2 + \dfrac{1}{x^2} = \left(x + \dfrac{1}{x}\right)^2 - 2$임을 이용하여 좌변을 정리한다.

❷ 단계 $x + \dfrac{1}{x} = X$로 치환하여 X에 대한 방정식을 푼다.

❸ 단계 X에 $x + \dfrac{1}{x}$을 대입하여 x에 대한 방정식을 푼다.

35 $x^4 + 3x^3 - 2x^2 + 3x + 1 = 0$

> **❶+❶ 연습 154**쪽에서 시험에 자주 출제되는 문제를 연습해 보세요.

16 삼차방정식의 근의 성질

❶ 삼차방정식의 근과 계수의 관계

(1) 삼차방정식의 근과 계수의 관계

삼차방정식 $ax^3+bx^2+cx+d=0$의 세 근을 α, β, γ라 하면

$$\alpha+\beta+\gamma=-\frac{b}{a}, \quad \alpha\beta+\beta\gamma+\gamma\alpha=\frac{c}{a}, \quad \alpha\beta\gamma=-\frac{d}{a}$$

(2) 세 수를 근으로 하는 삼차방정식

세 수 α, β, γ를 근으로 하고 x^3의 계수가 1인 삼차방정식은

$$(x-\alpha)(x-\beta)(x-\gamma)=0 \blacktriangleright x^3-(\alpha+\beta+\gamma)x^2+(\alpha\beta+\beta\gamma+\gamma\alpha)x-\alpha\beta\gamma=0$$

> 삼차방정식의 근과 계수의 관계를 이용하면 세 근을 직접 구하지 않아도 세 근의 합, 두 근끼리의 곱의 합, 세 근의 곱을 구할 수 있다.

❷ 삼차방정식의 켤레근 ← 이차방정식의 켤레근의 성질이 삼차방정식에서도 성립한다.

삼차방정식 $ax^3+bx^2+cx+d=0$에서

(1) a, b, c, d가 유리수일 때, $p+q\sqrt{m}$이 근이면 $p-q\sqrt{m}$도 근이다.

(단, p, q는 유리수, $q\neq0$, $\sqrt{m}$은 무리수이다.)

(2) a, b, c, d가 실수일 때, $p+qi$가 근이면 $p-qi$도 근이다.

(단, p, q는 실수, $q\neq0$, $i=\sqrt{-1}$이다.)

> 계수가 유리수 또는 실수인 이차방정식에서는 두 근이 서로 켤레근이지만 삼차방정식에서는 세 근 중 두 근이 서로 켤레근이다. 즉, (1)에서 나머지 한 근은 유리수이고 (2)에서 나머지 한 근은 실수이다.

❸ 방정식 $x^3=1$의 허근의 성질

방정식 $x^3=1$의 한 허근을 ω라 하면 (단, $\overline{\omega}$는 ω의 켤레복소수이다.)

(1) $\omega^3=1$, $\omega^2+\omega+1=0$ → 오메가(omega)로 읽는다.

(2) $\omega+\overline{\omega}=-1$, $\omega\overline{\omega}=1$

(3) $\omega^2=\overline{\omega}=\dfrac{1}{\omega}$ → 방정식 $x^3=1$의 다른 한 허근은 ω^2

참고 $x^3=1$, 즉 $x^3-1=0$에서 $(x-1)(x^2+x+1)=0$이므로 ω는 $x^2+x+1=0$의 한 근이다.

> 방정식 $x^3=-1$의 허근의 성질
> 방정식 $x^3=-1$의 한 허근을 ω라 하면
> (단, $\overline{\omega}$는 ω의 켤레복소수이다.)
> ① $\omega^3=-1$, $\omega^2-\omega+1=0$
> ② $\omega+\overline{\omega}=1$, $\omega\overline{\omega}=1$
> ③ $\omega^2=-\overline{\omega}=-\dfrac{1}{\omega}$

정답 및 해설 **047**쪽

유형 01 삼차방정식의 근과 계수의 관계

삼차방정식 $ax^3+bx^2+cx+d=0$의 세 근을 α, β, γ라 하면

(1) 세 근의 합: $\alpha+\beta+\gamma=-\dfrac{b}{a}$

(2) 두 근끼리의 곱의 합: $\alpha\beta+\beta\gamma+\gamma\alpha=\dfrac{c}{a}$

(3) 세 근의 곱: $\alpha\beta\gamma=-\dfrac{d}{a}$

[01~05] 다음 삼차방정식의 세 근을 α, β, γ라 할 때, $\alpha+\beta+\gamma$, $\alpha\beta+\beta\gamma+\gamma\alpha$, $\alpha\beta\gamma$의 값을 각각 구하시오.

01 $x^3+5x^2+2x-1=0$

02 $x^3-4x^2-x+3=0$

03 $x^3+3x-5=0$

04 $2x^3+4x^2+6x-2=0$

05 $3x^3-x^2-6x+3=0$

16 삼차방정식의 근의 성질

유형 **02** 삼차방정식의 근과 계수의 관계를 이용하여 식의 값 구하기

삼차방정식 $ax^3+bx^2+cx+d=0$의 세 근을 α, β, γ라 하면 $\alpha+\beta+\gamma$, $\alpha\beta+\beta\gamma+\gamma\alpha$, $\alpha\beta\gamma$의 값과 곱셈 공식을 이용하여 주어진 식의 값을 구한다.

참고 ① $(a+b+c)^2=a^2+b^2+c^2+2(ab+bc+ca)$
② $(x\pm a)(x\pm b)(x\pm c)$
$=x^3\pm(a+b+c)x^2+(ab+bc+ca)x\pm abc$

(복부호동순)

[06~12] 삼차방정식 $x^3-5x^2+3x-7=0$의 세 근을 α, β, γ라 할 때, 다음 식의 값을 구하시오.

06 $\alpha+\beta+\gamma$

07 $\alpha\beta+\beta\gamma+\gamma\alpha$

08 $\alpha\beta\gamma$

09 $(\alpha+1)(\beta+1)(\gamma+1)$

10 $\dfrac{1}{\alpha}+\dfrac{1}{\beta}+\dfrac{1}{\gamma}$

➡ $\dfrac{1}{\alpha}+\dfrac{1}{\beta}+\dfrac{1}{\gamma}=\dfrac{\alpha\beta+\beta\gamma+\gamma\alpha}{\alpha\beta\gamma}=\boxed{}$

11 $\dfrac{1}{\alpha\beta}+\dfrac{1}{\beta\gamma}+\dfrac{1}{\gamma\alpha}$

12 $\alpha^2+\beta^2+\gamma^2$

💡 $(a+b+c)^2=a^2+b^2+c^2+2(ab+bc+ca)$ 임을 이용한다.

[13~19] 삼차방정식 $x^3+3x^2-6x-9=0$의 세 근을 α, β, γ라 할 때, 다음 식의 값을 구하시오.

13 $\alpha+\beta+\gamma$

14 $\alpha\beta+\beta\gamma+\gamma\alpha$

15 $\alpha\beta\gamma$

16 $(\alpha-1)(\beta-1)(\gamma-1)$

17 $\dfrac{1}{\alpha}+\dfrac{1}{\beta}+\dfrac{1}{\gamma}$

18 $\dfrac{1}{\alpha\beta}+\dfrac{1}{\beta\gamma}+\dfrac{1}{\gamma\alpha}$

19 $\alpha^2+\beta^2+\gamma^2$

유형 **03** 세 근이 주어진 삼차방정식의 작성

세 수 α, β, γ를 근으로 하고 x^3의 계수가 1인 삼차방정식은
$$(x-\alpha)(x-\beta)(x-\gamma)=0$$
$$\Rightarrow x^3-(\alpha+\beta+\gamma)x^2+(\alpha\beta+\beta\gamma+\gamma\alpha)x-\alpha\beta\gamma=0$$
　　　　세 근의 합　　　두 근끼리의 곱의 합　　세 근의 곱

참고 세 수 α, β, γ를 근으로 하고 x^3의 계수가 a인 삼차방정식은
$$a(x-\alpha)(x-\beta)(x-\gamma)=0$$
$$\Rightarrow a\{x^3-(\alpha+\beta+\gamma)x^2+(\alpha\beta+\beta\gamma+\gamma\alpha)x-\alpha\beta\gamma\}=0$$

[20~24] 다음 세 수를 근으로 하고 x^3의 계수가 1인 삼차방정식을 구하시오.

20 -1, 2, 4

➡ (세 근의 합)$=\boxed{}+2+4=\boxed{}$
(두 근끼리의 곱의 합)$=-1\times\boxed{}+2\times4+4\times(\boxed{})$
$\qquad\qquad\qquad=\boxed{}$
(세 근의 곱)$=-1\times\boxed{}\times4=\boxed{}$
따라서 구하는 삼차방정식은 _____이다.

21 -3, -1, 2

22 $-\dfrac{1}{2}$, $\dfrac{1}{4}$, $\dfrac{3}{2}$

23 -1, $1+\sqrt{5}$, $1-\sqrt{5}$

24 -1, $2+i$, $2-i$

[25, 26] 삼차방정식 $x^3-4x^2+3x-1=0$의 세 근을 α, β, γ라 할 때, 다음 세 수를 근으로 하고 x^3의 계수가 1인 삼차방정식을 구하시오.

25 $-\alpha$, $-\beta$, $-\gamma$

➡ 삼차방정식의 근과 계수의 관계에 의하여
$\alpha+\beta+\gamma=\boxed{}$, $\alpha\beta+\beta\gamma+\gamma\alpha=3$, $\alpha\beta\gamma=\boxed{}$이므로
세 수 $-\alpha$, $-\beta$, $-\gamma$를 근으로 하는 삼차방정식에서
(세 근의 합)$=(-\alpha)+(-\beta)+(-\gamma)$
$\qquad\qquad=-(\alpha+\beta+\gamma)=\boxed{}$
(두 근끼리의 곱의 합)
$=(-\alpha)\times(-\beta)+(-\beta)\times(-\gamma)+(-\gamma)\times(-\alpha)$
$=\alpha\beta+\beta\gamma+\gamma\alpha=\boxed{}$
(세 근의 곱)$=(-\alpha)\times(-\beta)\times(-\gamma)=-\alpha\beta\gamma=\boxed{}$
따라서 구하는 삼차방정식은 _____이다.

26 $\dfrac{1}{\alpha}$, $\dfrac{1}{\beta}$, $\dfrac{1}{\gamma}$

유형 **04** 삼차방정식의 켤레근

삼차방정식 $ax^3+bx^2+cx+d=0$에서
(1) a, b, c, d가 유리수일 때, $p+q\sqrt{m}$이 근이면
$p-q\sqrt{m}$도 근이다. ← 나머지 한 근은 유리수이다.
$\qquad$(단, p, q는 유리수, $q\neq0$, $\sqrt{m}$은 무리수이다.)
(2) a, b, c, d가 실수일 때, $p+qi$가 근이면
$p-qi$도 근이다. ← 나머지 한 근은 실수이다.
$\qquad$(단, p, q는 실수, $q\neq0$, $i=\sqrt{-1}$이다.)

[27, 28] 삼차방정식 $x^3-3x^2+ax+b=0$의 한 근이 다음과 같을 때, 두 유리수 a, b의 값을 각각 구하시오.

27 $1-\sqrt{5}$

➡ a, b가 유리수이고 주어진 삼차방정식의 한 근이 $1-\sqrt{5}$이므로
$\boxed{}$도 근이다.
나머지 한 근을 α라 하면 삼차방정식의 근과 계수의 관계에 의하여 $(1-\sqrt{5})+(1+\sqrt{5})+\alpha=\boxed{}$ $\therefore \alpha=\boxed{}$
즉, 주어진 삼차방정식의 세 근이 $1-\sqrt{5}$, $1+\sqrt{5}$, $\boxed{}$이므로
$(1-\sqrt{5})(1+\sqrt{5})+(1+\sqrt{5})\times\boxed{}+\boxed{}\times(1-\sqrt{5})=a$
$(1-\sqrt{5})\times(1+\sqrt{5})\times\boxed{}=-b$
$\therefore a=\boxed{}$, $b=\boxed{}$

28 $-1+\sqrt{3}$

[29, 30] 삼차방정식 $x^3+ax^2+bx-10=0$의 한 근이 다음과 같을 때, 두 실수 a, b의 값을 각각 구하시오.

29 $1+2i$

➡ a, b가 실수이고 주어진 삼차방정식의 한 근이 $1+2i$이므로

$\boxed{}$도 근이다.

30 $-1-3i$

[31~36] 방정식 $x^3=1$의 한 허근을 ω라 할 때, 다음 식의 값을 구하시오. (단, $\overline{\omega}$는 ω의 켤레복소수이다.)

31 $\omega^2+\omega+1$ **32** $\omega+\dfrac{1}{\omega}$

33 $\omega+\overline{\omega}$ **34** $\omega\overline{\omega}$

35 $\omega^2+\dfrac{1}{\omega^2}$ **36** $\omega^{20}+\omega^{10}-1$

[37~42] 방정식 $x^3=-1$의 한 허근을 ω라 할 때, 다음 식의 값을 구하시오. (단, $\overline{\omega}$는 ω의 켤레복소수이다.)

37 $\omega^2-\omega+1$ **38** $\omega+\dfrac{1}{\omega}$

39 $\omega+\overline{\omega}$ **40** $\omega\overline{\omega}$

41 $\omega^{50}+\dfrac{1}{\omega^{50}}$ **42** $\omega^{11}-\omega^{10}+10$

유형 **05** 방정식 $x^3=1$, $x^3=-1$의 허근의 성질

(1) 방정식 $x^3=1$의 한 허근을 ω라 하면 다음 성질이 성립한다. (단, $\overline{\omega}$는 ω의 켤레복소수이다.)

  ① $\omega^3=1$, $\omega^2+\omega+1=0$

  ② $\omega+\overline{\omega}=-1$, $\omega\overline{\omega}=1$

  ③ $\omega^2=\overline{\omega}=\dfrac{1}{\omega}$ ← ①에서 $\omega^2=-\omega-1$,

              ②에서 $\overline{\omega}=-\omega-1$이므로 $\omega^2=\overline{\omega}$

(2) 방정식 $x^3=-1$의 한 허근을 ω라 하면 다음 성질이 성립한다. (단, $\overline{\omega}$는 ω의 켤레복소수이다.)

  ① $\omega^3=-1$, $\omega^2-\omega+1=0$

  ② $\omega+\overline{\omega}=1$, $\omega\overline{\omega}=1$

  ③ $\omega^2=-\overline{\omega}=-\dfrac{1}{\omega}$

❶÷❶ 연습 156쪽에서 시험에 자주 출제되는 문제를 연습해 보세요.

17 연립이차방정식

① 연립방정식

(1) 미지수가 2개인 연립일차방정식

미지수가 2개인 일차방정식 두 개를 한 쌍으로 묶어 나타낸 방정식

(2) 미지수가 2개인 연립이차방정식

미지수가 2개인 연립방정식에서 차수가 가장 높은 방정식이 이차방정식인 연립방정식

[참고] 연립이차방정식은 $\begin{cases} (\text{일차식})=0 \\ (\text{이차식})=0 \end{cases}$, $\begin{cases} (\text{이차식})=0 \\ (\text{이차식})=0 \end{cases}$ 중 하나의 꼴이다.

> 연립방정식의 해: 두 방정식을 동시에 만족시키는 x, y의 값 또는 그 순서쌍 (x, y)

② 연립이차방정식의 풀이

(1) 일차방정식과 이차방정식으로 이루어진 연립이차방정식의 풀이

일차방정식을 한 문자에 대하여 정리하고, 이를 이차방정식에 대입하여 푼다.

(2) 두 이차방정식으로 이루어진 연립이차방정식의 풀이

인수분해되는 이차방정식을 인수분해하여 얻은 두 일차방정식을 각각 다른 이차방정식과 연립하여 푼다.

(3) 대칭식으로 이루어진 연립방정식의 풀이

두 방정식이 모두 x, y에 대한 대칭식인 연립방정식은 $x+y=u$, $xy=v$일 때, x, y는 t에 대한 이차방정식 $t^2-ut+v=0$의 두 근임을 이용하여 푼다.

> 대칭식: x, y를 서로 바꾸어 대입해도 변하지 않는 식

정답 및 해설 049쪽

[중등 과정]

유형 ① 연립일차방정식

(1) 미지수가 2개인 연립일차방정식

미지수가 2개인 두 일차방정식을 한 쌍으로 묶어 나타낸 방정식

(2) 연립방정식의 풀이

① 대입법: 한 방정식을 한 미지수에 대한 식으로 나타낸 다음, 다른 방정식에 대입하여 해를 구하는 방법

② 가감법: 두 일차방정식을 변끼리 더하거나 빼어서 한 미지수를 소거하여 해를 구하는 방법

[01~05] 다음 연립방정식을 푸시오.

01 $\begin{cases} x-2y=1 \\ x=-y+4 \end{cases}$

02 $\begin{cases} 5x+y=4 \\ y=2x-3 \end{cases}$

03 $\begin{cases} x+y=7 \\ x-y=-3 \end{cases}$

04 $\begin{cases} x-2y=-3 \\ -x+3y=2 \end{cases}$

05 $\begin{cases} 3x-2y=5 \\ 2x+y=8 \end{cases}$

일차방정식과 이차방정식으로 이루어진 연립이차방정식은 다음과 같은 순서로 푼다.
❶ 일차방정식을 한 미지수에 대하여 정리한다.
❷ ❶에서 얻은 식을 이차방정식에 대입하여 미지수가 1개인 이차방정식으로 만들어 푼다.
❸ ❷에서 구한 값을 ❶에서 얻은 식에 대입하여 연립방정식의 해를 구한다.

[06~11] 다음 연립방정식을 푸시오.

06 $\begin{cases} x-y=1 \\ x^2+y^2=5 \end{cases}$

❶ 단계 $\begin{cases} x-y=1 & \cdots\cdots ㉠ \\ x^2+y^2=5 & \cdots\cdots ㉡ \end{cases}$

㉠에서 $y=\boxed{}$ $\cdots\cdots ㉢$

❷ 단계 ㉢을 ㉡에 대입하면
$x^2+(\boxed{})^2=5$, $x^2-x-2=0$
$(x+1)(x-2)=0$ $\therefore x=-1$ 또는 $x=2$

❸ 단계 (i) $x=-1$을 ㉢에 대입하면 $y=\boxed{}$
(ii) $x=2$를 ㉢에 대입하면 $y=\boxed{}$
(i), (ii)에서 주어진 연립방정식의 해는
$\begin{cases} x=-1 \\ y=\boxed{} \end{cases}$ 또는 $\begin{cases} x=2 \\ y=\boxed{} \end{cases}$

07 $\begin{cases} x-2y=-4 \\ x^2+2y^2=6 \end{cases}$

❶ 단계 일차방정식을 한 미지수에 대하여 정리한다.

❷ 단계 ❶ 단계 에서 얻은 식을 이차방정식에 대입하여 미지수가 1개인 이차방정식으로 만들어 푼다.

❸ 단계 ❷ 단계 에서 구한 값을 ❶ 단계 에서 얻은 식에 대입하여 연립방정식의 해를 구한다.

08 $\begin{cases} y=x-3 \\ 2x^2+y^2=18 \end{cases}$

09 $\begin{cases} x=2y-6 \\ x^2-xy+y^2=21 \end{cases}$

10 $\begin{cases} x-y=1 \\ 2x^2-xy=6 \end{cases}$

11 $\begin{cases} 3x-y=1 \\ 5x^2+xy-y^2=-7 \end{cases}$

두 이차방정식으로 이루어진 연립이차방정식은 다음과 같은 순서로 푼다.
❶ 인수분해되는 이차방정식에서 이차식을 두 일차식의 곱으로 인수분해한다.
❷ ❶에서 인수분해하여 얻은 두 일차방정식을 다른 이차방정식에 각각 대입하여 푼다.

[12~17] 다음 연립방정식을 푸시오.

12 $\begin{cases} x^2+2xy-3y^2=0 \\ x^2+3xy+y^2=5 \end{cases}$

①단계 $\begin{cases} x^2+2xy-3y^2=0 & \cdots\cdots \ \bigcirc \\ x^2+3xy+y^2=5 & \cdots\cdots \ \bigcirc \end{cases}$

$\bigcirc$에서 $(x+\boxed{})(x-\boxed{})=0$

$\therefore x=\boxed{}$ 또는 $x=\boxed{}$

②단계 (i) $x=\boxed{}$ 를 $\bigcirc$에 대입하면

$(-3y)^2+3\times(-3y)\times\boxed{}+y^2=5,\ y^2=5 \qquad \therefore y=\pm\sqrt{5}$

즉, $y=-\sqrt{5}$일 때 $x=\boxed{}$, $y=\sqrt{5}$일 때 $x=\boxed{}$

(ii) $x=\boxed{}$ 를 $\bigcirc$에 대입하면

$y^2+3y^2+y^2=5,\ 5y^2=5 \qquad \therefore y=\boxed{}$

즉, $y=\boxed{}$일 때 $x=-1$, $y=\boxed{}$일 때 $x=1$

(i), (ii)에서 주어진 연립방정식의 해는

$\begin{cases} x=\boxed{} \\ y=-\sqrt{5} \end{cases}$ 또는 $\begin{cases} x=\boxed{} \\ y=\sqrt{5} \end{cases}$ 또는 $\begin{cases} x=-1 \\ y=\boxed{} \end{cases}$ 또는 $\begin{cases} x=1 \\ y=\boxed{} \end{cases}$

13 $\begin{cases} x^2-3xy+2y^2=0 \\ x^2+y^2=10 \end{cases}$

①단계 인수분해되는 한 이차방정식을 인수분해한다.

②단계 **①단계** 에서 인수분해하여 얻은 두 일차방정식을 다른 방정식에 각각 대입하여 이차방정식으로 만들어 푼다.

14 $\begin{cases} 6x^2-5xy+y^2=0 \\ 2x^2-y^2=-28 \end{cases}$

15 $\begin{cases} x^2-xy-2y^2=0 \\ x^2-xy+y^2=27 \end{cases}$

16 $\begin{cases} x^2-4xy+3y^2=0 \\ x^2-2xy-y^2=8 \end{cases}$

17 $\begin{cases} x^2-xy=20 \\ x^2-4xy-5y^2=0 \end{cases}$

유형 04 대칭식으로 이루어진 연립방정식의 풀이

두 방정식이 모두 x, y에 대한 대칭식인 연립방정식은 다음과 같은 순서로 푼다. — x, y를 서로 바꾸어 대입해도 변하지 않는 식

❶ $x+y=u$, $xy=v$라 하고 주어진 연립방정식을 u, v에 대한 연립방정식으로 변형한다.

❷ ❶의 연립방정식을 풀어 u, v의 값을 구한 후, x, y가 t에 대한 이차방정식 $t^2-ut+v=0$의 두 근임을 이용하여 연립방정식의 해를 구한다.

[18~20] 다음 연립방정식을 푸시오.

18 $\begin{cases} x+y=5 \\ xy=-24 \end{cases}$

➡ 주어진 연립방정식을 만족시키는 x, y는 이차방정식의 근과 계수의 관계에 의하여 t에 대한 이차방정식

$t^2-\boxed{}\,t-\boxed{}=0$의 두 근이므로

19 $\begin{cases} x+y=-3 \\ xy=-18 \end{cases}$

22 $\begin{cases} x^2+y^2=20 \\ xy=-8 \end{cases}$

①단계 $x+y=u$, $xy=v$라 하고 주어진 연립방정식을 u, v에 대한 연립방정식으로 변형한다.

②단계 **①단계**의 연립방정식을 풀어 u, v의 값을 구한 후, x, y가 t에 대한 이차방정식 $t^2-ut+v=0$의 두 근임을 이용하여 연립방정식의 해를 구한다.

20 $\begin{cases} x+y=-8 \\ xy=15 \end{cases}$

23 $\begin{cases} x^2+y^2=10 \\ xy=-3 \end{cases}$

21 $\begin{cases} x^2+y^2=5 \\ xy=-2 \end{cases}$

①단계 $x+y=u$, $xy=v$라 하고 주어진 연립방정식을 변형하면
$\begin{cases} (x+y)^2-2xy=5 \\ xy=-2 \end{cases}$ 에서 $\begin{cases} \boxed{}=5 \\ v=-2 \end{cases}$

②단계 $v=-2$를 $\boxed{}=5$에 대입하여 정리하면
$u^2=1$ $\therefore u=\pm 1$

(i) $u=-1$, $v=-2$, 즉 $\boxed{}=-1$, $\boxed{}=-2$일 때
   x, y를 두 근으로 하는 t에 대한 이차방정식은
   $t^2+t-2=0$, $(t+2)(t-1)=0$ $\therefore t=-2$ 또는 $t=1$
   즉, $x=-2$일 때 $y=\boxed{}$, $x=1$일 때 $y=\boxed{}$

(ii) $u=\boxed{}$, $v=\boxed{}$, 즉 $x+y=\boxed{}$, $xy=\boxed{}$일 때
   x, y를 두 근으로 하는 t에 대한 이차방정식은
   $t^2-t-2=0$, $(t+1)(t-2)=0$ $\therefore t=-1$ 또는 $t=2$
   즉, $x=-1$일 때 $y=\boxed{}$, $x=2$일 때 $y=\boxed{}$

(i), (ii)에서 주어진 연립방정식의 해는
$\begin{cases} x=-2 \\ y=\boxed{} \end{cases}$ 또는 $\begin{cases} x=1 \\ y=\boxed{} \end{cases}$ 또는 $\begin{cases} x=-1 \\ y=\boxed{} \end{cases}$ 또는 $\begin{cases} x=2 \\ y=\boxed{} \end{cases}$

24 $\begin{cases} x^2+y^2=13 \\ xy=6 \end{cases}$

①+① 연습 158쪽에서 시험에 자주 출제되는 문제를 연습해 보세요.

18 연립일차부등식

❶ 부등식의 기본 성질

세 실수 a, b, c에 대하여

(1) $a>b$, $b>c$이면 $a>c$

(2) $a>b$이면 $a+c>b+c$, $a-c>b-c$

(3) $a>b$, $c>0$이면 $ac>bc$, $\dfrac{a}{c}>\dfrac{b}{c}$

(4) $a>b$, $c<0$이면 $ac<bc$, $\dfrac{a}{c}<\dfrac{b}{c}$

> 참고 허수에서는 대소 관계를 생각할 수 없으므로 부등식에 포함된 모든 문자는 실수로 생각한다.

> 부등식: 부등호 $>$, $<$, $\geq$, $\leq$를 사용하여 수나 식의 값의 대소 관계를 나타낸 식

> 부등식의 양변에 음수를 곱하거나 양변을 음수로 나눌 때는 부등호의 방향이 바뀐다.

❷ 부등식 $ax>b$의 풀이

부등식 $ax>b$의 해는

(1) $a>0$이면 $x>\dfrac{b}{a}$

(2) $a<0$이면 $x<\dfrac{b}{a}$

(3) $a=0$이면 $\begin{cases} b\geq 0$일 때, 해는 없다. \\ b<0$일 때, 해는 모든 실수이다. \end{cases}$

> 미지수를 포함한 부등식에서 그 부등식을 참이 되게 하는 미지수의 값 또는 범위를 부등식의 해라 하고, 부등식을 만족시키는 해 전체를 구하는 것을 부등식을 푼다고 한다.

❸ 연립일차부등식

(1) 연립부등식: 두 개 이상의 부등식을 한 쌍으로 묶어서 나타낸 것

(2) 연립일차부등식: 일차부등식으로만 이루어진 연립부등식

(3) 연립부등식의 해: 두 개 이상의 부등식의 공통인 해

(4) 연립일차부등식의 풀이

　각 일차부등식의 해를 수직선 위에 나타내어 공통부분을 찾는다.

> 참고 연립부등식을 이루는 각 부등식의 해의 공통부분이 없으면 연립부등식의 해는 없다고 한다.

> 연립부등식의 해를 구하는 것을 연립부등식을 푼다고 한다.

❹ $A<B<C$ 꼴의 부등식

$A<B<C$ 꼴의 부등식은 두 부등식 $A<B$와 $B<C$를 하나로 나타낸 것이므로 연립부등식 $\begin{cases} A<B \\ B<C \end{cases}$ 꼴로 고쳐서 푼다.

> 예 부등식 $2x+1<4x-1<3x+2$는 연립부등식 $\begin{cases} 2x+1<4x-1 \\ 4x-1<3x+2 \end{cases}$로 고쳐서 푼다.

> 주의 $A<B<C$를 $\begin{cases} A<B \\ A<C \end{cases}$ 또는 $\begin{cases} A<C \\ B<C \end{cases}$ 로 고쳐서 풀지 않도록 주의한다.

❺ 절댓값 기호를 포함한 부등식

(1) $a>0$일 때

　① $|x|<a$이면 $-a<x<a$　　② $|x|>a$이면 $x<-a$ 또는 $x>a$

(2) 절댓값 기호를 포함한 부등식은 절댓값 기호 안의 식의 값이 0이 되는 미지수의 값을 기준으로 구간을 나누어 푼다.

$$|x-a|=\begin{cases} x-a & (x\geq a) \\ -(x-a) & (x<a) \end{cases}$$

　　절댓값 기호 안의 식의 값은 $x=a$일 때 0이 된다.

> 실수 x의 절댓값 $|x|$는 수직선 위의 원점에서 x에 대응하는 점까지의 거리를 나타낸다. 즉,
> $$|x|=\begin{cases} x & (x\geq 0) \\ -x & (x<0) \end{cases}$$

중등 과정

유형 01 부등식의 기본 성질

세 실수 a, b, c에 대하여

(1) $a>b$, $b>c$이면 $a>c$

(2) $a>b$이면 $a+c>b+c$, $a-c>b-c$

(3) $a>b$, $c>0$이면 $ac>bc$, $\dfrac{a}{c}>\dfrac{b}{c}$

(4) $a>b$, $c<0$이면 $ac<bc$, $\dfrac{a}{c}<\dfrac{b}{c}$

참고 ① 부등식의 양변에 음수를 곱하거나 양변을 음수로 나눌 때는 부등호의 방향이 바뀐다.

② a, b가 같은 부호이면 $ab>0$, $\dfrac{a}{b}>0$, $\dfrac{b}{a}>0$

③ a, b가 다른 부호이면 $ab<0$, $\dfrac{a}{b}<0$, $\dfrac{b}{a}<0$

[01~04] $a<b$일 때, 다음 ☐ 안에 알맞은 부등호를 써넣으시오.

01 $a-2 \square b-2$

02 $a+5 \square b+5$

03 $\dfrac{a}{6}-1 \square \dfrac{b}{6}-1$

04 $-\dfrac{a}{4}+3 \square -\dfrac{b}{4}+3$

[05~08] $a<0<b$일 때, 다음 ☐ 안에 알맞은 부등호를 써넣으시오.

05 $3a \square 2a+b$

06 $a+2b \square 3b$

07 $a^2 \square ab$

08 $ab \square b^2$

유형 02 부등식 $ax>b$의 풀이

x에 대한 부등식 $ax>b$의 해는 다음과 같다.

(1) $a>0$일 때, $x>\dfrac{b}{a}$ (2) $a<0$일 때, $x<\dfrac{b}{a}$

(3) $a=0$일 때, $\begin{cases} b\geq0이면 \text{ 해는 없다.} \\ b<0이면 \text{ 해는 모든 실수이다.} \end{cases}$

[09~12] 다음 일차부등식을 푸시오.

09 $2x-1\geq-3x+9$

10 $x-1\leq2x+7$

11 $2(x-1)\leq3(x+2)-x$

12 $4(x+1)+2<3(x+2)+x$

[13~16] 다음 중 x에 대한 부등식 $ax\leq b$에 대한 설명으로 옳은 것은 ◯표, 옳지 않은 것은 ×표를 ( ) 안에 써넣으시오.

13 $a>0$일 때, $x\geq\dfrac{b}{a}$ (   )

14 $a<0$일 때, $x\leq\dfrac{b}{a}$ (   )

15 $a=0$, $b=0$이면 해는 모든 실수이다. (   )

16 $a=0$, $b<0$이면 해는 모든 실수이다. (   )

유형 **03** 연립일차부등식의 풀이

연립일차부등식은 다음과 같은 순서로 푼다.
❶ 각 일차부등식을 푼다.
❷ 각 부등식의 해를 수직선 위에 나타낸다.
❸ **❷**에서 공통부분을 찾아 주어진 연립부등식의 해를 구한다.

참고 $a < b$일 때

① $\begin{cases} x \geq a \\ x < b \end{cases} \Rightarrow a \leq x < b$

② $\begin{cases} x \geq a \\ x > b \end{cases} \Rightarrow x > b$

③ $\begin{cases} x \leq a \\ x < b \end{cases} \Rightarrow x \leq a$

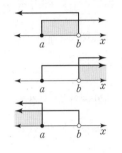

[17~20] 다음 연립일차부등식의 해를 수직선 위에 나타내고, 그 해를 구하시오.

17 $\begin{cases} x \geq 2 \\ x < 6 \end{cases}$

18 $\begin{cases} x > 1 \\ x > 5 \end{cases}$

19 $\begin{cases} x > -1 \\ x < 3 \end{cases}$

20 $\begin{cases} x \leq 2 \\ x < -2 \end{cases}$

[21~24] 다음 연립일차부등식을 푸시오.

21 $\begin{cases} 3x - 6 < 9 \\ 4x + 5 \geq -7 \end{cases}$

❶ 단계 $3x - 6 < 9$에서

$3x < 15$ $\quad \therefore x < \boxed{}$ ······ ㉠

$4x + 5 \geq -7$에서

$4x \geq -12$ $\quad \therefore x \geq \boxed{}$ ······ ㉡

❷ 단계 ㉠, ㉡을 수직선 위에 나타내면 다음 그림과 같다.

❸ 단계 주어진 연립부등식의 해는

$\boxed{} \leq x < \boxed{}$

22 $\begin{cases} 3x - 5 > 2x + 1 \\ 3 - x < -1 \end{cases}$

❶ 단계 각 일차부등식을 푼다.

❷ 단계 각 부등식의 해를 수직선 위에 나타낸다.

❸ 단계 **❷** 단계 에서 공통부분을 찾아 주어진 연립부등식의 해를 구한다.

23 $\begin{cases} x + 2 \geq 3x - 4 \\ 1 + 2x < -3 \end{cases}$

24 $\begin{cases} 3x - 2 \leq 2x + 3 \\ x + 1 > 4 \end{cases}$

[25~27] 다음 연립일차부등식을 푸시오.

25 $\begin{cases} 3(x - 2) > x + 2 \\ 2(3 - x) < x - 3 \end{cases}$

➡ $3(x - 2) > x + 2$에서 $3x - \boxed{} > x + 2$

$2x > \boxed{}$ $\quad \therefore x > \boxed{}$ ······ ㉠

$2(3 - x) < x - 3$에서 $\boxed{} - 2x < x - 3$

$3x > \boxed{}$ $\quad \therefore x > \boxed{}$ ······ ㉡

㉠, ㉡을 수직선 위에 나타내면 다음 그림과 같다.

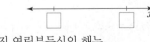

따라서 주어진 연립부등식의 해는

$x > \boxed{}$

26 $\begin{cases} -2(x+2) \le x+5 \\ -x-1 < x-5 \end{cases}$

27 $\begin{cases} -2x-1 \ge x-4 \\ x-3 > -(x+3) \end{cases}$

[28~31] 다음 연립일차부등식을 푸시오.

28 $\begin{cases} \dfrac{3}{2}x - \dfrac{2x-5}{2} \le 1 \\ \dfrac{1}{2}x-2 < \dfrac{1}{4}x-1 \end{cases}$

➡ $\dfrac{3}{2}x - \dfrac{2x-5}{2} \le 1$ 에서

$3x-(2x-5) \le \square$ ∴ $x \le \square$ ······ ㉠

$\dfrac{1}{2}x-2 < \dfrac{1}{4}x-1$ 에서

$2x-8 < x-4$ ∴ $x < \square$ ······ ㉡

㉠, ㉡을 수직선 위에 나타내면 다음 그림과 같다.

따라서 주어진 연립부등식의 해는

$x \le \square$

29 $\begin{cases} \dfrac{2}{3}x+2 \ge \dfrac{1}{6}x-1 \\ \dfrac{x+3}{5} < \dfrac{x+1}{3} \end{cases}$

30 $\begin{cases} \dfrac{x-4}{3} \ge x-2 \\ 0.3(x-2) > -0.2(x+8) \end{cases}$

31 $\begin{cases} \dfrac{3}{10}x-2 \le \dfrac{2}{5}x-1 \\ 0.5x-0.1 \ge 0.2x+0.5 \end{cases}$

유형 04 해가 특수한 연립일차부등식의 풀이

(1) 해가 1개인 경우

$\begin{cases} x \ge a \\ x \le a \end{cases} \Rightarrow x = a$

(2) 해가 없는 경우

① $\begin{cases} x \le a \\ x \ge b \end{cases}$ (단, $a < b$)

② $\begin{cases} x \ge a \\ x < a \end{cases}$

③ $\begin{cases} x > a \\ x < a \end{cases}$

[32~35] 다음 연립일차부등식을 푸시오.

32 $\begin{cases} 2x-5 \le x \\ -x-1 \le -6 \end{cases}$

33 $\begin{cases} 3x+4 < x \\ 5x+7 > 4x+5 \end{cases}$

34 $\begin{cases} 3x+5 \le 2x \\ 4x \ge 2x+4 \end{cases}$

35 $\begin{cases} 2x-5 \le 7 \\ x-1 > 5 \end{cases}$

유형 05 $A<B<C$ 꼴의 부등식의 풀이

$A<B<C$ 꼴의 부등식은 연립부등식 $\begin{cases} A<B \\ B<C \end{cases}$ 꼴로 고쳐서 푼다.

[36~39] 다음 부등식을 푸시오.

36 $-2 \leq 3x-5 < 7$

➡ 주어진 부등식은 $\begin{cases} -2 \leq 3x-5 \\ 3x-5 < 7 \end{cases}$ 로 나타낼 수 있다.

$-2 \leq 3x-5$ 에서

$3x \geq 3$ ∴ $x \geq \boxed{}$ …… ㉠

$3x-5 < 7$ 에서

$3x < 12$ ∴ $x < \boxed{}$ …… ㉡

㉠, ㉡을 수직선 위에 나타내면 다음 그림과 같다.

따라서 주어진 부등식의 해는

$\boxed{} \leq x < \boxed{}$

37 $3x < x-4 \leq 1$

38 $x-2 \leq 2(x-1) \leq -x+3$

39 $x-1 < \dfrac{x}{3} < \dfrac{x-1}{4}$

유형 06 절댓값 기호를 한 개 포함한 부등식의 풀이

(1) $|x-a| < b \ (b>0)$ 꼴의 부등식

① $|x-a| < b \Rightarrow a-b < x < a+b$

② $|x-a| > b \Rightarrow x < a-b$ 또는 $x > a+b$

(2) 절댓값 기호를 포함한 부등식은 다음과 같은 순서로 푼다.

❶ 절댓값 기호 안의 식의 값이 0이 되는 x의 값을 기준으로 구간을 나눈다.

❷ 각 구간에서 절댓값 기호를 없앤 후, 부등식의 해를 구한다. 이때 해당 구간에 속하는 것만을 부등식의 해로 한다.

❸ ❷에서 구한 해를 합한 x의 값의 범위를 구한다.

[40~42] 다음 부등식을 푸시오.

40 $|x-5| < 2$

➡ $\boxed{} < x-5 < \boxed{}$ 이므로

$\boxed{} < x < \boxed{}$

41 $|3x-1| \leq 8$

42 $|5-2x| < 9$

[43~47] 다음 부등식을 푸시오.

43 $|x-4| < 3x$

❶단계 $x-4=0$, 즉 $x=\boxed{}$ 를 기준으로 구간을 나눈다.

(i) $x < \boxed{}$ 일 때

$-(x-4) < 3x$ 에서 $4x > 4$ ∴ $x > 1$

그런데 $x < \boxed{}$ 이므로 $1 < x < \boxed{}$

(ii) $x \geq \boxed{}$ 일 때

$x-4 < 3x$ 에서 $2x > -4$ ∴ $x > -2$

그런데 $x \geq \boxed{}$ 이므로 $x \geq \boxed{}$

❷단계 (i), (ii)에서 주어진 부등식의 해는

$x > \boxed{}$

44 $|x+12| \geq 3x$

1단계 절댓값 기호 안의 식의 값이 0이 되는 x의 값을 기준으로 구간을 나누어 부등식의 해를 구한다.

2단계 **1단계**에서 구한 해를 합한 x의 값의 범위를 구한다.

45 $|6x+1| < x-4$

46 $|3-x| \leq 2x$

47 $3|x+2| \leq x+4$

[48~50] 다음 부등식을 푸시오.

48 $|x+1| + |x-2| < 5$

1단계 $x+1=0$, $x-2=0$, 즉 $x=-1$, $x=2$를 기준으로 구간을 나눈다.

(ⅰ) $x < \boxed{}$ 일 때

$-(x+1)-(x-2)<5$에서 $-2x<4$ $\therefore x>-2$

그런데 $x < \boxed{}$ 이므로 $-2 < x < \boxed{}$

(ⅱ) $\boxed{} \leq x < \boxed{}$ 일 때

$(x+1)-(x-2)<5$에서

$0 \times x < 2$이므로 해는 모든 실수이다.

그런데 $\boxed{} \leq x < \boxed{}$ 이므로 $\boxed{} \leq x < \boxed{}$

(ⅲ) $x \geq \boxed{}$ 일 때

$(x+1)+(x-2)<5$에서 $2x<6$ $\therefore x<3$

그런데 $x \geq \boxed{}$ 이므로 $\boxed{} \leq x < 3$

2단계 (ⅰ), (ⅱ), (ⅲ)에서 주어진 부등식의 해는

$\boxed{} < x < \boxed{}$

49 $|x+5| + |x| \leq 6$

1단계 절댓값 기호 안의 식의 값이 0이 되는 x의 값을 기준으로 구간을 나누어 부등식의 해를 구한다.

2단계 **1단계**에서 구한 해를 합한 범위를 구한다.

유형 07 절댓값 기호를 두 개 포함한 부등식의 풀이

$|x-a| + |x-b| < c \ (a<b)$ 꼴의 부등식은 절댓값 기호 안의 식의 값이 0이 되는 x의 값, 즉 $x=a$, $x=b$를 기준으로 다음과 같이 구간을 나누어 푼다.

(ⅰ) $x<a$ (ⅱ) $a \leq x < b$ (ⅲ) $x \geq b$

50 $2|x+1| + |x-2| \geq 3$

①+① 연습 159쪽에서 시험에 자주 출제되는 문제를 연습해 보세요.

❶ 이차부등식

부등식의 모든 항을 좌변으로 이항하여 정리하였을 때, 좌변이 x에 대한 이차식으로 나타내어지는 부등식

> 예 $3x^2+1 \geq 0$, $-x^2+2x-1>0$, $2x^2+x \leq 0$, $x^2-x+1<0$

❷ 이차함수의 그래프와 이차부등식의 해

(1) 이차부등식 $ax^2+bx+c>0$의 해

   ➡ 이차함수 $y=ax^2+bx+c$에서 $y>0$인 x의 값의 범위

   ➡ 이차함수 $y=ax^2+bx+c$의 그래프에서 x축보다 위쪽에 있는 부분의 x의 값의 범위

> 참고   이차부등식 $ax^2+bx+c \geq 0$의 해는 이차함수 $y=ax^2+bx+c$의 그래프가 x축과 만나는 부분을 포함하여 생각한다.

▸ 좌표평면에서 x축보다 위쪽에 있는 y의 값은 모두 양수이다.

(2) 이차부등식 $ax^2+bx+c<0$의 해

   ➡ 이차함수 $y=ax^2+bx+c$에서 $y<0$인 x의 값의 범위

   ➡ 이차함수 $y=ax^2+bx+c$의 그래프에서 x축보다 아래쪽에 있는 부분의 x의 값의 범위

> 참고   이차부등식 $ax^2+bx+c \leq 0$의 해는 이차함수 $y=ax^2+bx+c$의 그래프가 x축과 만나는 부분을 포함하여 생각한다.

▸ 좌표평면에서 x축보다 아래쪽에 있는 y의 값은 모두 음수이다.

❸ 이차부등식의 풀이

이차함수 $y=ax^2+bx+c$ $(a>0)$의 그래프가 x축과 만나는 점의 x좌표를 α, β $(\alpha \leq \beta)$, 이차방정식 $ax^2+bx+c=0$의 판별식을 D라 하면 이차부등식의 해는 다음과 같다.

▸ α, β는 이차방정식 $ax^2+bx+c=0$의 해이다.

	$D>0$	$D=0$	$D<0$
$y=ax^2+bx+c$의 그래프	그래프 (α, β)	그래프 (α)	그래프
$ax^2+bx+c>0$의 해	$x<\alpha$ 또는 $x>\beta$	$x \neq \alpha$인 모든 실수	모든 실수
$ax^2+bx+c \geq 0$의 해	$x \leq \alpha$ 또는 $x \geq \beta$	모든 실수	모든 실수
$ax^2+bx+c<0$의 해	$\alpha < x < \beta$	없다.	없다.
$ax^2+bx+c \leq 0$의 해	$\alpha \leq x \leq \beta$	$x=\alpha$	없다.

> 참고 $a<0$일 때는 이차부등식의 양변에 -1을 곱하여 x^2의 계수를 양수로 바꾸어 푼다. 이때 부등호의 방향에 주의한다.

정답 및 해설 057쪽

유형 01   이차함수의 그래프와 이차부등식의 관계

(1) 이차부등식 $ax^2+bx+c>0$의 해   `a>0`

   ➡ 이차함수 $y=ax^2+bx+c$의 그래프에서 x축보다 위쪽에 있는 부분의 x의 값의 범위

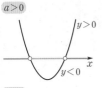

(2) 이차부등식 $ax^2+bx+c<0$의 해   `a<0`

   ➡ 이차함수 $y=ax^2+bx+c$의 그래프에서 x축보다 아래쪽에 있는 부분의 x의 값의 범위

[01~04] 이차함수 $y=f(x)$의 그래프가 오른쪽 그림과 같을 때, 다음 이차부등식의 해를 구하시오.

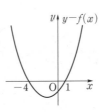

01 $f(x)>0$

➡ $f(x)>0$의 해는 함수 $y=f(x)$의 그래프에서 x축보다 ▢ 에 있는 부분의 x의 값의 범위이므로

$x<$ ▢   또는 $x>$ ▢

02 $f(x) < 0$

03 $f(x) \geq 0$

➡ $f(x) \geq 0$의 해는 함수 $y=f(x)$의 그래프에서 x축보다
　　□에 있거나 x축과 만나는 부분의 x의 값의 범위이므로
　　$x\ \square\ -4$ 또는 $x\ \square\ 1$

04 $f(x) \leq 0$

[05~08] 이차함수 $y=f(x)$의 그래프가 오른쪽 그림과 같을 때, 다음 이차부등식의 해를 구하시오.

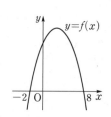

05 $f(x) > 0$

06 $f(x) < 0$

07 $f(x) \geq 0$

08 $f(x) \leq 0$

유형 **02** 이차부등식의 해: $D > 0$인 경우

이차함수 $y=ax^2+bx+c\ (a>0)$의 그래프가 x축과 만나는 서로 다른 두 점을 $(\alpha, 0)$, $(\beta, 0)\ (\alpha<\beta)$이라 하면
$ax^2+bx+c=a(x-\alpha)(x-\beta)$이므로

(1) $ax^2+bx+c>0$의 해
　　➡ $x<\alpha$ 또는 $x>\beta$

(2) $ax^2+bx+c<0$의 해
　　➡ $\alpha<x<\beta$

(3) $ax^2+bx+c\geq 0$의 해
　　➡ $x\leq\alpha$ 또는 $x\geq\beta$

(4) $ax^2+bx+c\leq 0$의 해
　　➡ $\alpha\leq x\leq\beta$

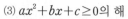

[09~12] 이차함수 $y=x^2-6x+8$의 그래프가 오른쪽 그림과 같을 때, 다음 이차부등식의 해를 구하시오.

09 $x^2-6x+8>0$

10 $x^2-6x+8<0$

11 $x^2-6x+8\geq 0$

12 $x^2-6x+8\leq 0$

[13~17] 다음 이차부등식을 푸시오.

13 $(x-1)(x-3)<0$

14 $(x+5)(x-2)\geq 0$

15 $x^2-x-6>0$

➡ $x^2-x-6>0$에서 $(x+\square)(x-\square)>0$
　　$\therefore\ x<\square$ 또는 $x>\square$

16 $2x^2-7x+6\le0$

17 $-x^2-3x-2>0$

🎈 이차부등식의 양변에 -1을 곱하여 x^2의 계수를 양수로 만든다.

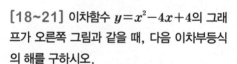 **유형 03** 이차부등식의 해; $D=0$인 경우

이차함수 $y=ax^2+bx+c\ (a>0)$의 그래프가 x축과 접하는 한 점을 $(\alpha,\ 0)$이라 하면 $ax^2+bx+c=a(x-\alpha)^2$이므로

(1) $ax^2+bx+c>0$의 해

➡ $x\ne\alpha$인 모든 실수

(2) $ax^2+bx+c<0$의 해

➡ 없다.

(3) $ax^2+bx+c\ge0$의 해

➡ 모든 실수

(4) $ax^2+bx+c\le0$의 해

➡ $x=\alpha$

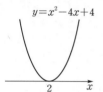

[18~21] 이차함수 $y=x^2-4x+4$의 그래프가 오른쪽 그림과 같을 때, 다음 이차부등식의 해를 구하시오.

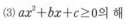

18 $x^2-4x+4>0$

19 $x^2-4x+4<0$

20 $x^2-4x+4\ge0$

21 $x^2-4x+4\le0$

[22~26] 다음 이차부등식을 푸시오.

22 $(x-7)^2>0$

23 $(3x+1)^2\ge0$

24 $x^2-10x+25\le0$

➡ $x^2-10x+25\le0$에서 $(x-\boxed{})^2\le0$

∴ $x\boxed{}5$

25 $-x^2-2x-1<0$

26 $-3x^2+18x-27>0$

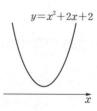 **유형 04** 이차부등식의 해; $D<0$인 경우

이차함수 $y=ax^2+bx+c\ (a>0)$의 그래프가 x축과 만나지 않으면

(1) $ax^2+bx+c>0$의 해

➡ 모든 실수

(2) $ax^2+bx+c<0$의 해

➡ 없다.

(3) $ax^2+bx+c\ge0$의 해

➡ 모든 실수

(4) $ax^2+bx+c\le0$의 해

➡ 없다.

[27~30] 이차함수 $y=x^2+2x+2$의 그래프가 오른쪽 그림과 같을 때, 다음 이차부등식의 해를 구하시오.

27 $x^2+2x+2>0$

28 $x^2+2x+2<0$

29 $x^2+2x+2\ge0$

30 $x^2+2x+2\le0$

[31~35] 다음 이차부등식을 푸시오.

31 $(x-1)^2+5<0$

32 $-(x+1)^2-3\leq0$

33 $x^2+6x+10>0$

➡ $x^2+6x+10=(x+3)^2+1\geq1$

따라서 주어진 이차부등식의 해는 _____ 이다.

34 $3x^2+2x+1\geq0$

35 $-x^2+4x-6\geq0$

유형 05 해가 주어진 이차부등식

(1) 해가 $\alpha<x<\beta$이고 x^2의 계수가 1인 이차부등식은
$$(x-\alpha)(x-\beta)<0 \Rightarrow x^2-(\alpha+\beta)x+\alpha\beta<0$$

(2) 해가 $x<\alpha$ 또는 $x>\beta$ $(\alpha<\beta)$이고 x^2의 계수가 1인 이차부등식은
$$(x-\alpha)(x-\beta)>0 \Rightarrow x^2-(\alpha+\beta)x+\alpha\beta>0$$

참고 해가 $x=\alpha$이고 x^2의 계수가 1인 이차부등식은 $(x-\alpha)^2\leq0$ 이다.

[36~39] 해가 다음과 같고 x^2의 계수가 1인 이차부등식을 구하시오.

36 $3<x<6$

➡ 해가 $3<x<6$이고 x^2의 계수가 1인 이차부등식은

$(x-\square)(x-6)<0$에서

$x^2-\square x+\square<0$

37 $x\leq-3$ 또는 $x\geq2$

38 $-1\leq x\leq5$

39 $x<0$ 또는 $x>4$

[40~43] 다음 이차부등식의 해가 [ ] 안과 같을 때, 두 실수 a, b의 값을 각각 구하시오.

40 $x^2+ax+b>0$ $\qquad[x<-3$ 또는 $x>5]$

➡ 해가 $x<-3$ 또는 $x>5$이고 x^2의 계수가 1인 이차부등식은

$(x+\square)(x-5)>0$에서 $x^2-\square x-\square>0$

$\therefore a=\square$, $b=\square$

41 $x^2+ax+b<0$ $\qquad[-4<x<7]$

42 $x^2+ax+b\geq0$ $\qquad[x\leq-9$ 또는 $x\geq0]$

43 $x^2+ax+b\leq0$ $\qquad[-4\leq x\leq2]$

❶+❶ 연습 161쪽에서 시험에 자주 출제되는 문제를 연습해 보세요.

20 이차부등식과 연립이차부등식

❶ 이차부등식이 항상 성립할 조건

이차방정식 $ax^2+bx+c=0$의 판별식을 D라 하면 이차부등식이 항상 성립할 조건은 다음과 같다.

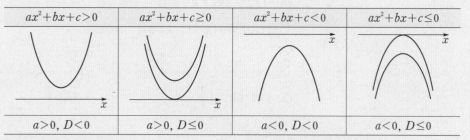

$ax^2+bx+c>0$	$ax^2+bx+c\geq0$	$ax^2+bx+c<0$	$ax^2+bx+c\leq0$
$a>0, D<0$	$a>0, D\leq0$	$a<0, D<0$	$a<0, D\leq0$

> 참고 모든 실수 x에 대하여 $f(x)>0$이면 함수 $y=f(x)$의 그래프가 x축보다 항상 위쪽에 있고,
> $f(x)<0$이면 함수 $y=f(x)$의 그래프가 x축보다 항상 아래쪽에 있다.

▶ 모든 실수 x에 대하여 부등식 $f(x)>0$이 성립한다.
- ➡ x의 값에 관계없이 부등식 $f(x)>0$이 성립한다.
- ➡ 부등식 $f(x)>0$의 해는 모든 실수이다.
- ➡ 부등식 $f(x)\leq0$의 해는 없다.

▶ 이차부등식 $ax^2+bx+c>0$의 해가 존재하지 않으면 이차부등식 $ax^2+bx+c\leq0$은 항상 성립하고, 이차부등식 $ax^2+bx+c\geq0$의 해가 존재하지 않으면 이차부등식 $ax^2+bx+c<0$은 항상 성립한다.

❷ 연립이차부등식

(1) 연립이차부등식: 연립부등식에서 차수가 가장 높은 부등식이 이차부등식인 연립부등식

> 참고 연립이차부등식은 $\begin{cases} (일차부등식) \\ (이차부등식) \end{cases}$, $\begin{cases} (이차부등식) \\ (이차부등식) \end{cases}$ 중 하나의 꼴이다.

(2) 연립이차부등식의 풀이
연립부등식을 이루고 있는 각 부등식의 해를 수직선 위에 나타내어 공통부분을 구한다.

▶ 각 부등식의 해의 공통부분이 없으면 연립부등식의 해는 없다.

정답 및 해설 **059**쪽

유형 01 이차부등식이 항상 성립할 조건

모든 실수 x에 대하여

(1) 이차부등식 $ax^2+bx+c>0$이 성립하려면
$$a>0,\ b^2-4ac<0 \leftarrow \text{아래로 볼록, } x\text{축보다 위쪽}$$

(2) 이차부등식 $ax^2+bx+c\geq0$이 성립하려면
$$a>0,\ b^2-4ac\leq0 \leftarrow \begin{array}{l}\text{아래로 볼록,}\\ x\text{축에 접하거나 }x\text{축보다 위쪽}\end{array}$$

(3) 이차부등식 $ax^2+bx+c<0$이 성립하려면
$$a<0,\ b^2-4ac<0 \leftarrow \text{위로 볼록, } x\text{축보다 아래쪽}$$

(4) 이차부등식 $ax^2+bx+c\leq0$이 성립하려면
$$a<0,\ b^2-4ac\leq0 \leftarrow \begin{array}{l}\text{위로 볼록,}\\ x\text{축에 접하거나 }x\text{축보다 아래쪽}\end{array}$$

[01~06] 모든 실수 x에 대하여 다음 이차부등식이 성립하도록 하는 실수 k의 값 또는 k의 값의 범위를 구하시오.

01 $x^2-6x+k-5>0$

➡ 모든 실수 x에 대하여 주어진 부등식이 성립하려면 이차함수 $y=x^2-6x+k-5$의 그래프가 x축보다 항상 □에 있어야 하므로 이차방정식 $x^2-6x+k-5=0$의 판별식을 D라 하면

$\dfrac{D}{4}=(-3)^2-1\times(k-5)\ \square\ 0$에서 $14-k\ \square\ 0$

$\therefore k\ \square\ 14$

02 $-x^2+6x+2k-1<0$

➡ 모든 실수 x에 대하여 주어진 부등식이 성립하려면 이차함수 $y=-x^2+6x+2k-1$의 그래프가 x축보다 항상 □에 있어야 하므로 이차방정식 $-x^2+6x+2k-1=0$의 판별식을 D라 하면

03 $x^2-8x+k^2-9\geq0$

04 $-x^2-5x+k+1<0$

05 $x^2-4kx+3k^2+16>0$

06 $-x^2+kx+k+1\leq0$

[07~12] 모든 실수 x에 대하여 다음 이차부등식이 성립하도록 하는 실수 k의 값의 범위를 구하시오.

07 $kx^2-6kx+8k+2\geq0$

➡ 모든 실수 x에 대하여 주어진 이차부등식이 성립하려면

$k\boxed{}0$ ...... ㉠

이차함수 $y=kx^2-6kx+8k+2$의 그래프가 x축에 접하거나 x축보다 항상 $\boxed{}$에 있어야 하므로 이차방정식 $kx^2-6kx+8k+2=0$의 판별식을 D라 하면

$\dfrac{D}{4}=(-3k)^2-k(8k+2)\boxed{}0$에서 $k^2-2k\boxed{}0$

$k(k-2)\boxed{}0$ $\therefore 0\boxed{}k\boxed{}2$ ...... ㉡

㉠, ㉡에서 $0\boxed{}k\boxed{}2$

08 $kx^2+4kx+5k+7\leq0$

09 $kx^2+2(k-2)x+1>0$

10 $(k-1)x^2-2kx+k-3<0$

➡ 모든 실수 x에 대하여 주어진 이차부등식이 성립하려면

$k\boxed{}1$ ...... ㉠

이차함수 $y=(k-1)x^2-2kx+k-3$의 그래프가 x축보다 항상 $\boxed{}$에 있어야 하므로 이차방정식 $(k-1)x^2-2kx+k-3=0$의 판별식을 D라 하면

$\dfrac{D}{4}=(-k)^2-(k-1)(k-3)\boxed{}0$에서

$4k-3\boxed{}0$ $\therefore k\boxed{}\dfrac{3}{4}$ ...... ㉡

㉠, ㉡에서 $k\boxed{}\dfrac{3}{4}$

11 $(k+2)x^2+2kx+1>0$

12 $(k+1)x^2-(k+1)x-2\leq0$

유형 **02** 이차부등식의 해가 존재하지 않을 조건

(1) 이차부등식 $ax^2+bx+c>0$의 해가 존재하지 않으려면
$\quad a<0$, $b^2-4ac\leq0$ ← 모든 실수 x에 대하여 $ax^2+bx+c\leq0$

(2) 이차부등식 $ax^2+bx+c\geq0$의 해가 존재하지 않으려면
$\quad a<0$, $b^2-4ac<0$ ← 모든 실수 x에 대하여 $ax^2+bx+c<0$

(3) 이차부등식 $ax^2+bx+c<0$의 해가 존재하지 않으려면
$\quad a>0$, $b^2-4ac\leq0$ ← 모든 실수 x에 대하여 $ax^2+bx+c\geq0$

(4) 이차부등식 $ax^2+bx+c\leq0$의 해가 존재하지 않으려면
$\quad a>0$, $b^2-4ac<0$ ← 모든 실수 x에 대하여 $ax^2+bx+c>0$

[13~16] 다음 이차부등식의 해가 존재하지 않도록 하는 실수 k의 값의 범위를 구하시오.

13 $x^2-(k+1)x+1<0$

➡ 주어진 이차부등식의 해가 존재하지 않으려면

$x^2-(k+1)x+1\boxed{}0$이 항상 성립해야 한다.

즉, 이차방정식 $x^2-(k+1)x+1=0$의 판별식을 D라 하면

$D=(k+1)^2-4\times1\times1\boxed{}0$에서

$k^2+2k-3\boxed{}0$, $(k+3)(k-1)\boxed{}0$

$\therefore \boxed{}\leq k\leq\boxed{}$

14 $-x^2-2kx-k\geq0$

➡ 주어진 이차부등식의 해가 존재하지 않으려면

$-x^2-2kx-k \boxed{} 0$이 항상 성립해야 한다.

15 $x^2+(k+1)x+k+1<0$

16 $x^2+(k-2)x+k+6\leq0$

유형 **03** 연립이차부등식의 풀이

연립이차부등식은 다음과 같은 순서로 푼다.

❶ 연립부등식을 이루고 있는 각 부등식을 푼다.

❷ 각 부등식의 해를 수직선 위에 나타낸다.

❸ ❷에서 공통부분을 찾아 주어진 연립부등식의 해를 구한다.

참고 각 부등식의 해의 공통부분이 없으면 연립부등식의 해는 없다.

[17~23] 다음 연립부등식을 푸시오.

17 $\begin{cases} 2x-5<x \\ x^2-2x-3\geq0 \end{cases}$

❶ 단계 $2x-5<x$에서 $x<\boxed{}$ ······ ㉠

$x^2-2x-3\geq0$에서 $(x+1)(x-3)\geq0$

∴ $x\leq\boxed{}$ 또는 $x\geq\boxed{}$ ······ ㉡

❷ 단계 ㉠, ㉡을 수직선 위에 나타내면 다음 그림과 같다.

❸ 단계 주어진 연립부등식의 해는

$x\leq-1$ 또는 $\boxed{}\leq x<\boxed{}$

18 $\begin{cases} -4x+7<2x+1 \\ x^2-5x+6\leq0 \end{cases}$

❶ 단계 연립부등식을 이루고 있는 각 부등식을 푼다.

❷ 단계 각 부등식의 해를 수직선 위에 나타낸다.

❸ 단계 ❷ 단계에서 공통부분을 찾아 주어진 연립부등식의 해를 구한다.

19 $\begin{cases} x-2\leq-3x+6 \\ x^2-6x-7\geq0 \end{cases}$

20 $\begin{cases} x-1>-2x+11 \\ x^2-3x-10\geq0 \end{cases}$

21 $\begin{cases} 3x+1\geq x-5 \\ x^2+6x+5<0 \end{cases}$

22 $2x<x+4\leq x^2+4x$

💡 $A<B<C$ 꼴의 부등식은 연립부등식 $\begin{cases} A<B \\ B<C \end{cases}$ 꼴로 고쳐서 푼다.

23 $-x^2+9 \leq 2x+1 \leq x-5$

27 $\begin{cases} x^2+4x-5 \leq 0 \\ x^2+4x+3 > 0 \end{cases}$

[24~30] 다음 연립부등식을 푸시오.

24 $\begin{cases} x^2-3x-4 < 0 \\ x^2+2x-3 \leq 0 \end{cases}$

① 단계) $x^2-3x-4 < 0$에서 $(x+1)(x-4) < 0$

$\therefore \boxed{} < x < \boxed{}$ ······ ㉠

$x^2+2x-3 \leq 0$에서 $(x+3)(x-1) \leq 0$

$\therefore \boxed{} \leq x \leq \boxed{}$ ······ ㉡

② 단계) ㉠, ㉡을 수직선 위에 나타내면 다음 그림과 같다.

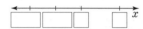

③ 단계) 주어진 연립부등식의 해는

$\boxed{} < x \leq \boxed{}$

28 $\begin{cases} x^2-5x+4 \geq 0 \\ x^2+x-6 > 0 \end{cases}$

29 $x^2-2x < -3x+2 < x^2+4$

25 $\begin{cases} x^2-x-6 \geq 0 \\ x^2-8x+15 < 0 \end{cases}$

① 단계) 연립부등식을 이루고 있는 각 부등식을 푼다.

② 단계) 각 부등식의 해를 수직선 위에 나타낸다.

30 $-5x^2+x \leq x-5 < x^2+7x$

③ 단계) **②** 단계 에서 공통부분을 찾아 주어진 연립부등식의 해를 구한다.

26 $\begin{cases} x^2-5x+6 < 0 \\ x^2-3x+2 < 0 \end{cases}$

 연습 163쪽에서 시험에 자주 출제되는 문제를 연습해 보세요.

Ⅲ

경우의 수

21 경우의 수

❶ 경우의 수

(1) 합의 법칙

두 사건 A, B가 동시에 일어나지 않을 때, 사건 A와 사건 B가 일어나는 경우의 수가 각각 m, n이면 사건 A 또는 사건 B가 일어나는 경우의 수는

$$m+n$$

(2) 곱의 법칙

두 사건 A, B에 대하여 사건 A가 일어나는 경우의 수가 m이고 그 각각에 대하여 사건 B가 일어나는 경우의 수가 n일 때, 두 사건 A, B가 동시에 일어나는 경우의 수는

$$m \times n$$

- 합의 법칙은 어느 두 사건도 동시에 일어나지 않는 셋 이상의 사건에 대해서도 성립한다.
- 두 사건 A, B가 동시에 일어나는 경우의 수가 l일 때, 사건 A 또는 사건 B가 일어나는 경우의 수는
$$m+n-l$$
- 곱의 법칙은 잇달아 일어나는 셋 이상의 사건에 대해서도 성립한다.

유형 01 합의 법칙

두 사건 A, B가 동시에 일어나지 않을 때, 사건 A와 사건 B가 일어나는 경우의 수가 각각 m, n이면

(사건 A 또는 사건 B가 일어나는 경우의 수)$=m+n$

[01~04] 다음을 구하시오.

01 서로 다른 동화책 3권, 소설책 5권 중에서 한 권을 골라 읽는 경우의 수

02 사과 3개, 귤 6개, 감 1개 중에서 1개를 골라 먹는 경우의 수

03 서로 다른 두 개의 주사위를 동시에 던질 때, 나오는 두 눈의 수의 합이 5 또는 8인 경우의 수

04 1부터 20까지의 자연수가 각각 하나씩 적힌 20장의 카드 중에서 한 장을 뽑을 때, 뽑힌 카드에 적힌 수가 3의 배수 또는 5의 배수인 경우의 수

유형 02 곱의 법칙

두 사건 A, B에 대하여 사건 A가 일어나는 경우의 수가 m이고 그 각각에 대하여 사건 B가 일어나는 경우의 수가 n이면

(두 사건 A, B가 동시에 일어나는 경우의 수)$=m \times n$

[05~08] 다음을 구하시오.

05 남학생 5명, 여학생 6명이 속해 있는 동아리에서 남녀 한 명씩 대표를 뽑는 경우의 수

06 서로 다른 종류의 외투, 셔츠, 바지를 각각 2개, 4개, 3개 가지고 있을 때, 외투, 셔츠, 바지를 각각 하나씩 택하여 입는 경우의 수

07 서로 다른 주사위 2개와 동전 1개를 동시에 던졌을 때, 나올 수 있는 모든 경우의 수

08 백의 자리의 숫자는 짝수, 십의 자리의 숫자는 홀수, 일의 자리의 숫자는 소수인 세 자리의 자연수의 개수

유형 03 방정식과 부등식의 해의 개수

(1) 방정식 $ax+by+cz=d$ (a, b, c, d는 상수)를 만족시키는 자연수 x, y, z의 순서쌍 (x, y, z)의 개수
→ x, y, z 중 계수의 절댓값 큰 것부터 수를 대입하여 구한다.

(2) 부등식 $ax+by\leq c$ (a, b, c는 상수)를 만족시키는 자연수 x, y의 순서쌍 (x, y)의 개수
→ 방정식 $ax+by=d$ ($a+b\leq d\leq c$)의 해의 개수를 모두 구하여 더한다.

[09~12] 다음을 구하시오.

09 방정식 $x+2y=6$을 만족시키는 자연수 x, y의 순서쌍 (x, y)의 개수

→ (i) $y=1$일 때, $x=\square$이므로 순서쌍 (x, y)는 $(\square, \square)$의 1개

 (ii) $y=2$일 때, $x=\square$이므로 순서쌍 (x, y)는 $(\square, \square)$의 1개

 (i), (ii)에서 구하는 순서쌍의 개수는 $\square+\square=\square$

10 방정식 $x+2y+3z=9$를 만족시키는 자연수 x, y, z의 순서쌍 (x, y, z)의 개수

11 부등식 $x+2y\leq5$를 만족시키는 자연수 x, y의 순서쌍 (x, y)의 개수

→ x, y가 자연수이므로 $x+2y\leq5$를 만족시키는 경우는
$x+2y=3$, $x+2y=4$, $x+2y=5$

 (i) $x+2y=3$일 때, 순서쌍 (x, y)는 $(\square, \square)$의 1개

 (ii) $x+2y=4$일 때, 순서쌍 (x, y)는 $(\square, \square)$의 1개

 (iii) $x+2y=5$일 때, 순서쌍 (x, y)는 $(\square, \square)$, $(\square, \square)$의 2개

 (i), (ii), (iii)에서 구하는 순서쌍의 개수는 $\square+\square+\square=\square$

12 부등식 $3x+y\leq7$을 만족시키는 자연수 x, y의 순서쌍 (x, y)의 개수

유형 04 항의 개수와 약수의 개수

(1) 두 다항식 A, B의 각 항의 문자가 모두 다르면 AB의 전개식에서 항의 개수는 → 두 다항식의 곱에서 동류항이 생기지 않는다.
$(A$의 항의 개수$)\times(B$의 항의 개수$)$

(2) 자연수 N이 $N=a^pb^qc^r$ (a, b, c는 서로 다른 소수, p, q, r는 자연수) 꼴로 소인수분해될 때, N의 약수의 개수는
$(p+1)(q+1)(r+1)$

[13~16] 다음 식을 전개하였을 때, 서로 다른 항의 개수를 구하시오.

13 $(a+b+c)(x+y)$

→ $(a+b+c)(x+y)$에서 a, b, c에 곱해지는 항이 각각 $\square$, $\square$의 2개이므로 항의 개수는
$\square\times2=\square$

14 $(a+b)(x+y)(p+q)$

15 $(a+b+c)(x+y)(p+q+r)$

16 $(a+b)^2(x+y+z)$

[17~20] 다음 수의 약수의 개수를 구하시오.

17 72

→ $72=2^\square\times3^\square$이므로 72의 약수의 개수는
$(\square+1)(\square+1)=\square$

18 135

19 360

20 220

유형 05 색칠하는 방법의 수

각 영역을 색칠하는 방법의 수를 구한 후 곱의 법칙을 이용
하여 색칠하는 모든 방법의 수를 구한다. 이때 →연달아 색칠하므로
(1) 인접한 영역이 가장 많은 영역에 색칠하는 방법의 수를
    먼저 구한다.
(2) 같은 색을 칠할 수 있는 영역은 같은 색인 경우와 다른
    색인 경우로 나누어 생각한다.

[21~24] 다음 그림과 같이 4개의 영역 A, B, C, D를 서로 다른
4가지 색으로 칠하려고 한다. 같은 색을 중복하여 사용해도 좋으나
인접한 영역은 서로 다른 색으로 칠할 때, 칠하는 방법의 수를 구하
시오. (단, 한 영역에는 한 가지 색만 칠한다.)

21

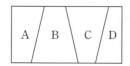

➡ 영역 A에 칠할 수 있는 색은 ☐가지
  영역 B에 칠할 수 있는 색은 영역 A에 칠한 색을 제외한
  ☐가지
  영역 C에 칠할 수 있는 색은 영역 B에 칠한 색을 제외한
  ☐가지
  영역 D에 칠할 수 있는 색은 영역 C에 칠한 색을 제외한
  ☐가지
  따라서 구하는 방법의 수는
  $4 \times$ ☐ $\times$ ☐ $\times$ ☐ $=$ ☐

22

23

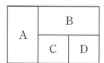

24

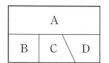

유형 06 도로망에서의 방법의 수

동시에 갈 수 없는 길이면 합의 법칙을, 동시에 가거나 이
어지는 길이면 곱의 법칙을 이용한다.

[25~27] 다음 그림과 세 지점 A, B, C를 연결하는 도로망이 있
다. A 지점에서 C 지점으로 가는 방법의 수를 구하시오.

25

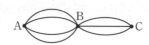

➡ A → B로 가는 방법의 수는 ☐
  B → C로 가는 방법의 수는 ☐
  따라서 구하는 방법의 수는
  ☐ $\times$ ☐ $=$ ☐

26

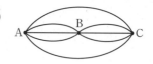

27

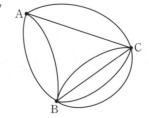

[28~30] 다음 그림과 같이 네 지점 A, B, C, D를 연결하는 도
로망이 있다. A 지점에서 D 지점으로 가는 방법의 수를 구하시오.
(단, 한 번 지나간 지점은 다시 지나지 않는다.)

28

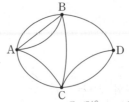

➡ A → B → D로 가는 방법의 수는 ☐ $\times 1 =$ ☐
  └→C 지점을 지나지 않는다.
  A → C → D로 가는 방법의 수는 ☐ $\times$ ☐ $=$ ☐
  └→B 지점을 지나지 않는다.
  A → B → C → D로 가는 방법의 수는 ☐ $\times 1 \times$ ☐ $=$ ☐
  A → C → B → D로 가는 방법의 수는 ☐ $\times 1 \times 1 =$ ☐
  따라서 구하는 방법의 수는
  ☐ $+$ ☐ $+$ ☐ $+$ ☐ $=$ ☐

29

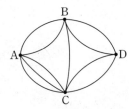

30

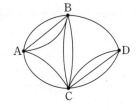

유형 07 지불하는 방법의 수

a원짜리 동전 l개, b원짜리 동전 m개, c원짜리 동전 n개로 지불할 수 있는 방법의 수

➡ $(l+1)(m+1)(n+1)-1$

참고 단위가 다른 화폐의 개수가 각각 l, m, n일 때 지불할 수 있는 방법의 수로 확장하여 생각할 수 있다.

[31~36] 다음과 같이 주어진 동전 또는 지폐의 일부 또는 전부를 사용하여 지불할 수 있는 방법의 수를 구하시오.

(단, 0원을 지불하는 경우는 제외한다.)

31 10원짜리 동전 7개, 100원짜리 동전 5개

➡ 10원짜리 동전 7개로 지불할 수 있는 방법은

0원, 10원, 20원, …, 70원의 ☐가지

100원짜리 동전 5개로 지불할 수 있는 방법은

0원, 100원, 200원, …, 500원의 ☐가지

따라서 구하는 방법의 수는

$8 \times$ ☐ $-$ ☐ $=$ ☐

32 100원짜리 동전 4개, 500원짜리 동전 6개

33 10원짜리 동전 3개, 1000원짜리 지폐 2장

34 50원짜리 동전 2개, 5000원짜리 지폐 8장

35 10원짜리 동전 1개, 1000원짜리 지폐 4장, 10000원짜리 지폐 2장

36 100원짜리 동전 7개, 500원짜리 동전 3개, 10000원짜리 지폐 1장

❶+❶ 연습 **165**쪽에서 시험에 자주 출제되는 문제를 연습해 보세요.

22 순열

❶ 순열

(1) 순열

서로 다른 n개에서 r $(0<r\leq n)$개를 택하여 일렬로 나열하는 것을 n개에서 r를 택하는 순열이라 하고, 이 순열의 수를 기호로 $_n\mathrm{P}_r$와 같이 나타낸다.

(2) 계승

1부터 n까지의 모든 자연수의 곱을 n의 계승이라 하고, 기호로 $n!$과 같이 나타낸다. 즉,
$$n!=n(n-1)(n-2)\times\cdots\times3\times2\times1$$

(3) 순열의 수

서로 다른 n개에서 r개를 택하는 순열의 수는
$$_n\mathrm{P}_r=\underbrace{n(n-1)(n-2)\times\cdots\times(n-r+1)}_{r개}\ (단,\ 0<r\leq n)$$

① $_n\mathrm{P}_n=n!$, $_n\mathrm{P}_0=1$, $0!=1$ ② $_n\mathrm{P}_r=\dfrac{n!}{(n-r)!}$ (단, $0\leq r\leq n$)

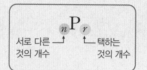

▸ $_n\mathrm{P}_r$의 P는 순열을 뜻하는 Permutation의 첫 글자이다.

▸ $n!$은 'n팩토리얼(factorial)'이라 읽는다.

❷ 특정 조건이 있는 순열

(1) 이웃하는 순열의 수는 다음과 같은 순서로 구한다.
  ❶ 이웃하는 것을 하나로 묶는다.
  ❷ (하나로 묶었을 때의 순열의 수)
    ×(한 묶음 안에서의 순서를 바꾸는 순열의 수)를 구한다.
(2) 이웃하지 않는 순열의 수는 다음과 같은 순서로 구한다.
  ❶ 이웃해도 상관없는 것을 먼저 배열한다.
  ❷ (이웃해도 상관없는 것의 순열의 수)
    ×(사이사이와 양 끝에 이웃하지 않는 것을 나열하는 순열의 수)를 구한다.
(3) '적어도'의 조건이 있는 순열의 수
  '적어도'의 조건이 있는 순열의 수는 반대인 경우의 수를 구하여 전체 경우의 수에서 뺀다.

유형 01 순열의 기호의 표현

서로 다른 n개에서 r $(0<r\leq n)$개를 택하여 일렬로 나열하는 것을 n개에서 r개를 택하는 순열이라 하고, 이 순열의 수를 기호로 $_n\mathrm{P}_r$와 같이 나타낸다.

[01~06] 다음을 기호를 사용하여 $_n\mathrm{P}_r$ 꼴로 나타내시오.

01 7명의 학생 중에서 3명을 뽑아 일렬로 세우는 경우의 수

02 서로 다른 9개의 숫자 중에서 4개를 뽑아 일렬로 나열하는 경우의 수

03 서로 다른 5개의 놀이기구 중에서 2개를 골라 타는 순서를 정하는 경우의 수

04 11명의 동아리 회원 중에서 회장, 부회장을 각각 1명씩 뽑는 경우의 수

05 wish에 있는 4개의 문자를 일렬로 나열하는 경우의 수

06 서로 다른 5개의 음식을 차례대로 먹는 순서를 정하는 경우의 수

유형 02 순열의 수

(1) 계승: $n! = n(n-1)(n-2) \times \cdots \times 3 \times 2 \times 1$

(2) 순열의 수

① $_nP_r = n(n-1)(n-2) \times \cdots \times (n-r+1)$

(단, $0 < r \le n$)

$= \dfrac{n!}{(n-r)!}$ (단, $0 \le r \le n$)

② $_nP_n = n!$, $_nP_0 = 1$, $0! = 1$

[07~10] 다음 값을 구하시오.

07 $3!$

08 $5!$

09 $2!$

10 $6!$

[11~18] 다음 값을 구하시오.

11 $_3P_2$

12 $_4P_3$

13 $_5P_3$

14 $_6P_4$

15 $_7P_0$

16 $_4P_4$

17 $0!$

18 $_3P_3$

[19~26] 다음을 만족시키는 n 또는 r의 값을 구하시오.

19 $_nP_2 = 30$

➡ $_nP_2 = 30$에서 $n(\boxed{}) = 30 = 6 \times 5$

∴ $n = \boxed{}$

20 $_nP_3 = 60$

21 $_nP_n = 24$

22 $_nP_4 = 42 \, _nP_2$

23 $_6P_r = 120$

➡ $120 = 6 \times 5 \times 4$이므로 $_6P_{\boxed{}} = 120$

∴ $r = \boxed{}$

24 $_8P_r = 336$

25 $_9P_r = 1$

26 $_7P_r = \dfrac{7!}{5!}$

22 순열

유형 03 순열을 이용한 경우의 수

(1) 서로 다른 n개에서 $r\,(0<r\leq n)$개를 택하는 순열의 수
$\Rightarrow {}_nP_r$

(2) 서로 다른 n개를 모두 나열하는 순열의 수
$\Rightarrow {}_nP_n=n!$ 일렬로 나열하는 경우의 수나 순서를 생각하여 선택하는 경우의 수는 순서가 다르면 다른 경우이므로 순열의 수를 이용한다.

[27~30] 다음을 구하시오.

27 5명의 학생 중에서 2명을 뽑아 일렬로 세우는 경우의 수

28 8명의 학생 중에서 회장, 부회장을 각각 1명씩 뽑는 경우의 수

29 서로 다른 4권의 책 중에서 3권을 택하여 읽는 순서를 정하는 경우의 수

30 5개의 문자 a, b, c, d, e를 일렬로 나열하는 경우의 수

유형 04 이웃하는 순열의 수

이웃하는 것이 있는 순열의 수는 다음과 같은 순서로 구한다.
❶ 이웃하는 것을 한 묶음으로 생각하여 일렬로 나열하는 경우의 수를 구한다.
❷ 이웃하는 것끼리 자리를 바꾸는 경우의 수를 구한다.
❸ ❶과 ❷의 결과를 곱한다.

[31~34] 다음을 구하시오.

31 남학생 4명, 여학생 3명을 일렬로 세울 때, 여학생끼리 이웃하게 세우는 경우의 수
➡ 여학생 3명을 한 사람으로 생각하여 ☐명을 일렬로 세우는 경우의 수는 5!=120
여학생 3명이 자리를 바꾸는 경우의 수는 3!=☐
따라서 구하는 경우의 수는
120×☐=☐

32 1학년 학생 2명, 2학년 학생 4명을 일렬로 세울 때, 2학년 학생끼리 이웃하게 세우는 경우의 수

33 5개의 문자 l, e, m, o, n을 일렬로 나열할 때, 모음끼리 이웃하게 나열하는 경우의 수

34 2개의 대문자 A, B, 4개의 소문자 a, b, c, d를 일렬로 나열할 때, 대문자는 대문자끼리, 소문자는 소문자끼리 이웃하게 나열하는 경우의 수

유형 05 이웃하지 않는 순열의 수

이웃하지 않는 것이 있는 순열의 수는 다음과 같은 순서로 구한다.
❶ 이웃해도 상관없는 것을 일렬로 나열하는 경우의 수를 구한다.
❷ ❶에서 나열한 것 사이사이와 양 끝에 이웃하지 않는 것을 나열하는 경우의 수를 구한다.
❸ ❶과 ❷의 결과를 곱한다.

[35~38] 다음을 구하시오.

35 남자 3명, 여자 2명을 일렬로 세울 때, 여자끼리 이웃하지 않게 세우는 경우의 수
➡ 남자 3명을 일렬로 세우는 경우의 수는 3!=6
남자들 사이사이와 양 끝의 4개의 자리에 여자 2명을 세우는 경우의 수는 ${}_4P_☐$=☐
따라서 구하는 경우의 수는
6×☐=☐

36 어른 2명, 아이 4명을 일렬로 세울 때, 어른끼리 이웃하지 않게 세우는 경우의 수

37 6개의 문자 A, B, C, D, E, F를 일렬로 나열할 때, B, C, F가 이웃하지 않게 나열하는 경우의 수

38 소설책 3권을 포함하여 서로 다른 7권의 책을 책꽂이에 나란히 꽂을 때, 소설책 3권 중 어느 두 권도 이웃하지 않게 꽂는 경우의 수

40 중학생 3명, 고등학생 3명을 일렬로 세울 때, 중학생과 고등학생을 번갈아 세우는 경우의 수

41 축구 선수 3명, 야구 선수 2명을 일렬로 세울 때, 축구 선수와 야구 선수를 번갈아 세우는 경우의 수

➡ 축구 선수 3명을 일렬로 세우고 그 사이사이에 야구 선수 2명을 세우면 된다.
따라서 구하는 경우의 수는

$3! \times \boxed{} = \boxed{}$

42 picture에 있는 7개의 문자를 일렬로 나열할 때, 자음과 모음을 번갈아 나열하는 경우의 수

유형 06 번갈아 서는 순열의 수

두 집단의 구성원이 번갈아 일렬로 서는 경우의 수는
(1) 두 집단의 구성원의 수가 각각 n일 때
➡ $2 \times n! \times n!$
(2) 두 집단의 구성원의 수가 각각 n, $n-1$일 때
➡ $n! \times (n-1)!$

[39~42] 다음을 구하시오.

39 남학생 2명, 여학생 2명을 일렬로 세울 때, 남학생과 여학생을 번갈아 세우는 경우의 수

➡ (ⅰ) 남학생, 여학생의 순서로 번갈아 세우는 경우
남학생 2명을 일렬로 세우는 경우의 수는 $2! = 2$
이때 각각의 남학생의 오른쪽에 여학생 2명을 세우는 경우의 수는 $2! = \boxed{}$
즉, 이 경우의 수는
$2 \times \boxed{} = \boxed{}$
(ⅱ) 여학생, 남학생의 순서로 번갈아 세우는 경우
(ⅰ)과 같은 방법으로 $\boxed{}$
(ⅰ), (ⅱ)에서 구하는 경우의 수는
$4 + \boxed{} = \boxed{} \rightarrow 2 \times 2! \times 2!$

유형 07 자리에 대한 조건이 있는 순열의 수

(1) r개를 나열하는 데 특정한 k개의 위치가 정해진 경우의 수는 조건이 주어진 k개를 나열하는 경우의 수를 먼저 구한 후 나머지 $(r-k)$개를 나열하는 경우의 수와 곱한다.
(2) 특정한 A, B 사이에 일부가 들어가도록 나열하는 경우의 수는 A, B 사이에 일부를 넣어 한 묶음으로 만드는 경우의 수를 구한 후 그 묶음과 나머지를 나열하는 경우의 수와 곱한다.

[43~46] 다음을 구하시오.

43 1학년 학생 4명, 2학년 학생 2명을 일렬로 세울 때, 양 끝에 1학년 학생이 오도록 세우는 경우의 수

➡ 양 끝에 1학년 학생 4명 중 2명을 세우는 경우의 수는
$_4\mathrm{P}_{\boxed{}} = \boxed{}$
양 끝의 1학년 학생 2명을 제외한 나머지 4명을 일렬로 세우는 경우의 수는 $4! = 24$
따라서 구하는 경우의 수는
$\boxed{} \times 24 = \boxed{}$

1학년 2명, 2학년 2명
○—○○○○—○
↑   ↑
1학년   1학년

44 A를 포함한 7명의 학생 중에서 4명을 택하여 일렬로 세울 때, A가 맨 뒤에 오도록 세우는 경우의 수

45 남학생 2명, 여학생 3명을 일렬로 세울 때, 남학생 사이에 여학생 2명이 오도록 세우는 경우의 수

➡ 남학생 2명 사이에 여학생 2명이 오도록 묶음을 만드는 경우의

수는 $2! \times {}_3\mathrm{P}_\square =$ ☐

이 묶음과 나머지 1명을 일렬로 세우는 경우의 수는 $2!=2$

따라서 구하는 경우의 수는

☐ $\times 2 =$ ☐

46 6개의 문자 A, B, C, D, E, F를 일렬로 나열할 때, B와 D 사이에 2개의 문자가 오도록 나열하는 경우의 수

유형 **08** '적어도'의 조건이 있는 순열의 수

(사건 A가 적어도 한 번 일어나는 경우의 수)
$=$(모든 경우의 수)$-$(사건 A가 일어나지 않는 경우의 수)

[47~49] 다음을 구하시오.

47 어른 2명, 아이 3명을 일렬로 세울 때, 어른 사이에 적어도 1명의 아이를 세우는 경우의 수

➡ 어른 2명, 아이 3명을 일렬로 세우는 경우의 수는 $5!=120$

어른 2명을 한 사람으로 생각하여 4명을 일렬로 세우는 경우의

수는 $4!=$ ☐

어른 2명이 자리를 바꾸는 경우의 수는 $2!=$ ☐

따라서 구하는 경우의 수는

$120-$ ☐ $\times$ ☐ $=$ ☐

48 남학생 5명, 여학생 3명 중에서 회장, 부회장을 각각 1명씩 뽑을 때, 적어도 1명은 남학생을 뽑는 경우의 수

49 6개의 문자 a, b, c, d, e, f를 일렬로 나열할 때, 적어도 한쪽 끝에 모음이 오도록 나열하는 경우의 수

유형 **09** 순열을 이용한 자연수의 개수

0부터 9까지의 정수 중에서 서로 다른 n개의 숫자를 한 번씩 사용하여 만들 수 있는 r자리의 자연수의 개수는
(1) 0이 포함되지 않는 경우 ➡ ${}_n\mathrm{P}_r$
(2) 0이 포함되는 경우 ➡ $(n-1) \times {}_{n-1}\mathrm{P}_{r-1}$

[50~54] 다음을 구하시오.

50 5개의 숫자 0, 1, 2, 3, 4 중에서 서로 다른 3개의 숫자를 사용하여 만들 수 있는 세 자리의 자연수의 개수

➡ 백의 자리에는 0이 올 수 없으므로 백의 자리에 올 수 있는 숫자는 1, 2, 3, 4의 4개

십의 자리와 일의 자리에 숫자를 나열하는 경우의 수는 백의 자리에 사용한 숫자를 제외한 4개의 숫자 중에서 2개를 택하여 일렬로 나열하는 경우의 수와 같으므로 ${}_4\mathrm{P}_\square =$ ☐

따라서 구하는 세 자리의 자연수의 개수는

$4 \times$ ☐ $=$ ☐

51 6개의 숫자 0, 1, 2, 3, 4, 5 중에서 서로 다른 4개의 숫자를 사용하여 만들 수 있는 네 자리의 자연수의 개수

52 5개의 숫자 1, 2, 3, 4, 5 중에서 서로 다른 3개의 숫자를 사용하여 만들 수 있는 세 자리의 자연수 중 홀수의 개수

53 6개의 숫자 0, 1, 2, 3, 4, 5 중에서 서로 다른 3개의 숫자를 사용하여 만들 수 있는 세 자리의 자연수 중 짝수의 개수

54 6개의 숫자 0, 1, 2, 3, 4, 5 중에서 서로 다른 4개의 숫자를 사용하여 만들 수 있는 네 자리의 자연수 중 5의 배수의 개수

유형 **10** 사전식으로 배열하는 경우의 수

문자를 사전식으로 배열할 때

(1) 어떤 문자열이 몇 번째에 배열되는지 구하는 경우

➡ 그 문자열 이전까지의 개수를 구한다.

(2) n번째에 배열되는 문자열을 구하는 경우

➡ 시작하는 첫 번째 문자에 따른 문자열의 개수를 구한다.

참고 자연수를 크기순으로 나열하는 경우도 같은 방법으로 구한다.

---

55 4개의 문자 a, b, c, d를 모두 한 번씩만 사용하여 만든 문자열을 사전식으로 배열할 때, bdca는 몇 번째에 오는지 구하시오.

➡ a□□□ 꼴의 문자열의 개수는 3! =□

ba□□ 꼴의 문자열의 개수는 2! =□

같은 방법으로 bc□□ 꼴의 문자열의 개수도 2이다.

따라서 abcd부터 bcda까지의 문자열의 개수는

6+2+□=□

이고, bdac, bdca이므로 bdca는 □번째에 오는 문자열이다.
11번째 12번째

56 4개의 자음 ㄱ, ㄴ, ㄷ, ㄹ을 모두 한 번씩만 사용하여 만든 문자열을 사전식으로 배열할 때, ㄷㄹㄴㄱ은 몇 번째에 오는지 구하시오.

57 5개의 숫자 1, 2, 3, 4, 5를 모두 한 번씩만 사용하여 만든 다섯 자리의 자연수를 작은 수부터 차례대로 나열할 때, 34000보다 작은 자연수의 개수를 구하시오.

58 5개의 문자 A, B, C, D, E를 모두 한 번씩만 사용하여 만든 문자열을 사전식으로 배열할 때, 85번째에 오는 문자열을 구하시오.

첫 번째 문자열부터 85번째에 근접한 문자열까지의 개수와 그 형태를 찾는다.

59 5개의 숫자 1, 2, 3, 4, 5를 모두 한 번씩만 사용하여 만든 다섯 자리의 자연수를 작은 수부터 차례대로 나열할 때, 100번째로 작은 수를 구하시오.

❶+❶ 연습 167쪽에서 시험에 자주 출제되는 문제를 연습해 보세요.

23 조합

❶ 조합

(1) 조합

서로 다른 n개에서 순서를 생각하지 않고 $r\,(0<r\leq n)$개를 택하는 것을 n개에서 r개를 택하는 조합이라 하고, 이 조합의 수를 기호로 $_nC_r$와 같이 나타낸다.

(2) 조합의 수

① $_nC_r=\dfrac{_nP_r}{r!}=\dfrac{n!}{r!(n-r)!}$ (단, $0\leq r\leq n$)

② $_nC_0=1$, $_nC_n=1$ $\qquad \dfrac{n(n-1)(n-2)\times\cdots\times(n-r+1)}{r!}$

③ $_nC_r=_nC_{n-r}$ (단, $0\leq r\leq n$)

④ $_nC_r=_{n-1}C_r+_{n-1}C_{r-1}$ (단, $1\leq r<n$)

- $_nC_r$의 C는 조합을 뜻하는 Combination의 첫 글자이다.

- 서로 다른 n개에서 r개를 택하는 조합의 수는 뽑히지 않을 $(n-r)$개를 택하는 조합의 수와 같다.

$_nC_r$
서로 다른 ┘ └ 택하는
것의 개수   것의 개수

❷ 특정 조건이 있는 조합

(1) 특정한 것을 포함하거나 포함하지 않는 조합의 수

① 특정한 것을 포함하는 조합의 수는 특정한 것을 이미 뽑았다고 생각하고 나머지에서 필요한 것만큼 뽑는 조합의 수와 같다.

② 특정한 것을 포함하지 않는 조합의 수는 전체에서 특정한 것의 개수만큼 제외하고 나머지에서 필요한 것만큼 뽑는 조합의 수와 같다.

(2) '적어도'의 조건이 있는 조합의 수

'적어도'의 조건이 있는 조합의 수는 반대인 경우의 수를 구하여 전체 경우의 수에서 뺀다.

(3) 뽑아서 나열하는 경우의 수

뽑을 때는 조합을 이용하고, 뽑은 것을 나열할 때는 순열을 이용한다.

유형 01 조합의 기호의 표현

서로 다른 n개에서 순서를 생각하지 않고 $r\,(0<r\leq n)$개를 택하는 것을 n개에서 r개를 택하는 조합이라 하고, 이 조합의 수를 기호로 $_nC_r$와 같이 나타낸다.

[01~06] 다음을 기호를 사용하여 $_nC_r$ 꼴로 나타내시오.

01 7명의 학생 중에서 3명을 택하는 경우의 수

02 서로 다른 9개의 숫자 중에서 3개를 택하는 경우의 수

03 서로 다른 6개의 사탕 중에서 4개를 택하는 경우의 수

04 회의에 참가한 4명의 학생이 다른 학생과 모두 한 번씩 악수를 할 때, 악수한 총 횟수

05 12명의 타자 중에서 야구 경기에 출전하는 9명의 타자를 택하는 경우의 수

06 서로 다른 8개의 메뉴 중에서 2개를 택하여 주문하는 경우의 수

유형 02 조합의 수

(1) $_nC_r = \dfrac{_nP_r}{r!} = \dfrac{n!}{r!(n-r)!}$ (단, $0 \le r \le n$)

(2) $_nC_0 = 1$, $_nC_n = 1$

(3) $_nC_r = _nC_{n-r}$ (단, $0 \le r \le n$)

> 참고 $_nC_r$의 값을 구할 때, $r > n-r$인 경우 $_nC_r = _nC_{n-r}$임을 이용하면 간단히 계산할 수 있다.

[07~14] 다음 값을 구하시오.

07 $_3C_1$

08 $_4C_2$

09 $_8C_3$

10 $_6C_0$

11 $_5C_5$

12 $_7C_4$

13 $_9C_6$

14 $_{11}C_9$

[15~22] 다음을 만족시키는 n 또는 r의 값을 구하시오.

15 $_nC_2 = 10$

➡ $_nC_2 = 10$에서 $\dfrac{n(\boxed{})}{2 \times 1} = 10$

$n(\boxed{}) = 20 = 5 \times 4$

∴ $n = \boxed{}$

16 $_nC_3 = 35$

17 $_nC_2 = _nC_4$

➡ $_nC_2 = _nC_{\boxed{}}$이므로 $_nC_{\boxed{}} = _nC_4$에서

$\boxed{} = 4$ ∴ $n = \boxed{}$

18 $_nC_5 = _nC_3$

19 $_9C_r = _9C_{r-5}$

20 $_{n+3}C_n = 10$

> 💡 $_{n+3}C_n = _{n+3}C_3$이다.

21 $_6C_r = 20$

➡ $_6C_r = 20$에서 $\dfrac{6!}{r!(\boxed{})!} = 20$

$6! = 20 \times r!(\boxed{})!$, $6 \times 3 \times 2 \times 1 = r!(\boxed{})!$

$3! \times \boxed{} = r!(\boxed{})!$ ∴ $r = \boxed{}$

22 $_8C_r = 28$

유형 03 조합을 이용한 경우의 수

(1) 서로 다른 n개에서 순서를 생각하지 않고 r개를 택하는 경우의 수

➡ $_nC_r$

(2) 서로 다른 n개에서 a개를 택한 후 나머지에서 b개를 택하는 경우의 수 $(n-a)$개

➡ $_nC_a \times _{n-a}C_b$

[23~27] 다음을 구하시오.

23 4명의 학생 중에서 대표 2명을 뽑는 경우의 수

24 5개의 문자 a, b, c, d, e 중에서 3개의 문자를 택하는 경우의 수

25 동호회 회원 10명이 다른 회원과 모두 한 번씩 악수를 할 때, 악수한 총 횟수

26 남학생 5명, 여학생 4명 중에서 남학생 2명, 여학생 3명을 뽑는 경우의 수

27 8명의 학생 중에서 축구 경기에 참가할 수비수 3명, 공격수 2명을 뽑는 경우의 수

유형 04 특정한 것을 포함하거나 포함하지 않는 조합의 수

(1) 서로 다른 n개에서 특정한 k개를 포함하여 r개를 뽑는 경우의 수

➡ k개를 이미 뽑았다고 생각하고 나머지 $(n-k)$개에서 $(r-k)$개를 뽑는 경우의 수와 같다.

➡ $_{n-k}C_{r-k}$

(2) 서로 다른 n개에서 특정한 k개를 제외하고 r개를 뽑는 경우의 수

➡ k개를 제외한 나머지 $(n-k)$개에서 r개를 뽑는 경우의 수와 같다.

➡ $_{n-k}C_r$

[28~35] 다음을 구하시오.

28 민주와 지훈이를 포함한 8명의 학생 중에서 대표 4명을 뽑을 때, 민주와 지훈이를 반드시 포함하여 뽑는 경우의 수

➡ 민주와 지훈이를 제외한 6명의 학생 중에서 ☐명을 뽑는 경우의 수와 같으므로 구하는 경우의 수는

$_6C_☐ = \dfrac{6 \times 5}{2 \times 1} = \boxed{}$

29 6개의 문자 A, B, C, D, E, F 중에서 3개의 문자를 뽑을 때, C를 반드시 포함하여 뽑는 경우의 수

30 1부터 10까지의 자연수가 각각 하나씩 적힌 10개의 공이 들어 있는 주머니에서 동시에 5개의 공을 꺼낼 때, 4가 적힌 공을 반드시 포함하여 꺼내는 경우의 수

31 A, B를 포함한 9명의 학생 중에서 3명을 뽑을 때, A, B를 모두 포함하지 않고 뽑는 경우의 수

➡ A, B를 제외한 7명의 학생 중에서 $\square$명을 뽑는 경우의 수와 같으므로 구하는 경우의 수는

$$_7C_\square = \frac{7 \times 6 \times 5}{3 \times 2 \times 1} = \boxed{}$$

32 빨간색, 노란색, 초록색을 포함한 서로 다른 8가지의 색 중에서 3가지를 선택할 때, 노란색, 초록색을 모두 포함하지 않고 선택하는 경우의 수

33 초등학생 8명, 중학생 4명 중에서 4명을 뽑을 때, 특정한 중학생 2명을 모두 포함하지 않고 뽑는 경우의 수

34 1, 2, 3, 4, 5, 6, 7이 각각 하나씩 적힌 7장의 카드 중에서 4장을 뽑을 때, 1이 적힌 카드는 포함하고, 6이 적힌 카드는 포함하지 않고 뽑는 경우의 수

35 A, B를 포함한 9명의 학생 중에서 5명을 뽑을 때, A는 포함하지 않고, B는 포함하여 뽑는 경우의 수

유형 05 '적어도'의 조건이 있는 조합의 수

(사건 A가 적어도 한 번 일어나는 경우의 수)
=(모든 경우의 수)-(사건 A가 일어나지 않는 경우의 수)

[36~40] 다음을 구하시오.

36 남학생 3명, 여학생 4명 중에서 3명을 뽑을 때, 남학생을 적어도 1명 포함하여 뽑는 경우의 수

➡ 7명의 학생 중에서 3명을 뽑는 경우의 수는

$$_7C_\square = \frac{7 \times 6 \times 5}{3 \times 2 \times 1} = \boxed{}$$

여학생만 3명을 뽑는 경우의 수는 $_4C_3 = {_4}C_\square = 4$

따라서 구하는 경우의 수는

$$\boxed{} - 4 = \boxed{}$$

37 서로 다른 연필 5개, 서로 다른 볼펜 3개 중에서 4개를 택할 때, 볼펜을 적어도 1개 포함하여 택하는 경우의 수

38 1부터 10까지의 자연수가 각각 하나씩 적힌 10장의 카드 중에서 3장을 뽑을 때, 4 이하의 수가 적힌 카드를 적어도 1장 포함하여 뽑는 경우의 수

39 서로 다른 초콜릿 4개, 사탕 6개 중에서 4개를 살 때, 초콜릿과 사탕을 각각 적어도 1개씩 포함하여 사는 경우의 수

➡ 10개 중에서 4개를 사는 경우의 수는

$$_{10}C_\square = \frac{10 \times 9 \times 8 \times 7}{4 \times 3 \times 2 \times 1} = \boxed{}$$

초콜릿 4개 중에서 4개를 사는 경우의 수는 $_4C_4 = \boxed{}$

사탕 6개 중에서 4개를 사는 경우의 수는

$$_6C_\square = {_6}C_\square = \frac{6 \times 5}{2 \times 1} = \boxed{}$$

따라서 구하는 경우의 수는

$$210 - (\boxed{} + \boxed{}) = \boxed{}$$

40 서로 다른 자음 5개와 모음 4개 중에서 3개를 택할 때, 자음과 모음을 각각 적어도 1개씩 포함하여 택하는 경우의 수

유형 06 뽑아서 나열하는 경우의 수

(1) m개 중에서 r개를 뽑아 일렬로 나열하는 경우의 수

➡ $_mC_r \times r! = {_mP_r}$

(2) m개 중에서 r개, n개 중에서 s개를 뽑아 일렬로 나열하는 경우의 수

➡ $_mC_r \times {_nC_s} \times (r+s)!$

[41~45] 다음을 구하시오.

41 6명의 학생 중에서 3명을 뽑아 일렬로 세우는 경우의 수

➡ 6명의 학생 중에서 3명을 뽑는 경우의 수는

$$_6C_\square = \frac{6 \times 5 \times 4}{3 \times 2 \times 1} = \boxed{}$$

3명을 일렬로 세우는 경우의 수는 $3! = \boxed{}$

따라서 구하는 경우의 수는

$\boxed{} \times 6 = \boxed{} \to {_6P_3}$

42 7개의 문자 A, B, C, D, E, F, G 중에서 4개를 택하여 일렬로 나열하는 경우의 수

43 남학생 3명, 여학생 5명 중에서 남학생 2명과 여학생 2명을 뽑아 일렬로 세우는 경우의 수

➡ 남학생 3명 중에서 2명을 뽑는 경우의 수는 $_3C_2 = {_3C_\square} = 3$

여학생 5명 중에서 2명을 뽑는 경우의 수는

$$_5C_2 = \frac{5 \times 4}{2 \times 1} = \boxed{}$$

4명을 일렬로 세우는 경우의 수는 $4! = \boxed{}$

따라서 구하는 경우의 수는 $(2+2)!$

$3 \times \boxed{} \times \boxed{} = \boxed{}$

44 빨간색 꽃 6송이, 노란색 꽃 4송이 중에서 빨간색 꽃 2송이와 노란색 꽃 3송이를 택하여 일렬로 나열하는 경우의 수

45 1부터 9까지의 자연수 중에서 짝수 3개, 홀수 2개를 뽑아 일렬로 나열하는 경우의 수

[46~49] 다음을 구하시오.

46 A, B를 포함한 8명의 학생 중에서 4명을 뽑아 일렬로 세울 때, A는 포함하고, B는 포함하지 않고 세우는 경우의 수

💡 특정한 것을 포함하거나 포함하지 않는 조합의 수를 이용한다.

47 9명의 학생 중에서 4명을 뽑아 일렬로 세울 때, 특정한 학생 2명을 모두 포함하지 않고 세우는 경우의 수

48 남자 5명, 여자 4명 중에서 남자 2명, 여자 3명을 뽑아 일렬로 세울 때, 여자 3명을 이웃하게 세우는 경우의 수

💡 이웃하는 순열의 수를 이용한다.

49 1부터 9까지의 자연수 중에서 서로 다른 홀수 3개, 서로 다른 짝수 3개를 택하여 일렬로 나열할 때, 짝수끼리 이웃하지 않게 나열하는 경우의 수

❶+❶ 연습 170쪽에서 시험에 자주 출제되는 문제를 연습해 보세요.

24 조합의 여러 가지 활용

❶ 조합의 도형에의 활용

(1) 직선의 개수

서로 다른 n개의 점 중에서 어느 세 점도 한 직선 위에 있지 않을 때, 주어진 점으로 만들 수 있는 서로 다른 직선의 개수는 n개의 점 중에서 두 점을 택하는 경우의 수와 같다. 즉,

$$_n\mathrm{C}_2$$

(2) 다각형의 개수

① 서로 다른 n개의 점 중에서 어느 세 점도 한 직선 위에 있지 않을 때

• 3개의 점을 꼭짓점으로 하는 삼각형의 개수는

$$_n\mathrm{C}_3$$

• 4개의 점을 꼭짓점으로 하는 사각형의 개수는

$$_n\mathrm{C}_4$$

② m개의 평행한 직선과 n개의 평행한 직선이 서로 만날 때, 이 직선으로 만들어지는 평행사변형의 개수는

$$_m\mathrm{C}_2 \times _n\mathrm{C}_2$$

❷ 조합의 분할과 분배에의 활용

(1) 분할하는 경우의 수

서로 다른 n개를 p개, q개, r개 $(p+q+r=n)$의 세 묶음으로 나누는 경우의 수는

① p, q, r가 모두 다른 수일 때 ➡ $_n\mathrm{C}_p \times _{n-p}\mathrm{C}_q \times _r\mathrm{C}_r$

② p, q, r 중 어느 두 수가 같을 때 ➡ $_n\mathrm{C}_p \times _{n-p}\mathrm{C}_q \times _r\mathrm{C}_r \times \dfrac{1}{2!}$

③ p, q, r가 모두 같은 수일 때 ➡ $_n\mathrm{C}_p \times _{n-p}\mathrm{C}_q \times _r\mathrm{C}_r \times \dfrac{1}{3!}$

(2) 분할한 후 분배하는 경우의 수

n묶음으로 나눈 후 n명에게 분배하는 경우의 수는

$$(n묶음으로 나누는 경우의 수) \times n!$$

> 일직선 위에 있는 서로 다른 n개의 점으로 만들 수 있는 서로 다른 직선의 개수는 1이다.

> 일직선 위에 있는 서로 다른 n개의 점으로 만들 수 있는 다각형은 없다.

정답 및 해설 **071**쪽

유형 **01** **직선의 개수**

일직선 위에 있지 않은 n개의 점으로 만들 수 있는 서로 다른 직선의 개수

➡ $_n\mathrm{C}_2$

02

[01~03] 다음 그림과 같이 원 위에 점들이 있을 때, 주어진 점을 이어서 만들 수 있는 서로 다른 직선의 개수를 구하시오.

01

03

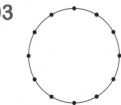

[04~06] 다음 그림과 같이 평행한 두 직선 위에 점들이 있을 때, 주어진 점을 이어서 만들 수 있는 서로 다른 직선의 개수를 구하시오.

04

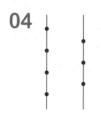

05

06

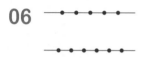

08 원 위의 8개의 점

09 평행한 두 직선 위의 8개의 점

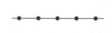

10 평행한 두 직선 위의 8개의 점

유형 **02** 다각형의 개수

(1) 서로 다른 n개의 점 중에서 어느 세 점도 한 직선 위에 있지 않을 때
  ① 3개의 점을 꼭짓점으로 하는 삼각형의 개수
    ➡ $_nC_3$
  ② 4개의 점을 꼭짓점으로 하는 사각형의 개수
    ➡ $_nC_4$
(2) m개의 평행한 직선과 n개의 평행한 직선이 서로 만날 때, 이 직선으로 만들어지는 평행사변형의 개수
    ➡ $_mC_2 \times _nC_2$

11 반원 위의 7개의 점

[07~12] 다음 그림과 같이 도형 위에 점들이 있을 때, 3개의 점을 꼭짓점으로 하는 삼각형의 개수를 구하시오.

07 원 위의 6개의 점

12 반원 위의 9개의 점

[13~16] 다음 그림과 같이 도형 위에 점들이 있을 때, 4개의 점을 꼭짓점으로 하는 사각형의 개수를 구하시오.

13 원 위의 8개의 점

14 평행한 두 직선 위의 10개의 점

15 반원 위의 7개의 점

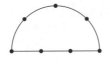

16 반원 위의 9개의 점

17 오른쪽 그림과 같이 3개의 평행한 직선과 4개의 평행한 직선이 서로 만날 때, 이 직선으로 만들어지는 평행사변형의 개수를 구하시오.

➡ 가로로 나열된 ☐개의 평행한 직선 중에서 2개, 세로로 나열된 4개의 평행한 직선 중에서 ☐개를 택하면 한 개의 평행사변형이 만들어진다.
따라서 구하는 평행사변형의 개수는

$$☐C_2 \times {}_4C_☐ = {}_☐C_1 \times {}_4C_☐$$
$$= ☐ \times \frac{4 \times 3}{2 \times 1} = ☐$$

18 오른쪽 그림과 같이 4개의 평행한 직선과 5개의 평행한 직선이 서로 만날 때, 이 직선으로 만들어지는 평행사변형의 개수를 구하시오.

19 오른쪽 그림과 같이 6개의 평행한 직선과 5개의 평행한 직선이 서로 만날 때, 이 직선으로 만들어지는 평행사변형의 개수를 구하시오.

(1) 서로 다른 n개를 p개, q개, r개 ($p+q+r=n$)의 세 묶음으로 나누는 경우의 수는

① p, q, r가 모두 다른 수일 때
➡ ${}_nC_p \times {}_{n-p}C_q \times {}_rC_r$

② p, q, r 중 어느 두 수가 같을 때
➡ ${}_nC_p \times {}_{n-p}C_q \times {}_rC_r \times \frac{1}{2!}$

③ p, q, r가 모두 같은 수일 때
➡ ${}_nC_p \times {}_{n-p}C_q \times {}_rC_r \times \frac{1}{3!}$

(2) n묶음으로 나눈 후 n명에게 분배하는 경우의 수
➡ (n묶음으로 나누는 경우의 수)$\times n!$

[20~26] 다음을 구하시오.

20 서로 다른 6권의 책을 1권, 2권, 3권의 세 묶음으로 나누는 경우의 수

➡ 6권의 책을 1권, 2권, 3권의 세 묶음으로 나누는 경우의 수는

$${}_6C_1 \times ☐C_2 \times ☐C_3 = 6 \times ☐ \times 1 = ☐$$

21 서로 다른 9종류의 과일을 2종류, 3종류, 4종류의 세 묶음으로 나누는 경우의 수

22 서로 다른 5개의 과자를 1개, 2개, 2개의 세 묶음으로 나누는 경우의 수

➡ 5개 중 1개를 택한 후, 남은 ☐개 중 2개를 택하고 나머지 ☐개 중 2개를 택하는 경우의 수는

$_5C_1 \times {}_\square C_2 \times {}_\square C_2$

이때 2개를 택한 두 묶음은 구별되지 않으므로 2!만큼 중복하여 나타난다.

따라서 구하는 경우의 수는

$_5C_1 \times {}_\square C_2 \times {}_\square C_2 \times \dfrac{1}{\square!} = 5 \times \square \times \square \times \dfrac{1}{2}$

$= \square$

23 8명의 학생을 4명, 2명, 2명의 세 팀으로 나누는 경우의 수

24 서로 다른 7송이의 꽃을 3송이, 2송이, 2송이의 세 묶음으로 나누어 3명의 학생에게 나누어 주는 경우의 수

➡ 7송이의 꽃을 3송이, 2송이, 2송이의 세 묶음으로 나누는 경우의 수는

$_7C_3 \times {}_\square C_2 \times {}_\square C_2 \times \dfrac{1}{2!} = 35 \times \square \times 1 \times \dfrac{1}{2} = \square$

세 묶음을 3명의 학생에게 나누어 주는 경우의 수는

$3! = \square$

따라서 구하는 경우의 수는

$105 \times \square = \square$

25 서로 다른 9장의 카드를 3명의 학생에게 3장씩 나누어 주는 경우의 수

26 서로 다른 10권의 책을 4권, 3권, 3권의 세 묶음으로 나누어 3명의 학생에게 나누어 주는 경우의 수

유형 04 대진표 작성하기

토너먼트 방식으로 경기를 할 때, 대진표를 작성하는 경우의 수는 대회에 참가한 팀을 몇 개의 조로 나누는 경우의 수로 생각한다. 이때 부전승으로 올라가는 팀이 있으면 이를 정하는 경우도 생각한다.

참고 운동 경기에서 승부를 가리기 위한 경기 진행 방식
　① 리그전: 참가 팀 전부가 각 팀과 한 번씩 겨루어 승리한 횟수가 많은 팀 또는 승률이 높은 팀의 순서대로 순위를 가리는 방식
　② 토너먼트: 두 팀끼리 겨루어 진 팀은 제외하고 이긴 팀끼리 다시 겨루면서 마지막에 남은 두 팀이 우승을 가리는 방식

[27~29] 다음을 구하시오.

27 줄다리기 대회에 참가한 5개의 학급이 오른쪽 그림과 같은 토너먼트 방식으로 시합을 할 때, 대진표를 작성하는 경우의 수

➡ 5개의 학급을 2개, 3개의 두 조로 나누는 경우의 수는

$_5C_2 \times {}_3C_3 = \square \times 1 = \square$

3개의 학급 중에서 부전승으로 올라가는 1개의 학급을 정하는 경우의 수는

$_3C_1 = 3$

따라서 구하는 경우의 수는

$\square \times 3 = \square$

28 축구 대회에 참가한 6개의 팀이 오른쪽 그림과 같은 토너먼트 방식으로 시합을 할 때, 대진표를 작성하는 경우의 수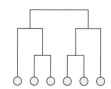

29 테니스 대회에 참가한 6명의 학생이 오른쪽 그림과 같은 토너먼트 방식으로 시합을 할 때, 대진표를 작성하는 경우의 수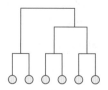

①+① 연습 172쪽에서 시험에 자주 출제되는 문제를 연습해 보세요.

IV

행렬

25 행렬의 덧셈, 뺄셈과 실수배

❶ 행렬의 뜻

(1) 여러 개의 수 또는 문자를 직사각형 모양으로 배열하여 괄호로 묶어 나타낸 것을 행렬이라 한다. 이때 행렬을 이루고 있는 각각의 수나 문자를 그 행렬의 성분이라 한다.

(2) 행렬에서 성분을 가로로 배열한 줄을 행이라 하고, 위에서부터 차례대로 제1행, 제2행, …이라 하며, 성분을 세로로 배열한 줄을 열이라 하고, 왼쪽에서부터 차례대로 제1열, 제2열, …이라 한다.

$$\begin{matrix} \text{제1행} \to \\ \text{제2행} \to \end{matrix} \begin{pmatrix} 2 & 3 & 4 \\ 3 & 2 & 2 \end{pmatrix}$$

$$\begin{matrix} \uparrow & \uparrow & \uparrow \\ \text{제} & \text{제} & \text{제} \\ 1 & 2 & 3 \\ \text{열} & \text{열} & \text{열} \end{matrix}$$

(3) m개의 행과 n개의 열로 이루어진 행렬을 $m \times n$ 행렬이라 한다. 특히 행의 개수와 열의 개수가 같은 행렬을 정사각행렬이라 하고, $n \times n$ 행렬을 n차정사각행렬이라 한다.

(4) 행렬의 성분

행렬 A의 제i행과 제j열이 만나는 위치에 있는 성분을 행렬 A의 (i, j) 성분이라 하고, 기호로 a_{ij}와 같이 나타낸다.

$$\begin{matrix} & & \text{제}\,j\,\text{열} \\ & \begin{pmatrix} a_{11} & \cdots & a_{1j} & \cdots \\ \vdots & & \vdots & \\ a_{i1} & \cdots & a_{ij} & \cdots \\ \vdots & & \vdots & \end{pmatrix} \\ \text{제}\,i\,\text{행} & \end{matrix}$$

> 행렬은 보통 A, B, C, …와 같이 알파벳 대문자로 나타내고, 그 성분은 a, b, c, …와 같이 알파벳 소문자로 나타낸다.

❷ 서로 같은 행렬

두 행렬 A, B가 서로 같은 꼴이고 대응하는 성분이 각각 같을 때, 행렬 A와 B는 서로 같다고 하며, 기호로 $A=B$와 같이 나타낸다.

➡ 두 행렬 $A = \begin{pmatrix} a_{11} & a_{12} \\ a_{21} & a_{22} \end{pmatrix}$, $B = \begin{pmatrix} b_{11} & b_{12} \\ b_{21} & b_{22} \end{pmatrix}$에 대하여

$A=B$이면 $\begin{cases} a_{11}=b_{11}, \ a_{12}=b_{12} \\ a_{21}=b_{21}, \ a_{22}=b_{22} \end{cases}$

참고 두 행렬 A, B가 서로 같지 않을 때, 기호로 $A \neq B$와 같이 나타낸다.

> 두 행렬 A, B의 행의 개수와 열의 개수가 각각 같을 때, A와 B는 같은 꼴이라 한다.

❸ 행렬의 덧셈, 뺄셈과 실수배

(1) 행렬의 덧셈과 뺄셈

두 행렬 $A = \begin{pmatrix} a_{11} & a_{12} \\ a_{21} & a_{22} \end{pmatrix}$, $B = \begin{pmatrix} b_{11} & b_{12} \\ b_{21} & b_{22} \end{pmatrix}$에 대하여

① $A+B = \begin{pmatrix} a_{11}+b_{11} & a_{12}+b_{12} \\ a_{21}+b_{21} & a_{22}+b_{22} \end{pmatrix}$ ② $A-B = \begin{pmatrix} a_{11}-b_{11} & a_{12}-b_{12} \\ a_{21}-b_{21} & a_{22}-b_{22} \end{pmatrix}$

참고 행렬의 덧셈과 뺄셈은 두 행렬이 같은 꼴일 때만 정의된다.

(2) 행렬의 모든 성분이 0인 행렬을 영행렬이라 하고, 기호로 O와 같이 나타낸다. 즉,

$$(0, 0), \begin{pmatrix} 0 \\ 0 \end{pmatrix}, \begin{pmatrix} 0 & 0 \\ 0 & 0 \end{pmatrix}, \begin{pmatrix} 0 & 0 & 0 \\ 0 & 0 & 0 \end{pmatrix}$$

은 각각 1×2, 2×1, 2×2, 2×3 행렬인 영행렬이다.

(3) 행렬의 실수배

임의의 실수 k에 대하여 행렬 A의 각 성분에 k를 곱한 수를 성분으로 하는 행렬을 행렬 A의 k배라 하고, 기호로 kA와 같이 나타낸다.

$A = \begin{pmatrix} a_{11} & a_{12} \\ a_{21} & a_{22} \end{pmatrix}$일 때, $kA = \begin{pmatrix} ka_{11} & ka_{12} \\ ka_{21} & ka_{22} \end{pmatrix}$

> 행렬 A와 영행렬 O가 같은 꼴일 때
> ① $A+O=O+A=A$
> ② $A+(-A)=(-A)+A=O$
>
> **행렬의 실수배의 성질**
> 두 행렬 A, B가 같은 꼴이고, k, l이 실수일 때 (단, O는 영행렬이다.)
> ① $1A=A$, $(-1)A=-A$
> ② $0A=O$, $kO=O$
> ③ $(kl)A=k(lA)$
> ④ $(k+l)A=kA+lA$
> $\quad k(A+B)=kA+kB$

유형 01 행렬의 뜻

m개의 행과 n개의 열로 이루어진 행렬을 $m \times n$ 행렬이라 한다.

참고 $m \times n$ 행렬을 'm by n 행렬'이라 읽는다.

[01~06] 다음 주어진 행렬의 꼴을 말하고, 정사각행렬인 것은 몇 차정사각행렬인지 말하시오.

01 $(-1 \ 2 \ 5)$

02 $\begin{pmatrix} 2 \\ 1 \end{pmatrix}$

03 $\begin{pmatrix} 1 & -1 \\ 3 & 4 \end{pmatrix}$

04 $\begin{pmatrix} 2 & 0 & 1 \\ -3 & 4 & 9 \end{pmatrix}$

05 $(4 \ -5)$

06 $\begin{pmatrix} 0 & 1 & -3 \\ 5 & 7 & 1 \\ -2 & 2 & 4 \end{pmatrix}$

유형 02 행렬의 (i, j) 성분

(1) 행렬 A의 제i행과 제j열이 만나는 위치에 있는 성분을 행렬 A의 (i, j) 성분이라 하고, 기호로 a_{ij}와 같이 나타낸다.

(2) 행렬 A의 (i, j) 성분 a_{ij}에 대한 식이 주어지면 i, j에 1, 2, 3, …을 차례대로 대입하여 구한다.

[07~10] 행렬 $A = \begin{pmatrix} 1 & 3 \\ 2 & 0 \\ -1 & 2 \end{pmatrix}$의 (i, j) 성분을 a_{ij}라 할 때, 다음을 구하시오.

07 $(1, 2)$ 성분

08 a_{22}

09 a_{31}

10 $(3, 2)$ 성분

[11~14] 행렬 $A = \begin{pmatrix} 2 & 4 & 0 \\ -5 & 3 & 6 \end{pmatrix}$의 (i, j) 성분을 a_{ij}라 할 때, 다음을 구하시오.

11 제1열의 성분을 모두 구하시오.

12 제2행의 성분을 모두 구하시오.

13 $(1, 3)$ 성분과 $(2, 2)$ 성분을 차례대로 구하시오.

14 $a_{11} + a_{23}$의 값을 구하시오.

[15~18] 행렬 A의 (i, j) 성분 a_{ij}가 다음과 같을 때, 행렬 A를 구하시오.

15 $a_{ij} = i + 2j$ $(i=1, j=1, 2, 3)$

➡ $i=1, j=1, 2, 3$을 $a_{ij} = i + 2j$에 대입하여 행렬 A의 각 성분을 구하면

$a_{11} = 1 + 2 \times \boxed{} = 3$, $a_{12} = 1 + 2 \times \boxed{} = \boxed{}$,

$a_{13} = 1 + 2 \times \boxed{} = 7$

$\therefore A = (3 \ \boxed{} \ \boxed{})$

16 $a_{ij} = i^2 - 2j$ $(i=1, 2, j=1, 2)$

17 $a_{ij} = i - j + ij$ $(i=1, 2, j=1, 2, 3)$

18 $a_{ij} = i + 3j - 1$ $(i=1, 2, 3, j=1, 2)$

[19~23] 행렬 A의 (i, j) 성분 a_{ij}가 다음과 같을 때, 행렬 A를 구하시오.

19 $a_{ij} = \begin{cases} 0 & (i=j) \\ 1 & (i \neq j) \end{cases}$ $(i=1, 2, j=1, 2)$

➡ $i=j$일 때, $a_{ij}=\boxed{}$이므로

$a_{\boxed{}}=a_{22}=0$

$i \neq j$일 때, $a_{ij}=1$이므로

$a_{12}=a_{\boxed{}}=\boxed{}$

$\therefore A = \begin{pmatrix} 0 & 1 \\ \boxed{} & \boxed{} \end{pmatrix}$

20 $a_{ij} = \begin{cases} i+j & (i=j) \\ ij & (i \neq j) \end{cases}$ $(i=1, 2, 3, j=1)$

21 $a_{ij} = \begin{cases} i^2+j^2 & (i>j) \\ i-j & (i=j) \\ i+2j & (i<j) \end{cases}$ $(i=1, 2, 3, j=1, 2)$

22 $a_{ij} = \begin{cases} 2^i & (i>j) \\ 3i-j & (i=j) \\ 2ij & (i<j) \end{cases}$ $(i=1, 2, j=1, 2, 3)$

23 $a_{ij} = \begin{cases} i^2-j & (i>j) \\ 1 & (i=j) \\ i+j-4 & (i<j) \end{cases}$ $(i=1, 2, 3, j=1, 2, 3)$

유형 03 서로 같은 행렬

같은 꼴인 두 행렬 A, B에 대하여 $A=B$이면 두 행렬 A, B에서 대응하는 성분끼리 서로 같다.

[24~27] 다음 등식을 만족시키는 두 실수 a, b의 값을 각각 구하시오.

24 $(a+1 \quad 2b-1) = (-1 \quad 5)$

25 $\begin{pmatrix} 3a-1 \\ a-b \end{pmatrix} = \begin{pmatrix} 5 \\ -7 \end{pmatrix}$

26 $\begin{pmatrix} 2a+3 & 5 \\ 4 & b-2 \end{pmatrix} = \begin{pmatrix} 7 & 5 \\ 4 & 2b+3 \end{pmatrix}$

27 $\begin{pmatrix} a+b & a-b \\ -3 & 9 \end{pmatrix} = \begin{pmatrix} -2 & 3a+1 \\ -3 & 9 \end{pmatrix}$

[28~31] 다음 등식을 만족시키는 세 실수 a, b, c의 값을 각각 구하시오.

28 $\begin{pmatrix} 4a-1 & b+c \\ -b+c & 10 \end{pmatrix} = \begin{pmatrix} 7 & -4 \\ -6 & 10 \end{pmatrix}$

29 $\begin{pmatrix} a+b & 3a+1 \\ 2b-c & 3b+c \end{pmatrix} = \begin{pmatrix} 3 & 4 \\ 1 & 9 \end{pmatrix}$

30 $\begin{pmatrix} a+4 & 1 \\ a+c & c-6 \end{pmatrix} = \begin{pmatrix} 8 & a-b \\ 2 & -a+2c \end{pmatrix}$

31 $\begin{pmatrix} a+b & 0 \\ 7 & 4a-3b \end{pmatrix} = \begin{pmatrix} 5 & 0 \\ 2c-1 & b-4 \end{pmatrix}$

유형 04 행렬의 덧셈과 뺄셈

두 행렬 $A=\begin{pmatrix} a_{11} & a_{12} \\ a_{21} & a_{22} \end{pmatrix}$, $B=\begin{pmatrix} b_{11} & b_{12} \\ b_{21} & b_{22} \end{pmatrix}$에 대하여

$$A+B=\begin{pmatrix} a_{11}+b_{11} & a_{12}+b_{12} \\ a_{21}+b_{21} & a_{22}+b_{22} \end{pmatrix},$$

$$A-B=\begin{pmatrix} a_{11}-b_{11} & a_{12}-b_{12} \\ a_{21}-b_{21} & a_{22}-b_{22} \end{pmatrix}$$

[32~38] 다음을 계산하시오.

32 $\begin{pmatrix} -2 \\ 3 \end{pmatrix}+\begin{pmatrix} 5 \\ -1 \end{pmatrix}$

➡ $\begin{pmatrix} -2 \\ 3 \end{pmatrix}+\begin{pmatrix} 5 \\ -1 \end{pmatrix}=\begin{pmatrix} -2+\square \\ \square+(-1) \end{pmatrix}=\begin{pmatrix} 3 \\ \square \end{pmatrix}$

33 $(1 \ \ 9)-(-2 \ \ 3)$

34 $\begin{pmatrix} 9 & -4 \\ 0 & 1 \end{pmatrix}+\begin{pmatrix} -5 & 3 \\ 6 & -2 \end{pmatrix}$

35 $(-5 \ \ 0 \ \ 7)-(1 \ \ 4 \ \ -2)$

36 $\begin{pmatrix} 0 & 3 & -2 \\ -5 & 8 & 7 \end{pmatrix}+\begin{pmatrix} -3 & 1 & 6 \\ 10 & -1 & -2 \end{pmatrix}$

37 $\begin{pmatrix} -5 & 4 \\ 6 & 1 \\ 3 & -2 \end{pmatrix}+\begin{pmatrix} 4 & 2 \\ 0 & -1 \\ -1 & 3 \end{pmatrix}$

38 $\begin{pmatrix} -4 & 2 & 0 \\ 9 & -1 & 5 \\ 1 & 3 & 8 \end{pmatrix}-\begin{pmatrix} -5 & 1 & 7 \\ 11 & -2 & 2 \\ 0 & 4 & -1 \end{pmatrix}$

[39~42] 세 행렬 $A=\begin{pmatrix} 3 & -4 \\ 2 & 1 \end{pmatrix}$, $B=\begin{pmatrix} 1 & 5 \\ 2 & -1 \end{pmatrix}$,

$C=\begin{pmatrix} 1 & 4 \\ -3 & 2 \end{pmatrix}$에 대하여 다음을 계산하시오.

39 $A+B$

40 $B+A$

41 $A+(B+C)$

42 $(A+B)+C$

[43~46] 다음 등식을 만족시키는 행렬 X를 구하시오.

43 $X+\begin{pmatrix} -2 & 4 \\ 3 & 1 \end{pmatrix}=\begin{pmatrix} 1 & -1 \\ 2 & 4 \end{pmatrix}$

44 $\begin{pmatrix} 1 & 6 \\ -3 & 2 \end{pmatrix}+X=\begin{pmatrix} 5 & -2 \\ 1 & 3 \end{pmatrix}$

45 $X-\begin{pmatrix} 2 & 4 & 5 \\ -3 & 1 & -2 \end{pmatrix}=\begin{pmatrix} -3 & 1 & 6 \\ 10 & -1 & -2 \end{pmatrix}$

46 $\begin{pmatrix} 1 & 2 \\ 3 & 0 \end{pmatrix}-X=\begin{pmatrix} -4 & -5 \\ 2 & 1 \end{pmatrix}$

유형 05 행렬의 실수배

행렬 $A = \begin{pmatrix} a_{11} & a_{12} \\ a_{21} & a_{22} \end{pmatrix}$ 와 실수 k에 대하여

$$kA = \begin{pmatrix} ka_{11} & ka_{12} \\ ka_{21} & ka_{22} \end{pmatrix}$$

[47~50] 행렬 $A = \begin{pmatrix} 4 & -3 \\ 6 & 2 \end{pmatrix}$ 에 대하여 다음을 구하시오.

47 $2A$

48 $-3A$

49 $\dfrac{1}{3}A$

50 $-\dfrac{1}{2}A$

[51~54] 행렬 $A = \begin{pmatrix} 5 & -2 \\ 3 & 4 \end{pmatrix}$ 에 대하여 다음을 계산하시오.

(단, O는 영행렬이다.)

51 $A + O$

52 $O + A$

53 $A + (-A)$

54 $(-A) + A$

[55~58] 두 행렬 $A = \begin{pmatrix} 3 & -1 \\ -2 & 4 \end{pmatrix}$, $B = \begin{pmatrix} 3 & -2 \\ 1 & 5 \end{pmatrix}$ 에 대하여 다음을 계산하시오.

55 $A + 2B$

56 $2A - 3B$

57 $5A - 2(A + B)$

🔦 먼저 식을 간단히 한 후 행렬을 대입한다.

58 $4(2A - B) + 3B$

[59~62] 두 행렬 $A = \begin{pmatrix} -1 & 2 \\ 5 & -3 \end{pmatrix}$, $B = \begin{pmatrix} 2 & -1 \\ 4 & 6 \end{pmatrix}$ 에 대하여 다음 등식을 만족시키는 행렬 X를 구하시오.

59 $3X - A = 2A + 6B$

60 $2(A - X) = 4A - 2B$

61 $B + 3X = 2(X + A)$

62 $2(2X - A) = 3(X - B)$

❶÷❶ 연습 173쪽에서 시험에 자주 출제되는 문제를 연습해 보세요.

26 행렬의 곱셈

1 행렬의 곱셈

(1) 행렬의 곱셈

두 행렬 A, B에 대하여 행렬 A의 열의 개수와 행렬 B의 행의 개수가 같을 때, 행렬 A의 제i행과 행렬 B의 제j열의 성분을 차례대로 곱하여 더한 것을 (i, j) 성분으로 하는 행렬을 두 행렬 A, B의 곱이라 하고, 이것을 기호로 AB로 나타낸다.

➡ 두 행렬 $A = \begin{pmatrix} a_{11} & a_{12} \\ a_{21} & a_{22} \end{pmatrix}$, $B = \begin{pmatrix} b_{11} & b_{12} \\ b_{21} & b_{22} \end{pmatrix}$에 대하여

$$AB = \begin{pmatrix} a_{11}b_{11} + a_{12}b_{21} & a_{11}b_{12} + a_{12}b_{22} \\ a_{21}b_{11} + a_{22}b_{21} & a_{21}b_{12} + a_{22}b_{22} \end{pmatrix}$$

(2) 행렬 A가 $m \times n$ 행렬, 행렬 B가 $n \times l$ 행렬이면 곱 AB는 $m \times l$ 행렬이 된다.

(3) 행렬의 거듭제곱

정사각행렬 A와 두 자연수 m, n에 대하여

① $A^2 = AA$, $A^3 = A^2A$, $\cdots$, $A^n = A^{n-1}A$ $(n = 2, 3, 4, \cdots)$

② $A^{m+n} = A^m A^n$ ③ $(A^m)^n = A^{mn}$

(4) 단위행렬

① 왼쪽 위에서 오른쪽 아래로 내려가는 대각선 위의 성분이 모두 1이고 그 외의 성분은 모두 0인 정사각행렬을 단위행렬이라 하며, 기호로 E로 나타낸다.

② 임의의 n차정사각행렬 A와 단위행렬 E에 대하여

$$AE = EA = A$$

참고 $E^2 = E$, $E^3 = E$, $\cdots$, $E^n = E$ (단, n은 자연수)

> 두 행렬 A, B의 곱 AB는 행렬 A의 열의 개수와 행렬 B의 행의 개수가 같을 때만 정의된다.

정답 및 해설 **078**쪽

유형 01 행렬의 곱셈; 1×2 행렬과 2×1 행렬의 곱

1×2 행렬과 2×1 행렬의 곱은 1×1 행렬이고, 다음과 같이 계산한다.

➡ $(a \quad b)\begin{pmatrix} x \\ y \end{pmatrix} = (ax + by)$

참고 1×1 행렬은 괄호를 생략해서 간단히 $ax + by$로 쓰기도 한다.

[01~05] 다음을 계산하시오.

01 $(2 \quad 3)\begin{pmatrix} 4 \\ 1 \end{pmatrix}$

➡ $(2 \quad 3)\begin{pmatrix} 4 \\ 1 \end{pmatrix} = (\boxed{} \times 4 + 3 \times \boxed{}) = (\boxed{})$

02 $(-1 \quad 2)\begin{pmatrix} 3 \\ -2 \end{pmatrix}$

03 $(4 \quad -1)\begin{pmatrix} 0 \\ -3 \end{pmatrix}$

04 $(-2 \quad 3)\begin{pmatrix} -2 \\ -1 \end{pmatrix}$

05 $(-3 \quad -4)\begin{pmatrix} -1 \\ -3 \end{pmatrix}$

1×2 행렬과 2×2 행렬의 곱은 1×2 행렬이고, 다음과 같이 계산한다.

➡ $(a \quad b)\begin{pmatrix} x & y \\ z & w \end{pmatrix} = (ax+bz \quad ay+bw)$

[06~10] 다음을 계산하시오.

06 $(2 \quad -1)\begin{pmatrix} 1 & 3 \\ 2 & 4 \end{pmatrix}$

➡ $(2 \quad -1)\begin{pmatrix} 1 & 3 \\ 2 & 4 \end{pmatrix}$
$= (\square \times 1 + (-1) \times \square \quad 2 \times 3 + (\boxed{}) \times 4)$
$= (\square \quad \square)$

07 $(-3 \quad 2)\begin{pmatrix} 0 & 2 \\ -1 & 5 \end{pmatrix}$

08 $(5 \quad 2)\begin{pmatrix} 3 & -1 \\ 1 & 4 \end{pmatrix}$

09 $(-4 \quad 1)\begin{pmatrix} -1 & -3 \\ 2 & 1 \end{pmatrix}$

10 $(-1 \quad -3)\begin{pmatrix} 0 & -2 \\ -2 & 3 \end{pmatrix}$

2×1 행렬과 1×2 행렬의 곱은 2×2 행렬이고, 다음과 같이 계산한다.

➡ $\begin{pmatrix} a \\ b \end{pmatrix}(x \quad y) = \begin{pmatrix} ax & ay \\ bx & by \end{pmatrix}$

[11~15] 다음을 계산하시오.

11 $\begin{pmatrix} 3 \\ 2 \end{pmatrix}(1 \quad 5)$

➡ $\begin{pmatrix} 3 \\ 2 \end{pmatrix}(1 \quad 5) = \begin{pmatrix} 3 \times 1 & \square \times 5 \\ \square \times 1 & 2 \times \square \end{pmatrix}$
$= \begin{pmatrix} 3 & \square \\ \square & \square \end{pmatrix}$

12 $\begin{pmatrix} 5 \\ -3 \end{pmatrix}(-2 \quad 1)$

13 $\begin{pmatrix} -1 \\ 2 \end{pmatrix}(3 \quad -4)$

14 $\begin{pmatrix} 1 \\ 6 \end{pmatrix}(-5 \quad -2)$

15 $\begin{pmatrix} -2 \\ 5 \end{pmatrix}(-1 \quad 3)$

유형 04 행렬의 곱셈;
2×2 행렬과 2×1 행렬의 곱

2×2 행렬과 2×1 행렬의 곱은 2×1 행렬이고, 다음과 같이 계산한다.

➡ $\begin{pmatrix} a & b \\ c & d \end{pmatrix}\begin{pmatrix} x \\ y \end{pmatrix} = \begin{pmatrix} ax+by \\ cx+dy \end{pmatrix}$

[16~20] 다음을 계산하시오.

16 $\begin{pmatrix} 1 & 2 \\ 3 & 4 \end{pmatrix}\begin{pmatrix} 2 \\ 1 \end{pmatrix}$

➡ $\begin{pmatrix} 1 & 2 \\ 3 & 4 \end{pmatrix}\begin{pmatrix} 2 \\ 1 \end{pmatrix} = \begin{pmatrix} 1\times2+\square\times1 \\ \square\times2+4\times\square \end{pmatrix}$

$\qquad = \begin{pmatrix} \square \\ 10 \end{pmatrix}$

17 $\begin{pmatrix} 1 & 4 \\ 0 & 2 \end{pmatrix}\begin{pmatrix} -3 \\ 2 \end{pmatrix}$

18 $\begin{pmatrix} 2 & -1 \\ -3 & 4 \end{pmatrix}\begin{pmatrix} -5 \\ 1 \end{pmatrix}$

19 $\begin{pmatrix} -5 & -3 \\ 2 & -1 \end{pmatrix}\begin{pmatrix} 3 \\ -4 \end{pmatrix}$

20 $\begin{pmatrix} 1 & 2 \\ -4 & 5 \end{pmatrix}\begin{pmatrix} -1 \\ -2 \end{pmatrix}$

유형 05 행렬의 곱셈;
2×2 행렬과 2×2 행렬의 곱

2×2 행렬과 2×2 행렬의 곱은 2×2 행렬이고, 다음과 같이 계산한다.

➡ $\begin{pmatrix} a & b \\ c & d \end{pmatrix}\begin{pmatrix} x & y \\ z & w \end{pmatrix} = \begin{pmatrix} ax+bz & ay+bw \\ cx+dz & cy+dw \end{pmatrix}$

[21~25] 다음을 계산하시오.

21 $\begin{pmatrix} 1 & 4 \\ 2 & 3 \end{pmatrix}\begin{pmatrix} 4 & 3 \\ 1 & 2 \end{pmatrix}$

➡ $\begin{pmatrix} 1 & 4 \\ 2 & 3 \end{pmatrix}\begin{pmatrix} 4 & 3 \\ 1 & 2 \end{pmatrix}$

$= \begin{pmatrix} \square\times4+4\times\square & 1\times\square+\square\times2 \\ 2\times\square+3\times1 & 2\times3+3\times2 \end{pmatrix}$

$= \begin{pmatrix} 8 & \square \\ \square & 12 \end{pmatrix}$

22 $\begin{pmatrix} -2 & 1 \\ 0 & 3 \end{pmatrix}\begin{pmatrix} 0 & 5 \\ 1 & -1 \end{pmatrix}$

23 $\begin{pmatrix} -1 & -3 \\ 4 & 2 \end{pmatrix}\begin{pmatrix} 2 & -2 \\ 6 & 3 \end{pmatrix}$

24 $\begin{pmatrix} 2 & 1 \\ 3 & 2 \end{pmatrix}\begin{pmatrix} 5 & -1 \\ -1 & 2 \end{pmatrix}$

25 $\begin{pmatrix} -2 & -4 \\ -3 & 1 \end{pmatrix}\begin{pmatrix} -3 & 5 \\ 0 & 2 \end{pmatrix}$

[26~28] 두 행렬 $A = \begin{pmatrix} -3 & 1 \\ 2 & 3 \end{pmatrix}$, $B = \begin{pmatrix} 2 & 4 \\ -1 & 1 \end{pmatrix}$에 대하여 다음을 구하시오.

26 AB

27 BA

28 $AB - BA$

[29~31] 두 행렬 $A = \begin{pmatrix} 1 & -2 \\ -2 & -1 \end{pmatrix}$, $B = \begin{pmatrix} 1 & 2 \\ 2 & 3 \end{pmatrix}$에 대하여 다음을 구하시오.

29 AB

30 BA

31 $AB - BA$

[32~37] 다음 등식이 성립할 때, 두 실수 a, b의 값을 각각 구하시오.

32 $(a \quad 2)\begin{pmatrix} 1 & -2 \\ 3 & b \end{pmatrix} = (9 \quad -6)$

33 $(1 \quad a)\begin{pmatrix} 2 & b \\ -4 & -3 \end{pmatrix} = (-2 \quad 4)$

34 $\begin{pmatrix} 1 & 2 \\ -4 & 5 \end{pmatrix}\begin{pmatrix} a \\ b \end{pmatrix} = \begin{pmatrix} 7 \\ -2 \end{pmatrix}$

35 $\begin{pmatrix} -1 & 1 \\ a & 5 \end{pmatrix}\begin{pmatrix} -1 \\ b \end{pmatrix} = \begin{pmatrix} 4 \\ 13 \end{pmatrix}$

36 $\begin{pmatrix} -1 & 0 \\ 2 & -3 \end{pmatrix}\begin{pmatrix} 2 & b \\ b & a \end{pmatrix} = \begin{pmatrix} a & -b \\ 7 & 4 \end{pmatrix}$

37 $\begin{pmatrix} a & 2 \\ -1 & 3 \end{pmatrix}\begin{pmatrix} 1 & -3 \\ b & 4 \end{pmatrix} = \begin{pmatrix} 9 & -7 \\ a & 15 \end{pmatrix}$

유형 **06** 행렬의 거듭제곱

정사각행렬 A와 두 자연수 m, n에 대하여
① $A^2=AA$, $A^3=A^2A$, $\cdots$, $A^n=A^{n-1}A$ $(n\geq2)$
② $A^{m+n}=A^mA^n$, $(A^m)^n=A^{mn}$

참고 실수 k에 대하여 $(kA)^n=k^nA^n$

[38~41] 행렬 $A=\begin{pmatrix} 1 & 0 \\ -1 & 2 \end{pmatrix}$에 대하여 다음을 구하시오.

38 A^2

39 A^3

40 A^5

$A^5=A^2A^3$임을 이용한다.

41 A^{10}

$A^{10}=(A^5)^2$임을 이용한다.

[42~44] 행렬 $A=\begin{pmatrix} 1 & 0 \\ 2 & 1 \end{pmatrix}$에 대하여 다음을 구하시오.

42 A^2

43 A^3

44 $(2A)^6$

[45~48] 행렬 $A=\begin{pmatrix} 1 & -1 \\ 0 & 1 \end{pmatrix}$에 대하여 다음을 구하시오.

45 A^2

46 A^3

47 A^4

48 A^{100}

A^2, A^3, A^4, $\cdots$에서 구한 규칙성을 이용하여 A^{100}을 추정한다.

[49~52] 행렬 $A=\begin{pmatrix} 1 & 0 \\ 0 & 2 \end{pmatrix}$에 대하여 다음을 구하시오.

49 A^2

50 A^3

51 A^4

52 A^{100}

행렬의 성분의 값이 너무 크면 거듭제곱으로 나타낼 수 있다.

유형 **07** 단위행렬의 성질

(1) 임의의 n차정사각행렬 A와 단위행렬 E에 대하여

$$AE = EA = A$$

(2) $E^2 = E$, $E^3 = E$, $\cdots$, $E^n = E$ (단, n은 자연수)

[53~56] 단위행렬 $E = \begin{pmatrix} 1 & 0 \\ 0 & 1 \end{pmatrix}$에 대하여 다음을 구하시오.

53 E^2

54 $(-E)^5$

💡 실수 k에 대하여 $(kE)^n = k^n E^n$ (n은 자연수)임을 이용한다.

55 $E^{20} + (-E)^{20}$

56 $E^{101} + (-E)^{101}$

[57~60] 행렬 $A = \begin{pmatrix} 1 & 1 \\ 2 & -1 \end{pmatrix}$에 대하여 다음을 구하시오.

57 AE

58 EA

59 A^2

60 A^8

➡ 59번에서 $A^2 = \boxed{} E$이므로

$$A^8 = (A^2)^4 = (\boxed{} E)^4$$
$$= \boxed{}^4 E^4 = \boxed{} E$$
$$= \begin{pmatrix} \boxed{} & 0 \\ 0 & \boxed{} \end{pmatrix}$$

[61~62] 행렬 $A = \begin{pmatrix} 1 & 0 \\ 0 & -1 \end{pmatrix}$에 대하여 다음을 구하시오.

61 A^2

62 A^{10}

[63~65] 행렬 $A = \begin{pmatrix} 1 & 1 \\ -2 & -1 \end{pmatrix}$에 대하여 다음을 구하시오.

63 A^2

64 A^4

65 A^{100}

❶➕❶ 연습 **174**쪽에서 시험에 자주 출제되는 문제를 연습해 보세요.

수학이 쉬워지는 완벽한 솔루션

완쏠

유형 입문

공통수학1

시험에 자주 출제되는 문제만을 모아
2번씩 풀어 보는

1 + 1 연습

01 다항식의 덧셈, 뺄셈, 곱셈

① 다항식의 덧셈과 뺄셈

두 다항식 $A=2x^2-xy+y^2$, $B=-x^2+4xy-y^2$에 대하여
$$A-X=B-2A$$
를 만족시키는 다항식 X를 구하시오.

①-1

두 다항식 $A=y^2+2x^2-3xy$, $B=2xy+4y^2-2x^2$에 대하여
$$3X+2A=-5B+X$$
를 만족시키는 다항식 X를 구하시오.

② 다항식의 덧셈과 뺄셈 ➕ 다항식의 곱셈

세 다항식
$$A=2x^3+3x^2-x+1, \ B=x^2-4, \ C=-x+2$$
에 대하여 $A+BC$를 계산하면?

① x^3-5x^2-3x 　　　　② x^3+x^2+3x-8

③ x^3+5x^2+3x-7 　　　④ $3x^3-x^2-5x+3$

⑤ $3x^3+x^2+3x-7$

②-1

세 다항식
$$A=x^2+4xy-y^2, \ B=x^2+2xy, \ C=xy-3x^2-y^2$$
에 대하여 $AB-BC$를 계산하면?

① $2x^4-x^3y-2x^2y^2$ 　　② $2x^4+x^3y+6x^2y^2$

③ $4x^4-5x^3y-10x^2y^2$ 　④ $4x^4+5x^3y+2x^2y^2$

⑤ $4x^4+11x^3y+6x^2y^2$

③ 다항식의 곱셈

다항식 $(x+3y-1)(2x-y+6)$의 전개식에서 xy의 계수는?

① 1　　　　② 3　　　　③ 5

④ 7　　　　⑤ 9

③-1

다항식 $(x^2-2x-2)(3x^2-x+5)$의 전개식에서 x^2의 계수는?

① 1　　　　② 2　　　　③ 3

④ 4　　　　⑤ 5

02 곱셈 공식

① $(a+b+c)^2$ 꼴의 전개

다항식 $(x^2+ax+3)^2$의 전개식에서 x^3의 계수가 4, x^2의 계수가 b일 때, 두 상수 a, b에 대하여 $a+b$의 값은?

① 4   ② 6   ③ 8

④ 10   ⑤ 12

①-1

다항식 $(a-4b+kc)^2$의 전개식에서 bc의 계수가 16일 때, ca의 계수는? (단, k는 상수이다.)

① -8 ② -4 ③ 2

④ 4   ⑤ 8

② $(a\pm b)^3$ 꼴의 전개

다음 그림과 같이 밑면의 가로의 길이, 세로의 길이, 높이가 각각 x, x, $x-2$인 직육면체의 한가운데에 한 모서리의 길이가 $x-2$인 정육면체 모양의 구멍을 뚫었을 때, 이 입체도형의 부피를 구하시오.

(단, 구멍의 각 모서리는 직육면체의 각 모서리와 평행하다.)

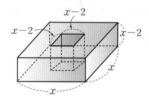

②-1

한 모서리의 길이가 $x+3$인 정육면체의 부피를 A, 한 모서리의 길이가 $x-3$인 정육면체의 부피를 B라 할 때, $A+B$를 구하시오.

②-2

다항식 $(3x-1)^2(x+2)^3$의 전개식에서 x^4의 계수는?

① 12   ② 24   ③ 36

④ 48   ⑤ 60

③ $(a\pm b)(a^2\mp ab+b^2)$ 꼴의 전개

다항식
$$(a+b)(a-b)(a^2+ab+b^2)(a^2-ab+b^2)$$
을 전개하면?

① a^6-b^6 ② a^6+b^6 ③ $a^6+a^2b^2+b^6$

④ $a^6-a^3b^3+b^6$ ⑤ $a^6+a^3b^3+b^6$

③-1

$x^3=28$일 때,
$$(x+3)(x^2+3x+9)(x-3)(x^2-3x+9)$$
의 값을 구하시오.

4 $(a+b+c)(a^2+b^2+c^2-ab-bc-ca)$ 꼴의 전개

다항식 $(2a-3b-c)(4a^2+9b^2+c^2+6ab-3bc+2ca)$의 전개식에서 abc의 계수는?

① -18 ② -12 ③ -6

④ 12 ⑤ 18

4 -1

다항식
$$(x+3y-2z)(x^2+9y^2+4z^2-3xy+6yz+2zx)$$
를 전개하면 $x^3+ay^3+bz^3+cxyz$일 때, 세 상수 a, b, c에 대하여 $a+b+c$의 값은?

① 31 ② 33 ③ 35

④ 37 ⑤ 39

5 $(a^2+ab+b^2)(a^2-ab+b^2)$ 꼴의 전개

다항식 $(x^2+3xy+9y^2)(x^2-3xy+9y^2)$을 전개하면 $x^4+ax^2y^2+by^4$일 때, 두 상수 a, b에 대하여 $\dfrac{b}{a}$의 값은?

① $\dfrac{1}{9}$ ② $\dfrac{1}{3}$ ③ 1

④ 3 ⑤ 9

5 -1

다항식 $(a^2+4ab+16b^2)(a^2-4ab+16b^2)$의 전개식에서 a^2b^2의 계수를 p, b^4의 계수를 q라 할 때, $\dfrac{q}{p}$의 값은?

① 2 ② 4 ③ 8

④ 16 ⑤ 32

6 곱셈 공식

다음 중 다항식의 전개가 옳지 <u>않은</u> 것은?

① $(x-3)(x^2+3x+9)=x^3-27$

② $(x+4)^3=x^3+12x^2+48x+64$

③ $(x-y+z)^2=x^2+y^2+z^2+2xy+2yz-2zx$

④ $(x-2)(x+3)(x+5)=x^3+6x^2-x-30$

⑤ $(x-y+1)(x^2+y^2+1+xy+y-x)=x^3-y^3+3xy+1$

6 -1

다음 〈보기〉 중 다항식의 전개가 옳은 것을 모두 고른 것은?

〈보기〉
ㄱ. $(x-5)^3=x^3-15x^2+75x-125$
ㄴ. $(x+4)(x^2-4x+16)=x^3+16$
ㄷ. $(x+3y+2z)^2=x^2+9y^2+4z^2+6xy+12yz+4zx$

① ㄱ   ② ㄷ   ③ ㄱ, ㄴ

④ ㄱ, ㄷ   ⑤ ㄴ, ㄷ

7 공통부분이 있는 다항식의 전개

다항식 $(x^2+4x+1)(x^2+4x-5)$를 전개한 식이 $x^4+ax^3+bx^2-16x+c$일 때, 세 상수 a, b, c에 대하여 $a+b+c$의 값을 구하시오.

7 -1

다항식 $(x-5)(x-2)(x+1)(x+4)$를 전개한 식이 $x^4-2x^3+ax^2+bx+c$일 때, 세 상수 a, b, c에 대하여 $a-b+c$의 값은?

① -3 ② -1 ③ 1

④ 3 ⑤ 5

03 곱셈 공식의 변형

❶ 곱셈 공식의 변형; 문자가 2개인 경우

$\dfrac{1}{x}-\dfrac{1}{y}=-\dfrac{1}{7}$, $xy=7$일 때, x^3-y^3의 값은?

① 22   ② 24   ③ 26

④ 28   ⑤ 30

❶-1

$x=1+\sqrt{3}$, $y=1-\sqrt{3}$일 때, $x^3+y^3-x^2y-xy^2$의 값은?

① 21   ② 22   ③ 23

④ 24   ⑤ 25

❶-2

두 양수 a, b에 대하여 $a^2=7+4\sqrt{3}$, $b^2=7-4\sqrt{3}$일 때, a^3+b^3의 값을 구하시오.

❷ 곱셈 공식의 변형; $x\pm\dfrac{1}{x}$ 꼴을 포함하는 경우

$x^2-3x+1=0$일 때, $x^2+\dfrac{1}{x^2}$의 값은?

① 1   ② 3   ③ 5

④ 7   ⑤ 9

❷-1

$x^2-2x-1=0$일 때, $x^3-\dfrac{1}{x^3}$의 값은?

① 11   ② 12   ③ 13

④ 14   ⑤ 15

❷-2

$x^2+\dfrac{1}{x^2}=7$일 때, $x^3+\dfrac{1}{x^3}$의 값은? (단, $x>0$)

① 17   ② 18   ③ 19

④ 20   ⑤ 21

❸ 곱셈 공식의 변형; 문자가 3개인 경우

$x+y+z=5$, $x^2+y^2+z^2=9$, $xyz=4$일 때, $\dfrac{1}{x}+\dfrac{1}{y}+\dfrac{1}{z}$의 값은?

① 2   ② 4   ③ 6

④ 8   ⑤ 10

❸-1

$a^2+b^2+c^2=ab+bc+ca$, $a^3+b^3+c^3=-15$일 때, abc의 값은?

① -5 ② -3 ③ -1

④ 3   ⑤ 5

❸-2

겉넓이가 52이고 대각선의 길이가 $\sqrt{29}$인 직육면체의 모든 모서리의 길이의 합은?

① 12   ② 24   ③ 36

④ 48   ⑤ 60

04 다항식의 나눗셈

① 다항식의 나눗셈; 몫과 나머지

다항식 $2x^3-5x^2-x+1$을 x^2+x-3으로 나누었을 때의 몫을 $Q(x)$, 나머지를 $R(x)$라 할 때, $Q(2)+R(3)$의 값을 구하시오.

①-1

다항식 $3x^3-x^2-4$를 x^2+x-1로 나누었을 때의 몫이 $3x+a$이고, 나머지가 $bx+c$일 때, 세 상수 a, b, c에 대하여 $a+b+c$의 값은?

① -5　　　② -4　　　③ -3
④ -2　　　⑤ -1

② 다항식의 나눗셈; $A=BQ+R$ 꼴

다항식 $x^4+3x^3-x^2-4$를 다항식 A로 나누었을 때의 몫이 x^2+4x+5이고 나머지가 $13x+6$일 때, 다항식 A는?

① x^2-x-3　　　② x^2-x-2　　　③ x^2-x+1
④ x^2+x-2　　　⑤ x^2+x+1

②-1

밑면의 가로의 길이와 세로의 길이가 각각 $a-3$, $a+2$인 직육면체의 부피가 $a^3+4a^2-11a-30$일 때, 이 직육면체의 높이는?

① $a-5$　　　② $a-4$　　　③ $a+3$
④ $a+4$　　　⑤ $a+5$

③ 조립제법

오른쪽과 같이 x에 대한 다항식 $2x^3+ax^2+x+b$를 $x-2$로 나누었을 때의 몫과 나머지를 조립제법을 이용하여 구하려고 한다. 다음 중 옳지 <u>않은</u> 것은?

k	2	a	1	b
		c	d	6
	2	1	3	1

① $k=2$　　　② $a=-3$　　　③ $b=-5$
④ $c=-4$　　　⑤ $d=2$

③-1

오른쪽은 조립제법을 이용하여 x에 대한 다항식 x^3-4x^2+ax+b를 $x-3$으로 나누었을 때의 몫과 나머지를 구하는 과정이다. $\dfrac{abcd}{k}$의 값은?

k	1	-4	a	b
		c	d	-3
	1	-1	-1	-8

① -30　　　② -15　　　③ 0
④ 15　　　⑤ 30

05 항등식과 나머지정리

❶ 미정계수법; 계수비교법

모든 실수 x에 대하여 등식

$$(x+a)(x^2+bx+6)=x^3-6x^2+cx-12$$

가 성립할 때, $a-b+c$의 값은? (단, a, b, c는 상수이다.)

① 15   ② 16   ③ 17
④ 18   ⑤ 19

❶-1

k의 값에 관계없이 등식

$$(k+3)x-(k-1)y-3k-5=0$$

이 성립할 때, 두 상수 x, y에 대하여 xy의 값은?

① -2 ② -1 ③ 1
④ 2   ⑤ 3

❷ 미정계수법; 수치대입법

x의 값에 관계없이 등식

$$3x^2+5x-4=ax(x-1)+b(x-1)(x+1)+cx(x+1)$$

이 항상 성립할 때, 세 상수 a, b, c에 대하여 $a-b+c$의 값은?

① -5 ② -4 ③ -3
④ -2 ⑤ -1

❷-1

임의의 실수 x에 대하여 등식

$$(x+1)^4=x^4+ax^3+bx^2+4x+1$$

이 성립할 때, ab의 값은? (단, a, b는 상수이다.)

① 20   ② 22   ③ 24
④ 26   ⑤ 28

❸ 미정계수법; 수치대입법

등식

$$(x^2+3x+1)^3=a_0+a_1x+a_2x^2+\cdots+a_6x^6$$

이 x에 대한 항등식일 때, 상수 a_0, a_1, a_2, $\cdots$, a_6에 대하여 $a_0+a_1+a_2+\cdots+a_6$의 값은?

① 8   ② 27   ③ 64
④ 125   ⑤ 216

❸-1

모든 실수 x에 대하여 등식

$$(x+1)^6=a_6x^6+a_5x^5+a_4x^4+\cdots+a_1x+a_0$$

이 성립할 때, $a_1+a_2+a_3+\cdots+a_6$의 값은?

(단, a_0, a_1, a_2, $\cdots$, a_6은 상수이다.)

① 63   ② 64   ③ 65
④ 127   ⑤ 128

4 나머지정리; 일차식으로 나누는 경우

다항식 $P(x)=x^3+ax^2-bx+4$를 $x-1$로 나누었을 때의 나머지가 8이고, $x+1$로 나누었을 때의 나머지가 -4일 때, 두 상수 a, b에 대하여 ab의 값은?

① 2 　　　　② 4 　　　　③ 6

④ 8 　　　　⑤ 10

4-1

다항식 $P(x)=x^3-2x^2+ax-8$을 $x+2$로 나누었을 때의 나머지와 $x-3$으로 나누었을 때의 나머지가 서로 같을 때, 상수 a의 값은?

① -5 　　　② -3 　　　③ -1

④ 3 　　　　⑤ 5

5 나머지정리; 이차식으로 나누는 경우

다항식 $P(x)$를 $x+1$로 나누었을 때의 나머지가 1이고, $x-3$으로 나누었을 때의 나머지가 9일 때, $P(x)$를 $(x+1)(x-3)$으로 나누었을 때의 나머지를 구하시오.

5-1

다항식 $P(x)$를 $x+1$로 나누었을 때의 나머지가 7이고, $x-1$로 나누었을 때의 나머지가 -3이다. 다항식 $(x+3)P(x)$를 x^2-1로 나누었을 때의 나머지를 $R(x)$라 할 때, $R(-2)$의 값을 구하시오.

6 인수정리

다항식 $P(x)=x^3+3x^2+kx-1$이 $x+1$로 나누어떨어질 때, 상수 k의 값은?

① 1 　　　　② 2 　　　　③ 3

④ 4 　　　　⑤ 5

6-1

다항식 $P(x)=-x^3+ax^2+bx+6$이 $x-1$, $x-3$을 모두 인수로 가질 때, 두 상수 a, b에 대하여 $a-b$의 값은?

① 11 　　　② 13 　　　③ 15

④ 17 　　　⑤ 19

6-2

다항식 $P(x)=x^3+ax^2+bx-2$가 $(x+2)(x-1)$로 나누어떨어질 때, 두 상수 a, b에 대하여 a^2+b^2의 값을 구하시오.

06 인수분해

1 $a^2 \pm 2ab + b^2$, $a^2 - b^2$ 꼴의 인수분해

다항식 $x^2y - x^2z - y^3 + y^2z$를 인수분해하면?

① $(x+y)(y+z)(z+x)$
② $(x+y)(y-z)(z-x)$
③ $(x-y)(y-z)(z-x)$
④ $(x+y)(x-y)(y-z)$
⑤ $(x-y)(y+z)(y-z)$

1-1

다항식 $(x^2+y^2-z^2)^2 - 4x^2y^2$을 인수분해하시오.

1-2

다항식 $a^6 - 2a^3 - a^4 - 2a^2$을 인수분해하시오.

2 $x^2 + (a+b)x + ab$,
$acx^2 + (ad+bc)x + bd$ 꼴의 인수분해

다항식 $x^2 - (3a+5)x + (a+2)(2a+3)$이 x의 계수가 1인 두 일차식의 곱으로 인수분해되고 두 일차식의 합이 $2x+7$일 때, 상수 a의 값은?

① -5 ② -4 ③ -3
④ -2 ⑤ -1

2-1

다항식 $3x^2 + (5a-2)x + (a+1)(2a-5)$가 두 일차식의 곱으로 인수분해되고 두 일차식의 합이 $4x+5$일 때, 상수 a의 값은?

① 1 ② 2 ③ 3
④ 4 ⑤ 5

3 $a^2+b^2+c^2+2ab+2bc+2ca$ 꼴의 인수분해

다항식 $4x^2 + 9y^2 + z^2 - 12xy - 6yz + 4zx$가 $(ax+by+cz)^2$으로 인수분해될 때, 세 정수 a, b, c에 대하여 $a+b+c$의 값은? (단, $a>0$)

① -2 ② -1 ③ 0
④ 1 ⑤ 2

3-1

다항식 $9a^2 + 25b^2 + 4c^2 + 30ab - 20bc - 12ca$가 $(pa+qb+rc)^2$으로 인수분해될 때, 세 정수 p, q, r에 대하여 pqr의 값은? (단, $p>0$)

① -30 ② -20 ③ -10
④ 20 ⑤ 30

4 $a^3 \pm b^3$ 꼴의 인수분해

다음 중 다항식 $8x^3 + y^3$의 인수인 것은?

① $2x+y$ ② $2x-y$ ③ $4x^2+2xy+y^2$

④ $4x^2-2xy-y^2$ ⑤ $4x^2+4xy-y^2$

4-**1**

다음 〈보기〉 중 다항식 a^6-64의 인수인 것을 모두 고르시오.

〈보기〉

ㄱ. $a+2$ ㄴ. a^2+2

ㄷ. a^2-4 ㄹ. a^3+4

ㅁ. a^2+2a-4 ㅂ. a^2-2a+4

5 $a^3+b^3+c^3-3abc$ 꼴의 인수분해

다항식 $a^3+b^3-3ab+1$이
$(a+b+p)(a^2+b^2+q-ab-a+rb)$로 인수분해될 때,
세 상수 p, q, r에 대하여 $p+q-r$의 값은?

① 3   ② 4   ③ 5

④ 6   ⑤ 7

5-**1**

다항식 $27x^3-8y^3+z^3+18xyz$를 인수분해하면
$(ax+by+z)(a^2x+b^2y+z^2+cxy+dyz+ezx)$일 때,
상수 a, b, c, d, e에 대하여 $a+b+c+de$의 값은?

① -1 ② 1   ③ 3

④ 5   ⑤ 7

6 인수분해

다음 중 인수분해한 결과가 옳지 <u>않은</u> 것은?

① $4x^2-4x-3=(2x+1)(2x-3)$

② $x^2+y^2+4z^2-2xy+4yz-4zx=(x-y-2z)^2$

③ $x^3-6x^2+12x-8=(x-2)^3$

④ $x^3+64=(x+4)(x^2-4x+16)$

⑤ $x^3+y^3-1+3xy=(x+y-1)(x^2+y^2+1+xy-y-x)$

6-**1**

다음 〈보기〉 중 인수분해한 결과가 옳은 것을 모두 고른 것은?

〈보기〉

ㄱ. $x^3-15x^2+75x-125=(x-5)^3$

ㄴ. $8x^3+27=(2x+3)(4x^2-6x+9)$

ㄷ. $16x^4+4x^2y^2+y^4=(4x^2+xy+y^2)(4x^2-xy+y^2)$

① ㄱ   ② ㄴ   ③ ㄱ, ㄴ

④ ㄱ, ㄷ   ⑤ ㄱ, ㄴ, ㄷ

07 복잡한 식의 인수분해

① 공통부분이 있는 다항식의 인수분해

다음 중 다항식 $(x^2+2x-2)(x^2+2x-6)+3$의 인수가 <u>아닌</u> 것은?

① $x+3$ ② $x+2$ ③ $x-1$

④ x^2+2x-3 ⑤ x^2+2x-5

①-1

다음 중 다항식 $(x^2+x)(x^2+x-6)+8$의 인수인 것은?

① $x+1$ ② $x-2$ ③ $x-3$

④ x^2+x+4 ⑤ x^2+x-4

② $(x+a)(x+b)(x+c)(x+d)+k$ 꼴의 인수분해

다항식 $x(x-2)(x+3)(x+5)+24$를 인수분해하면 $(x+a)(x-1)(x^2+bx+c)$일 때, 세 상수 a, b, c에 대하여 $a+b+c$의 값을 구하시오.

②-1

다항식 $(x-4)(x-3)(x+1)(x+2)-36$을 인수분해하면 $(x-a)^2(x^2+bx+c)$일 때, 세 상수 a, b, c에 대하여 abc의 값을 구하시오.

③ x^4+ax^2+b 꼴의 인수분해

다항식 x^4-15x^2-16을 인수분해하면?

① $(x+2)^2(x^2+4)$

② $(x+1)(x-1)(x+4)(x-4)$

③ $(x^2+1)(x+4)(x-4)$

④ $(x+1)(x-1)(x^2+16)$

⑤ $(x^2+4)^2$

③-1

다음 〈보기〉 중 다항식 x^4-13x^2+36의 인수인 것을 모두 고른 것은?

〈보기〉

ㄱ. $x+1$ ㄴ. $x+2$

ㄷ. $x-3$ ㄹ. x^2+4

① ㄱ, ㄴ ② ㄱ, ㄷ ③ ㄴ, ㄷ

④ ㄴ, ㄹ ⑤ ㄷ, ㄹ

④ 여러 개의 문자를 포함한 다항식의 인수분해

다음 중 다항식 $a^2c-ab-ac^2+bc$의 인수인 것은?

① $a+b$ ② $c-a$ ③ $ab-c$

④ $c-ab$ ⑤ $a+bc$

④-1

다음 중 다항식 $b^2c+ac^2-c^3-ab^2$의 인수가 <u>아닌</u> 것은?

① $a+c$ ② $b+c$ ③ $c-a$

④ $(b+c)(b-c)$ ⑤ $b-c$

08 인수정리를 이용한 인수분해

① 인수정리를 이용한 인수분해

다항식 x^3+3x^2-6x-8을 인수분해하면
$(x+a)(x+b)(x+c)$일 때, 세 상수 a, b, c에 대하여
$a+b-c$의 값은? (단, $c<0$)

① 5   ② 6   ③ 7
④ 8   ⑤ 9

①-❶

다항식 $2x^4+3x^3-3x^2+4$가 $(x+1)(x+a)(2x^2+bx+c)$로
인수분해될 때, 세 정수 a, b, c에 대하여 $a^2+b^2+c^2$의 값은?

① 11   ② 13   ③ 15
④ 17   ⑤ 19

② 인수정리를 이용한 인수분해

다항식 $P(x)=x^3-3x^2+ax-2$가 $x-2$를 인수로 가질 때,
$P(x)$를 인수분해하면?

① $(x-2)(x-1)^2$
② $(x-2)(x+1)^2$
③ $(x-2)(x^2-x+1)$
④ $(x-2)(x^2+x+1)$
⑤ $(x-2)^2(x+1)$

②-❶

다항식 $P(x)=x^4+ax^3-x^2-16x-12$가 $x+1$을 인수로 가
질 때, $P(x)$를 인수분해하면?

① $(x+1)^2(x-3)(x+4)$
② $(x+1)^2(x+3)(x-4)$
③ $(x+1)(x-2)^2(x-3)$
④ $(x+1)(x-1)(x+3)(x+4)$
⑤ $(x+1)(x-2)(x+2)(x+3)$

③ 인수분해의 활용

$x=\sqrt{2}+1$, $y=\sqrt{2}-1$일 때, $x^3-y^3+x^2y-xy^2$의 값을 구하
시오.

③-❶

$19^2-17^2+16^2-14^2+13^2-11^2$의 값은?

① 180   ② 184   ③ 188
④ 192   ⑤ 196

③-❷

삼각형의 세 변의 길이 a, b, c에 대하여 등식
$$b^2+c^2-2bc+ab-ac=0$$
이 성립할 때, 이 삼각형은 어떤 삼각형인가?

① 빗변의 길이가 a인 직각삼각형
② 빗변의 길이가 b인 직각삼각형
③ $a=b$인 이등변삼각형
④ $a=c$인 이등변삼각형
⑤ $b=c$인 이등변삼각형

09 복소수

1 복소수의 사칙연산

다음 중 옳지 <u>않은</u> 것은?

① $(3+i)+(-1-4i)=2-3i$

② $(1+3i)-(5-2i)=-4+5i$

③ $2i(4-i)=2+8i$

④ $(3+i)^2=8+6i$

⑤ $\dfrac{1}{2+i}+\dfrac{1}{2-i}=\dfrac{4}{3}$

1 -1

두 복소수 $z_1=4+5i$, $z_2=-2-i$에 대하여
$z_1-z_2+z_1z_2$의 실수부분은?

① 1   ② 2   ③ 3

④ 4   ⑤ 5

2 복소수의 뜻과 분류 ➕ 복소수의 사칙연산

복소수 $z=x(2-i)+4(-1+i)$에 대하여 z^2이 음의 실수가 되도록 하는 실수 x의 값은?

① 1   ② 2   ③ 4

④ 6   ⑤ 8

2 -1

복소수 $z=x(3+i)-(1+6i)$에 대하여 z^2이 실수가 되도록 하는 모든 실수 x의 값의 곱은?

① -2 ② -1 ③ 1

④ 2   ⑤ 4

3 복소수가 서로 같을 조건 ➕ 복소수의 사칙연산

등식 $x(1+2i)-y(4-i)=7+5i$를 만족시키는 두 실수 x, y에 대하여 $x-y$의 값은?

① 2   ② 4   ③ 6

④ 8   ⑤ 10

3 -1

등식 $x(4+7i)+y(-2-10i)=8+i$를 만족시키는 두 실수 x, y에 대하여 xy의 값은?

① -6 ② -3 ③ 0

④ 3   ⑤ 6

4 켤레복소수를 포함한 복소수의 사칙연산

$\alpha = 2+3i$, $\beta = 1-2i$일 때, $\alpha\overline{\alpha} + \alpha\overline{\beta} + \overline{\alpha}\beta + \beta\overline{\beta}$의 값은?

(단, $\overline{\alpha}$, $\overline{\beta}$는 각각 α, β의 켤레복소수이다.)

① 8　　　　　② 9　　　　　③ 10

④ 11　　　　　⑤ 12

4-1

$\alpha = 3+i$, $\beta = 1-i$일 때, $\alpha\beta - \alpha\overline{\beta} - \overline{\alpha}\beta + \overline{\alpha}\overline{\beta}$의 값은?

(단, $\overline{\alpha}$, $\overline{\beta}$는 각각 α, β의 켤레복소수이다.)

① 1　　　　　② 2　　　　　③ 3

④ 4　　　　　⑤ 5

5 켤레복소수를 포함한 복소수의 사칙연산

다음 중 0이 아닌 복소수 z에 대하여 그 값이 항상 실수인 것은? (단, $\overline{z}$는 z의 켤레복소수이다.)

① $z - \overline{z}$　　　　② z^2　　　　③ $z\overline{z}$

④ $\dfrac{1}{z}$　　　　⑤ $\dfrac{\overline{z}}{z}$

5-1

복소수 z와 그 켤레복소수 $\overline{z}$에 대하여 〈보기〉 중 옳은 것을 모두 고른 것은?

〈보기〉
ㄱ. $z + \overline{z}$는 실수이다.
ㄴ. $z = \overline{z}$이면 z는 실수이다.
ㄷ. $z\overline{z} = 0$이면 $z = 0$이다.

① ㄱ　　　　② ㄱ, ㄴ　　　　③ ㄱ, ㄷ

④ ㄴ, ㄷ　　　　⑤ ㄱ, ㄴ, ㄷ

6 켤레복소수를 포함한 복소수의 사칙연산

복소수 z와 그 켤레복소수 $\overline{z}$가

$$(3+2i)z - i\overline{z} = 3+5i$$

를 만족시킬 때, 복소수 z는?

① $-2-i$　　　　② $-2+i$　　　　③ $2-i$

④ $2+i$　　　　⑤ $2+2i$

6-1

복소수 z와 그 켤레복소수 $\overline{z}$가

$$(1-2i)z + (5-3i)\overline{z} = 4-13i$$

를 만족시킬 때, $z + \overline{z}$의 값은?

① $-4i$　　　　② $2-i$　　　　③ $1+2i$

④ 2　　　　　⑤ 4

10 i의 거듭제곱, 음수의 제곱근

① i의 거듭제곱

두 실수 a, b에 대하여
$$i+2i^2+3i^3+\cdots+20i^{20}=a+bi$$
일 때, $a-b$의 값은?

① -21 ② -20 ③ 0

④ 20 ⑤ 21

①-1

두 실수 a, b에 대하여
$$\frac{1}{i}+\frac{2}{i^2}+\frac{3}{i^3}+\cdots+\frac{8}{i^8}=a+bi$$
일 때, $a+b$의 값을 구하시오.

② 복소수의 거듭제곱

$z=\dfrac{1+i}{\sqrt{2}}$일 때, z^{14}의 값은?

① $-i$ ② -1 ③ 0

④ 1 ⑤ i

②-1

$z=\dfrac{1-i}{\sqrt{2}}$일 때, $z^2+z^4+z^6+z^8$의 값은?

① $-2i$ ② $-i$ ③ 0

④ i ⑤ $2i$

③ 음수의 제곱근의 계산

다음 중 옳지 <u>않은</u> 것은?

① $\sqrt{-2}\sqrt{5}=\sqrt{-10}$ ② $\sqrt{-2}\sqrt{-5}=-\sqrt{10}$

③ $\dfrac{\sqrt{-2}}{\sqrt{5}}=\sqrt{-\dfrac{2}{5}}$ ④ $\dfrac{\sqrt{2}}{\sqrt{-5}}=-\sqrt{\dfrac{2}{5}}$

⑤ $\dfrac{\sqrt{-2}}{\sqrt{-5}}=\sqrt{\dfrac{2}{5}}$

③-1

$z=\dfrac{3-\sqrt{-9}}{3+\sqrt{-9}}$일 때, $z+\overline{z}$의 값은?

① -3 ② -1 ③ 0

④ 1 ⑤ 3

④ 음수의 제곱근의 성질

0이 아닌 두 실수 a, b에 대하여 $\sqrt{a}\sqrt{b}=-\sqrt{ab}$일 때, 다음 중 $\dfrac{\sqrt{-b}}{\sqrt{a}}$와 같은 것은?

① $\sqrt{\dfrac{b}{a}}$ ② $\sqrt{-\dfrac{b}{a}}$ ③ $-\sqrt{\dfrac{b}{a}}$

④ $-\sqrt{-\dfrac{b}{a}}$ ⑤ $\dfrac{\sqrt{b}}{\sqrt{a}}$

④-1

0이 아닌 두 실수 a, b에 대하여 $\dfrac{\sqrt{a}}{\sqrt{b}}=-\sqrt{\dfrac{a}{b}}$일 때, 다음 중 옳지 <u>않은</u> 것은?

① $\sqrt{a^2b}=a\sqrt{b}$ ② $\sqrt{ab^2}=-b\sqrt{a}$

③ $\dfrac{\sqrt{b}}{\sqrt{a}}=\sqrt{\dfrac{b}{a}}$ ④ $\sqrt{a}\sqrt{b}=\sqrt{ab}$

⑤ $\sqrt{a}\sqrt{-b}=-\sqrt{-ab}$

11 이차방정식의 근과 판별식

① 이차방정식의 풀이

이차방정식 $2(x-1)^2-5=3x+1$의 두 근의 곱은?

① -2 ② -1 ③ $-\dfrac{1}{2}$

④ 1 ⑤ 2

①-1

이차방정식 $ax^2-7x+4=0$의 근이 $\dfrac{7\pm\sqrt{b}}{4}$일 때, 두 정수 a, b에 대하여 $a+b$의 값은?

① 11 ② 13 ③ 15

④ 17 ⑤ 19

② 절댓값 기호를 포함한 방정식의 풀이

방정식 $|x|+|x-1|=5$의 모든 근의 곱은?

① -6 ② -3 ③ 0

④ 3 ⑤ 6

②-1

방정식 $|x-3|+|x-4|=9$의 모든 근의 합은?

① 1 ② 3 ③ 5

④ 7 ⑤ 9

②-2

방정식 $|2x-3|=|x+6|$의 모든 근의 합은?

① 7 ② 8 ③ 9

④ 10 ⑤ 11

③ 한 근이 주어진 이차방정식

이차방정식 $x^2+kx+3k+5=0$의 한 근이 -1일 때, 다른 한 근은? (단, k는 상수이다.)

① 2 ② 4 ③ 6

④ 8 ⑤ 10

③-1

이차방정식 $x^2+(k^2-1)x+k-5=0$의 한 근이 -2일 때, 다른 한 근은? (단, $k>0$)

① 1 ② 2 ③ 3

④ 4 ⑤ 5

4 이차방정식의 근의 판별; 실근

이차방정식 $x^2-(2k+1)x+k^2+1=0$이 서로 다른 두 실근을 갖도록 하는 가장 작은 정수 k의 값은?

① 1 ② 2 ③ 3
④ 4 ⑤ 5

4 -1

이차방정식 $x^2-6x+2k-5=0$이 실근을 갖도록 하는 자연수 k의 개수는?

① 3 ② 4 ③ 5
④ 6 ⑤ 7

5 이차방정식의 근의 판별; 중근

이차방정식 $x^2+2kx-3k=0$이 중근을 갖도록 하는 실수 k의 값은? (단, $k\neq 0$)

① -5 ② -4 ③ -3
④ -2 ⑤ -1

5 -1

이차방정식 $kx^2-3kx+1=0$이 중근을 갖도록 하는 실수 k의 값은?

① $\dfrac{1}{9}$ ② $\dfrac{2}{9}$ ③ $\dfrac{1}{3}$
④ $\dfrac{4}{9}$ ⑤ $\dfrac{5}{9}$

5 -2

x에 대한 이차방정식
$$x^2+2(k+a)x+k^2+6k+a^2$$
이 실수 k의 값에 관계없이 항상 중근을 가질 때, 실수 a의 값을 구하시오.

6 이차방정식의 근의 판별; 허근

이차방정식 $x^2-2(k+1)x+k^2+5=0$이 서로 다른 두 허근을 갖도록 하는 가장 큰 정수 k의 값은?

① -2 ② -1 ③ 0
④ 1 ⑤ 2

6 -1

이차방정식 $(1-k)x^2+3x+2=0$이 서로 다른 두 허근을 갖도록 하는 실수 k의 값의 범위를 구하시오.

12 이차방정식의 근과 계수의 관계

1 근과 계수의 관계를 이용하여 식의 값 구하기

이차방정식 $3x^2+6x-1=0$의 두 근을 α, β라 할 때, $\dfrac{\beta^2}{\alpha}+\dfrac{\alpha^2}{\beta}$의 값은?

① 10   ② 20   ③ 30
④ 40   ⑤ 50

1-1

이차방정식 $x^2+2x-8=0$의 두 근을 α, β라 할 때, $\dfrac{\alpha}{\beta}-\dfrac{\beta}{\alpha}$의 값을 구하시오. (단, $\alpha>\beta$)

1-2

이차방정식 $x^2-x+5=0$의 두 근을 α, β라 할 때, $(\alpha^2-2\alpha+4)(\beta^2-2\beta+4)$의 값은?

① 1   ② 3   ③ 5
④ 7   ⑤ 9

2 두 근의 조건이 주어진 이차방정식

이차방정식 $x^2-(k-4)x+k=0$의 두 근의 비가 $3:1$일 때, 모든 실수 k의 값의 곱은?

① 4   ② 8   ③ 12
④ 16   ⑤ 20

2-1

이차방정식 $x^2-(2k+1)x+3k+1=0$의 두 근의 차가 3일 때, 모든 실수 k의 값의 합은?

① 1   ② 2   ③ 3
④ 4   ⑤ 5

3 두 근의 조건이 주어진 이차방정식

이차방정식 $x^2-2kx+3k+2=0$의 두 근 α, β가 $\alpha^2+\beta^2=0$을 만족시킬 때, 양수 k의 값은?

① 1   ② 2   ③ 3
④ 4   ⑤ 5

3-1

이차방정식 $x^2-(3k+4)x+k+2=0$의 두 근 α, β가 $\alpha^2\beta+\alpha\beta^2+\alpha+\beta=8$을 만족시킬 때, 정수 k의 값은?

① -5 ② -4 ③ -3
④ -2 ⑤ -1

4 이차방정식의 작성

이차방정식 $x^2-6x+3=0$의 두 근을 α, β라 할 때, $\alpha+\beta$, $\alpha\beta$를 두 근으로 하고 x^2의 계수가 1인 이차방정식을 구하시오.

4-1

이차방정식 $x^2-4x-2=0$의 두 근을 α, β라 할 때, $\dfrac{1}{\alpha}$, $\dfrac{1}{\beta}$을 두 근으로 하고 x^2의 계수가 2인 이차방정식은?

① $2x^2-4x+1=0$ ② $2x^2-x+4=0$

③ $2x^2+x-4=0$ ④ $2x^2+4x-1=0$

⑤ $2x^2+4x+1=0$

5 이차식의 인수분해

이차식 x^2+2x+6의 인수인 것은?

① $x-2-\sqrt{5}i$ ② $x-1-\sqrt{5}i$ ③ $x-1+\sqrt{5}i$

④ $x+1+\sqrt{5}i$ ⑤ $x+2+\sqrt{5}i$

5-1

이차식 $\dfrac{1}{2}x^2-x+5$를 인수분해하면

$$\frac{1}{2}(x-a-3i)(x-1+bi)$$

이다. 이때 두 실수 a, b에 대하여 ab의 값은?

① 3   ② 4   ③ 5

④ 6   ⑤ 7

6 이차방정식의 켤레근

이차방정식 $x^2+(a+b)x-ab=0$의 한 근이 $3+2i$일 때, 두 실수 a, b에 대하여 a^2+b^2의 값은?

① 61   ② 62   ③ 63

④ 64   ⑤ 65

6-1

이차방정식 $x^2-8x+a=0$의 한 근이 $b-\sqrt{5}$일 때, 두 유리수 a, b에 대하여 $a+b$의 값은?

① 11   ② 13   ③ 15

④ 17   ⑤ 19

13 이차방정식과 이차함수의 관계

❶ 이차함수의 그래프

이차함수 $y=ax^2+bx+c$의 그래프의 꼭짓점의 좌표가 $(2, 5)$이고 이차항의 계수가 1일 때, 세 상수 a, b, c에 대하여 $a-b+c$의 값은?

① 11   ② 12   ③ 13
④ 14   ⑤ 15

❶-1

이차함수 $y=x^2-2kx-3k-1$의 그래프의 꼭짓점이 직선 $y=-x$ 위에 있을 때, 상수 k의 값은?

① -5 ② -4 ③ -3
④ -2 ⑤ -1

❷ 이차함수의 그래프와 x축의 교점

이차함수 $y=2x^2+ax+b$의 그래프가 x축과 만나는 점의 좌표가 $(-1, 0)$, $(4, 0)$일 때, 두 상수 a, b에 대하여 ab의 값은?

① 42   ② 45   ③ 48
④ 51   ⑤ 54

❷-1

이차함수 $y=x^2-ax+10$의 그래프가 x축과 만나는 점의 좌표가 $(2, 0)$, $(b, 0)$일 때, $a+b$의 값은?

(단, a는 상수이다.)

① 10   ② 12   ③ 14
④ 16   ⑤ 18

❸ 이차함수의 그래프와 x축의 위치 관계

이차함수 $y=x^2-2kx+k^2+4k-7$의 그래프가 x축과 서로 다른 두 점에서 만나도록 하는 정수 k의 최댓값은?

① -2 ② -1 ③ 0
④ 1   ⑤ 2

❸-1

이차함수 $y=x^2+(k+1)x+3k-2$의 그래프가 x축에 접할 때, 모든 실수 k의 값의 합은?

① 2   ② 4   ③ 6
④ 8   ⑤ 10

❸-2

이차함수 $y=-x^2+5x-k-2$의 그래프가 x축과 만나지 않을 때, 정수 k의 최솟값은?

① 1   ② 2   ③ 3
④ 4   ⑤ 5

4 이차함수의 그래프와 직선의 위치 관계

이차함수 $y=x^2+4x+2$의 그래프와 직선 $y=x+k$가 서로 다른 두 점에서 만나도록 하는 실수 k의 값의 범위는?

① $k<-\dfrac{1}{2}$ ② $k<-\dfrac{1}{4}$ ③ $k>-\dfrac{1}{4}$

④ $k>-\dfrac{1}{2}$ ⑤ $k>-1$

4-1

이차함수 $y=3x^2+kx+2$의 그래프와 직선 $y=-x-1$이 접할 때, 양수 k의 값은?

① 3 ② 4 ③ 5

④ 6 ⑤ 7

4-2

이차함수 $y=-x^2+2kx-k^2+5$의 그래프와 직선 $y=2x+1$이 적어도 한 점에서 만날 때, 실수 k의 최댓값은?

① 1 ② $\dfrac{3}{2}$ ③ 2

④ $\dfrac{5}{2}$ ⑤ 3

5 이차함수의 그래프와 직선의 위치 관계

이차함수 $y=x^2-2x-3$의 그래프에 접하고 직선 $y=2x+1$과 평행한 직선의 방정식은 $y=ax+b$이다. 두 실수 a, b에 대하여 $a-b$의 값은?

① 5 ② 6 ③ 7

④ 8 ⑤ 9

5-1

이차함수 $y=2x^2+3x-2$의 그래프에 접하고 기울기가 -1인 직선의 y절편은?

① -4 ② -2 ③ 0

④ 2 ⑤ 4

6 이차함수의 그래프와 직선의 교점

이차함수 $y=-x^2+ax+4$의 그래프와 직선 $y=x+b$의 두 교점의 x좌표가 2, 3일 때, 두 상수 a, b에 대하여 $a+b$의 값은?

① 10 ② 12 ③ 14

④ 16 ⑤ 18

6-1

이차함수 $y=x^2+ax+3$의 그래프와 직선 $y=2x-b$의 두 교점의 x좌표가 -4, -1일 때, 두 상수 a, b에 대하여 ab의 값은?

① 1 ② 3 ③ 5

④ 7 ⑤ 9

14 이차함수의 최대, 최소

1 제한된 범위에서의 이차함수의 최대, 최소

$0 \le x \le 3$에서 이차함수 $f(x) = x^2 - 4x + k$의 최솟값이 2일 때, $f(x)$의 최댓값은? (단, k는 상수이다.)

① 3   ② 4   ③ 6
④ 8   ⑤ 10

1-1

$-2 \le x \le -1$에서 이차함수 $f(x) = -x^2 - 6x - k$의 최댓값이 10일 때, $f(x)$의 최솟값은? (단, k는 상수이다.)

① 1   ② 3   ③ 5
④ 7   ⑤ 9

2 공통부분이 있는 함수의 최대, 최소

$1 \le x \le 3$에서 함수
$$y = -(x^2 - 4x + 5)^2 + 6(x^2 - 4x + 4) + 12$$
의 최댓값을 구하시오.

2-1

함수 $y = (x^2 + 2x)^2 - 2(x^2 + 2x) + k$의 최솟값이 3일 때, 상수 k의 값은?

① 2   ② 4   ③ 6
④ 8   ⑤ 10

3 이차함수의 최대, 최소의 활용

오른쪽 그림과 같이 직사각형 ABCD에서 두 점 A, B는 x축 위에 있고, 두 점 C, D는 이차함수 $y = -x^2 + 10x$의 그래프 위에 있다. 이때 직사각형 ABCD의 둘레의 길이의 최댓값을 구하시오.

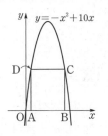

3-1

오른쪽 그림과 같이 담장 옆에 직사각형 모양의 가축우리를 만들고, 가축우리의 둘레에 길이가 48 m인 철망으로 울타리를 만들려고 한다. 울타리의 한 면은 담장이고 담장에는 철망을 사용하지 않을 때, 가축우리의 넓이의 최댓값은? (단, 철망의 두께는 무시한다.)

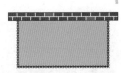

① 128 m^2 ② 162 m^2 ③ 200 m^2
④ 242 m^2 ⑤ 288 m^2

15 삼차방정식과 사차방정식

❶ 인수분해를 이용한 삼, 사차방정식의 풀이

삼차방정식 $x^3-9x^2-10x=0$의 가장 큰 근을 α, 가장 작은 근을 β라 할 때, $\alpha-\beta$의 값은?

① 8   ② 9   ③ 10

④ 11   ⑤ 12

❶-❶

사차방정식 $x^4+27x=0$의 모든 실근의 합은?

① -6 ② -3 ③ 0

④ 3   ⑤ 6

❷ 인수정리를 이용한 삼차방정식의 풀이

삼차방정식 $x^3+x^2-5kx+4k=0$의 한 근이 1이고 나머지 두 근이 α, β일 때, $\alpha+\beta$의 값은? (단, k는 상수이다.)

① -4 ② -3 ③ -2

④ -1 ⑤ 0

❷-❶

삼차방정식 $x^3+kx^2+(k-1)x-3k=0$의 한 근이 2이고 나머지 두 근이 α, β일 때, $\alpha\beta$의 값은? (단, k는 상수이다.)

① -3 ② -2 ③ -1

④ 0   ⑤ 1

❸ 인수정리를 이용한 사차방정식의 풀이

사차방정식 $x^4+2x^3+3x^2-2x-4=0$의 모든 실근의 곱은?

① -4 ② -2 ③ -1

④ 1   ⑤ 2

❸-❶

사차방정식 $x^4+2x^3-4x^2-26x-21=0$의 두 허근을 α, β라 할 때, $\alpha^2+\beta^2$의 값은?

① 1   ② 2   ③ 3

④ 4   ⑤ 5

4 **공통부분이 있는 방정식의 풀이**

방정식 $(x^2+2x)^2+(x^2+2x)-30=0$의 실근의 합을 a, 허근의 곱을 b라 할 때, $a+b$의 값은?

① 2　　　　　② 4　　　　　③ 6

④ 8　　　　　⑤ 10

4-1

방정식 $(x^2+2x-4)(x^2+2x+3)+10=0$의 가장 큰 근을 α, 가장 작은 근을 β라 할 때, $\alpha+\beta$의 값은?

① -4　　　　② -2　　　　③ 2

④ 4　　　　　⑤ 8

5 $x^4+ax^2+b=0$ **꼴의 방정식의 풀이**

방정식 $x^4-5x^2-6=0$의 두 실근의 곱은?

① -6　　　　② -3　　　　③ 0

④ 3　　　　　⑤ 6

5-1

방정식 $x^4-16x^2+36=0$의 네 근을 α, β, γ, δ라 할 때, $\alpha^2+\beta^2+\gamma^2+\delta^2$의 값은?

① 20　　　　② 24　　　　③ 28

④ 32　　　　⑤ 36

6 $ax^4+bx^3+cx^2+bx+a=0\ (a\neq0)$ **꼴의 방정식의 풀이**

방정식 $x^4+5x^3+2x^2+5x+1=0$의 두 실근의 합은?

① -10　　　② -5　　　③ 5

④ 10　　　　⑤ 15

6-1

방정식 $x^4-4x^3-3x^2-4x+1=0$의 실근의 합을 a, 허근의 곱을 b라 할 때, $a+b$의 값은?

① 2　　　　　② 4　　　　　③ 6

④ 8　　　　　⑤ 10

16 삼차방정식의 근의 성질

① **삼차방정식의 근과 계수의 관계를 이용하여 식의 값 구하기**

삼차방정식 $x^3 - 7x^2 + 3x - 1 = 0$의 세 근을 α, β, γ라 할 때, $\dfrac{\gamma}{\alpha\beta} + \dfrac{\alpha}{\beta\gamma} + \dfrac{\beta}{\gamma\alpha}$의 값은?

① 40   ② 43   ③ 46

④ 49   ⑤ 52

①-1

삼차방정식 $x^3 + 6x^2 - 2x + 3 = 0$의 세 근을 α, β, γ라 할 때, $(\alpha+\beta)(\beta+\gamma)(\gamma+\alpha)$의 값을 구하시오.

①-2

삼차방정식 $x^3 + ax^2 + 3x - 2 = 0$의 세 근을 α, β, γ라 할 때, $(1-\alpha)(1-\beta)(1-\gamma) = 5$가 성립한다. 이때 상수 a의 값은?

① -1 ② 1   ③ 3

④ 5   ⑤ 7

② **세 근이 주어진 삼차방정식의 작성**

삼차방정식 $x^3 - 2x^2 + 4x - 1 = 0$의 세 근을 α, β, γ라 할 때, $\dfrac{1}{\alpha}$, $\dfrac{1}{\beta}$, $\dfrac{1}{\gamma}$을 세 근으로 하고 x^3의 계수가 1인 삼차방정식은?

① $x^3 - 4x^2 - 2x - 1 = 0$ ② $x^3 - 4x^2 - 2x + 1 = 0$

③ $x^3 - 4x^2 + 2x - 1 = 0$ ④ $x^3 - 4x^2 + 2x + 1 = 0$

⑤ $x^3 + 4x^2 + 2x + 1 = 0$

②-1

삼차방정식 $x^3 + 6x + 2 = 0$의 세 근을 α, β, γ라 할 때, $\alpha\beta$, $\beta\gamma$, $\gamma\alpha$를 세 근으로 하고 x^3의 계수가 1인 삼차방정식은?

① $x^3 - 6x^2 - 4 = 0$ ② $x^3 - 6x^2 + 4 = 0$

③ $x^3 + 6x^2 - 4 = 0$ ④ $x^3 - 6x - 4 = 0$

⑤ $x^3 - 6x + 4 = 0$

③ **세 근이 주어진 삼차방정식의 작성**

삼차방정식 $x^3 - 6x^2 + ax + b = 0$의 세 근의 비가 $1 : 2 : 3$일 때, 두 상수 a, b에 대하여 $a+b$의 값은?

① 5   ② 6   ③ 7

④ 8   ⑤ 9

③-1

삼차방정식 $x^3 - 3x^2 + ax + b = 0$의 세 근이 연속한 정수일 때, 두 상수 a, b에 대하여 $a+b$의 값은?

① 0   ② 2   ③ 4

④ 6   ⑤ 8

4 삼차방정식의 켤레근

삼차방정식 $x^3+ax^2+bx-1=0$의 한 근이 $2+\sqrt{3}$일 때, 두 유리수 a, b에 대하여 $a-b$의 값은?

① -10　　　② -5　　　③ 0

④ 5　　　⑤ 10

4 -1

삼차방정식 $x^3-8x^2+ax+b=0$의 한 근이 $3-i$일 때, 두 실수 a, b에 대하여 $a+b$의 값은?

① 2　　　② 4　　　③ 6

④ 8　　　⑤ 10

5 방정식 $x^3=1$의 허근의 성질

방정식 $x^3=1$의 한 허근을 ω라 할 때, 〈보기〉 중 옳은 것을 모두 고른 것은? (단, $\bar{\omega}$는 ω의 켤레복소수이다.)

〈보기〉

ㄱ. $\omega^2+\omega+1=0$　　　ㄴ. $\omega+\bar{\omega}=0$

ㄷ. $\omega\bar{\omega}=1$　　　ㄹ. $\omega+\dfrac{1}{\omega}=1$

① ㄱ, ㄷ　　　② ㄱ, ㄹ　　　③ ㄱ, ㄴ, ㄷ

④ ㄱ, ㄴ, ㄹ　　　⑤ ㄴ, ㄷ, ㄹ

5 -1

방정식 $x^3=1$의 한 허근을 ω라 할 때, 〈보기〉 중 옳은 것을 모두 고른 것은? (단, $\bar{\omega}$는 ω의 켤레복소수이다.)

〈보기〉

ㄱ. $\omega^{17}+\omega^7+\omega^3=0$　　　ㄴ. $\omega^8+\dfrac{1}{\omega^8}=-1$

ㄷ. $(1-\omega)(1-\bar{\omega})=1$　　　ㄹ. $\dfrac{\omega^2}{\omega+1}=1$

① ㄱ, ㄴ　　　② ㄴ, ㄹ　　　③ ㄱ, ㄴ, ㄷ

④ ㄱ, ㄴ, ㄹ　　　⑤ ㄱ, ㄷ, ㄹ

6 방정식 $x^3=-1$의 허근의 성질

방정식 $x^3=-1$의 한 허근을 ω라 할 때, $\dfrac{\omega-1}{\omega}+\dfrac{\bar{\omega}-1}{\bar{\omega}}$의 값은? (단, $\bar{\omega}$는 ω의 켤레복소수이다.)

① 1　　　② 2　　　③ 3

④ 4　　　⑤ 5

6 -1

방정식 $x^3=-1$의 한 허근을 ω라 할 때,

$$\omega^{12}+\omega^{11}+\omega^{10}+\omega^9+\cdots+1$$

의 값을 구하시오.

17 연립이차방정식

① 일차방정식과 이차방정식으로 이루어진
연립이차방정식의 풀이

연립방정식 $\begin{cases} x-y=2 \\ x^2+y^2=10 \end{cases}$ 의 해를 $x=\alpha$, $y=\beta$라 할 때, $\alpha\beta$의 값은?

① 1   ② 2   ③ 3

④ 4   ⑤ 5

①-1

연립방정식 $\begin{cases} x+y=5 \\ x^2-xy+y^2=7 \end{cases}$ 을 만족시키는 두 실수 x, y에 대하여 x^2+y^2의 값은?

① 1   ② 2   ③ 5

④ 8   ⑤ 13

② 두 이차방정식으로 이루어진 연립이차방정식의 풀이

연립방정식 $\begin{cases} x^2+xy-2y^2=0 \\ x^2-xy+2y^2=8 \end{cases}$ 의 해를 $x=\alpha$, $y=\beta$라 할 때, $\alpha+\beta$의 최댓값은?

① -4 ② -1 ③ 1

④ 4   ⑤ 8

②-1

연립방정식 $\begin{cases} x^2-2xy-3y^2=0 \\ x^2-3xy+y^2=10 \end{cases}$ 의 해를 $x=\alpha$, $y=\beta$라 할 때, $\alpha\beta$의 최댓값은?

① -30 ② -3 ③ 2

④ 10   ⑤ 30

③ 대칭식으로 이루어진 연립방정식의 풀이

연립방정식 $\begin{cases} x^2+y^2=41 \\ xy=20 \end{cases}$ 을 만족시키는 x, y에 대하여 $x+2y$의 최솟값은?

① -14 ② -9 ③ -4

④ 9   ⑤ 14

③-1

연립방정식 $\begin{cases} x+y=-4 \\ x+xy+y=-1 \end{cases}$ 을 만족시키는 x, y에 대하여 $|x|+|y|$의 값은?

① 2   ② 4   ③ 6

④ 8   ⑤ 10

18 연립일차부등식

1 부등식의 기본 성질

$a>b$일 때, 다음 중 항상 성립하는 것은? (단, $ab\neq0$)

① $a+2<b+2$ 　　　　② $a-3<b-3$

③ $4-3a<4-3b$ 　　　④ $-\dfrac{2}{3}a+3>-\dfrac{2}{3}b+3$

⑤ $\dfrac{4}{a}>\dfrac{4}{b}$

1-1

$a<0<b$일 때, 다음 중 항상 성립하는 것은?

① $a+b>2b$ 　　　　　② $2a>a+b$

③ $a^3>a^2b$ 　　　　　④ $\dfrac{a}{b}<1$

⑤ $\dfrac{b}{a}>1$

2 부등식 $ax>b$의 풀이

부등식 $ax+2>5$의 해가 $x>1$일 때, 실수 a의 값은?

① -3　　　　② -1　　　　③ 1

④ 3　　　　　⑤ 5

2-1

부등식 $(a+1)(a-4)x\leq5$가 모든 실수 x에 대하여 성립하도록 하는 모든 실수 a의 값의 합은?

① 1　　　　② 3　　　　③ 5

④ 7　　　　⑤ 9

3 연립일차부등식의 풀이

연립부등식 $\begin{cases}2x-1\leq-x+8\\5x-6>4x-7\end{cases}$의 해가 $\alpha<x\leq\beta$일 때, $\beta-\alpha$의 값은?

① 1　　　　② 2　　　　③ 4

④ 6　　　　⑤ 8

3-1

다음 중 연립부등식 $\begin{cases}\dfrac{x-1}{3}\leq\dfrac{3x}{5}+1\\0.1(x-2)<0.3(x+2)\end{cases}$ 를 만족시키는 x의 값이 될 수 없는 것은?

① -4　　　　② -3　　　　③ -2

④ -1　　　　⑤ 0

4 해가 특수한 연립일차부등식의 풀이

연립부등식 $\begin{cases} 5x+9 \leq 3x+1 \\ 3x+2 \geq x+a \end{cases}$ 의 해가 없을 때, 실수 a의 값의 범위는?

① $a > -6$ ② $a > -5$ ③ $a > -4$
④ $a > -3$ ⑤ $a > -2$

4-1

연립부등식 $\begin{cases} 3x-4 \leq 5 \\ 2x-1 \geq a \end{cases}$ 의 해가 $x=3$일 때, 상수 a의 값은?

① 1   ② 3   ③ 5
④ 7   ⑤ 9

5 $A < B < C$ 꼴의 부등식의 풀이

부등식 $x-1 < 3x+5 < -2x$를 만족시키는 정수 x의 개수는?

① 1   ② 2   ③ 3
④ 4   ⑤ 5

5-1

부등식 $\dfrac{x}{3}+2 < x+6 < -x$를 만족시키는 모든 정수 x의 값의 합은?

① -10 ② -9 ③ -8
④ -7 ⑤ -6

6 절댓값 기호를 포함한 일차부등식의 풀이

다음 중 부등식 $|x-1| \leq 2x-6$을 만족시키는 x의 값이 될 수 <u>없는</u> 것은?

① 3   ② 5   ③ 7
④ 9   ⑤ 11

6-1

부등식 $|5x-5| < x+9$의 해가 $\alpha < x < \beta$일 때, $\alpha+\beta$의 값은?

① $\dfrac{13}{6}$ ② $\dfrac{5}{2}$ ③ $\dfrac{17}{6}$
④ $\dfrac{19}{6}$ ⑤ $\dfrac{7}{2}$

19 이차부등식

1 이차함수의 그래프와 이차부등식의 관계

이차함수 $y=ax^2+bx+c$의 그래프와 직선 $y=mx+n$이 오른쪽 그림과 같을 때, 이차부등식 $ax^2+bx+c\leq mx+n$의 해는?

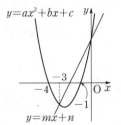

① $-4\leq x\leq -3$
② $-4\leq x\leq 0$
③ $-3\leq x\leq 0$
④ $-3\leq x\leq -1$
⑤ $-1\leq x\leq 0$

1-1

이차함수 $y=ax^2+bx+c$의 그래프와 직선 $y=mx+n$이 오른쪽 그림과 같을 때, 이차부등식 $ax^2+(b-m)x+c-n>0$의 해는?

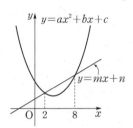

① $x<0$
② $x<0$ 또는 $x>8$
③ $x<2$ 또는 $x>8$
④ $0<x<8$
⑤ $2<x<8$

2 이차부등식의 해; $D>0$

이차부등식 $3x^2-2<-5x$의 해가 $\alpha<x<\beta$일 때, $\dfrac{\alpha}{\beta}$의 값은?

① -6 ② -5 ③ -4
④ -2 ⑤ -1

2-1

이차부등식 $-2x^2-x+6\geq 0$을 만족시키는 정수 x의 개수는?

① 1   ② 2   ③ 3
④ 4   ⑤ 5

3 이차부등식의 해; $D=0$

이차부등식 $2x^2-4x+a\leq 0$의 해가 오직 한 개 존재할 때, 실수 a의 값은?

① -2 ② -1 ③ 0
④ 1   ⑤ 2

3-1

이차부등식 $-x^2+2ax+3a-10\geq 0$의 해가 오직 한 개 존재할 때, 모든 실수 a의 값의 합은?

① -5 ② -3 ③ -1
④ 1   ⑤ 3

4 이차부등식의 해; $D<0$

다음 〈보기〉 중 해가 없는 이차부등식인 것을 모두 고른 것은?

〈보기〉
ㄱ. $x^2+10x+9\geq0$ ㄴ. $-x^2+2x-7>0$
ㄷ. $-2x^2+12x-18\leq0$ ㄹ. $x^2+4x+6<0$

① ㄱ ② ㄴ ③ ㄴ, ㄷ
④ ㄴ, ㄹ ⑤ ㄴ, ㄷ, ㄹ

4-1

다음 〈보기〉 중 해가 모든 실수인 이차부등식인 것을 모두 고른 것은?

〈보기〉
ㄱ. $-2x^2+x-5<0$ ㄴ. $3x^2+6x+3\leq0$
ㄷ. $-x^2+2x-5\geq0$ ㄹ. $x^2-2x-8<0$

① ㄱ ② ㄴ ③ ㄱ, ㄷ
④ ㄱ, ㄹ ⑤ ㄴ, ㄹ

5 이차부등식의 해

지면으로부터 25 m 높이에서 자유낙하시킨 물체의 t초 후의 지면으로부터의 높이를 y m라 할 때,
$$y=25-5t^2$$
의 관계가 성립한다고 한다. 이 물체의 지면으로부터의 높이가 5 m 이상인 시간은 몇 초 동안인가?

① 1초 ② 2초 ③ 3초
④ 4초 ⑤ 5초

5-1

지면에서 차올린 축구공의 t초 후의 지면으로부터의 높이를 y m라 할 때,
$$y=-5t^2+6t$$
의 관계가 성립한다고 한다. 축구공의 지면으로부터의 높이가 1 m 이상인 시간은 몇 초 동안인가?

① 0.2초 ② 0.4초 ③ 0.6초
④ 0.8초 ⑤ 1초

6 해가 주어진 이차부등식

이차부등식 $x^2+ax+b>0$의 해가 $x<-3$ 또는 $x>5$일 때, 두 실수 a, b에 대하여 $a-b$의 값은?

① 11 ② 12 ③ 13
④ 15 ⑤ 17

6-1

이차부등식 $x^2+ax+b\leq0$의 해가 $1\leq x\leq6$일 때, 이차부등식 $bx^2+ax+1<0$의 해는? (단, a, b는 실수이다.)

① $-6<x<-1$ ② $-1<x<-\dfrac{1}{6}$
③ $-\dfrac{1}{6}<x<1$ ④ $-1<x<\dfrac{1}{6}$
⑤ $\dfrac{1}{6}<x<1$

20 이차부등식과 연립이차부등식

① 이차부등식이 항상 성립할 조건

이차부등식 $-x^2+2kx-k \leq 0$이 모든 실수 x에 대하여 성립하도록 하는 실수 k의 값의 범위가 $\alpha \leq k \leq \beta$일 때, $\alpha+\beta$의 값은?

① 1 ② 2 ③ 3
④ 4 ⑤ 5

①-1

이차부등식 $kx^2+2(k+3)x-4<0$이 모든 실수 x에 대하여 성립하도록 하는 실수 k의 값의 범위가 $\alpha<k<\beta$일 때, $\alpha\beta$의 값은?

① 1 ② 3 ③ 6
④ 9 ⑤ 12

② 이차부등식의 해가 존재하지 않을 조건

이차부등식 $x^2+(k-8)x+k \leq 0$의 해가 존재하지 않도록 하는 정수 k의 최댓값과 최솟값의 합은?

① 18 ② 20 ③ 22
④ 24 ⑤ 26

②-1

다음 중 이차부등식 $-x^2+(k+2)x-k-2>0$의 해가 존재하지 않도록 하는 정수 k의 값이 <u>아닌</u> 것은?

① -2 ② -1 ③ 1
④ 2 ⑤ 3

③ 연립이차부등식의 풀이

연립부등식 $\begin{cases} x+6<-x-2 \\ x^2+8x+15 \leq 0 \end{cases}$의 해가 $\alpha \leq x < \beta$일 때, $\alpha\beta$의 값은?

① 5 ② 10 ③ 15
④ 20 ⑤ 25

③-1

연립부등식 $\begin{cases} |2-x| \leq 5 \\ x^2-6x-7>0 \end{cases}$을 만족시키는 정수 x의 개수는?

① 1 ② 2 ③ 3
④ 4 ⑤ 5

4 연립이차부등식의 풀이

연립부등식 $\begin{cases} 2x^2-x-10 \geq 0 \\ 2x^2-3x-5 \leq 0 \end{cases}$ 의 해는?

① 2　　　　② $\dfrac{5}{2}$　　　　③ 3

④ $\dfrac{7}{2}$　　　　⑤ 4

4-1

연립부등식 $\begin{cases} x^2-3x-4<0 \\ x^2+6x-7<0 \end{cases}$ 의 해가 이차부등식

$x^2+ax+b<0$의 해와 같을 때, 두 실수 a, b에 대하여 $a+b$의 값은?

① -2　　　　② -1　　　　③ 0

④ 1　　　　⑤ 2

5 연립이차부등식의 풀이

부등식 $x^2-3x-6 \leq 2x < x^2-x-10$을 만족시키는 정수 x의 값은?

① 4　　　　② 5　　　　③ 6

④ 7　　　　⑤ 8

5-1

부등식 $8x+1 < x^2-8 < -4x-3$을 만족시키는 모든 정수 x의 값의 합은?

① -10　　　　② -9　　　　③ -8

④ -7　　　　⑤ -6

6 연립이차부등식의 풀이
⊕ 이차방정식의 근의 판별

x에 대한 방정식 $x^2-4kx+5k^2-3k-4=0$이 서로 다른 두 실근을 갖고, x에 대한 방정식 $x^2-2kx+k^2-2k+4=0$이 허근을 갖도록 하는 실수 k의 값의 범위가 $\alpha<k<\beta$일 때, $\alpha+\beta$의 값은?

① -1　　　　② 0　　　　③ 1

④ 2　　　　⑤ 3

6-1

이차방정식 $x^2-2kx+4=0$은 허근을 갖고, 이차방정식 $x^2+2kx+k+2=0$은 실근을 갖도록 하는 정수 k의 값은?

① -5　　　　② -4　　　　③ -3

④ -2　　　　⑤ -1

21 경우의 수

❶ 합의 법칙

서로 다른 세 개의 주사위를 동시에 던질 때, 세 눈의 수의 곱이 4 또는 6이 되는 경우의 수는?

① 11   ② 12   ③ 13

④ 14   ⑤ 15

❶-❶

1부터 100까지의 자연수가 각각 하나씩 적힌 100개의 공이 들어 있는 주머니에서 한 개의 공을 꺼낼 때, 꺼낸 공에 적힌 수가 6의 배수 또는 9의 배수인 경우의 수는?

① 22   ② 24   ③ 26

④ 28   ⑤ 30

❷ 곱의 법칙

백의 자리의 숫자는 3의 배수이고 십의 자리의 숫자와 일의 자리의 숫자의 곱은 홀수인 세 자리의 자연수의 개수는?

① 15   ② 30   ③ 45

④ 60   ⑤ 75

❷-❶

두 집합 $X=\{1, 3\}$, $Y=\{-1, 0, 2, 4\}$에 대하여 X에서 Y로의 함수의 개수는?

① 2   ② 4   ③ 8

④ 16   ⑤ 32

❷-❷

100원짜리 동전 2개, 50원짜리 동전 3개, 10원짜리 동전 5개의 일부 또는 전부를 사용하여 지불할 수 있는 방법의 수를 구하시오. (단, 0원을 지불하는 경우는 제외한다.)

❸ 방정식과 부등식의 해의 개수

방정식 $2x+3y+z=6$을 만족시키는 음이 아닌 정수 x, y, z의 순서쌍 (x, y, z)의 개수는?

① 5   ② 6   ③ 7

④ 8   ⑤ 9

❸-❶

부등식 $5x+2y \leq 10$을 만족시키는 음이 아닌 정수 x, y의 순서쌍 (x, y)의 개수는?

① 10   ② 12   ③ 14

④ 16   ⑤ 18

4 약수의 개수

120과 180의 공약수의 개수는?

① 11   ② 12   ③ 13

④ 14   ⑤ 15

4-1

280의 약수 중 5의 배수의 개수는?

① 2   ② 4   ③ 6

④ 8   ⑤ 10

5 색칠하는 방법의 수

오른쪽 그림과 같이 4개의 영역 A, B, C, D를 서로 다른 4가지 색으로 칠하려고 한다. 같은 색을 중복하여 사용해도 좋으나 인접한 영역은 서로 다른 색으로 칠할 때, 칠하는 방법의 수를 구하시오. (단, 한 영역에는 한 가지 색만 칠하고, 한 점만을 공유하는 두 영역은 인접하지 않는 것으로 본다.)

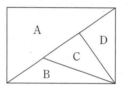

5-1

오른쪽 그림과 같이 4개의 영역 A, B, C, D를 서로 다른 4가지 색으로 칠하려고 한다. 같은 색을 중복하여 사용해도 좋으나 인접한 영역은 서로 다른 색으로 칠할 때, 칠하는 방법의 수를 구하시오. (단, 한 영역에는 한 가지 색만 칠하고, 한 점만을 공유하는 두 영역은 인접하지 않는 것으로 본다.)

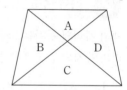

6 도로망에서의 방법의 수

오른쪽 그림과 같이 네 지점을 연결하는 도로가 있다. 집에서 출발하여 학교로 가는 방법의 수를 구하시오. (단, 한 번 지나간 지점은 다시 지나지 않는다.)

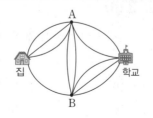

6-1

오른쪽 그림과 같이 어느 수목원의 두 쉼터 A, B와 출입구를 연결하는 산책로가 있다. 출입구에서 출발하여 쉼터 A와 B를 각각 한 번씩 거쳐 다시 출입구로 돌아오는 방법의 수를 구하시오.

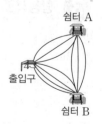

22 순열

1 순열의 수

등식 $_nP_2 + 4_nP_1 = 10$을 만족시키는 자연수 n의 값은?

① 2   ② 3   ③ 4
④ 5   ⑤ 6

1-1

등식 $_{n+1}P_3 - 3_nP_2 = 60$을 만족시키는 자연수 n의 값은?

① 3   ② 5   ③ 7
④ 9   ⑤ 11

2 순열을 이용한 경우의 수

어느 동아리 회원 n명 중에서 회장, 부회장, 총무를 각각 1명씩 선출하는 방법의 수가 210일 때, n의 값은?

① 1   ② 3   ③ 5
④ 7   ⑤ 9

2-1

n개의 지역 중에서 출발 지역과 도착 지역을 서로 다르게 각각 1개씩 선택하는 방법의 수가 90일 때, n의 값은?

① 2   ② 4   ③ 6
④ 8   ⑤ 10

3 이웃하는 순열의 수

3쌍의 부부가 축구 경기를 관람하러 갔다. 6개의 좌석에 일렬로 앉을 때, 부부끼리 이웃하게 앉는 경우의 수는?

① 12   ② 24   ③ 48
④ 96   ⑤ 192

3-1

1학년 학생 2명, 2학년 학생 4명, 3학년 학생 2명을 일렬로 세울 때, 같은 학년 학생끼리 이웃하게 세우는 경우의 수는?

① 576   ② 592   ③ 608
④ 624   ⑤ 640

3-2

남학생 3명, 여학생 n명을 일렬로 세울 때, 남학생끼리 이웃하게 세우는 경우의 수는 144이다. 이때 n의 값은?

① 1   ② 2   ③ 3
④ 4   ⑤ 5

4 **이웃하지 않는 순열의 수**

musical에 있는 7개의 문자를 일렬로 나열할 때, 모음끼리는 이웃하지 않게 나열하는 경우의 수는?

① 180 　　　 ② 360 　　　 ③ 720

④ 1080 　　 ⑤ 1440

4-1

일렬로 놓여 있는 똑같은 의자 8개에 3명의 학생이 앉을 때, 어느 두 사람도 서로 이웃하지 않게 앉는 경우의 수는?

① 108 　　　 ② 120 　　　 ③ 132

④ 144 　　　 ⑤ 156

5 **번갈아 서는 순열의 수**

1에서 9까지의 자연수를 일렬로 나열할 때, 홀수와 짝수가 번갈아 오는 경우의 수는?

① 1024 　　 ② 1400 　　 ③ 1440

④ 2800 　　 ⑤ 2880

5-1

source에 있는 6개의 문자를 일렬로 나열할 때, 모음과 자음이 번갈아 오는 경우의 수를 구하시오.

6 **자리에 대한 조건이 있는 순열의 수**

bakery에 있는 6개의 문자를 일렬로 나열할 때, 모음이 홀수 번째에 오도록 나열하는 경우의 수는?

① 72 　　　 ② 90 　　　 ③ 108

④ 126 　　　 ⑤ 144

6-1

5개의 문자 A, B, C, D, E를 일렬로 나열할 때, C와 D 사이에 2개 이상의 문자가 오도록 나열하는 경우의 수는?

① 12 　　　 ② 24 　　　 ③ 36

④ 48 　　　 ⑤ 60

7 '적어도'의 조건이 있는 순열의 수

5개의 숫자 1, 2, 3, 4, 5를 일렬로 나열할 때, 적어도 한쪽 끝에 짝수가 오는 경우의 수는?

① 84   ② 92   ③ 100

④ 108   ⑤ 116

7-1

남학생 3명, 여학생 2명을 일렬로 세울 때, 적어도 2명의 남학생이 이웃하도록 세우는 경우의 수를 구하시오.

8 순열을 이용한 자연수의 개수

5개의 숫자 0, 1, 2, 3, 4 중에서 서로 다른 3개의 숫자를 사용하여 만들 수 있는 세 자리의 자연수 중 짝수의 개수는?

① 21   ② 24   ③ 27

④ 30   ⑤ 33

8-1

7개의 숫자 0, 1, 2, 3, 4, 5, 6 중에서 서로 다른 4개의 숫자를 사용하여 만들 수 있는 네 자리의 자연수 중 5의 배수의 개수는?

① 140   ② 160   ③ 180

④ 200   ⑤ 220

9 사전식으로 배열하는 경우의 수

5개의 숫자 1, 2, 3, 4, 5 중에서 서로 다른 3개의 숫자를 사용하여 만든 세 자리의 자연수를 작은 수부터 차례대로 나열할 때, 352는 몇 번째에 나열되는지 구하시오.

9-1

orange에 있는 6개의 문자를 사전식으로 배열할 때, 385번째에 배열되는 문자열은?

① naroeg   ② naroge   ③ neagor

④ neagro   ⑤ neaogr

23 조합

① 조합의 수

등식 $4{}_n\text{C}_2 - {}_{n+1}\text{C}_2 = 6$을 만족시키는 자연수 n의 값은?

① 3   ② 4   ③ 5

④ 6   ⑤ 7

①-1

등식 ${}_{n+1}\text{C}_2 + {}_{n+1}\text{C}_3 = 10$을 만족시키는 자연수 n의 값은?

① 2   ② 3   ③ 4

④ 5   ⑤ 6

①-2

등식 ${}_{13}\text{C}_{r+4} = {}_{13}\text{C}_{2r}$를 만족시키는 모든 자연수 r의 값의 합은?

① 3   ② 5   ③ 7

④ 9   ⑤ 11

② 순열의 수 ➕ 조합의 수

등식 $3{}_n\text{P}_2 + 4{}_n\text{C}_2 = 100$을 만족시키는 자연수 n의 값은?

① 2   ② 3   ③ 4

④ 5   ⑤ 6

②-1

${}_n\text{P}_r = 336$, ${}_n\text{C}_r = 56$일 때, 두 자연수 n, r에 대하여 $n+r$의 값은?

① 11   ② 12   ③ 13

④ 14   ⑤ 15

③ 조합을 이용한 경우의 수

서로 다른 아이스크림 5개, 서로 다른 과자 n개 중에서 아이스크림 2개, 과자 3개를 택하는 경우의 수가 200일 때, n의 값은?

① 3   ② 4   ③ 5

④ 6   ⑤ 7

③-1

남학생 n명, 여학생 4명 중에서 3명을 뽑을 때, 3명의 성별이 모두 같은 경우의 수가 39이다. 이때 n의 값은?

① 5   ② 6   ③ 7

④ 8   ⑤ 9

4 특정한 것을 포함하거나 포함하지 않는 조합의 수

성우와 수진이를 포함한 9명의 학생 중에서 4명의 학생을 뽑아 토론 대회에 참가시키려고 한다. 토론 대회에 성우는 참가하고 수진이는 참가하지 않는 경우의 수는?

① 24 ② 28 ③ 35
④ 42 ⑤ 48

4 -1

빨간색, 파란색을 포함한 서로 다른 7가지의 색 중에서 3가지를 택할 때, 빨간색, 파란색 중에서 한 가지의 색만 택하는 경우의 수는?

① 15 ② 20 ③ 25
④ 30 ⑤ 35

5 '적어도'의 조건이 있는 조합의 수

어른 6명, 어린이 5명 중에서 4명을 뽑을 때, 어른과 어린이를 적어도 1명씩 포함하여 뽑는 경우의 수는?

① 280 ② 290 ③ 300
④ 310 ⑤ 320

5 -1

어느 상점에서는 서로 다른 종류의 A 회사의 제품 5개, B 회사의 제품 7개를 판매하고 있다. 이 제품 중에서 4개를 택할 때, A 회사의 제품과 B 회사의 제품이 적어도 1개씩 포함되도록 택하는 경우의 수를 구하시오.

6 뽑아서 나열하는 경우의 수

A, B를 포함한 8명의 학생 중에서 A, B를 포함하여 4명을 뽑아 일렬로 세울 때, A, B를 이웃하게 세우는 경우의 수는?

① 180 ② 240 ③ 300
④ 360 ⑤ 420

6 -1

1부터 10까지의 자연수 중에서 서로 다른 홀수 2개, 서로 다른 짝수 2개를 택하여 일렬로 나열할 때, 홀수는 홀수끼리, 짝수는 짝수끼리 이웃하게 나열하는 경우의 수는?

① 200 ② 400 ③ 600
④ 800 ⑤ 1000

24 조합의 여러 가지 활용

1 직선의 개수

한 평면 위에 있는 서로 다른 9개의 점 중에서 어느 세 점도 한 직선 위에 있지 않을 때, 주어진 점을 이어서 만들 수 있는 서로 다른 직선의 개수는?

① 32   ② 34   ③ 36

④ 38   ⑤ 40

1-1

오른쪽 그림과 같이 반원 위에 7개의 점이 있다. 주어진 점을 이어서 만들 수 있는 서로 다른 직선의 개수는?

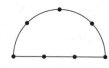

① 13   ② 14   ③ 15

④ 16   ⑤ 17

2 다각형의 개수

오른쪽 그림과 같이 정삼각형 위에 같은 간격으로 놓인 9개의 점이 있다. 이 중에서 3개의 점을 꼭짓점으로 하는 삼각형의 개수는?

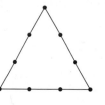

① 68   ② 72

③ 76   ④ 80

⑤ 84

2-1

오른쪽 그림과 같이 정오각형의 각 변을 연장하여 만든 별 모양의 도형 위에 10개의 점이 있다. 이 중에서 3개의 점을 꼭짓점으로 하는 삼각형의 개수는?

① 100   ② 110

③ 120   ④ 130

⑤ 140

2-2

오른쪽 그림과 같이 가로의 길이가 4, 세로의 길이가 3인 직사각형을 한 변의 길이가 1인 12개의 정사각형으로 나눈 도형에서 정사각형이 아닌 직사각형의 개수를 구하시오.

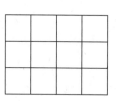

3 분할과 분배

남학생 3명, 여학생 7명을 5명씩 2개의 조로 나눌 때, 각 조에 적어도 한 명의 남학생을 포함하여 나누는 경우의 수는?

① 100   ② 105   ③ 110

④ 115   ⑤ 120

3-1

4층짜리 건물의 1층에서 7명이 승강기를 함께 탄 후 4층까지 올라가는 동안 3개의 층에서 각각 3명, 2명, 2명이 내리는 경우의 수를 구하시오. (단, 새로 타는 사람은 없다.)

25 행렬의 덧셈, 뺄셈과 실수배

❶ 행렬의 (i, j) 성분

행렬 A의 (i, j) 성분 a_{ij}가 $a=i^2+j^2$일 때, 행렬 A의 모든 성분의 합을 구하시오. (단, $i=1, 2, j=1, 2, 3$)

❶-1

삼차정사각행렬 A의 (i, j) 성분 a_{ij}가

$$a_{ij}=\begin{cases} 5i-j & (i \geq j) \\ a_{ji} & (i<j) \end{cases}$$

일 때, 행렬 A의 모든 성분의 합을 구하시오.

❶-2

행렬 $A=\begin{pmatrix} 1 & 3 & 2 \\ -1 & 1 & 3 \\ 0 & -1 & 2 \end{pmatrix}$에 대하여 다음 중 옳지 <u>않은</u> 것을 모두 고르면? (정답 2개)

① $a_{11}=a_{22}$이다.
② 제1행의 성분의 합은 6이다.
③ $a_{31}=2$이다.
④ $i<j$일 때, $a_{ij}=i-j+4$이다.
⑤ 제2열의 성분의 합은 2이다.

❷ 서로 같은 행렬

두 행렬 $A=\begin{pmatrix} x+y & 7 \\ 2 & -5 \end{pmatrix}$, $B=\begin{pmatrix} 1 & x^3+y^3 \\ 2 & -5 \end{pmatrix}$에 대하여 $A=B$일 때, xy의 값을 구하시오. (단, x, y는 실수이다.)

❷-1

두 행렬 $A=\begin{pmatrix} 3x+y & -2 \\ x-4y & xy \end{pmatrix}$, $B=\begin{pmatrix} -2y+3 & -2 \\ 5x-4 & -6 \end{pmatrix}$에 대하여 $A=B$일 때, x^2+y^2의 값을 구하시오.
(단, x, y는 실수이다.)

❸ 행렬의 덧셈과 뺄셈 ➕ 행렬의 실수배

두 행렬 $A=\begin{pmatrix} 1 & 0 \\ -3 & 1 \end{pmatrix}$, $B=\begin{pmatrix} 3 & 2 \\ 1 & 5 \end{pmatrix}$에 대하여 $4(X-B)=-6A+2X$를 만족시키는 행렬 X의 모든 성분의 합을 구하시오.

❸-1

두 행렬 $A=\begin{pmatrix} 2 & -3 \\ 1 & -2 \end{pmatrix}$, $B=\begin{pmatrix} -3 & 4 \\ 2 & -1 \end{pmatrix}$에 대하여 $5X-A=3(X+A)-2B$를 만족시키는 행렬 X의 $(1, 2)$ 성분을 구하시오.

❸-2

세 행렬 $A=\begin{pmatrix} 1 & -2 \\ 3 & -1 \end{pmatrix}$, $B=\begin{pmatrix} -2 & -4 \\ 1 & 3 \end{pmatrix}$, $C=\begin{pmatrix} -4 & -16 \\ 9 & 7 \end{pmatrix}$에 대하여 $xA+yB=C$를 만족시킬 때, xy의 값을 구하시오.
(단, x, y는 실수이다.)

26 행렬의 곱셈

1 행렬의 곱셈

세 행렬 $A=(-1 \ \ 1)$, $B=\begin{pmatrix} 2 \\ 3 \end{pmatrix}$, $C=\begin{pmatrix} -1 & 3 \\ 0 & 2 \end{pmatrix}$ 에 대하여 다음 중 행렬의 곱을 구할 수 <u>없는</u> 것은?

① AB　　　　② AC　　　　③ BA
④ CA　　　　⑤ CB

1-1

다음 중 세 행렬 $A=\begin{pmatrix} 1 & 0 & -1 \\ -2 & 1 & 2 \end{pmatrix}$, $B=\begin{pmatrix} 1 & 2 \\ 0 & 3 \end{pmatrix}$, $C=\begin{pmatrix} -1 \\ 0 \end{pmatrix}$ 에 대하여 그 곱이 정의되는 것의 개수를 구하시오.

$$AB, \quad AC, \quad BA, \quad BC, \quad CB$$

2 행렬의 곱셈

두 행렬 $A=\begin{pmatrix} -1 & x \\ 2 & -2 \end{pmatrix}$, $B=\begin{pmatrix} x & y \\ 1 & 3 \end{pmatrix}$ 에 대하여 $AB=O$를 만족시킬 때, 두 실수 x, y에 대하여 $x+y$의 값을 구하시오.

(단, O는 영행렬이다.)

2-1

두 행렬 $A=\begin{pmatrix} 1 & -1 \\ 2 & a \end{pmatrix}$, $B=\begin{pmatrix} 1 & 1 \\ -2 & 1 \end{pmatrix}$ 에 대하여 $AB=BA$가 성립하도록 하는 실수 a의 값을 구하시오.

3 행렬의 거듭제곱

행렬 $A=\begin{pmatrix} 1 & 1 \\ a & -2 \end{pmatrix}$ 에 대하여 행렬 A^2의 모든 성분의 합이 7일 때, 실수 a의 값은?

① -3　　　　② -1　　　　③ 1
④ 3　　　　⑤ 5

3-1

행렬 $A=\begin{pmatrix} 1 & 0 \\ 3 & 1 \end{pmatrix}$ 에 대하여 $A^n=\begin{pmatrix} 1 & 0 \\ 81 & 1 \end{pmatrix}$을 만족시키는 자연수 n의 값을 구하시오.

3-2

행렬 $A=\begin{pmatrix} 2 & 3 \\ -1 & -2 \end{pmatrix}$ 에 대하여 행렬 A^5의 모든 성분의 합을 구하시오.

M·E·M·O

2022
개정 교육과정
2025년
고1부터 적용

수학이 쉬워지는 완벽한 솔루션

완쏠
유형 입문

공통수학1

정답 및 해설

메가스터디BOOKS

수학이 쉬워지는 완벽한 솔루션

완쏠
유형입문

공통수학 1

정답 및 해설

정답 및 해설

Ⅰ 다항식

01 다항식의 덧셈, 뺄셈, 곱셈

본문 006~009쪽

01 $-x^3+2x^2-3x+4$	02 $4-3x+2x^2-x^3$
03 $x^2+(4y+3)x-2y^2-5y+4$	
04 $-2y^2-5y+4+(4y+3)x+x^2$	
05 $-2y^2+(4x-5)y+x^2+3x+4$	
06 $x^2+3x+4+(4x-5)y-2y^2$	
07 $3x^2+2x-5$	08 x^3+x^2+6x+3
09 $-4x^2-4x-3$	10 $3x^3+x^2+2x+4$
11 $4x^2-2x-3$	12 $-2x^2-4x-1$
13 $7x^2-x-4$	14 $-x^2-7x-3$
15 $15x^2-5x-10$	16 $x^2-2xy-y^2$
17 $-3x^2+4xy-3y^2$	18 $-5x^2+6xy-7y^2$
19 $-2x^2+4xy+2y^2$	20 $10x^2-13xy+11y^2$
21 $4x^2+xy-5y^2$	22 $-2x^2+5xy+3y^2$
23 $-x^2+16xy-3y^2$	24 $-7x^2-9xy+10y^2$
25 $6x^2-21xy$	26 x^{14}
27 $3x^3y^4$	28 $-10x^3y^5$
29 $-4x^8y^9$	30 $x^2-2xy+x$
31 $2x^3-3x^2-2x$	32 $3a^3b+a^2b-5ab^2$
33 $-x^3y-x^2y^2+xy^3$	34 $2a^3b+2ab^2-4b^3$
35 x^3+x^2-3x-3	36 $2a^2+3ab-5b^2$
37 $2x^4-x^3+7x^2-3x+3$	38 $a^3-a^2b-3ab^2-b^3$
39 $-x^3+2x^2y-2xy^2+y^3$	40 $2a^2+ab-3a-3b^2-2b+1$

07 $(x^2-x-3)+(2x^2+3x-2)$
괄호를 푼다.
$=x^2-x-3+2x^2+3x-2$
동류항끼리 모아서 정리한다.
$=(1+2)x^2+(\boxed{-1+3})x+(\boxed{-3-2})$
$=\boxed{3x^2+2x-5}$ ← x에 대한 내림차순

08 $(x^3-x^2+x+2)+(2x^2+5x+1)$
$=x^3-x^2+x+2+2x^2+5x+1$
$=x^3+(-1+2)x^2+(1+5)x+(2+1)$
$=x^3+x^2+6x+3$

09 $(-3x^2+x-1)-(x^2+5x+2)$
$=-3x^2+x-1-x^2-5x-2$
$=(\boxed{-3-1})x^2+(1-5)x+(\boxed{-1-2})$
$=\boxed{-4x^2-4x-3}$

10 $(-2x^3+2x^2+1)-(-5x^3+x^2-2x-3)$
$=-2x^3+2x^2+1+5x^3-x^2+2x+3$
$=(-2+5)x^3+(2-1)x^2+2x+(1+3)$
$=3x^3+x^2+2x+4$

11 $A+B=(x^2-3x-2)+(3x^2+x-1)$
괄호를 푼다.
$=x^2-3x-2+3x^2+x-1$
동류항끼리 모아서 정리한다.
$=4x^2-2x-3$

12 $A-B=(x^2-3x-2)-(3x^2+x-1)$
$=x^2-3x-2-3x^2-x+1$
$=-2x^2-4x-1$

13 $A+2B=(x^2-3x-2)+2(3x^2+x-1)$
$=x^2-3x-2+6x^2+2x-2$
$=7x^2-x-4$

14 $B-2(B-A)=B-2B+2A$
$=2A-B$
$=2(x^2-3x-2)-(3x^2+x-1)$
$=2x^2-6x-4-3x^2-x+1$
$=-x^2-7x-3$

플러스톡

문자에 일차식을 대입할 때에는 괄호를 사용한다. 이때 주어진 식이 복잡하면 먼저 주어진 식을 간단히 한 후 대입한다.

15 $(5A+B)-(2A-3B)=5A+B-2A+3B$
$=3A+4B$
$=3(x^2-3x-2)+4(3x^2+x-1)$
$=3x^2-9x-6+12x^2+4x-4$
$=15x^2-5x-10$

16 $A+B=(-x^2+xy-2y^2)+(2x^2-3xy+y^2)$
$=-x^2+xy-2y^2+2x^2-3xy+y^2$
$=x^2-2xy-y^2$

17 $A-B=(-x^2+xy-2y^2)-(2x^2-3xy+y^2)$
$=-x^2+xy-2y^2-2x^2+3xy-y^2$
$=-3x^2+4xy-3y^2$

18 $3A-B=3(-x^2+xy-2y^2)-(2x^2-3xy+y^2)$
$=-3x^2+3xy-6y^2-2x^2+3xy-y^2$
$=-5x^2+6xy-7y^2$

002 정답 및 해설

19 $-3A-(2B-A)$
$=-3A-2B+A$
$=-2A-2B$
$=-2(-x^2+xy-2y^2)-2(2x^2-3xy+y^2)$
$=2x^2-2xy+4y^2-4x^2+6xy-2y^2$
$=-2x^2+4xy+2y^2$

$\boxed{\text{다른 풀이}}$
$-3A-(2B-A)=-3A-2B+A=-2A-2B$
$\qquad\qquad\qquad=-2(A+B)$ ← **16번에서**
$\qquad\qquad\qquad=-2(x^2-2xy-y^2)$ $A+B=x^2-2xy-y^2$
$\qquad\qquad\qquad=-2x^2+4xy+2y^2$ 이므로

20 $(5B-A)-(3A+2B)$
$=5B-A-3A-2B$
$=-4A+3B$
$=-4(-x^2+xy-2y^2)+3(2x^2-3xy+y^2)$
$=4x^2-4xy+8y^2+6x^2-9xy+3y^2$
$=10x^2-13xy+11y^2$

21 $A+B+C$
$=(x^2+3xy-y^2)+(2xy-3y^2+x^2)+(-y^2+2x^2-4xy)$
$=x^2+3xy-y^2+2xy-3y^2+x^2-y^2+2x^2-4xy$
$=4x^2+xy-5y^2$

22 $A-B-C$
$=(x^2+3xy-y^2)-(2xy-3y^2+x^2)-(-y^2+2x^2-4xy)$
$=x^2+3xy-y^2-2xy+3y^2-x^2+y^2-2x^2+4xy$
$=-2x^2+5xy+3y^2$

23 $2A+B-2C$
$=2(x^2+3xy-y^2)+(2xy-3y^2+x^2)-2(-y^2+2x^2-4xy)$
$=2x^2+6xy-2y^2+2xy-3y^2+x^2+2y^2-4x^2+8xy$
$=-x^2+16xy-3y^2$

24 $-2B-(3A+C)$
$=-2B-3A-C$
$=-2(2xy-3y^2+x^2)-3(x^2+3xy-y^2)-(-y^2+2x^2-4xy)$
$=-4xy+6y^2-2x^2-3x^2-9xy+3y^2+y^2-2x^2+4xy$
$=-7x^2-9xy+10y^2$

25 $(2B-A)-(-4C+3B)$
$=2B-A+4C-3B$
$=-A-B+4C$
$=-(x^2+3xy-y^2)-(2xy-3y^2+x^2)+4(-y^2+2x^2-4xy)$
$=-x^2-3xy+y^2-2xy+3y^2-x^2-4y^2+8x^2-16xy$
$=6x^2-21xy$

26 $(x^3)^2\times(x^2)^4=x^6\times x^8=x^{14}$
지수의 곱 / 지수의 합

29 $(-x^2y)^3\times(2xy^3)^2=(-x^6y^3)\times4x^2y^6$
$\qquad\qquad\qquad\qquad=-4x^8y^9$

$\boxed{\text{플러스톡}}$
단항식의 곱셈에서 부호가 $-$인 단항식이
(1) 홀수 개 ➡ 계산 결과의 부호는 $-$
(2) 짝수 개 ➡ 계산 결과의 부호는 $+$

30 $x(x-2y+1)=x\times x+x\times(\boxed{-2y})+x\times1$
$\qquad\qquad\quad=x^2-\boxed{2xy}+x$

31 $x(2x^2-3x-2)=x\times2x^2+x\times(-3x)+x\times(-2)$
$\qquad\qquad\qquad\quad=2x^3-3x^2-2x$

32 $ab(3a^2+a-5b)=ab\times3a^2+ab\times a+ab\times(-5b)$
$\qquad\qquad\qquad\qquad=3a^3b+a^2b-5ab^2$

33 $(x^2+xy-y^2)(-xy)$
$=x^2\times(-xy)+xy\times(-xy)+(-y^2)\times(-xy)$
$=-x^3y-x^2y^2+xy^3$

34 $(-a^3-ab+2b^2)(-2b)$
$=(-a^3)\times(-2b)+(-ab)\times(-2b)+2b^2\times(-2b)$
$=2a^3b+2ab^2-4b^3$

35 $(x+1)(x^2-3)=x^3-3x+x^2-3$
$\qquad\qquad\qquad=x^3+x^2-3x-3$ ← x에 대한 내림차순

36 $(a-b)(2a+5b)=2a^2+5ab-2ab-5b^2$
$\qquad\qquad\qquad=2a^2+3ab-5b^2$ ← 동류항끼리 모아서 정리한다.

37 $(2x^2-x+1)(x^2+3)=2x^4+6x^2-x^3-3x+x^2+3$
$\qquad\qquad\qquad\qquad=2x^4-x^3+7x^2-3x+3$

38 $(a+b)(a^2-2ab-b^2)=a^3-2a^2b-ab^2+a^2b-2ab^2-b^3$
$\qquad\qquad\qquad\qquad=a^3-a^2b-3ab^2-b^3$

39 $(-x+y)(x^2-xy+y^2)=-x^3+x^2y-xy^2+x^2y-xy^2+y^3$
$\qquad\qquad\qquad\qquad=-x^3+2x^2y-2xy^2+y^3$

40 $(a-b-1)(2a+3b-1)$
$=2a^2+3ab-a-2ab-3b^2+b-2a-3b+1$
$=2a^2+ab-3a-3b^2-2b+1$

02 곱셈 공식

본문 010~014쪽

01 x^2+4x+4 　　02 $4x^2+4x+1$ 　　03 $9a^2-12a+4$

04 $x^2-6xy+9y^2$ 　　05 x^2-9 　　06 $25a^2-b^2$

07 x^2+7x+6 　　08 $x^2-2x-15$ 　　09 a^2-6a+8

10 $6x^2+5x+1$ 　　11 $4x^2+5x-21$

12 $x^2+y^2+z^2+2xy+2yz+2zx$

13 $x^2+y^2+z^2+2xy-2yz-2zx$

14 $a^2+b^2+4c^2-2ab-4bc+4ca$

15 $9x^2+4y^2+z^2-12xy-4yz+6zx$

16 $a^2+9b^2+4c^2+6ab-12bc-4ca$

17 $4a^2+16b^2+c^2-16ab+8bc-4ca$

18 x^3+3x^2+3x+1 　　19 $27a^3+27a^2+9a+1$

20 $x^3+6x^2y+12xy^2+8y^3$ 　　21 $x^3-6x^2+12x-8$

22 $27x^3-54x^2+36x-8$

23 $64a^3-144a^2b+108ab^2-27b^3$

24 x^3+1 　　25 $8x^3+1$

26 a^3+8b^3 　　27 x^3-8

28 $27a^3-1$ 　　29 $8x^3-27y^3$

30 $x^3+6x^2+11x+6$ 　　31 x^3+4x^2+x-6

32 $x^3+3x^2-10x-24$ 　　33 $a^3-3a^2-18a+40$

34 $a^3-9a^2+23a-15$ 　　35 $x^3+y^3-3xy+1$

36 $x^3-y^3+z^3+3xyz$ 　　37 $a^3+b^3+9ab-27$

38 $8x^3+y^3-z^3+6xyz$ 　　39 $27a^3-b^3-8c^3-18abc$

40 x^4+x^2+1 　　41 x^4+4x^2+16

42 $16x^4+4x^2+1$ 　　43 $81a^4+9a^2b^2+b^4$

44 $16a^4+36a^2b^2+81b^4$ 　　45 $x^4+2x^3+4x^2+3x-10$

46 $x^2+6xy+2x+9y^2+6y-8$ 　　47 $x^4-3x^3+2x^2-9x+9$

48 $a^2+4ab-a+4b^2-2b+3$ 　　49 $x^4+10x^3+35x^2+50x+24$

50 $x^4-2x^3-7x^2+8x+12$ 　　51 $x^4-4x^3-11x^2+30x$

---

13 $(x+y-z)^2$

$=\{x+y+(-z)\}^2$

$=x^2+y^2+(\boxed{-z})^2+2\times x\times y+2\times y\times(\boxed{-z})+2\times(\boxed{-z})\times x$

$=x^2+y^2+\boxed{z^2}+2xy-\boxed{2yz}-\boxed{2zx}$

---

14 $(a-b+2c)^2$

$=\{a+(-b)+2c\}^2$

$=a^2+(-b)^2+(2c)^2+2\times a\times(-b)+2\times(-b)\times 2c+2\times 2c\times a$

$=a^2+b^2+4c^2-2ab-4bc+4ca$

---

15 $(3x-2y+z)^2$

$=\{3x+(-2y)+z\}^2$

$=(3x)^2+(-2y)^2+z^2+2\times 3x\times(-2y)+2\times(-2y)\times z$

$\qquad\qquad\qquad\qquad\qquad\qquad+2\times z\times 3x$

$=9x^2+4y^2+z^2-12xy-4yz+6zx$

---

16 $(a+3b-2c)^2$

$=\{a+3b+(-2c)\}^2$

$=a^2+(3b)^2+(-2c)^2+2\times a\times 3b+2\times 3b\times(-2c)$

$\qquad\qquad\qquad\qquad\qquad\qquad+2\times(-2c)\times a$

$=a^2+9b^2+4c^2+6ab-12bc-4ca$

---

17 $(2a-4b-c)^2$

$=\{2a+(-4b)+(-c)\}^2$

$=(2a)^2+(-4b)^2+(-c)^2+2\times 2a\times(-4b)+2\times(-4b)\times(-c)$

$\qquad\qquad\qquad\qquad\qquad\qquad+2\times(-c)\times 2a$

$=4a^2+16b^2+c^2-16ab+8bc-4ca$

---

18 $(x+1)^3=x^3+\boxed{3}\times x^2\times 1+\boxed{3}\times x\times 1^2+1^3$

$\qquad\quad=x^3+\boxed{3x^2}+\boxed{3x}+1$

---

19 $(3a+1)^3=(3a)^3+3\times(3a)^2\times 1+3\times 3a\times 1^2+1^3$

$\qquad\qquad\quad=27a^3+27a^2+9a+1$

---

20 $(x+2y)^3=x^3+3\times x^2\times 2y+3\times x\times(2y)^2+(2y)^3$

$\qquad\qquad\quad=x^3+6x^2y+12xy^2+8y^3$

---

21 $(x-2)^3=x^3-\boxed{3}\times x^2\times 2+\boxed{3}\times x\times 2^2-2^3$

$\qquad\quad=x^3-\boxed{6x^2}+\boxed{12x}-8$

---

22 $(3x-2)^3$

$=(3x)^3-3\times(3x)^2\times 2+3\times 3x\times 2^2-2^3$

$=27x^3-54x^2+36x-8$

---

23 $(4a-3b)^3$

$=(4a)^3-3\times(4a)^2\times 3b+3\times 4a\times(3b)^2-(3b)^3$

$=64a^3-144a^2b+108ab^2-27b^3$

---

24 $(x+1)(x^2-x+1)=(x+1)(x^2-x\times 1+1^2)$

$\qquad\qquad\qquad\qquad=x^3+\boxed{1}^3$

$\qquad\qquad\qquad\qquad=x^3+\boxed{1}$

---

25 $(2x+1)(4x^2-2x+1)=(2x+1)\{(2x)^2-2x\times 1+1^2\}$

$\qquad\qquad\qquad\qquad\qquad=(2x)^3+1^3$

$\qquad\qquad\qquad\qquad\qquad=8x^3+1$

---

26 $(a+2b)(a^2-2ab+4b^2)=(a+2b)\{a^2-a\times 2b+(2b)^2\}$

$\qquad\qquad\qquad\qquad\qquad\quad=a^3+(2b)^3$

$\qquad\qquad\qquad\qquad\qquad\quad=a^3+8b^3$

27 $(x-2)(x^2+2x+4)=(x-2)(x^2+x\times2+2^2)$

$\qquad=x^3-\boxed{2}^{\,3}$

$\qquad=x^3-\boxed{8}$

28 $(3a-1)(9a^2+3a+1)=(3a-1)\{(3a)^2+3a\times1+1^2\}$

$\qquad=(3a)^3-1^3$

$\qquad=27a^3-1$

29 $(2x-3y)(4x^2+6xy+9y^2)$

$=(2x-3y)\{(2x)^2+2x\times3y+(3y)^2\}$

$=(2x)^3-(3y)^3$

$=8x^3-27y^3$

30 $(x+1)(x+2)(x+3)$

$=x^3+(\boxed{1}+\boxed{2}+\boxed{3})x^2+(1\times2+2\times\boxed{3}+3\times\boxed{1})x$

$\qquad\qquad\qquad\qquad\qquad+1\times2\times\boxed{3}$

$=x^3+\boxed{6}x^2+\boxed{11}x+\boxed{6}$

31 $(x-1)(x+2)(x+3)$

$=\{x+(-1)\}(x+2)(x+3)$

$=x^3+\{(-1)+2+3\}x^2+\{(-1)\times2+2\times3+3\times(-1)\}x$

$\qquad\qquad\qquad\qquad\qquad+(-1)\times2\times3$

$=x^3+4x^2+x-6$

32 $(x+2)(x-3)(x+4)$

$=(x+2)\{x+(-3)\}(x+4)$

$=x^3+\{2+(-3)+4\}x^2+\{2\times(-3)+(-3)\times4+4\times2\}x$

$\qquad\qquad\qquad\qquad\qquad+2\times(-3)\times4$

$=x^3+3x^2-10x-24$

33 $(a-2)(a+4)(a-5)$

$=\{a+(-2)\}(a+4)\{a+(-5)\}$

$=a^3+\{(-2)+4+(-5)\}a^2$

$\quad+\{(-2)\times4+4\times(-5)+(-5)\times(-2)\}a+(-2)\times4\times(-5)$

$=a^3-3a^2-18a+40$

34 $(a-1)(a-3)(a-5)$

$=\{a+(-1)\}\{a+(-3)\}\{a+(-5)\}$

$=a^3+\{(-1)+(-3)+(-5)\}a^2$

$\qquad\qquad+\{(-1)\times(-3)+(-3)\times(-5)+(-5)\times(-1)\}a$

$\qquad\qquad\qquad\qquad\qquad+(-1)\times(-3)\times(-5)$

$=a^3-9a^2+23a-15$

35 $(x+y+1)(x^2+y^2+1-xy-y-x)$

$=(x+y+1)(x^2+y^2+1^2-x\times y-y\times\boxed{1}-\boxed{1}\times x)$

$=x^3+y^3+\boxed{1}^{\,3}-3\times x\times y\times\boxed{1}$

$=\boxed{x^3+y^3-3xy+1}$

36 $(x-y+z)(x^2+y^2+z^2+xy+yz-zx)$

$=\{x+(-y)+z\}$

$\qquad\qquad\times\{x^2+(-y)^2+z^2-x\times(-y)-(-y)\times z-z\times x\}$

$=x^3+(-y)^3+z^3-3\times x\times(-y)\times z$

$=x^3-y^3+z^3+3xyz$

37 $(a+b-3)(a^2+b^2+9-ab+3b+3a)$

$=\{a+b+(-3)\}$

$\qquad\qquad\times\{a^2+b^2+(-3)^2-a\times b-b\times(-3)-(-3)\times a\}$

$=a^3+b^3+(-3)^3-3\times a\times b\times(-3)$

$=a^3+b^3+9ab-27$

38 $(2x+y-z)(4x^2+y^2+z^2-2xy+yz+2zx)$

$=\{2x+y+(-z)\}$

$\qquad\times\{(2x)^2+y^2+(-z)^2-2x\times y-y\times(-z)-(-z)\times2x\}$

$=(2x)^3+y^3+(-z)^3-3\times2x\times y\times(-z)$

$=8x^3+y^3-z^3+6xyz$

39 $(3a-b-2c)(9a^2+b^2+4c^2+3ab-2bc+6ca)$

$=\{3a+(-b)+(-2c)\}$

$\qquad\times\{(3a)^2+(-b)^2+(-2c)^2-3a\times(-b)-(-b)\times(-2c)$

$\qquad\qquad\qquad\qquad\qquad\qquad\qquad-(-2c)\times3a\}$

$=(3a)^3+(-b)^3+(-2c)^3-3\times3a\times(-b)\times(-2c)$

$=27a^3-b^3-8c^3-18abc$

40 $(x^2+x+1)(x^2-x+1)$

$=(x^2+\boxed{x}\times1+1^2)(x^2-\boxed{x}\times1+1^2)$

$=x^4+\boxed{x^2}\times1^2+1^4$

$-\boxed{x^4+x^2+1}$

41 $(x^2+2x+4)(x^2-2x+4)$

$=(x^2+x\times2+2^2)(x^2-x\times2+2^2)$

$=x^4+x^2\times2^2+2^4$

$=x^4+4x^2+16$

42 $(4x^2-2x+1)(4x^2+2x+1)$

$=\{(2x)^2-2x\times1+1^2\}\{(2x)^2+2x\times1+1^2\}$

$=(2x)^4+(2x)^2\times1^2+1^4$

$=16x^4+4x^2+1$

43 $(9a^2+3ab+b^2)(9a^2-3ab+b^2)$
$=\{(3a)^2+3a\times b+b^2\}\{(3a)^2-3a\times b+b^2\}$
$=(3a)^4+(3a)^2\times b^2+b^4$
$=81a^4+9a^2b^2+b^4$

44 $(4a^2-6ab+9b^2)(4a^2+6ab+9b^2)$
$=\{(2a)^2-2a\times 3b+(3b)^2\}\{(2a)^2+2a\times 3b+(3b)^2\}$
$=(2a)^4+(2a)^2\times(3b)^2+(3b)^4$
$=16a^4+36a^2b^2+81b^4$

45 $\boxed{x^2+x}=X$로 치환하면
$(x^2+x+5)(x^2+x-2)$
$=(X+5)(X-2)$
$=X^2+3X-10$ ⟶ $X=x^2+x$를 대입
$=(\boxed{x^2+x})^2+3(\boxed{x^2+x})-10$
$=(x^4+\boxed{2x^3}+x^2)+(3x^2+\boxed{3x})-10$
$=\boxed{x^4+2x^3+4x^2+3x-10}$

46 $\boxed{x+3y}=X$로 치환하면
$(x+3y-2)(x+3y+4)$
$=(X-2)(X+4)$
$=X^2+2X-8$ ⟶ $X=x+3y$를 대입
$=(x+3y)^2+2(x+3y)-8$
$=(x^2+6xy+9y^2)+(2x+6y)-8$
$=x^2+6xy+2x+9y^2+6y-8$

47 $x^2+3=X$로 치환하면
$(x^2+x+3)(x^2-4x+3)$
$=(X+x)(X-4x)$
$=X^2-3xX-4x^2$ ⟶ $X=x^2+3$을 대입
$=(x^2+3)^2-3x(x^2+3)-4x^2$
$=(x^4+6x^2+9)+(-3x^3-9x)-4x^2$
$=x^4-3x^3+2x^2-9x+9$

48 $a+2b=X$로 치환하면
$(a+2b)(a+2b-1)+3$
$=X(X-1)+3$
$=X^2-X+3$ ⟶ $X=a+2b$를 대입
$=(a+2b)^2-(a+2b)+3$
$=(a^2+4ab+4b^2)+(-a-2b)+3$
$=a^2+4ab-a+4b^2-2b+3$

49 $(x+1)(x+2)(x+3)(x+4)$
$=\{(x+1)(x+4)\}\{(x+2)(x+3)\}$
$=(x^2+5x+4)(x^2+5x+6)$
⟶ 일차항의 계수를 같게 만든다.

$\boxed{x^2+5x}=X$로 치환하면
(주어진 식)
$=(X+4)(X+6)$
$=X^2+10X+\boxed{24}$ ⟶ $X=x^2+5x$를 대입
$=(\boxed{x^2+5x})^2+10(\boxed{x^2+5x})+24$
$=(x^4+10x^3+\boxed{25x^2})+(\boxed{10x^2}+50x)+24$
$=\boxed{x^4+10x^3+35x^2+50x+24}$

50 $(x+1)(x+2)(x-2)(x-3)$
$=\{(x+1)(x-2)\}\{(x+2)(x-3)\}$
$=(x^2-x-2)(x^2-x-6)$ ⟶ 일차항의 계수를 같게 만든다.
$x^2-x=X$로 치환하면
(주어진 식)
$=(X-2)(X-6)$
$=X^2-8X+12$
$=(x^2-x)^2-8(x^2-x)+12$
$=(x^4-2x^3+x^2)+(-8x^2+8x)+12$
$=x^4-2x^3-7x^2+8x+12$

51 $x(x+3)(x-2)(x-5)$
$=\{x(x-2)\}\{(x+3)(x-5)\}$
$=(x^2-2x)(x^2-2x-15)$ ⟶ 일차항의 계수를 같게 만든다.
$x^2-2x=X$로 치환하면
(주어진 식)
$=X(X-15)$
$=X^2-15X$
$=(x^2-2x)^2-15(x^2-2x)$
$=(x^4-4x^3+4x^2)+(-15x^2+30x)$
$=x^4-4x^3-11x^2+30x$

03 곱셈 공식의 변형

본문 015~018쪽

01 5	02 1	03 9	04 14	05 12	06 52
07 17	08 9	09 63	10 10	11 16	12 28
13 7	14 5	15 18	16 2	17 0	18 −2
19 11	20 13	21 36	22 6	23 8	24 −14
25 5	26 23	27 110	28 −4	29 18	30 −76
31 1	32 3	33 4	34 5	35 −6	36 12
37 7	38 −8	39 27	40 51	41 34	

01 $a^2+b^2=(a+b)^2-2ab$
$=3^2-2\times2=5$

02 $(a-b)^2=(a+b)^2-4ab$
$=3^2-4\times2=1$

03 $a^3+b^3=(a+b)^3-3ab(a+b)$
$=\boxed{3}^3-3\times\boxed{2}\times\boxed{3}=\boxed{9}$

04 $a^2+b^2=(a-b)^2+2ab$
$=4^2+2\times(-1)=14$

05 $(a+b)^2=(a-b)^2+4ab$
$=4^2+4\times(-1)=12$

06 $a^3-b^3=(a-b)^3+3ab(a-b)$
$=\boxed{4}^3+3\times(\boxed{-1})\times\boxed{4}=\boxed{52}$

07 $a^2+b^2=(a+b)^2-2ab$
$=(-5)^2-2\times4=17$

08 $(a-b)^2=(a+b)^2-4ab$
$=(-5)^2-4\times4=9$

09 08번에서 $(a-b)^2=9$이므로 $a-b=3$ ($\because a>b$)
$\therefore a^3-b^3=(a-b)^3+3ab(a-b)$
$=3^3+3\times4\times3=63$

10 $a^2+b^2=(a-b)^2+2ab$
$=2^2+2\times3=10$

11 $(a+b)^2=(a-b)^2+4ab$
$=2^2+4\times3=16$

12 11번에서 $(a+b)^2=16$이므로 $a+b=4$ ($\because a>0,\ b>0$)
$\therefore a^3+b^3=(a+b)^3-3ab(a+b)$
$=4^3-3\times3\times4=28$

13 $x^2+\dfrac{1}{x^2}=\left(x+\dfrac{1}{x}\right)^2-2$
$=3^2-2=7$

14 $\left(x-\dfrac{1}{x}\right)^2=\left(x+\dfrac{1}{x}\right)^2-\boxed{4}$
$\left(x+\dfrac{1}{x}\right)^2-2=\left(x-\dfrac{1}{x}\right)^2+2$에서
$\left(x-\dfrac{1}{x}\right)^2=\left(x+\dfrac{1}{x}\right)^2-4$
$=\boxed{3}^2-\boxed{4}=\boxed{5}$

15 $x^3+\dfrac{1}{x^3}=\left(x+\dfrac{1}{x}\right)^3-3\left(x+\dfrac{1}{x}\right)$
$=3^3-3\times3=18$

16 $x^2+\dfrac{1}{x^2}=\left(x+\dfrac{1}{x}\right)^2-2$
$=(-2)^2-2=2$

17 $\left(x-\dfrac{1}{x}\right)^2=\left(x+\dfrac{1}{x}\right)^2-4$
$=(-2)^2-4=0$

18 $x^3+\dfrac{1}{x^3}=\left(x+\dfrac{1}{x}\right)^3-3\left(x+\dfrac{1}{x}\right)$
$=(-2)^3-3\times(-2)=-2$

19 $x^2+\dfrac{1}{x^2}=\left(x-\dfrac{1}{x}\right)^2+2$
$=3^2+2=11$

20 $\left(x+\dfrac{1}{x}\right)^2=\left(x-\dfrac{1}{x}\right)^2+\boxed{4}$
$\left(x+\dfrac{1}{x}\right)^2-2=\left(x-\dfrac{1}{x}\right)^2+2$에서
$\left(x+\dfrac{1}{x}\right)^2=\left(x-\dfrac{1}{x}\right)^2+4$
$=\boxed{3}^2+\boxed{4}=13$

21 $x^3-\dfrac{1}{x^3}=\left(x-\dfrac{1}{x}\right)^3+3\left(x-\dfrac{1}{x}\right)$
$=3^3+3\times3=36$

22 $x^2+\dfrac{1}{x^2}=\left(x-\dfrac{1}{x}\right)^2+2$
$=(-2)^2+2=6$

23 $\left(x+\dfrac{1}{x}\right)^2=\left(x-\dfrac{1}{x}\right)^2+4$
$=(-2)^2+4=8$

24 $x^3-\dfrac{1}{x^3}=\left(x-\dfrac{1}{x}\right)^3+3\left(x-\dfrac{1}{x}\right)$
$=(-2)^3+3\times(-2)=-14$

25 $x=0$을 $x^2-5x+1=0$에 대입하면 성립하지 않는다.
$x\neq0$이므로 $x^2-5x+1=0$의 양변을 x로 나누면
$x-5+\dfrac{1}{x}=0$ $\therefore x+\dfrac{1}{x}=\boxed{5}$

26 25번에서 $x+\dfrac{1}{x}=5$이므로

$x^2+\dfrac{1}{x^2}=\left(x+\dfrac{1}{x}\right)^2-2$

$\qquad\quad =5^2-2=23$

27 25번에서 $x+\dfrac{1}{x}=5$이므로

$x^3+\dfrac{1}{x^3}=\left(x+\dfrac{1}{x}\right)^3-3\left(x+\dfrac{1}{x}\right)$

$\qquad\quad =5^3-3\times5=110$

28 $x\neq0$이므로 $x^2+4x-1=0$의 양변을 x로 나누면

$x+4-\dfrac{1}{x}=0$ $\quad\therefore\ x-\dfrac{1}{x}=-4$

29 28번에서 $x-\dfrac{1}{x}=-4$이므로

$x^2+\dfrac{1}{x^2}=\left(x-\dfrac{1}{x}\right)^2+2$

$\qquad\quad =(-4)^2+2=18$

30 28번에서 $x-\dfrac{1}{x}=-4$이므로

$x^3-\dfrac{1}{x^3}=\left(x-\dfrac{1}{x}\right)^3+3\left(x-\dfrac{1}{x}\right)$

$\qquad\quad =(-4)^3+3\times(-4)=-76$

31 $x\neq0$이므로 $x^2-x-1=0$의 양변을 x로 나누면

$x-1-\dfrac{1}{x}=0$ $\quad\therefore\ x-\dfrac{1}{x}=1$

32 31번에서 $x-\dfrac{1}{x}=1$이므로

$x^2+\dfrac{1}{x^2}=\left(x-\dfrac{1}{x}\right)^2+2$

$\qquad\quad =1^2+2=3$

33 31번에서 $x-\dfrac{1}{x}=1$이므로

$x^3-\dfrac{1}{x^3}=\left(x-\dfrac{1}{x}\right)^3+3\left(x-\dfrac{1}{x}\right)$

$\qquad\quad =1^3+3\times1=4$

34 $a^2+b^2+c^2=(a+b+c)^2-2(ab+bc+ca)$

$\qquad\qquad =3^2-2\times2=5$

35 $a^2+b^2+c^2=(a+b+c)^2-2(ab+bc+ca)$에서

$\boxed{16}=\boxed{2}^2-2(ab+bc+ca)$, $2(ab+bc+ca)=\boxed{-12}$

$\therefore\ ab+bc+ca=\boxed{-6}$

36 $a^2+b^2+c^2+ab+bc+ca$

$=\dfrac{1}{2}\{(a+b)^2+(b+c)^2+(c+a)^2\}$

$=\dfrac{1}{2}\times\{(1+\sqrt3)^2+(1-\sqrt3)^2+4^2\}$

$=\dfrac{1}{2}\times\{(4+2\sqrt3)+(4-2\sqrt3)+16\}$

$=\dfrac{1}{2}\times24=12$

> **➕ 플러스톡**
>
> $a^2+b^2+c^2+ab+bc+ca$
>
> $=\dfrac{1}{2}(2a^2+2b^2+2c^2+2ab+2bc+2ca)$
>
> $=\dfrac{1}{2}\{(a^2+2ab+b^2)+(b^2+2bc+c^2)+(c^2+2ca+a^2)\}$
>
> $=\dfrac{1}{2}\{(a+b)^2+(b+c)^2+(c+a)^2\}$

37 $a-b=2$, $b-c=1$을 변끼리 더하면

$a-c=3$ $\quad\therefore\ c-a=-3$

$\therefore\ a^2+b^2+c^2-ab-bc-ca=\dfrac{1}{2}\{(a-b)^2+(b-c)^2+(c-a)^2\}$

$\qquad\qquad\qquad\qquad\qquad =\dfrac{1}{2}\times\{2^2+1^2+(-3)^2\}$

$\qquad\qquad\qquad\qquad\qquad =\dfrac{1}{2}\times14=7$

38 **①단계** $a^2+b^2+c^2=(a+b+c)^2-2(ab+bc+ca)$

$\qquad\qquad\qquad =(-2)^2-2\times(-1)=6$

②단계 $a^3+b^3+c^3=(a+b+c)(a^2+b^2+c^2-ab-bc-ca)+3abc$

$\qquad\qquad\qquad =(-2)\times\{6-(-1)\}+3\times2=-8$

39 $a^2+b^2+c^2=(a+b+c)^2-2(ab+bc+ca)$

$\qquad\qquad\quad =3^2-2\times(-1)=11$

$a^3+b^3+c^3=(a+b+c)(a^2+b^2+c^2-ab-bc-ca)+3abc$

$\qquad\qquad\quad =3\times\{11-(-1)\}+3\times(-3)=27$

40 $a^2+b^2+c^2=(a+b+c)^2-2(ab+bc+ca)$에서

$17=3^2-2(ab+bc+ca)$

$2(ab+bc+ca)=-8$

$\therefore\ ab+bc+ca=-4$

$\therefore\ a^3+b^3+c^3=(a+b+c)(a^2+b^2+c^2-ab-bc-ca)+3abc$

$\qquad\qquad\quad =3\times\{17-(-4)\}+3\times(-4)=51$

41 $a^2+b^2+c^2=(a+b+c)^2-2(ab+bc+ca)$에서

$14=4^2-2(ab+bc+ca)$

$2(ab+bc+ca)=2$

$\therefore\ ab+bc+ca=1$

$\therefore\ a^3+b^3+c^3=(a+b+c)(a^2+b^2+c^2-ab-bc-ca)+3abc$

$\qquad\qquad\quad =4\times(14-1)+3\times(-6)=34$

01 $3y^2+2y$ **02** $-b^2+2ab-4$

03 $4x^2y-xz-2$ **04** $ac-6b^2c^2$

05 $15a^3b^2+3a-9b$ **06** $-4x^2y^2z^2+8x-2yz$

07 몫: $2x-7$, 나머지: 11

08 몫: $-x^2-x+3$, 나머지: 1

09 몫: $2x^2-6x+17$, 나머지: -52

10 몫: x^2+4x+4, 나머지: 2

11 몫: $3x-6$, 나머지: $4x+8$

12 몫: $2x-1$, 나머지: $10x-6$

13 몫: $4x-7$, 나머지: $-5x+28$

14 몫: $x+2$, 나머지: -1

15 $Q=x^2+5x+12$, $R=23$,
$x^3+3x^2+2x-1=(x-2)(x^2+5x+12)+23$

16 $Q=3x-7$, $R=18x-2$,
$3x^3-x^2+x+5=(x^2+2x-1)(3x-7)+18x-2$

17 $Q=x^2-2x+1$, $R=2$,
$x^3-3x+4=(x+2)(x^2-2x+1)+2$

18 $Q=2x-3$, $R=-2x-3$,
$2x^3-3x^2-6=(x^2+1)(2x-3)-2x-3$

19 몫: x^2-4x-1, 나머지: -3

20 몫: $2x^2-3x+2$, 나머지: -1

21 몫: x^2-4x+8, 나머지: -9

22 몫: $3x^2+6x+8$, 나머지: 17

23 몫: $2x^2+4x-2$, 나머지: -2

24 몫: $4x^2-2x+6$, 나머지: -5

25 몫: x^2+x-2, 나머지: -1

26 몫: $2x^2+3$, 나머지: 6

27 몫: $3x^2-2x$, 나머지: 1

28 몫: $4x^2-2x-1$, 나머지: 7

29 몫: x^2-3x-2, 나머지: -2

01 $(9xy^2+6xy)\div 3x=\dfrac{9xy^2+6xy}{3x}=3y^2+2y$

02 $(5ab^2-10a^2b+20a)\div(-5a)=\dfrac{5ab^2-10a^2b+20a}{-5a}$
$=-b^2+2ab-4$

03 $(8x^3y^2z-2x^2yz^2-4xyz)\div 2xyz=\dfrac{8x^3y^2z-2x^2yz^2-4xyz}{2xyz}$
$=4x^2y-xz-2$

04 $(a^2b-6ab^3c)\div\dfrac{ab}{c}=(a^2b-6ab^3c)\times\dfrac{c}{ab}$
$=a^2b\times\dfrac{c}{ab}-6ab^3c\times\dfrac{c}{ab}$
$=ac-6b^2c^2$

05 $(5a^4b^3+a^2b-3ab^2)\div\dfrac{1}{3}ab$
$=(5a^4b^3+a^2b-3ab^2)\times\dfrac{3}{ab}$
$=5a^4b^3\times\dfrac{3}{ab}+a^2b\times\dfrac{3}{ab}-3ab^2\times\dfrac{3}{ab}$
$=15a^3b^2+3a-9b$

06 $(6x^3y^2z^3-12x^2z+3xyz^2)\div\left(-\dfrac{3}{2}xz\right)$
$=(6x^3y^2z^3-12x^2z+3xyz^2)\times\left(-\dfrac{2}{3xz}\right)$
$=6x^3y^2z^3\times\left(-\dfrac{2}{3xz}\right)-12x^2z\times\left(-\dfrac{2}{3xz}\right)+3xyz^2\times\left(-\dfrac{2}{3xz}\right)$
$=-4x^2y^2z^2+8x-2yz$

07

$$
\begin{array}{r}
2x\;-\;\boxed{7} \\
x+1\,)\overline{\,2x^2-5x+4\,} \\
2x^2+\boxed{2x} \\
\hline
-7x+4 \\
-7x-\boxed{7} \\
\hline
\boxed{11}
\end{array}
$$

$\therefore$ 몫: $\boxed{2x-7}$, 나머지: $\boxed{11}$

> **플러스톡**
> 다항식을 다항식으로 나눌 때는 나머지가 상수가 되거나 나머지의
> 차수가 나누는 식의 차수보다 작을 때까지 나눈다.

08

$$
\begin{array}{r}
-x^2-x+3 \\
-x-2\,)\overline{\,x^3+3x^2-x-5\,} \\
x^3+2x^2 \\
\hline
x^2-x \\
x^2+2x \\
\hline
-3x-5 \\
-3x-6 \\
\hline
1
\end{array}
$$

$\therefore$ 몫: $-x^2-x+3$, 나머지: 1

09

$$
\begin{array}{r}
2x^2-6x+17 \\
x+3\,)\overline{\,2x^3-x-1\,} \\
2x^3+6x^2 \\
\hline
-6x^2-x \\
-6x^2-18x \\
\hline
17x-1 \\
17x+51 \\
\hline
-52
\end{array}
$$

x^2의 계수가 0이므로 자리를 비워두고 계산한다.

-52 ← 다항식의 나눗셈은 자연수의 나눗셈과 다르게 나머지가 음수인 경우도 있다.

$\therefore$ 몫: $2x^2-6x+17$, 나머지: -52

10

$$\begin{array}{r} x^2+4x\ \ \ +4 \\ x-1\ \overline{)\ x^3+3x^2\qquad -2} \\ \underline{x^3-\ x^2} \\ 4x^2\qquad -2 \\ \underline{4x^2-4x} \\ 4x-2 \\ \underline{4x-4} \\ 2 \end{array}$$

∴ 몫: x^2+4x+4, 나머지: 2

11

$$\begin{array}{r} 3x-\boxed{6} \\ x^2+2x+1\ \overline{)\ 3x^3\qquad\ -5x\ +2} \\ \underline{3x^3+\ 6x^2+\boxed{3x}} \\ -6x^2-8x\ +2 \\ \underline{\boxed{-6x^2}-12x\ -\boxed{6}} \\ \boxed{4x}\ +8 \end{array}$$

∴ 몫: $\boxed{3x-6}$, 나머지: $\boxed{4x+8}$

12

$$\begin{array}{r} 2x-1 \\ x^2+x-5\ \overline{)\ 2x^3+\ x^2-\ x-1} \\ \underline{2x^3+2x^2-10x} \\ -\ x^2+9x-1 \\ \underline{-\ x^2-\ x+5} \\ 10x-6 \end{array}$$

∴ 몫: $2x-1$, 나머지: $10x-6$

13

$$\begin{array}{r} 4x-7 \\ x^2+2x+4\ \overline{)\ 4x^3+\ x^2-\ 3x} \\ \underline{4x^3+8x^2+16x} \\ -7x^2-19x \\ \underline{-7x^2-14x-28} \\ -5x+28 \end{array}$$

상수항이 0이므로 자리를 비워두고 계산한다.

∴ 몫: $4x-7$, 나머지: $-5x+28$

14

$$\begin{array}{r} x+2 \\ 2x^2-x+1\ \overline{)\ 2x^3+3x^2-\ x+1} \\ \underline{2x^3-\ x^2+\ x} \\ 4x^2-2x+1 \\ \underline{4x^2-2x+2} \\ -1 \end{array}$$

∴ 몫: $x+2$, 나머지: -1

15

$$\begin{array}{r} x^2+\boxed{5x}+\boxed{12} \\ x-2\ \overline{)\ x^3+\ 3x^2+\ 2x-1} \\ \underline{x^3-\boxed{2x^2}} \\ 5x^2+\ 2x \\ \underline{5x^2-\boxed{10x}} \\ 12x-1 \\ \underline{\boxed{12x}-24} \\ \boxed{23} \end{array}$$

∴ $Q=\boxed{x^2+5x+12}$, $R=\boxed{23}$,
$x^3+3x^2+2x-1=(x-2)(\boxed{x^2+5x+12})+\boxed{23}$

16

$$\begin{array}{r} 3x-7 \\ x^2+2x-1\ \overline{)\ 3x^3-\ x^2+\ x+5} \\ \underline{3x^3+6x^2-\ 3x} \\ -7x^2+\ 4x+5 \\ \underline{-7x^2-14x+7} \\ 18x-2 \end{array}$$

∴ $Q=3x-7$, $R=18x-2$,
$3x^3-x^2+x+5=(x^2+2x-1)(3x-7)+18x-2$

17

$$\begin{array}{r} x^2-2x+1 \\ x+2\ \overline{)\ x^3\qquad\ -3x+4} \\ \underline{x^3+2x^2} \\ -2x^2-3x \\ \underline{-2x^2-4x} \\ x+4 \\ \underline{x+2} \\ 2 \end{array}$$

x^2의 계수가 0이므로 자리를 비워두고 계산한다.

∴ $Q=x^2-2x+1$, $R=2$,
$x^3-3x+4=(x+2)(x^2-2x+1)+2$

18

$$\begin{array}{r} 2x-3 \\ x^2+1\ \overline{)\ 2x^3-3x^2\qquad -6} \\ \underline{2x^3\qquad +2x} \\ -3x^2-2x-6 \\ \underline{-3x^2\qquad -3} \\ -2x-3 \end{array}$$

x의 계수가 0이므로 자리를 비워두고 계산한다.

∴ $Q=2x-3$, $R=-2x-3$,
$2x^3-3x^2-6=(x^2+1)(2x-3)-2x-3$

19

$x-1=0$을 만족시키는 x의 값

$$\begin{array}{c|cccc} 1 & 1 & -5 & 3 & -2 \\ & & \boxed{1} & \boxed{-4} & \boxed{-1} \\ \hline & 1 & \boxed{-4} & \boxed{-1} & \boxed{-3} \end{array}$$

∴ 몫: $\boxed{x^2-4x-1}$, 나머지: $\boxed{-3}$

20

$$\begin{array}{r|rrrr} -1 & 2 & -1 & -1 & 1 \\ & & -2 & 3 & -2 \\ \hline & 2 & -3 & 2 & \boxed{-1} \end{array}$$

∴ 몫: $2x^2-3x+2$, 나머지: -1

21

$$\begin{array}{r|rrrr} -2 & 1 & -2 & 0 & 7 \\ & & -2 & 8 & -16 \\ \hline & 1 & -4 & 8 & \boxed{-9} \end{array}$$

∴ 몫: x^2-4x+8, 나머지: -9

22

$$\begin{array}{r|rrrr} 2 & 3 & 0 & -4 & 1 \\ & & 6 & 12 & 16 \\ \hline & 3 & 6 & 8 & \boxed{17} \end{array}$$

∴ 몫: $3x^2+6x+8$, 나머지: 17

23

$$\begin{array}{r|rrrr} \frac{1}{2} & 2 & 3 & -4 & -1 \\ & & 1 & 2 & -1 \\ \hline & 2 & 4 & -2 & \boxed{-2} \end{array}$$

∴ 몫: $2x^2+4x-2$, 나머지: -2

24

$$\begin{array}{r|rrrr} -\frac{1}{2} & 4 & 0 & 5 & -2 \\ & & -2 & 1 & -3 \\ \hline & 4 & -2 & 6 & \boxed{-5} \end{array}$$

∴ 몫: $4x^2-2x+6$, 나머지: -5

25

$$\begin{array}{r|rrrr} \frac{1}{2} & 2 & 1 & -5 & 1 \\ & & \boxed{1} & \boxed{1} & \boxed{-2} \\ \hline & \boxed{2} & \boxed{2} & \boxed{-4} & \boxed{-1} \end{array}$$

∴ $2x^3+x^2-5x+1=\left(x-\dfrac{1}{2}\right)(2x^2+2x-4)-1$

$\qquad\qquad =(2x-1)(\boxed{x^2+x-2})-\boxed{1}$

∴ 몫: $\boxed{x^2+x-2}$, 나머지: $\boxed{-1}$

26

$$\begin{array}{r|rrrr} \frac{1}{2} & 4 & -2 & 6 & 3 \\ & & 2 & 0 & 3 \\ \hline & 4 & 0 & 6 & \boxed{6} \end{array}$$

∴ $4x^3-2x^2+6x+3=\left(x-\dfrac{1}{2}\right)(4x^2+6)+6$

$\qquad\qquad =(2x-1)(2x^2+3)+6$

∴ 몫: $2x^2+3$, 나머지: 6

27

$$\begin{array}{r|rrrr} -\frac{1}{3} & 9 & -3 & -2 & 1 \\ & & -3 & 2 & 0 \\ \hline & 9 & -6 & 0 & \boxed{1} \end{array}$$

∴ $9x^3-3x^2-2x+1=\left(x+\dfrac{1}{3}\right)(9x^2-6x)+1$

$\qquad\qquad =(3x+1)(3x^2-2x)+1$

∴ 몫: $3x^2-2x$, 나머지: 1

28

$$\begin{array}{r|rrrr} -\frac{1}{2} & 8 & 0 & -4 & 6 \\ & & -4 & 2 & 1 \\ \hline & 8 & -4 & -2 & \boxed{7} \end{array}$$

∴ $8x^3-4x+6=\left(x+\dfrac{1}{2}\right)(8x^2-4x-2)+7$

$\qquad\qquad =(2x+1)(4x^2-2x-1)+7$

∴ 몫: $4x^2-2x-1$, 나머지: 7

29

$$\begin{array}{r|rrrr} \frac{2}{3} & 3 & -11 & 0 & 2 \\ & & 2 & -6 & -4 \\ \hline & 3 & -9 & -6 & \boxed{-2} \end{array}$$

∴ $3x^3-11x^2+2=\left(x-\dfrac{2}{3}\right)(3x^2-9x-6)-2$

$\qquad\qquad =(3x-2)(x^2-3x-2)-2$

∴ 몫: x^2-3x-2, 나머지: -2

05 항등식과 나머지정리

본문 023~028쪽

01 ×	**02** ○	**03** ×	**04** ○	**05** ×	**06** ○

07 $a=3$, $b=-1$ **08** $a=3$, $b=1$

09 $a=3$, $b=5$ **10** $a=-5$, $b=12$

11 $a=1$, $b=-3$, $c=4$ **12** $a=7$, $b=2$, $c=3$

13 $a=4$, $b=-6$, $c=-1$ **14** $a=-3$, $b=3$, $c=11$

15 $a=1$, $b=2$ **16** $a=2$, $b=-9$

17 $a=3$, $b=-1$ **18** $a=1$, $b=1$, $c=5$

19 $a=3$, $b=2$, $c=-1$ **20** $a=1$, $b=-2$, $c=3$

21 3 **22** 3 **23** 15 **24** -5 **25** $\dfrac{15}{8}$ **26** $\dfrac{9}{8}$

27 $\dfrac{29}{8}$ **28** 5 **29** $\dfrac{31}{27}$ **30** $\dfrac{43}{8}$ **31** $\dfrac{85}{64}$ **32** 0

33 -2 **34** 2 **35** -3 **36** 1 **37** 2 **38** 5

39 3 **40** $x+1$ **41** $-x+4$ **42** $3x+4$

43 ㄱ, ㄷ, ㄹ   **44** ×   **45** ○   **46** ○   **47** ○

48 1 **49** 3 **50** $-\dfrac{3}{2}$ **51** $\dfrac{5}{2}$ **52** $\dfrac{15}{2}$ **53** $\dfrac{17}{2}$

54 $a=3$, $b=-1$ **55** $a=\dfrac{5}{2}$, $b=-\dfrac{1}{2}$

56 $a=-1$, $b=-5$ **57** $a=\dfrac{1}{2}$, $b=-\dfrac{7}{2}$

03 $x^2=2x$에서 $x^2-2x=0$이므로 항등식이 아니다. → $x=0$ 또는 $x=2$
일 때만 성립한다.

05 $x^2(x+1)=x^3-x^2$에서 $2x^2=0$이므로 항등식이 아니다.
$x=0$일 때만 성립한다.

09 주어진 등식이 x에 대한 항등식이므로
$a+1=\boxed{4}$, $b=\boxed{5}$
$\therefore a=\boxed{3}$, $b=\boxed{5}$

10 주어진 등식이 x에 대한 항등식이므로
$a+5=0$, $b-4=8$
$\therefore a=-5$, $b=12$

13 주어진 등식이 x에 대한 항등식이므로
$a-1=\boxed{3}$, $b+1=\boxed{-5}$, $c=\boxed{-1}$
$\therefore a=\boxed{4}$, $b=\boxed{-6}$, $c=\boxed{-1}$

14 주어진 등식이 x에 대한 항등식이므로
$a+3=0$, $b-3=0$, $c-5=6$
$\therefore a=-3$, $b=3$, $c=11$

15 [방법 1] 계수비교법을 이용한 방법
주어진 등식의 좌변을 전개하여 정리하면
$\boxed{ax}+2a+bx=3x+2$

$(\boxed{a+b})x+2a=3x+2$
양변의 동류항의 계수를 서로 비교하면
$\boxed{a+b}=3$, $2a=\boxed{2}$
$\therefore a=\boxed{1}$, $b=\boxed{2}$

[방법 2] 수치대입법을 이용한 방법
주어진 등식의 양변에 $x=\boxed{0}$을 대입하면
$2a=\boxed{2}$ $\therefore a=\boxed{1}$
주어진 등식의 양변에 $x=\boxed{-2}$를 대입하면
$-2b=\boxed{-4}$ $\therefore b=\boxed{2}$

16 [방법 1] 계수비교법을 이용한 방법
주어진 등식의 좌변을 전개하여 정리하면
$x^2+2x-8=x^2+ax+b+1$
양변의 동류항의 계수를 서로 비교하면
$2=a$, $-8=b+1$
$\therefore a=2$, $b=-9$

[방법 2] 수치대입법을 이용한 방법
주어진 등식의 양변에 $x=0$을 대입하면
$-1\times3-5=b+1$ $\therefore b=-9$
주어진 등식의 양변에 $x=1$을 대입하면
$-5=1+a-9+1$ ($\because b=-9$) $\therefore a=2$

다른 풀이

주어진 등식의 양변에 $x=1$을 대입하면
$-5=1+a+b+1$ $\therefore a+b=-7$ $\cdots\cdots$ ㉠
주어진 등식의 양변에 $x=-3$을 대입하면
$-5=(-3)^2-3a+b+1$ $\therefore 3a-b=15$ $\cdots\cdots$ ㉡
㉠, ㉡을 연립하여 풀면
$a=2$, $b=-9$

17 [방법 1] 계수비교법을 이용한 방법
주어진 등식의 좌변을 전개하여 정리하면
$ax^2+(-a+b)x-2a-b=3x^2-4x-5$
양변의 동류항의 계수를 서로 비교하면
$a=3$, $-a+b=-4$, $-2a-b=-5$
$\therefore a=3$, $b=-1$

[방법 2] 수치대입법을 이용한 방법
주어진 등식의 양변에 $x=1$을 대입하면
$a\times2\times(-1)=3-4-5$, $-2a=-6$
$\therefore a=3$
주어진 등식의 양변에 $x=2$를 대입하면
$b=3\times2^2-4\times2-5=-1$

18 [방법 1] 계수비교법을 이용한 방법
주어진 등식의 좌변을 전개하여 정리하면
$ax^2+(a+b)x+c=x^2+2x+5$

양변의 동류항의 계수를 서로 비교하면

$a=1,\ a+b=2,\ c=5$

$\therefore\ a=1,\ b=1,\ c=5$

[방법 2] 수치대입법을 이용한 방법

주어진 등식의 양변에 $x=0$을 대입하면

$c=5$

주어진 등식의 양변에 $x=-1$을 대입하면

$-b+c=(-1)^2+2\times(-1)+5,\ -b+5=4\ (\because\ c=5)$

$\therefore\ b=1$

주어진 등식의 양변에 $x=1$을 대입하면

$2a+b+c=8,\ 2a+1+5=8\ (\because\ b=1,\ c=5)$

$\therefore\ a=1$

19 [방법 1] 계수비교법을 이용한 방법

주어진 등식의 좌변을 전개하여 정리하면

$ax^2+(-a+b)x-b=3x^2+cx-2$

양변의 동류항의 계수를 서로 비교하면

$a=3,\ -a+b=c,\ -b=-2$

$\therefore\ a=3,\ b=2,\ c=-1$

[방법 2] 수치대입법을 이용한 방법

주어진 등식의 양변에 $x=0$을 대입하면

$-b=-2\qquad\therefore\ b=2$

주어진 등식의 양변에 $x=1$을 대입하면

$0=3+c-2\qquad\therefore\ c=-1$

주어진 등식의 양변에 $x=2$를 대입하면

$2a+b=3\times2^2+2c-2,\ 2a+2=8\ (\because\ b=2,\ c=-1)$

$\therefore\ a=3$

20 [방법 1] 계수비교법을 이용한 방법

주어진 등식의 좌변을 전개하여 정리하면

$ax^2+(-2a+b)x+a-b+c=x^2-4x+6$

양변의 동류항의 계수를 서로 비교하면

$a=1,\ -2a+b=-4,\ a-b+c=6$

$\therefore\ a=1,\ b=-2,\ c=3$

[방법 2] 수치대입법을 이용한 방법

주어진 등식의 양변에 $x=1$을 대입하면

$c=1-4+6=3$

주어진 등식의 양변에 $x=0$을 대입하면

$a-b+c=6\qquad\therefore\ a-b=3\ (\because\ c=3)\qquad\cdots\cdots\ \text{㉠}$

주어진 등식의 양변에 $x=2$를 대입하면

$a+b+c=2^2-4\times2+6,\ a+b+3=2\ (\because\ c=3)$

$\therefore\ a+b=-1\qquad\cdots\cdots\ \text{㉡}$

㉠, ㉡을 연립하여 풀면

$a=1,\ b=-2$

21 $P(1)=1+2-1+1=3$

22 $P(-1)=(-1)^3+2\times(-1)^2-(-1)+1=3$

23 $P(2)=2^3+2\times2^2-2+1=15$

24 $P(-3)=(-3)^3+2\times(-3)^2-(-3)+1=-5$

25 $P\left(-\dfrac{1}{2}\right)=\left(-\dfrac{1}{2}\right)^3+2\times\left(-\dfrac{1}{2}\right)^2-\left(-\dfrac{1}{2}\right)+1=\dfrac{15}{8}$

26 $P\left(\dfrac{1}{2}\right)=\left(\dfrac{1}{2}\right)^3+2\times\left(\dfrac{1}{2}\right)^2-\dfrac{1}{2}+1=\dfrac{9}{8}$

27 다항식 $P(x)$를 $2x-1$로 나누었을 때의 나머지는

$P\left(\boxed{\dfrac{1}{2}}\right)=-\left(\boxed{\dfrac{1}{2}}\right)^3+\left(\boxed{\dfrac{1}{2}}\right)^2+3\times\boxed{\dfrac{1}{2}}+2=\boxed{\dfrac{29}{8}}$

28 $P(1)=-1^3+1^2+3\times1+2=5$

29 $P\left(-\dfrac{1}{3}\right)=-\left(-\dfrac{1}{3}\right)^3+\left(-\dfrac{1}{3}\right)^2+3\times\left(-\dfrac{1}{3}\right)+2=\dfrac{31}{27}$

30 $P\left(\dfrac{3}{2}\right)=-\left(\dfrac{3}{2}\right)^3+\left(\dfrac{3}{2}\right)^2+3\times\dfrac{3}{2}+2=\dfrac{43}{8}$

31 $P\left(-\dfrac{1}{4}\right)=-\left(-\dfrac{1}{4}\right)^3+\left(-\dfrac{1}{4}\right)^2+3\times\left(-\dfrac{1}{4}\right)+2=\dfrac{85}{64}$

32 나머지정리에 의하여 다항식 $P(x)$를 $x-1$로 나누었을 때의 나머지는 $\boxed{P(1)}$이므로

$P(1)=\boxed{2}$에서

$1^3+a\times1^2-3\times1+4=\boxed{2}$

$1+\boxed{a}-3+4=\boxed{2}$

$\therefore\ a=\boxed{0}$

33 나머지정리에 의하여 다항식 $P(x)$를 $x-2$로 나누었을 때의 나머지는 $P(2)$이므로

$P(2)=-2$에서

$2^3+a\times2^2-3\times2+4=-2$

$8+4a-6+4=-2,\ 4a=-8$

$\therefore\ a=-2$

34 나머지정리에 의하여 다항식 $P(x)$를 $x+3$으로 나누었을 때의 나머지는 $P(-3)$이므로

$P(-3)=4$에서

$(-3)^3+a\times(-3)^2-3\times(-3)+4=4$

$-27+9a+9+4=4,\ 9a=18$

$\therefore\ a=2$

35 나머지정리에 의하여 다항식 $P(x)$를 $x+1$로 나누었을 때의 나머지는 $P(-1)$이므로
$P(-1)=3$에서
$(-1)^3+a\times(-1)^2-3\times(-1)+4=3$
$-1+a+3+4=3$
$\therefore a=-3$

36 나머지정리에 의하여 다항식 $P(x)$를 $x+1$로 나누었을 때의 나머지는 $P(-1)$이므로
$P(-1)=1$에서
$(-1)^3-2\times(-1)^2-a\times(-1)+3=1$
$-1-2+a+3=1$
$\therefore a=1$

37 나머지정리에 의하여 다항식 $P(x)$를 $x-2$로 나누었을 때의 나머지는 $P(2)$이므로
$P(2)=-1$에서
$2^3-2\times2^2-a\times2+3=-1$
$8-8-2a+3=-1,\ -2a=-4$
$\therefore a=2$

38 나머지정리에 의하여 다항식 $P(x)$를 $x+2$로 나누었을 때의 나머지는 $P(-2)$이므로
$P(-2)=-3$에서
$(-2)^3-2\times(-2)^2-a\times(-2)+3=-3$
$-8-8+2a+3=-3,\ 2a=10$
$\therefore a=5$

39 나머지정리에 의하여 다항식 $P(x)$를 $x-3$으로 나누었을 때의 나머지는 $P(3)$이므로
$P(3)=3$에서
$3^3-2\times3^2-a\times3+3=3$
$27-18-3a+3=3,\ -3a=-9$
$\therefore a=3$

40 ❶단계 다항식 $P(x)$를 $(x-1)(x-2)$로 나누었을 때의 몫을 $Q(x)$, 나머지를 $ax+b$ (a, b는 상수)라 하면
$P(x)=(x-1)(x-2)Q(x)+ax+b$
❷단계 나머지정리에 의하여 $P(1)=\boxed{2}$, $P(2)=\boxed{3}$이므로
위의 식의 양변에 $x=\boxed{1}$, $x=2$를 각각 대입하면
$P(1)=a+b,\ P(2)=\boxed{2a+b}$
$\therefore a+b=\boxed{2}$, $\boxed{2a+b}=3$
❸단계 위의 두 식을 연립하여 풀면
$a=1,\ b=\boxed{1}$
따라서 구하는 나머지는 $\boxed{x+1}$이다.

41 ❶단계 다항식 $P(x)$를 $(x+1)(x-3)$으로 나누었을 때의 몫을 $Q(x)$, 나머지를 $ax+b$ (a, b는 상수)라 하면
$P(x)=(x+1)(x-3)Q(x)+ax+b$
❷단계 나머지정리에 의하여 $P(-1)=5$, $P(3)=1$이므로
위의 식의 양변에 $x=-1$, $x=3$을 각각 대입하면
$P(-1)=-a+b,\ P(3)=3a+b$
$\therefore -a+b=5,\ 3a+b=1$
❸단계 위의 두 식을 연립하여 풀면
$a=-1,\ b=4$
따라서 구하는 나머지는 $-x+4$이다.

42 다항식 $P(x)$를 $(x+2)(x-1)$로 나누었을 때의 몫을 $Q(x)$, 나머지를 $ax+b$ (a, b는 상수)라 하면
$P(x)=(x+2)(x-1)Q(x)+ax+b$
나머지정리에 의하여 $P(-2)=-2$, $P(1)=7$이므로
위의 식의 양변에 $x=-2$, $x=1$을 각각 대입하면
$P(-2)=-2a+b,\ P(1)=a+b$
$\therefore -2a+b=-2,\ a+b=7$
위의 두 식을 연립하여 풀면
$a=3,\ b=4$
따라서 구하는 나머지는 $3x+4$이다.

43 ㄱ. $P(1)=1^3-2\times1^2-5\times1+6=0$이므로 인수이다.
ㄴ. $P(2)=2^3-2\times2^2-5\times2+6=-4$이므로 인수가 아니다.
ㄷ. $P(-2)=(-2)^3-2\times(-2)^2-5\times(-2)+6=0$이므로 인수이다.
ㄹ. $P(3)=3^3-2\times3^2-5\times3+6=0$이므로 인수이다.
따라서 인수인 것은 ㄱ, ㄷ, ㄹ이다.

44 $P(1)=1^4+4\times1^3-1^2-16\times1-12=-24$이므로 나누어떨어지지 않는다. → 나머지가 -24이다.

45 $P(-1)=(-1)^4+4\times(-1)^3-(-1)^2-16\times(-1)-12=0$

46 $P(2)=2^4+4\times2^3-2^2-16\times2-12=0$

47 $P(-2)=(-2)^4+4\times(-2)^3-(-2)^2-16\times(-2)-12=0$

48 다항식 $P(x)$가 $x-1$로 나누어 떨어지려면 인수정리에 의하여
$P(\boxed{1})=0$이어야 하므로
$1^3+a\times1^2-2=0,\ a-1=0$
$\therefore a=\boxed{1}$

49 $P(-1)=0$이어야 하므로
$(-1)^3+a\times(-1)^2-2=0$
$a-3=0$ $\therefore a=3$

50 $P(2)=0$이어야 하므로

$2^3+a\times2^2-2=0$

$4a+6=0$ $\therefore a=-\dfrac{3}{2}$

51 $P(-2)=0$이어야 하므로

$(-2)^3+a\times(-2)^2-2=0$

$4a-10=0$ $\therefore a=\dfrac{5}{2}$

52 $P\left(\dfrac{1}{2}\right)=0$이어야 하므로

$\left(\dfrac{1}{2}\right)^3+a\times\left(\dfrac{1}{2}\right)^2-2=0$

$\dfrac{a}{4}-\dfrac{15}{8}=0$ $\therefore a=\dfrac{15}{2}$

53 $P\left(-\dfrac{1}{2}\right)=0$이어야 하므로

$\left(-\dfrac{1}{2}\right)^3+a\times\left(-\dfrac{1}{2}\right)^2-2=0$

$\dfrac{a}{4}-\dfrac{17}{8}=0$ $\therefore a=\dfrac{17}{2}$

54 인수정리에 의하여 $P(\boxed{-1})=0$, $P(1)=0$이므로

$(-1)^3+a\times(-1)^2+b\times(-1)-3=\boxed{0}$,

$1^3+a\times1^2+b\times1-3=0$

$\therefore a-b=4$, $a+b=\boxed{2}$

위의 두 식을 연립하여 풀면

$a=\boxed{3}$, $b=\boxed{-1}$

55 인수정리에 의하여 $P(-2)=0$, $P(1)=0$이므로

$(-2)^3+a\times(-2)^2+b\times(-2)-3=0$, $1^3+a\times1^2+b\times1-3=0$

$\therefore 4a-2b=11$, $a+b=2$

위의 두 식을 연립하여 풀면

$a=\dfrac{5}{2}$, $b=-\dfrac{1}{2}$

56 인수정리에 의하여 $P(-1)=0$, $P(3)=0$이므로

$(-1)^3+a\times(-1)^2+b\times(-1)-3=0$, $3^3+a\times3^2+b\times3-3=0$

$\therefore a-b=4$, $9a+3b=-24$

위의 두 식을 연립하여 풀면

$a=-1$, $b=-5$

57 인수정리에 의하여 $P(-1)=0$, $P(2)=0$이므로

$(-1)^3+a\times(-1)^2+b\times(-1)-3=0$, $2^3+a\times2^2+b\times2-3=0$

$\therefore a-b=4$, $4a+2b=-5$

위의 두 식을 연립하여 풀면

$a=\dfrac{1}{2}$, $b=-\dfrac{7}{2}$

06 인수분해

본문 029~033쪽

01 $a^2b(a-b^3)$ **02** $5xy(1-2x+4xy)$

03 $a(b+c)(a-1)$ **04** $(b-a)(x-y)$

05 $(2x-y)(2x-y+4)$ **06** $(x-y)(x-4z)$

07 $(x-2)^2$ **08** $(x+3)^2$

09 $(2x+1)^2$ **10** $(3a-2)^2$

11 $(x+4)(x-4)$ **12** $(5a+2b)(5a-2b)$

13 $(x-1)(x-3)$ **14** $(x+1)(x-9)$

15 $(a+4b)(a-2b)$ **16** $(x+1)(4x+1)$

17 $(2x+1)(3x-5)$ **18** $(3x-y)(x-4y)$

19 $(x+y-z)^2$ **20** $(x-2y+z)^2$

21 $(2a-b-c)^2$ **22** $(3x+y-2z)^2$

23 $(2a-4b-3c)^2$ **24** $(a+b-4)^2$

25 $(x-3y-2)^2$ **26** $(x+1)^3$

27 $(x+3)^3$ **28** $(2a+1)^3$

29 $(2x+3y)^3$ **30** $(4a+3b)^3$

31 $(x-1)^3$ **32** $(x-4)^3$

33 $(3a-1)^3$ **34** $(5x-y)^3$

35 $(2a-3b)^3$ **36** $(x+1)(x^2-x+1)$

37 $(x+3)(x^2-3x+9)$ **38** $(2a+1)(4a^2-2a+1)$

39 $(4a+3b)(16a^2-12ab+9b^2)$

40 $(5x+2y)(25x^2-10xy+4y^2)$

41 $(x-1)(x^2+x+1)$ **42** $(x-2)(x^2+2x+4)$

43 $(3a-1)(9a^2+3a+1)$ **44** $(2a-3b)(4a^2+6ab+9b^2)$

45 $(4x-5y)(16x^2+20xy+25y^2)$

46 $(x-y+z)(x^2+y^2+z^2+xy+yz-zx)$

47 $(a+2b-c)(a^2+4b^2+c^2-2ab+2bc+ca)$

48 $(2x-y+3z)(4x^2+y^2+9z^2+2xy+3yz-6zx)$

49 $(x-y-1)(x^2+y^2+1+xy-y+x)$

50 $(a-4c+1)(a^2+16c^2+1+4ac+4c-a)$

51 $(x^2+x+1)(x^2-x+1)$ **52** $(x^2+2x+4)(x^2-2x+4)$

53 $(9a^2+3a+1)(9a^2-3a+1)$

54 $(16x^2+4xy+y^2)(16x^2-4xy+y^2)$

55 $(4a^2+6ab+9b^2)(4a^2-6ab+9b^2)$

04 $ay+bx-ax-by=(b-a)x+(a-b)y$

$\qquad\qquad\qquad\ =(b-a)x-(b-a)y$

$\qquad\qquad\qquad\ =(b-a)(x-y)$

05 $8x-4y+(2x-y)^2=4(2x-y)+(2x-y)^2$

$\qquad\qquad\qquad\ =(2x-y)(2x-y+4)$

06 $(x-y)x+4z(y-x)=(x-y)x-4z(x-y)$

$\qquad\qquad\qquad\ =(x-y)(x-4z)$

07 $x^2-4x+4=x^2-2\times x\times2+2^2=(x-2)^2$

08 $x^2+6x+9=x^2+2\times x\times3+3^2=(x+3)^2$

09 $4x^2+4x+1=(2x)^2+2\times2x\times1+1^2=(2x+1)^2$

10 $9a^2-12a+4=(3a)^2-2\times3a\times2+2^2=(3a-2)^2$

11 $x^2-16=x^2-4^2=(x+4)(x-4)$

12 $25a^2-4b^2=(5a)^2-(2b)^2=(5a+2b)(5a-2b)$

13 $x^2-4x+3=x^2+(-1-3)x+(-1)\times(-3)$
$\qquad\qquad=(x-1)(x-3)$

14 $x^2-8x-9=x^2+(1-9)x+1\times(-9)=(x+1)(x-9)$

15 $a^2+2ab-8b^2=a^2+\{4b+(-2b)\}a+4b\times(-2b)$
$\qquad\qquad\quad=(a+4b)(a-2b)$

16 $4x^2+5x+1=1\times4\times x^2+(1\times1+1\times4)x+1\times1$
$\qquad\qquad=(x+1)(4x+1)$

17 $6x^2-7x-5=2\times3\times x^2+\{2\times(-5)+1\times3\}x+1\times(-5)$
$\qquad\qquad=(2x+1)(3x-5)$

18 $3x^2-13xy+4y^2$
$=3\times1\times x^2+\{3\times(-4y)+(-y)\times1\}x+(-y)\times(-4y)$
$=(3x-y)(x-4y)$

19 $x^2+y^2+z^2+2xy-2yz-2zx$
$=x^2+y^2+(\boxed{-z})^2+2\times x\times y+2\times y\times(\boxed{-z})+2\times(\boxed{-z})\times x$
$=(\boxed{x+y-z})^2$

20 $x^2+4y^2+z^2-4xy-4yz+2zx$
$=x^2+(-2y)^2+z^2+2\times x\times(-2y)+2\times(-2y)\times z+2\times z\times x$
$=(x-2y+z)^2$

21 $4a^2+b^2+c^2-4ab+2bc-4ca$
$=(2a)^2+(-b)^2+(-c)^2+2\times2a\times(-b)+2\times(-b)\times(-c)$
$\qquad\qquad\qquad\qquad\qquad+2\times(-c)\times2a$
$=(2a-b-c)^2$

22 $9x^2+y^2+4z^2+6xy-4yz-12zx$
$=(3x)^2+y^2+(-2z)^2+2\times3x\times y+2\times y\times(-2z)$
$\qquad\qquad\qquad\qquad\qquad+2\times(-2z)\times3x$
$=(3x+y-2z)^2$

23 $4a^2+16b^2+9c^2-16ab+24bc-12ca$
$=(2a)^2+(-4b)^2+(-3c)^2+2\times2a\times(-4b)$
$\qquad\qquad\qquad+2\times(-4b)\times(-3c)+2\times(-3c)\times2a$
$=(2a-4b-3c)^2$

24 $a^2+b^2+2ab-8a-8b+16$
$=a^2+b^2+(-4)^2+2\times a\times b+2\times b\times(-4)+2\times(-4)\times a$
$=(a+b-4)^2$

25 $x^2+9y^2-6xy-4x+12y+4$
$=x^2+(-3y)^2+(-2)^2+2\times x\times(-3y)+2\times(-3y)\times(-2)$
$\qquad\qquad\qquad\qquad\qquad+2\times(-2)\times x$
$=(x-3y-2)^2$

26 $x^3+3x^2+3x+1=x^3+3\times\boxed{x}^2\times1+3\times x\times\boxed{1}^2+1^3$
$\qquad\qquad\qquad=(\boxed{x+1})^3$

27 $x^3+9x^2+27x+27=x^3+3\times x^2\times3+3\times x\times3^2+3^3$
$\qquad\qquad\qquad\quad=(x+3)^3$

28 $8a^3+12a^2+6a+1=(2a)^3+3\times(2a)^2\times1+3\times2a\times1^2+1^3$
$\qquad\qquad\qquad\qquad=(2a+1)^3$

29 $8x^3+36x^2y+54xy^2+27y^3$
$=(2x)^3+3\times(2x)^2\times3y+3\times2x\times(3y)^2+(3y)^3$
$=(2x+3y)^3$

30 $64a^3+144a^2b+108ab^2+27b^3$
$=(4a)^3+3\times(4a)^2\times3b+3\times4a\times(3b)^2+(3b)^3$
$=(4a+3b)^3$

31 $x^3-3x^2+3x-1=x^3-3\times\boxed{x}^2\times1+3\times x\times\boxed{1}^2-1^3$
$\qquad\qquad\qquad=(\boxed{x-1})^3$

32 $x^3-12x^2+48x-64=x^3-3\times x^2\times4+3\times x\times4^2-4^3$
$\qquad\qquad\qquad\qquad=(x-4)^3$

33 $27a^3-27a^2+9a-1=(3a)^3-3\times(3a)^2\times1+3\times3a\times1^2-1^3$
$\qquad\qquad\qquad\qquad=(3a-1)^3$

34 $125x^3-75x^2y+15xy^2-y^3$
$=(5x)^3-3\times(5x)^2\times y+3\times5x\times y^2-y^3$
$=(5x-y)^3$

35 $8a^3-36a^2b+54ab^2-27b^3$
$=(2a)^3-3\times(2a)^2\times3b+3\times2a\times(3b)^2-(3b)^3$
$=(2a-3b)^3$

36
$$x^3+1=x^3+\boxed{1}^3$$
$$=(x+\boxed{1})(x^2-x\times1+\boxed{1}^2)$$
$$=(x+\boxed{1})(x^2-x+\boxed{1})$$

37
$$x^3+27=x^3+3^3$$
$$=(x+3)(x^2-x\times3+3^2)$$
$$=(x+3)(x^2-3x+9)$$

38
$$8a^3+1=(2a)^3+1^3$$
$$=(2a+1)\{(2a)^2-2a\times1+1^2\}$$
$$=(2a+1)(4a^2-2a+1)$$

39
$$64a^3+27b^3=(4a)^3+(3b)^3$$
$$=(4a+3b)\{(4a)^2-4a\times3b+(3b)^2\}$$
$$=(4a+3b)(16a^2-12ab+9b^2)$$

40
$$125x^3+8y^3=(5x)^3+(2y)^3$$
$$=(5x+2y)\{(5x)^2-5x\times2y+(2y)^2\}$$
$$=(5x+2y)(25x^2-10xy+4y^2)$$

41
$$x^3-1=x^3-\boxed{1}^3$$
$$=(x-\boxed{1})(x^2+x\times1+\boxed{1}^2)$$
$$=(x-\boxed{1})(x^2+x+\boxed{1})$$

42
$$x^3-8=x^3-2^3$$
$$=(x-2)(x^2+x\times2+2^2)$$
$$=(x-2)(x^2+2x+4)$$

43
$$27a^3-1=(3a)^3-1^3$$
$$=(3a-1)\{(3a)^2+3a\times1+1^2\}$$
$$=(3a-1)(9a^2+3a+1)$$

44
$$8a^3-27b^3=(2a)^3-(3b)^3$$
$$=(2a-3b)\{(2a)^2+2a\times3b+(3b)^2\}$$
$$=(2a-3b)(4a^2+6ab+9b^2)$$

45
$$64x^3-125y^3$$
$$=(4x)^3-(5y)^3$$
$$=(4x-5y)\{(4x)^2+4x\times5y+(5y)^2\}$$
$$=(4x-5y)(16x^2+20xy+25y^2)$$

46
$$x^3-y^3+z^3+3xyz$$
$$=x^3+(\boxed{-y})^3+z^3-3\times x\times(\boxed{-y})\times z$$
$$=\{x+(\boxed{-y})+z\}$$
$$\times\{x^2+(\boxed{-y})^2+z^2-x\times(\boxed{-y})-(\boxed{-y})\times z-z\times x\}$$
$$=(x-y+z)(x^2+y^2+z^2+\boxed{xy}+\boxed{yz}-zx)$$

47
$$a^3+8b^3-c^3+6abc$$
$$=a^3+(2b)^3+(-c)^3-3\times a\times2b\times(-c)$$
$$=\{a+2b+(-c)\}$$
$$\times\{a^2+(2b)^2+(-c)^2-a\times2b-2b\times(-c)-(-c)\times a\}$$
$$=(a+2b-c)(a^2+4b^2+c^2-2ab+2bc+ca)$$

48
$$8x^3-y^3+27z^3+18xyz$$
$$=(2x)^3+(-y)^3+(3z)^3-3\times2x\times(-y)\times3z$$
$$=\{2x+(-y)+3z\}$$
$$\times\{(2x)^2+(-y)^2+(3z)^2-2x\times(-y)-(-y)\times3z-3z\times2x\}$$
$$=(2x-y+3z)(4x^2+y^2+9z^2+2xy+3yz-6zx)$$

49
$$x^3-y^3-1-3xy$$
$$=x^3+(-y)^3+(-1)^3-3\times x\times(-y)\times(-1)$$
$$=\{x+(-y)+(-1)\}\{x^2+(-y)^2+(-1)^2$$
$$-x\times(-y)-(-y)\times(-1)-(-1)\times x\}$$
$$=(x-y-1)(x^2+y^2+1+xy-y+x)$$

50
$$a^3-64c^3+1+12ac$$
$$=a^3+(-4c)^3+1^3-3\times a\times(-4c)\times1$$
$$=\{a+(-4c)+1\}$$
$$\times\{a^2+(-4c)^2+1^2-a\times(-4c)-(-4c)\times1-1\times a\}$$
$$=(a-4c+1)(a^2+16c^2+1+4ac+4c-a)$$

51
$$x^4+x^2+1=x^4+x^2\times1^2+1^4$$
$$=(x^2+\boxed{x}\times1+1^2)(x^2-\boxed{x}\times1+1^2)$$
$$=(x^2+\boxed{x}+1)(x^2-\boxed{x}+1)$$

52
$$x^4+4x^2+16=x^4+x^2\times2^2+2^4$$
$$=(x^2+x\times2+2^2)(x^2-x\times2+2^2)$$
$$=(x^2+2x+4)(x^2-2x+4)$$

53
$$81a^4+9a^2+1=(3a)^4+(3a)^2\times1^2+1^4$$
$$=\{(3a)^2+3a\times1+1^2\}\{(3a)^2-3a\times1+1^2\}$$
$$=(9a^2+3a+1)(9a^2-3a+1)$$

54
$$256x^4+16x^2y^2+y^4$$
$$=(4x)^4+(4x)^2\times y^2+y^4$$
$$=\{(4x)^2+4x\times y+y^2\}\{(4x)^2-4x\times y+y^2\}$$
$$=(16x^2+4xy+y^2)(16x^2-4xy+y^2)$$

55
$$16a^4+36a^2b^2+81b^4$$
$$=(2a)^4+(2a)^2\times(3b)^2+(3b)^4$$
$$=\{(2a)^2+2a\times3b+(3b)^2\}\{(2a)^2-2a\times3b+(3b)^2\}$$
$$=(4a^2+6ab+9b^2)(4a^2-6ab+9b^2)$$

07 복잡한 식의 인수분해

본문 034~038쪽

> **01** $(x+y+1)(x+y-3)$ **02** $(a+b+5)(a+b-2)$
> **03** $(a-b-6)^2$ **04** $(x+3)(x-2)$
> **05** $(x-1)(x-6)$ **06** $(a-4)(a-5)$
> **07** $(x-1)^2$ **08** $(x-y+1)(x-y+3)$
> **09** $(x-2y+5)(x-2y-4)$ **10** $(2a+b+1)(2a+b-5)$
> **11** $(a+b+3)(a+b-4)$ **12** $(x^2+3x-1)(x^2+3x-5)$
> **13** $(a+1)(a-3)(a+2)(a-4)$
> **14** $(x^2-x+4)(x+1)(x-2)$ **15** $(x^2+x+6)(x^2+x-3)$
> **16** $(x^2+5x+2)(x^2+5x+8)$
> **17** $(x+3)(x-2)(x^2+x-8)$
> **18** $x(x+4)(x^2+4x-9)$
> **19** $(x^2-3x+6)(x+1)(x-4)$
> **20** $(x^2-2x+3)(x^2-2x-5)$ **21** $(x+1)(x-1)(x^2-3)$
> **22** $(x^2+5)(x^2-2)$ **23** $(x^2+3)(x+2)(x-2)$
> **24** $(x+2)(x-2)(x+4)(x-4)$
> **25** $(x^2+1)(x+1)(x-1)$ **26** $(x+1)(x-1)(2x^2-3)$
> **27** $(x^2+x+1)(x^2-x+1)$ **28** $(x^2+2x+3)(x^2-2x+3)$
> **29** $(x^2+4x-2)(x^2-4x-2)$ **30** $(x^2+3x-3)(x^2-3x-3)$
> **31** $(4x^2+2x+1)(4x^2-2x+1)$
> **32** $(x^2+4x+8)(x^2-4x+8)$ **33** $(x^2+2x+2)(x^2-2x+2)$
> **34** $(x+1)(x+y+2)$ **35** $(x-2)(x+y+1)$
> **36** $(b-4)(a+2b+1)$ **37** $(x+y)(x-y)(x+z)$
> **38** $(a-b)(a+b-c)$ **39** $(a-b)(a-b+2c)$
> **40** $(x-2y+1)(x+y-2)$ **41** $(x-y-1)(x-y-2)$
> **42** $(x-3y-2)(x+y-3)$ **43** $(2x-y+1)(x-y-2)$
> **44** $(a-b)(c-a)(c-b)$ **45** $(a-b)(b-c)(c-a)$
> **46** $(a+b)(b-c)(c+a)$

01 $\boxed{x+y}=X$로 치환하면

$(x+y)^2-2(x+y)-3=\boxed{X^2-2X-3}$
$\qquad\qquad\qquad =(X+1)(\boxed{X-3})$ — $X=x+y$를 대입
$\qquad\qquad\qquad =(x+y+1)(\boxed{x+y-3})$

02 $a+b=X$로 치환하면

$(a+b)^2+3(a+b)-10=X^2+3X-10$
$\qquad\qquad\qquad =(X+5)(X-2)$ — $X=a+b$를 대입
$\qquad\qquad\qquad =(a+b+5)(a+b-2)$

03 $a-b=X$로 치환하면

$(a-b)^2-12(a-b)+36=X^2-12X+36$
$\qquad\qquad\qquad =(X-6)^2$ — $X=a-b$를 대입
$\qquad\qquad\qquad =(a-b-6)^2$

04 $\boxed{x+1}=X$로 치환하면

$(x+1)^2-(x+1)-6=\boxed{X^2-X-6}$
$\qquad\qquad\qquad =(X+2)(\boxed{X-3})$ — $X=x+1$을 대입
$\qquad\qquad\qquad =(x+1+2)(x+1-\boxed{3})$
$\qquad\qquad\qquad =(x+3)(\boxed{x-2})$

05 $x-2=X$로 치환하면

$(x-2)^2-3(x-2)-4=X^2-3X-4$
$\qquad\qquad\qquad =(X+1)(X-4)$ — $X=x-2$를 대입
$\qquad\qquad\qquad =(x-2+1)(x-2-4)$
$\qquad\qquad\qquad =(x-1)(x-6)$

06 $a-1=X$로 치환하면

$(a-1)^2-7(a-1)+12=X^2-7X+12$
$\qquad\qquad\qquad =(X-3)(X-4)$ — $X=a-1$을 대입
$\qquad\qquad\qquad =(a-1-3)(a-1-4)$
$\qquad\qquad\qquad =(a-4)(a-5)$

07 $x+3=X$로 치환하면

$(x+3)^2-8(x+3)+16=X^2-8X+16$
$\qquad\qquad\qquad =(X-4)^2$ — $X=x+3$을 대입
$\qquad\qquad\qquad =(x+3-4)^2$
$\qquad\qquad\qquad =(x-1)^2$

08 $\boxed{x-y}=X$로 치환하면

$(x-y)(x-y+4)+3=X(X+4)+3$
$\qquad\qquad\qquad =X^2+4X+3$
$\qquad\qquad\qquad =(X+1)(X+\boxed{3})$ — $X=x-y$를 대입
$\qquad\qquad\qquad =(x-y+1)(x-y+\boxed{3})$

09 $x-2y=X$로 치환하면

$(x-2y-1)(x-2y+2)-18=(X-1)(X+2)-18$
$\qquad\qquad\qquad =X^2+X-20$
$\qquad\qquad\qquad =(X+5)(X-4)$ — $X=x-2y$를 대입
$\qquad\qquad\qquad =(x-2y+5)(x-2y-4)$

10 $2a+b=X$로 치환하면

$(2a+b-3)(2a+b-1)-8=(X-3)(X-1)-8$
$\qquad\qquad\qquad =X^2-4X-5$
$\qquad\qquad\qquad =(X+1)(X-5)$ — $X=2a+b$를 대입
$\qquad\qquad\qquad =(2a+b+1)(2a+b-5)$

11 $(a+b)^2-a-b-12=(a+b)^2-(a+b)-12$

$a+b=X$로 치환하면

$(a+b)^2-(a+b)-12=X^2-X-12$
$\qquad\qquad\qquad =(X+3)(X-4)$ — $X=a+b$를 대입
$\qquad\qquad\qquad =(a+b+3)(a+b-4)$

12 $\boxed{x^2+3x}=X$로 치환하면

$(x^2+3x)^2-6(x^2+3x)+5=X^2-6X+5$

$\qquad\qquad\qquad\qquad=(X-1)(X-\boxed{5})$ — $X=x^2+3x$를 대입

$\qquad\qquad\qquad\qquad=(x^2+3x-1)(x^2+3x-\boxed{5})$

13 $a^2-2a=X$로 치환하면

$(a^2-2a)^2-11(a^2-2a)+24$

$=X^2-11X+24$

$=(X-3)(X-8)$ — $X=a^2-2a$를 대입

$=(a^2-2a-3)(a^2-2a-8)$ — 치환한 식을 대입한 결과가 인수분해되는 경우

$=(a+1)(a-3)(a+2)(a-4)$ — 반드시 인수분해한다.

14 $x^2-x=X$로 치환하면

$(x^2-x-1)(x^2-x+3)-5=(X-1)(X+3)-5$

$\qquad\qquad\qquad\qquad=X^2+2X-8$

$\qquad\qquad\qquad\qquad=(X+4)(X-2)$ — $X=x^2-x$를 대입

$\qquad\qquad\qquad\qquad=(x^2-x+4)(x^2-x-2)$

$\qquad\qquad\qquad\qquad=(x^2-x+4)(x+1)(x-2)$

15 $x^2+x=X$로 치환하면

$(x^2+x+1)(x^2+x+2)-20=(X+1)(X+2)-20$

$\qquad\qquad\qquad\qquad=X^2+3X-18$

$\qquad\qquad\qquad\qquad=(X+6)(X-3)$ — $X=x^2+x$를 대입

$\qquad\qquad\qquad\qquad=(x^2+x+6)(x^2+x-3)$

16 $(x+1)(x+2)(x+3)(x+4)-8$

$=\{(x+1)(x+4)\}\{(x+2)(x+3)\}-8$

$=(x^2+5x+4)(x^2+5x+6)-8$

$\boxed{x^2+5x}=X$로 치환하면 — 일차항의 계수가 5로 같다.

$(주어진 식)=(X+4)(X+6)-8$

$\qquad\qquad=X^2+10X+\boxed{16}$

$\qquad\qquad=(X+2)(X+\boxed{8})$ — $X=x^2+5x$를 대입

$\qquad\qquad=(x^2+5x+2)(x^2+5x+\boxed{8})$

17 $(x-1)(x-3)(x+2)(x+4)+24$

$=\{(x-1)(x+2)\}\{(x-3)(x+4)\}+24$

$=(x^2+x-2)(x^2+x-12)+24$

$x^2+x=X$로 치환하면 — 일차항의 계수가 1로 같다.

$(주어진 식)=(X-2)(X-12)+24$

$\qquad\qquad=X^2-14X+48$

$\qquad\qquad=(X-6)(X-8)$ — $X=x^2+x$를 대입

$\qquad\qquad=(x^2+x-6)(x^2+x-8)$

$\qquad\qquad=(x+3)(x-2)(x^2+x-8)$

18 $(x+1)(x-2)(x+3)(x+6)+36$

$=\{(x+1)(x+3)\}\{(x-2)(x+6)\}+36$

$=(x^2+4x+3)(x^2+4x-12)+36$

$x^2+4x=X$로 치환하면 — 일차항의 계수가 4로 같다.

$(주어진 식)=(X+3)(X-12)+36$

$\qquad\qquad=X^2-9X$

$\qquad\qquad=X(X-9)$ — $X=x^2+4x$를 대입

$\qquad\qquad=(x^2+4x)(x^2+4x-9)$

$\qquad\qquad=x(x+4)(x^2+4x-9)$

19 $x(x-1)(x-2)(x-3)-24$

$=\{x(x-3)\}\{(x-1)(x-2)\}-24$

$=(x^2-3x)(x^2-3x+2)-24$

$x^2-3x=X$로 치환하면 — 일차항의 계수가 -3으로 같다.

$(주어진 식)=X(X+2)-24$

$\qquad\qquad=X^2+2X-24$

$\qquad\qquad=(X+6)(X-4)$ — $X=x^2-3x$를 대입

$\qquad\qquad=(x^2-3x+6)(x^2-3x-4)$

$\qquad\qquad=(x^2-3x+6)(x+1)(x-4)$

20 $(x-3)(x-1)^2(x+1)-12$

$=(x-3)(x-1)(x-1)(x+1)-12$

$=\{(x-3)(x+1)\}\{(x-1)(x-1)\}-12$

$=(x^2-2x-3)(x^2-2x+1)-12$

$x^2-2x=X$로 치환하면 — 일차항의 계수가 -2로 같다.

$(주어진 식)=(X-3)(X+1)-12$

$\qquad\qquad=X^2-2X-15$

$\qquad\qquad=(X+3)(X-5)$ — $X=x^2-2x$를 대입

$\qquad\qquad=(x^2-2x+3)(x^2-2x-5)$

21 $\boxed{x^2}=X$로 치환하면

$x^4-4x^2+3=\boxed{X^2-4X+3}$

$\qquad\qquad=(X-\boxed{1})(X-3)$ — $X=x^2$을 대입

$\qquad\qquad=(x^2-\boxed{1})(x^2-3)$

$\qquad\qquad=(x+\boxed{1})(x-1)(x^2-3)$

22 $x^2=X$로 치환하면

$x^4+3x^2-10=X^2+3X-10$

$\qquad\qquad=(X+5)(X-2)$ — $X=x^2$을 대입

$\qquad\qquad=(x^2+5)(x^2-2)$

23 $x^2=X$로 치환하면

$$x^4-x^2-12=X^2-X-12$$
$$=(X+3)(X-4)$$
$$=(x^2+3)(x^2-4) \quad \text{\small $X=x^2$을 대입}$$
$$=(x^2+3)(x+2)(x-2)$$

24 $x^2=X$로 치환하면

$$x^4-20x^2+64=X^2-20X+64$$
$$=(X-4)(X-16)$$
$$=(x^2-4)(x^2-16) \quad \text{\small $X=x^2$을 대입}$$
$$=(x+2)(x-2)(x+4)(x-4)$$

25 $x^2=X$로 치환하면

$$x^4-1=X^2-1$$
$$=(X+1)(X-1)$$
$$=(x^2+1)(x^2-1) \quad \text{\small $X=x^2$을 대입}$$
$$=(x^2+1)(x+1)(x-1)$$

26 $x^2=X$로 치환하면

$$2x^4-5x^2+3=2X^2-5X+3$$
$$=(X-1)(2X-3)$$
$$=(x^2-1)(2x^2-3) \quad \text{\small $X=x^2$을 대입}$$
$$=(x+1)(x-1)(2x^2-3)$$

27 $x^4+x^2+1=(x^4+2x^2+1)-\boxed{x^2}$ $\to$ x^2을 $2x^2$과 $-x^2$으로 분리
$$=(x^2+1)^2-\boxed{x^2} \to A^2-B^2 \text{ 꼴}$$
$$=\{(x^2+1)+\boxed{x}\}\{(x^2+1)-x\}$$
$$=(\boxed{x^2+x+1})(x^2-x+1)$$

28 $x^4+2x^2+9=(x^4+6x^2+9)-4x^2$ $\to$ $2x^2$을 $6x^2$과 $-4x^2$으로 분리
$$=(x^2+3)^2-(2x)^2 \to A^2-B^2 \text{ 꼴}$$
$$=\{(x^2+3)+2x\}\{(x^2+3)-2x\}$$
$$=(x^2+2x+3)(x^2-2x+3)$$

29 $x^4-20x^2+4=(x^4-4x^2+4)-16x^2$ $\to$ $-20x^2$을 $-4x^2$과 $-16x^2$으로 분리
$$=(x^2-2)^2-(4x)^2 \to A^2-B^2 \text{ 꼴}$$
$$=\{(x^2-2)+4x\}\{(x^2-2)-4x\}$$
$$=(x^2+4x-2)(x^2-4x-2)$$

30 $x^4-15x^2+9=(x^4-6x^2+9)-9x^2$ $\to$ $-15x^2$을 $-6x^2$과 $-9x^2$으로 분리
$$=(x^2-3)^2-(3x)^2 \to A^2-B^2 \text{ 꼴}$$
$$=\{(x^2-3)+3x\}\{(x^2-3)-3x\}$$
$$=(x^2+3x-3)(x^2-3x-3)$$

31 $16x^4+4x^2+1=(16x^4+8x^2+1)-4x^2$ $\to$ $4x^2$을 $8x^2$과 $-4x^2$으로 분리
$$=(4x^2+1)^2-(2x)^2 \to A^2-B^2 \text{ 꼴}$$
$$=\{(4x^2+1)+2x\}\{(4x^2+1)-2x\}$$
$$=(4x^2+2x+1)(4x^2-2x+1)$$

32 $x^4+64=(x^4+16x^2+64)-16x^2$ $\to$ $16x^2$을 더하고 빼기
$$=(x^2+8)^2-(4x)^2 \to A^2-B^2 \text{ 꼴}$$
$$=\{(x^2+8)+4x\}\{(x^2+8)-4x\}$$
$$=(x^2+4x+8)(x^2-4x+8)$$

33 $x^4+4=(x^4+4x^2+4)-4x^2$ $\to$ $4x^2$을 더하고 빼기
$$=(x^2+2)^2-(2x)^2 \to A^2-B^2 \text{ 꼴}$$
$$=\{(x^2+2)+2x\}\{(x^2+2)-2x\}$$
$$=(x^2+2x+2)(x^2-2x+2)$$

34 주어진 식을 y에 대하여 내림차순으로 정리하면

$$x^2+xy+3x+y+2=(\boxed{x+1})y+x^2+3x+2$$
$$=(\boxed{x+1})y+(x+1)(x+2)$$
$$=(x+1)(\boxed{x+y+2})$$

35 주어진 식을 y에 대하여 내림차순으로 정리하면

$$x^2+xy-x-2y-2=(x-2)y+x^2-x-2$$
$$=(x-2)y+(x+1)(x-2)$$
$$=(x-2)(x+y+1)$$

36 주어진 식을 a에 대하여 내림차순으로 정리하면

$$2b^2+ab-4a-7b-4=(b-4)a+2b^2-7b-4$$
$$=(b-4)a+(2b+1)(b-4)$$
$$=(b-4)(a+2b+1)$$

37 주어진 식을 z에 대하여 내림차순으로 정리하면

$$x^3-xy^2-y^2z+x^2z=(x^2-y^2)z+x^3-xy^2$$
$$=(x^2-y^2)z+x(x^2-y^2)$$
$$=(x^2-y^2)(x+z)$$
$$=(x+y)(x-y)(x+z)$$

38 주어진 식을 c에 대하여 내림차순으로 정리하면

$$a^2-ac-b^2+bc=(-a+b)c+a^2-b^2$$
$$=-(a-b)c+(a+b)(a-b)$$
$$=(a-b)(a+b-c)$$

39 주어진 식을 c에 대하여 내림차순으로 정리하면

$$a^2+b^2-2ab-2bc+2ca=(2a-2b)c+a^2-2ab+b^2$$
$$=2(a-b)c+(a-b)^2$$
$$=(a-b)(a-b+2c)$$

40 주어진 식을 x에 대하여 내림차순으로 정리하면

$$x^2-xy-2y^2-x+5y-2=x^2-(y+1)x-(2y^2-5y+2)$$
$$=x^2-(y+1)x-(\boxed{2y-1})(y-2)$$
$$=\{x-(\boxed{2y-1})\}\{x+(y-2)\}$$
$$=(\boxed{x-2y+1})(x+y-2)$$

플러스톡 (1)

참고

주어진 식을 y에 대하여 내림차순으로 정리하면

$$x^2-xy-2y^2-x+5y-2=-2y^2-(x-5)y+x^2-x-2$$
$$=-2y^2-(x-5)y+(x+1)(x-2)$$
$$=\{y+(x-2)\}\{-2y+(x+1)\}$$
$$=(x+y-2)(x-2y+1)$$

플러스톡 (2)

플러스톡

(1)
$$
\begin{array}{ccc}
1 & \diagdown \!\!\!\!\diagup & -(2y-1) \longrightarrow -2y+1 \\
1 & & y-2 \longrightarrow \underline{\quad y-2\quad} \\
& & -y-1
\end{array}
$$

(2)
$$
\begin{array}{ccc}
1 & \diagdown \!\!\!\!\diagup & x-2 \longrightarrow -2x+4 \\
-2 & & x+1 \longrightarrow \underline{\quad x+1\quad} \\
& & -x+5
\end{array}
$$

41 주어진 식을 x에 대하여 내림차순으로 정리하면

$$x^2+y^2-2xy-3x+3y+2=x^2-(2y+3)x+y^2+3y+2$$
$$=x^2-(2y+3)x+(y+1)(y+2)$$
$$=\{x-(y+1)\}\{x-(y+2)\}$$
$$=(x-y-1)(x-y-2)$$

42 주어진 식을 x에 대하여 내림차순으로 정리하면

$$x^2-2xy-3y^2-5x+7y+6=x^2-(2y+5)x-(3y^2-7y-6)$$
$$=x^2-(2y+5)x-(3y+2)(y-3)$$
$$=\{x-(3y+2)\}\{x+(y-3)\}$$
$$=(x-3y-2)(x+y-3)$$

43 주어진 식을 x에 대하여 내림차순으로 정리하면

$$2x^2+y^2-3xy-3x+y-2=2x^2-3(y+1)x+y^2+y-2$$
$$=2x^2-3(y+1)x+(y-1)(y+2)$$
$$=\{2x-(y-1)\}\{x-(y+2)\}$$
$$=(2x-y+1)(x-y-2)$$

44 주어진 식을 전개한 후 c에 대하여 내림차순으로 정리하면

$$ab(a-b)+bc(b-c)+ca(c-a)$$
$$=a^2b-ab^2+b^2c-bc^2+ac^2-a^2c$$
$$=(\boxed{a-b})c^2-(\boxed{a^2-b^2})c+a^2b-ab^2$$
$$=(a-b)c^2-(\boxed{a+b})(a-b)c+ab(a-b)$$
$$=(a-b)\{c^2-(\boxed{a+b})c+ab\}$$
$$=(a-b)(\boxed{c-a})(c-b)$$

45 주어진 식을 전개한 후 c에 대하여 내림차순으로 정리하면

$$a(b^2-c^2)+b(c^2-a^2)+c(a^2-b^2)$$
$$=ab^2-ac^2+bc^2-a^2b+a^2c-b^2c$$
$$=(-a+b)c^2+(a^2-b^2)c+ab^2-a^2b$$
$$=-(a-b)c^2+(a+b)(a-b)c-ab(a-b)$$
$$=-(a-b)\{c^2-(a+b)c+ab\}$$
$$=-(a-b)(c-a)(c-b)$$
$$=(a-b)(b-c)(c-a)$$

46 주어진 식을 전개한 후 c에 대하여 내림차순으로 정리하면

$$a^2(b-c)+b^2(a+c)-c^2(a+b)$$
$$=a^2b-a^2c+ab^2+b^2c-ac^2-bc^2$$
$$=(-a-b)c^2+(-a^2+b^2)c+a^2b+ab^2$$
$$=-(a+b)c^2-(a^2-b^2)c+ab(a+b)$$
$$=-(a+b)c^2-(a+b)(a-b)c+ab(a+b)$$
$$=-(a+b)\{c^2+(a-b)c-ab\}$$
$$=-(a+b)(c+a)(c-b)$$
$$=(a+b)(b-c)(c+a)$$

08 인수정리를 이용한 인수분해

본문 039~042쪽

01 $(x-1)(x^2+x+4)$ **02** $(x-1)(x+2)(x-3)$
03 $(x+2)(x^2-x+1)$ **04** $(x-1)(x-2)(x-3)$
05 $(x-1)(x-2)(x^2+x+1)$ **06** $(x-1)^2(x+1)(x+2)$
07 $(x+1)(x+2)(x^2-x+3)$
08 $(x-1)(x+1)(x+2)(x-3)$
09 $a=-2$, $P(x)=(x-1)(x^2-x+2)$
10 $a=-6$, $P(x)=(x-2)(x^2+3)$
11 $a=6$, $P(x)=(x+1)(x^2-3x+6)$
12 $a=22$, $P(x)=(x+2)(x^2-4x+11)$
13 13 **14** 21 **15** 36 **16** 3 **17** 100 **18** 200
19 150 **20** 2451 **21** 27000 **22** 1000000
23 524 **24** 505 **25** $b=c$인 이등변삼각형
26 빗변의 길이가 c인 직각삼각형
27 빗변의 길이가 b인 직각삼각형

01 $P(x)=x^3+3x-4$라 하면
$P(1)=1^3+3\times1-4=\boxed{0}$
이므로 $\boxed{x-1}$은 $P(x)$의 인수이다.
조립제법을 이용하여 $P(x)$를 인수분해하면

$$
\begin{array}{r|rrrr}
1 & 1 & 0 & 3 & -4 \\
  &   & \boxed{1} & \boxed{1} & \boxed{4} \\
\hline
  & \boxed{1} & \boxed{1} & \boxed{4} & 0
\end{array}
$$

$\therefore P(x)=(x-1)(\boxed{x^2+x+4})$

02 $P(x)=x^3-2x^2-5x+6$이라 하면
$P(1)=1^3-2\times1^2-5\times1+6=0$
이므로 $x-1$은 $P(x)$의 인수이다.
조립제법을 이용하여 $P(x)$를 인수분해하면

$$
\begin{array}{r|rrrr}
1 & 1 & -2 & -5 & 6 \\
  &   & 1 & -1 & -6 \\
\hline
  & 1 & -1 & -6 & 0
\end{array}
$$

$\therefore P(x)=(x-1)(x^2-x-6)$ 한 번 더 인수분해된다.
$=(x-1)(x+2)(x-3)$

03 $P(x)=x^3+x^2-x+2$라 하면
$P(-2)=(-2)^3+(-2)^2-(-2)+2=0$
이므로 $x+2$는 $P(x)$의 인수이다.
조립제법을 이용하여 $P(x)$를 인수분해하면

$$
\begin{array}{r|rrrr}
-2 & 1 & 1 & -1 & 2 \\
   &   & -2 & 2 & -2 \\
\hline
   & 1 & -1 & 1 & 0
\end{array}
$$

$\therefore P(x)=(x+2)(x^2-x+1)$

04 $P(x)=x^3-6x^2+11x-6$이라 하면
$P(1)=1^3-6\times1^2+11\times1-6=0$
이므로 $x-1$은 $P(x)$의 인수이다.
조립제법을 이용하여 $P(x)$를 인수분해하면

$$
\begin{array}{r|rrrr}
1 & 1 & -6 & 11 & -6 \\
  &   & 1 & -5 & 6 \\
\hline
  & 1 & -5 & 6 & 0
\end{array}
$$

$\therefore P(x)=(x-1)(x^2-5x+6)$ 한 번 더 인수분해된다.
$=(x-1)(x-2)(x-3)$

05 $P(x)=x^4-2x^3-x+2$라 하면
$P(1)=1^4-2\times1^3-1+2=\boxed{0}$
이므로 $\boxed{x-1}$은 $P(x)$의 인수이다.
조립제법을 이용하여 $P(x)$를 인수분해하면

$$
\begin{array}{r|rrrrr}
1 & 1 & -2 & 0 & -1 & 2 \\
  &   & \boxed{1} & \boxed{-1} & \boxed{-1} & \boxed{-2} \\
\hline
  & 1 & \boxed{-1} & \boxed{-1} & \boxed{-2} & 0
\end{array}
$$

$\therefore P(x)=(x-1)(x^3-x^2-x-2) \to (*)$
이때 $Q(x)=x^3-x^2-x-2$라 하면
$Q(2)=2^3-2^2-2-2=\boxed{0}$
이므로 $\boxed{x-2}$는 $Q(x)$의 인수이다.
조립제법을 이용하여 $Q(x)$를 인수분해하면

$$
\begin{array}{r|rrrr}
2 & 1 & -1 & -1 & -2 \\
  &   & \boxed{2} & \boxed{2} & \boxed{2} \\
\hline
  & \boxed{1} & \boxed{1} & \boxed{1} & 0
\end{array}
$$

따라서 $Q(x)=(x-2)(\boxed{x^2+x+1})$이므로
$P(x)=(x-1)Q(x)$
$=(x-1)(x-2)(\boxed{x^2+x+1})$

⊕ 플러스톡

$(*)$과 같이 조립제법을 이용하여 구한 몫이 삼차 이상이면서 한 번 더 인수분해되는 다항식인 경우는 조립제법을 한 번 더 이용한다.

06 $P(x)=x^4+x^3-3x^2-x+2$라 하면
$P(1)=1^4+1^3-3\times1^2-1+2=0$
이므로 $x-1$은 $P(x)$의 인수이다.
조립제법을 이용하여 $P(x)$를 인수분해하면

$$
\begin{array}{r|rrrrr}
1 & 1 & 1 & -3 & -1 & 2 \\
  &   & 1 & 2 & -1 & -2 \\
\hline
  & 1 & 2 & -1 & -2 & 0
\end{array}
$$

$\therefore P(x)=(x-1)(x^3+2x^2-x-2)$

이때 $Q(x)=x^3+2x^2-x-2$라 하면
$Q(1)=1^3+2\times1^2-1-2=0$
이므로 $x-1$은 $Q(x)$의 인수이다.
조립제법을 이용하여 $Q(x)$를 인수분해하면

$$
\begin{array}{r|rrrr}
1 & 1 & 2 & -1 & -2 \\
  &   & 1 & 3 & 2 \\
\hline
  & 1 & 3 & 2 & 0
\end{array}
$$

따라서
$Q(x)=(x-1)(x^2+3x+2)$
$\qquad=(x-1)(x+1)(x+2)$
이므로
$P(x)=(x-1)Q(x)$
$\qquad=(x-1)^2(x+1)(x+2)$

07 $P(x)=x^4+2x^3+2x^2+7x+6$이라 하면
$P(-1)=(-1)^4+2\times(-1)^3+2\times(-1)^2+7\times(-1)+6=0$
이므로 $x+1$은 $P(x)$의 인수이다.
조립제법을 이용하여 $P(x)$를 인수분해하면

$$
\begin{array}{r|rrrrr}
-1 & 1 & 2 & 2 & 7 & 6 \\
   &   & -1 & -1 & -1 & -6 \\
\hline
   & 1 & 1 & 1 & 6 & 0
\end{array}
$$

$\therefore P(x)=(x+1)(x^3+x^2+x+6)$
이때 $Q(x)=x^3+x^2+x+6$이라 하면
$Q(-2)=(-2)^3+(-2)^2+(-2)+6=0$
이므로 $x+2$는 $Q(x)$의 인수이다.
조립제법을 이용하여 $Q(x)$를 인수분해하면

$$
\begin{array}{r|rrrr}
-2 & 1 & 1 & 1 & 6 \\
   &   & -2 & 2 & -6 \\
\hline
   & 1 & -1 & 3 & 0
\end{array}
$$

따라서 $Q(x)=(x+2)(x^2-x+3)$이므로
$P(x)=(x+1)Q(x)$
$\qquad=(x+1)(x+2)(x^2-x+3)$

08 $P(x)=x^4-x^3-7x^2+x+6$이라 하면
$P(1)=1^4-1^3-7\times1^2+1+6=0$
이므로 $x-1$은 $P(x)$의 인수이다.
조립제법을 이용하여 $P(x)$를 인수분해하면

$$
\begin{array}{r|rrrrr}
1 & 1 & -1 & -7 & 1 & 6 \\
  &   & 1 & 0 & -7 & -6 \\
\hline
  & 1 & 0 & -7 & -6 & 0
\end{array}
$$

$\therefore P(x)=(x-1)(x^3-7x-6)$
이때 $Q(x)=x^3-7x-6$이라 하면
$Q(-1)=(-1)^3-7\times(-1)-6=0$
이므로 $x+1$은 $Q(x)$의 인수이다.

조립제법을 이용하여 $Q(x)$를 인수분해하면

$$
\begin{array}{r|rrrr}
-1 & 1 & 0 & -7 & -6 \\
   &   & -1 & 1 & 6 \\
\hline
   & 1 & -1 & -6 & 0
\end{array}
$$

따라서
$Q(x)=(x+1)(x^2-x-6)$
$\qquad=(x+1)(x+2)(x-3)$
이므로
$P(x)=(x-1)Q(x)$
$\qquad=(x-1)(x+1)(x+2)(x-3)$

09 $P(x)$가 $x-1$을 인수로 가지므로
$P(\boxed{1})=0$에서
$P(\boxed{1})=\boxed{1}^3-2\times\boxed{1}^2+3\times\boxed{1}+a=0$
$\therefore a=\boxed{-2}$
즉, $P(x)=x^3-2x^2+3x-\boxed{2}$이고 $x-1$이 $P(x)$의 인수이므로
조립제법을 이용하여 $P(x)$를 인수분해하면

$$
\begin{array}{r|rrrr}
1 & 1 & -2 & 3 & \boxed{-2} \\
  &   & 1 & \boxed{-1} & 2 \\
\hline
  & 1 & \boxed{-1} & 2 & 0
\end{array}
$$

$\therefore P(x)=(x-1)(\boxed{x^2-x+2})$

10 $P(x)$가 $x-2$를 인수로 가지므로
$P(2)=0$에서
$P(2)=2^3-2\times2^2+3\times2+a=0$
$\therefore a=-6$
즉, $P(x)=x^3-2x^2+3x-6$이고 $x-2$가 $P(x)$의 인수이므로
조립제법을 이용하여 $P(x)$를 인수분해하면

$$
\begin{array}{r|rrrr}
2 & 1 & -2 & 3 & -6 \\
  &   & 2 & 0 & 6 \\
\hline
  & 1 & 0 & 3 & 0
\end{array}
$$

$\therefore P(x)=(x-2)(x^2+3)$

11 $P(x)$가 $x+1$을 인수로 가지므로
$P(-1)=0$에서
$P(-1)=(-1)^3-2\times(-1)^2+3\times(-1)+a=0$
$\therefore a=6$
즉, $P(x)=x^3-2x^2+3x+6$이고 $x+1$이 $P(x)$의 인수이므로
조립제법을 이용하여 $P(x)$를 인수분해하면

$$
\begin{array}{r|rrrr}
-1 & 1 & -2 & 3 & 6 \\
   &   & -1 & 3 & -6 \\
\hline
   & 1 & -3 & 6 & 0
\end{array}
$$

$\therefore P(x)=(x+1)(x^2-3x+6)$

12 $P(x)$가 $x+2$를 인수로 가지므로

$P(-2)=0$에서

$P(-2)=(-2)^3-2\times(-2)^2+3\times(-2)+a=0$

$\therefore a=22$

즉, $P(x)=x^3-2x^2+3x+22$이고 $x+2$가 $P(x)$의 인수이므로

조립제법을 이용하여 $P(x)$를 인수분해하면

$$
\begin{array}{r|rrrr}
-2 & 1 & -2 & 3 & 22 \\
   &   & -2 & 8 & -22 \\
\hline
   & 1 & -4 & 11 & \boxed{0} \\
\end{array}
$$

$\therefore P(x)=(x+2)(x^2-4x+11)$

13 $x^3+x^2y+xy^2+y^3=(x+y)x^2+(x+y)y^2$
$$\qquad\qquad\qquad\qquad =(x+y)(x^2+y^2)$$

이고

$x^2+y^2=(x+y)^2-\boxed{2xy}$
$\qquad\quad=1^2-2\times(\boxed{-6})$
$\qquad\quad=\boxed{13}$

이므로

$x^3+x^2y+xy^2+y^3=1\times\boxed{13}=\boxed{13}$

14 $a^4+a^2b^2+b^4=(a^2+ab+b^2)(a^2-ab+b^2)$

이고

$a^2+ab+b^2=(a-b)^2+3ab=3^2+3\times(-2)=3$,
$a^2-ab+b^2=(a-b)^2+ab=3^2+(-2)=7$

이므로

$a^4+a^2b^2+b^4=3\times7=21$

15 $a^2+b^2+c^2+2ab+2bc+2ca=(a+b+c)^2$

이고

$(a+b)+(b+c)+(c+a)=3+5+4=12$에서

$a+b+c=6$

이므로

$a^2+b^2+c^2+2ab+2bc+2ca=6^2=36$

16 $a^3+b^3+c^3-3abc$
$=(a+b+c)(a^2+b^2+c^2-ab-bc-ca)=0$

에서

$a^3+b^3+c^3=3abc$

이므로

$\dfrac{a^3+b^3+c^3}{abc}=\dfrac{3abc}{abc}=3$

17 $\boxed{99}=x$라 하면

$\dfrac{99^3+1}{99^2-99+1}=\dfrac{x^3+1}{x^2-x+1}$

$\qquad\qquad\quad=\dfrac{(x+1)(\boxed{x^2-x+1})}{x^2-x+1}$

$\qquad\qquad\quad=\boxed{x+1}$

$\qquad\qquad\quad=99+\boxed{1}$

$\qquad\qquad\quad=\boxed{100}$

18 $201=x$라 하면

$\dfrac{201^3-1}{201^2+201+1}=\dfrac{x^3-1}{x^2+x+1}$

$\qquad\qquad\qquad=\dfrac{(x-1)(x^2+x+1)}{x^2+x+1}$

$\qquad\qquad\qquad=x-1$

$\qquad\qquad\qquad=201-1$

$\qquad\qquad\qquad=200$

19 $151=x$라 하면

$\dfrac{151^3-1}{151\times152+1}=\dfrac{x^3-1}{x(x+1)+1}$

$\qquad\qquad\qquad=\dfrac{(x-1)(x^2+x+1)}{x^2+x+1}$

$\qquad\qquad\qquad=x-1$

$\qquad\qquad\qquad=151-1$

$\qquad\qquad\qquad=150$

20 $49=x$라 하면

$\dfrac{49^4+49^2+1}{49^2-49+1}=\dfrac{x^4+x^2+1}{x^2-x+1}$

$\qquad\qquad\qquad=\dfrac{(x^2+x+1)(x^2-x+1)}{x^2-x+1}$

$\qquad\qquad\qquad=x^2+x+1$

$\qquad\qquad\qquad=x(x+1)+1$

$\qquad\qquad\qquad=49\times50+1$

$\qquad\qquad\qquad=2451$

21 $29=x$라 하면

$29^3+3\times29^2+3\times29+1=x^3+3x^2+3x+1$

$\qquad\qquad\qquad\qquad\qquad=(x+1)^3$

$\qquad\qquad\qquad\qquad\qquad=(29+1)^3$

$\qquad\qquad\qquad\qquad\qquad=27000$

22 $102=x$라 하면

$102^3-6\times102^2+12\times102-8=x^3-6x^2+12x-8$

$\qquad\qquad\qquad\qquad\qquad\qquad=(x-2)^3$

$\qquad\qquad\qquad\qquad\qquad\qquad=(102-2)^3$

$\qquad\qquad\qquad\qquad\qquad\qquad=1000000$

23 $\boxed{20}=x$라 하면

$$\sqrt{20\times22\times24\times26+16}$$
$$=\sqrt{x(\boxed{x+2})(x+4)(\boxed{x+6})+16}$$
$$=\sqrt{\{x(\boxed{x+6})\}\{(\boxed{x+2})(x+4)\}+16}$$
$$=\sqrt{(\boxed{x^2+6x})(x^2+6x+8)+16}$$

$\boxed{x^2+6x}=A$라 하면

$$(x^2+6x)(x^2+6x+8)+16=A(\boxed{A+8})+16$$
$$=A^2+8A+16$$
$$=(\boxed{A+4})^2$$
$$=(x^2+6x+4)^2$$

$$\therefore \sqrt{20\times22\times24\times26+16}=\boxed{x^2+6x+4}$$
$$=20^2+6\times20+\boxed{4}$$
$$=\boxed{524}$$

24 $21=x$라 하면

$$\sqrt{21\times22\times23\times24+1}$$
$$=\sqrt{x(x+1)(x+2)(x+3)+1}$$
$$=\sqrt{\{x(x+3)\}\{(x+1)(x+2)\}+1}$$
$$=\sqrt{(x^2+3x)(x^2+3x+2)+1}$$

$x^2+3x=A$라 하면

$$(x^2+3x)(x^2+3x+2)+1=A(A+2)+1$$
$$=A^2+2A+1$$
$$=(A+1)^2$$
$$=(x^2+3x+1)^2$$

$$\therefore \sqrt{21\times22\times23\times24+1}=x^2+3x+1$$
$$=21^2+3\times21+1$$
$$=505$$

25 **① 단계** $b^2+ab-c^2-ac=0$의 좌변을 $\boxed{a}$에 대한 내림차순으로 정리하면

$$(b-c)a+b^2-c^2=0$$
$$(b-c)a+(\boxed{b+c})(b-c)=0$$
$$\therefore (\boxed{b-c})(a+b+c)=0$$

② 단계 $a>0$, $b>0$, $c>0$에서
$\boxed{a+b+c}>0$이므로
$\boxed{b-c}=0$ $\therefore b=\boxed{c}$

따라서 이 삼각형은 $b=\boxed{c}$인 이등변삼각형이다.

26 **① 단계** $a^4+a^2b^2+b^2c^2-c^4=0$의 좌변을 b에 대한 내림차순으로 정리하면

$$(a^2+c^2)b^2+a^4-c^4=0$$
$$(a^2+c^2)b^2+(a^2+c^2)(a^2-c^2)=0$$
$$\therefore (a^2+c^2)(b^2+a^2-c^2)=0$$

② 단계 $a^2>0$, $c^2>0$에서 $a^2+c^2>0$이므로
$b^2+a^2-c^2=0$ $\therefore a^2+b^2=c^2$

따라서 이 삼각형은 빗변의 길이가 c인 직각삼각형이다.

27 $ab^2+b^2c-a^3-c^3-a^2c-ac^2=0$의 좌변을 b에 대한 내림차순으로 정리하면

$$(a+c)b^2-a^3-a^2c-ac^2-c^3=0$$
$$(a+c)b^2-(a+c)a^2-(a+c)c^2=0$$
$$\therefore (a+c)(b^2-a^2-c^2)=0$$

$a>0$, $c>0$에서 $a+c>0$이므로
$b^2-a^2-c^2=0$ $\therefore b^2=a^2+c^2$

따라서 이 삼각형은 빗변의 길이가 b인 직각삼각형이다.

II 방정식과 부등식

09 복소수

본문 044~047쪽

01 실수부분: 3, 허수부분: 1   02 실수부분: 1, 허수부분: -2
03 실수부분: -2, 허수부분: 5
04 실수부분: -4, 허수부분: -7
05 실수부분: 1, 허수부분: $\sqrt{3}$
06 실수부분: $-\sqrt{2}$, 허수부분: 6
07 실수부분: 15, 허수부분: 0   08 실수부분: 0, 허수부분: 9
09 ㄹ, ㅁ, ㅂ, ㅈ   10 ㄱ, ㄴ, ㄷ, ㅅ, ㅇ
11 ㄷ, ㅅ   12 $a=2$, $b=1$ 13 $a=2$, $b=-3$
14 $a=0$, $b=3$ 15 $a=-7$, $b=0$ 16 $a=3$, $b=3$
17 $a=-2$, $b=-2$ 18 $a=-1$, $b=2$ 19 $a=-5$, $b=2$
20 $1-3i$ 21 $-6+2i$ 22 $7+3i$
23 $-4-\sqrt{5}i$ 24 6   25 $11i$
26 $3+4i$ 27 $-3+3i$ 28 $-4+3i$
29 $-1+2i$ 30 $-7+5i$ 31 $2-8i$
32 $1+4i$ 33 $-2-3i$ 34 $1+5i$
35 $6+15i$ 36 $9-20i$ 37 $24+10i$
38 $-7-24i$ 39 10   40 $\dfrac{3}{10}-\dfrac{1}{10}i$
41 $1+i$ 42 $\dfrac{3}{13}+\dfrac{2}{13}i$ 43 $\dfrac{6}{5}+\dfrac{7}{5}i$
44 $\dfrac{4}{5}-\dfrac{7}{5}i$ 45 $\dfrac{1}{10}-\dfrac{3}{10}i$ 46 $-9+7i$
47 $1-i$ 48 2   49 $-2i$ 50 i
51 $3+2i$ 52 $-4i$ 53 13   54 $\dfrac{5}{13}+\dfrac{12}{13}i$

16 $a+1=\boxed{4}$, $b+2=\boxed{5}$이므로
$a=\boxed{3}$, $b=\boxed{3}$

17 $a-3=-5$, $-3=b-1$이므로
$a=-2$, $b=-2$

18 $a-b=-3$, $4=2b$이므로 두 식을 연립하여 풀면
$a=-1$, $b=2$

19 $2a+b=-8$, $a-3b=-11$이므로 두 식을 연립하여 풀면
$a=-5$, $b=2$

26 $(-1+3i)+(4+i)=(-1+4)+(3+1)i$
$=3+4i$

27 $2i+(-3+i)=-3+(2+1)i$
$=-3+3i$

28 $(-8+5i)+(-2i+4)=(-8+4)+(5-2)i$
$=-4+3i$

29 $(5+3i)-(6+i)=(5-6)+(3-1)i$
$=-1+2i$

30 $(-7-i)-(-6i)=-7+(-1+6)i$
$=-7+5i$

31 $(4-5i)-(2+3i)=(4-2)+(-5-3)i$
$=2-8i$

32 $(-i+9)-(3i+5)+(8i-3)=(9-5-3)+(-1-3+8)i$
$=1+4i$

33 $-7i+(-2i+3)-(5-6i)=(3-5)+(-7-2+6)i$
$=-2-3i$

34 $(1+i)(3+2i)=3+2i+3i+2i^2$
$=3+2i+3i-\boxed{2}$ $i^2=-1$이므로
$=\boxed{1}+5i$

35 $3i(5-2i)=15i-6i^2=6+15i$

36 $(-2+3i)(i-6)=-2i+12+3i^2-18i$
$=-2i+12-3-18i$
$=9-20i$

37 $(5+i)^2=25+10i+i^2$
$=25+10i-1$
$=24+10i$

38 $(3-4i)^2=9-24i+16i^2$
$=9-24i-16$
$=-7-24i$

39 $(-3-i)(-3+i)=9-i^2$
$=9+1=10$

40 $\dfrac{1}{3+i}=\dfrac{\boxed{3-i}}{(3+i)(\boxed{3-i})}=\dfrac{3-i}{9-\boxed{i^2}}$
$=\dfrac{3-i}{\boxed{10}}=\dfrac{3}{\boxed{10}}-\dfrac{1}{\boxed{10}}i$

41
$$\frac{2}{1-i}=\frac{2(1+i)}{(1-i)(1+i)}=\frac{2+2i}{1-i^2}$$
$$=\frac{2+2i}{2}=1+i$$

42
$$\frac{i}{2+3i}=\frac{i(2-3i)}{(2+3i)(2-3i)}=\frac{2i-3i^2}{4-9i^2}$$
$$=\frac{3+2i}{13}=\frac{3}{13}+\frac{2}{13}i$$

43
$$\frac{4-i}{1-2i}=\frac{(4-i)(1+2i)}{(1-2i)(1+2i)}=\frac{4+8i-i-2i^2}{1-4i^2}$$
$$=\frac{6+7i}{5}=\frac{6}{5}+\frac{7}{5}i$$

44
$$\frac{3-2i}{2+i}=\frac{(3-2i)(2-i)}{(2+i)(2-i)}=\frac{6-3i-4i+2i^2}{4-i^2}$$
$$=\frac{4-7i}{5}=\frac{4}{5}-\frac{7}{5}i$$

45
$$\frac{1}{2+i}-\frac{1}{3-i}=\frac{2-i}{(2+i)(2-i)}-\frac{3+i}{(3-i)(3+i)}$$
$$=\frac{2-i}{4-i^2}-\frac{3+i}{9-i^2}=\frac{2-i}{5}-\frac{3+i}{10}$$
$$=\frac{2}{5}-\frac{1}{5}i-\frac{3}{10}-\frac{1}{10}i=\frac{1}{10}-\frac{3}{10}i$$

46
$$(1+3i)^2+\frac{2i}{1-i}=(1+6i+9i^2)+\frac{2i(1+i)}{(1-i)(1+i)}$$
$$=(1+6i-9)+\frac{2i+2i^2}{1-i^2}$$
$$=(-8+6i)+\frac{-2+2i}{2}$$
$$=(-8+6i)-1+i=-9+7i$$

48 $z+\bar{z}=(1+i)+(1-i)=2 \rightarrow z+\bar{z}=$ (실수)

49 $\bar{z}^2=(1-i)^2=1-2i+i^2$
$$=-2i$$

50
$$\frac{z}{\bar{z}}=\frac{1+i}{1-i}=\frac{(1+i)^2}{(1-i)(1+i)}$$
$$=\frac{1+2i+i^2}{1-i^2}=\frac{2i}{2}=i$$

52 $z-\bar{z}=(3-2i)-(3+2i)=-4i$

53 $z\bar{z}=(3-2i)(3+2i)$
$$=9-4i^2=13 \rightarrow z\bar{z}=$$ (실수)

54
$$\frac{\bar{z}}{z}=\frac{3+2i}{3-2i}=\frac{(3+2i)^2}{(3-2i)(3+2i)}$$
$$=\frac{9+12i+4i^2}{9-4i^2}=\frac{5+12i}{13}$$
$$=\frac{5}{13}+\frac{12}{13}i$$

10 i의 거듭제곱, 음수의 제곱근

본문 048~051쪽

01 -1	02 i	03 1	04 i	05 -1	06 i
07 $-i$	08 i	09 -1	10 1	11 0	12 1
13 -4	14 $-32i$	15 i	16 $-i$	17 -1	18 1
19 $-2i$	20 $\sqrt{2}i$	21 $\sqrt{7}i$	22 $4i$	23 $\frac{\sqrt{3}}{3}i$	
24 $-2\sqrt{3}i$		25 $-\frac{1}{3}i$		26 $\pm\sqrt{3}i$	
27 $\pm\sqrt{11}i$		28 $\pm 3i$		29 $\pm 4\sqrt{2}i$	
30 $\pm\frac{\sqrt{6}}{6}i$		31 $\pm\frac{1}{5}i$		32 $7i$	
33 $9i$		34 $5\sqrt{2}i$		35 $3i$	
36 $(3-\sqrt{3})i$		37 $-7\sqrt{2}i$		38 $\sqrt{6}i$	
39 $9i$		40 -6		41 $\sqrt{3}i$	
42 $-\sqrt{3}i$		43 $\frac{\sqrt{2}}{2}$		44 $-6-\sqrt{3}i$	
45 $4+3\sqrt{2}i$		46 $-a-b$		47 $-a+b$	
48 ab		49 $-a-b$		50 $2b$	
51 $a-b$		52 $a+b$		53 $-ab$	
54 $a-b$		55 $-a-b-ab$			

01 $i^{14}=i^{4\times3+2}=(i^4)^3\times i^{\boxed{2}}$
$$=1\times(\boxed{-1})=\boxed{-1}$$

02 $i^{37}=i^{4\times9+1}=(i^4)^9\times i=1\times i=i$

03 $i^{100}=i^{4\times25}=(i^4)^{25}=1$

04 $(-i)^{11}=-i^{11}=-i^{4\times2+3}=-(i^4)^2\times i^3$
$$=-1\times(-i)=i$$

05 $(-i)^{54}=i^{54}=i^{4\times13+2}=(i^4)^{13}\times i^2$
$$=1\times(-1)=-1$$

06 $\frac{1}{i}=\frac{i}{i^2}=-i$이므로
$$\left(\frac{1}{i}\right)^3=(-i)^3=-i^3=-(-i)=i$$

07 $-\frac{1}{i}=-\frac{i}{i^2}=i$이므로
$$\left(-\frac{1}{i}\right)^{23}=i^{23}=i^{4\times5+3}=(i^4)^5\times i^3$$
$$=1\times(-i)=-i$$

08 $i=i^5$이므로
$i+i^2+i^3+i^4+i^5=i-1-i+1+i=i$

09 $i=i^5=i^9=\cdots=i^{21}$, $i^2=i^6=i^{10}=\cdots=i^{22}=-1$,
$i^3=i^7=i^{11}=\cdots=i^{23}=-i$, $i^4=i^8=i^{12}=\cdots=i^{20}=1$이므로
$i+i^2+i^3+\cdots+i^{23}$
$=(i-1-i+1)+(i-1-i+1)+\cdots+(i-1-i+1)+(i-1-i)$
$=0+0+\cdots+0+(-1)=-1$

10 $i=i^5=i^9=\cdots=i^{97}$, $i^2=i^6=i^{10}=\cdots=i^{98}=-1$,
$i^3=i^7=i^{11}=\cdots=i^{99}=-i$, $i^4=i^8=i^{12}=\cdots=i^{100}=1$이므로
$1+i+i^2+\cdots+i^{100}$
$=1+(i-1-i+1)+(i-1-i+1)+\cdots+(i-1-i+1)$
$=1+0+0+\cdots+0=1$

11 $\dfrac{1}{i}+\dfrac{1}{i^2}+\dfrac{1}{i^3}+\dfrac{1}{i^4}=\dfrac{1}{i}-1-\dfrac{1}{i}+1=0$

12 $i=i^5=i^9=\cdots=i^{97}$, $i^2=i^6=i^{10}=\cdots=i^{98}=-1$,
$i^3=i^7=i^{11}=\cdots=i^{99}=-i$, $i^4=i^8=i^{12}=\cdots=i^{100}=1$이므로
$1+\dfrac{1}{i}+\dfrac{1}{i^2}+\dfrac{1}{i^3}+\cdots+\dfrac{1}{i^{100}}$
$=1+\left(\dfrac{1}{i}-1-\dfrac{1}{i}+1\right)+\left(\dfrac{1}{i}-1-\dfrac{1}{i}+1\right)+\cdots+\left(\dfrac{1}{i}-1-\dfrac{1}{i}+1\right)$
$=1+0+0+\cdots+0=1$

13 $(1+i)^2=2i$이므로
$(1+i)^4=\{(1+i)^2\}^2=(2i)^2$
$\qquad\quad =4i^2=-4$

여기서 $(1+i)^2=1+2i+i^2=2i$

14 $(1-i)^2=-2i$이므로
$(1-i)^{10}=\{(1-i)^2\}^5=(-2i)^5$
$\qquad\qquad =-32i^5=-32i^{4\times1+1}=-32i$

여기서 $(1-i)^2=1-2i+i^2=-2i$

15 $\dfrac{1+i}{1-i}=i$이므로
$\left(\dfrac{1+i}{1-i}\right)^5=i^5=i^{4\times1+1}=i$

여기서 $\dfrac{1+i}{1-i}=\dfrac{(1+i)^2}{(1-i)(1+i)}=\dfrac{2i}{1-i^2}=\dfrac{2i}{2}=i$

16 $\dfrac{1+i}{1-i}=i$이므로
$\left(\dfrac{1+i}{1-i}\right)^{43}=i^{43}=i^{4\times10+3}=i^3=-i$

17 $\dfrac{1-i}{1+i}=-i$이므로
$\left(\dfrac{1-i}{1+i}\right)^{14}=(-i)^{14}=i^{14}=i^{4\times3+2}=i^2=-1$

여기서 $\dfrac{1-i}{1+i}=\dfrac{(1-i)^2}{(1+i)(1-i)}=\dfrac{-2i}{1-i^2}=\dfrac{-2i}{2}=-i$

18 $\dfrac{1-i}{1+i}=-i$이므로
$\left(\dfrac{1-i}{1+i}\right)^{112}=(-i)^{112}=i^{112}=i^{4\times28}=1$

19 $\dfrac{1+i}{1-i}=i$, $\dfrac{1-i}{1+i}=-i$이므로
$\left(\dfrac{1+i}{1-i}\right)^{15}+\left(\dfrac{1-i}{1+i}\right)^{25}=i^{15}+(-i)^{25}=i^{15}-i^{25}$
$\qquad\qquad\qquad\qquad\qquad =i^{4\times3+3}-i^{4\times6+1}=i^3-i$
$\qquad\qquad\qquad\qquad\qquad =-i-i=-2i$

32 $\sqrt{-4}+\sqrt{-25}=\boxed{2i}+\boxed{5i}=\boxed{7i}$

33 $\sqrt{-9}+\sqrt{-36}=3i+6i=9i$

34 $\sqrt{-8}+3\sqrt{-2}=2\sqrt{2}i+3\sqrt{2}i=5\sqrt{2}i$

35 $\sqrt{-16}-\sqrt{-1}=4i-i=3i$

36 $\sqrt{-9}-\sqrt{-3}=3i-\sqrt{3}i=(3-\sqrt{3})i$

37 $2\sqrt{-2}-3\sqrt{-18}=2\sqrt{2}i-9\sqrt{2}i=-7\sqrt{2}i$

38 $\sqrt{-2}\sqrt{3}=\boxed{\sqrt{2}i}\times\sqrt{3}=\boxed{\sqrt{6}i}$

39 $\sqrt{3}\sqrt{-27}=\sqrt{3}\times3\sqrt{3}i=9i$

40 $\sqrt{-4}\sqrt{-9}=2i\times3i=6i^2=-6$

41 $\dfrac{\sqrt{-9}}{\sqrt{3}}=\dfrac{3i}{\sqrt{3}}=\sqrt{3}i$

42 $\dfrac{\sqrt{12}}{\sqrt{-4}}=\dfrac{2\sqrt{3}}{2i}=\dfrac{\sqrt{3}}{i}=\dfrac{\sqrt{3}i}{i^2}=-\sqrt{3}i$

43 $\dfrac{\sqrt{-7}}{\sqrt{-14}}=\dfrac{\sqrt{7}i}{\sqrt{14}i}=\dfrac{1}{\sqrt{2}}=\dfrac{\sqrt{2}}{2}$

44 $\sqrt{-3}\sqrt{-12}+\dfrac{\sqrt{18}}{\sqrt{-6}}=\sqrt{3}i\times2\sqrt{3}i+\dfrac{3\sqrt{2}}{\sqrt{6}i}$
$\qquad\qquad\qquad\qquad\quad =6i^2+\dfrac{\sqrt{3}}{i}$
$\qquad\qquad\qquad\qquad\quad =-6+\dfrac{\sqrt{3}i}{i^2}$
$\qquad\qquad\qquad\qquad\quad =-6-\sqrt{3}i$

다른 풀이 음수의 제곱근의 성질을 이용한다.
$\sqrt{-3}\sqrt{-12}+\dfrac{\sqrt{18}}{\sqrt{-6}}=-\sqrt{36}-\sqrt{-3}$
$\qquad\qquad\qquad\qquad\quad =-6-\sqrt{3}i$

45 $\sqrt{-8}-\sqrt{-2}-\sqrt{-4}\sqrt{-4}+\dfrac{\sqrt{-24}}{\sqrt{3}}$

$=2\sqrt{2}i-\sqrt{2}i-2i\times2i+\dfrac{2\sqrt{6}i}{\sqrt{3}}$

$=\sqrt{2}i-4i^2+2\sqrt{2}i$

$=4+3\sqrt{2}i$

다른 풀이

음수의 제곱근의 성질을 이용한다.

$\sqrt{-8}-\sqrt{-2}-\sqrt{-4}\sqrt{-4}+\dfrac{\sqrt{-24}}{\sqrt{3}}=2\sqrt{2}i-\sqrt{2}i+\sqrt{16}+\sqrt{-8}$

$=\sqrt{2}i+4+2\sqrt{2}i$

$=4+3\sqrt{2}i$

46 $\sqrt{a}\sqrt{b}=-\sqrt{ab}$ 에서 $a<0$, $b<0$이므로
$|a|+|b|=(-a)+(-b)=-a-b$

47 $a<0$, $b<0$이므로
$\sqrt{a^2}-\sqrt{b^2}=|a|-|b|=(-a)-(-b)=-a+b$

🔵 플러스톡

$\sqrt{a^2}=|a|=\begin{cases} a & (a\geq0) \\ -a & (a<0) \end{cases}$

48 $a<0$, $b<0$이므로 $\sqrt{a^2}\sqrt{b^2}=|a||b|=(-a)\times(-b)=ab$

49 $|a+b|=-(a+b)=-a-b$
$a<0$, $b<0$이므로 $a+b<0$

50 $a<0$, $b<0$이므로
$|a|-|b|-\sqrt{(a+b)^2}=|a|-|b|-|a+b|$
$=(-a)-(-b)-\{-(a+b)\}$
$=-a+b+a+b=2b$

51 $\dfrac{\sqrt{a}}{\sqrt{b}}=-\sqrt{\dfrac{a}{b}}$ 에서 $a>0$, $b<0$이므로
$|a|+|b|=a+(-b)=a-b$

52 $a>0$, $b<0$이므로 $\sqrt{a^2}-\sqrt{b^2}=|a|-|b|=a-(-b)=a+b$

53 $a>0$, $b<0$이므로 $\sqrt{a^2}\sqrt{b^2}=|a||b|=a\times(-b)=-ab$

54 $|b-a|=-(b-a)=a-b$
$a>0$, $b<0$이므로 $b-a<0$

55 $a>0$, $b<0$이므로
$-\sqrt{a^2}+\sqrt{b^2}+|ab|=-|a|+|b|+|ab|$
$=-a+(-b)+(-ab)$
$=-a-b-ab$

---

11 이차방정식의 근과 판별식

본문 052~056쪽

01~05 해설 참조	**06** $x=-1$ 또는 $x=4$
07 $x=-7$ 또는 $x=2$	**08** $x=-1$ 또는 $x=-\dfrac{1}{2}$
09 $x=-\dfrac{1}{3}$ 또는 $x=4$	**10** $x=5$ (중근)
11 $x=\dfrac{-3\pm\sqrt{13}}{2}$ (실근)	**12** $x=\dfrac{7\pm\sqrt{29}}{2}$ (실근)
13 $x=\dfrac{1\pm\sqrt{23}i}{4}$ (허근)	**14** $x=1\pm\sqrt{5}$ (실근)
15 $x=\dfrac{2\pm\sqrt{2}i}{3}$ (허근)	**16** $x=\dfrac{-1\pm\sqrt{2}i}{2}$ (허근)
17 $x=0$	**18** $x=1$
19 $x=-3$ 또는 $x=3$	**20** $x=-\dfrac{3}{2}$ 또는 $x=\dfrac{3}{2}$
21 $x=1-\sqrt{2}$ 또는 $x=1$	**22** $x=-2$ 또는 $x=\dfrac{1+\sqrt{13}}{3}$
23 4 **24** 1	**25** $\dfrac{1}{3}$ **26** 9
27 서로 다른 두 실근	**28** 서로 다른 두 허근
29 중근	**30** 서로 다른 두 실근
31 중근	**32** 서로 다른 두 허근
33 $k<1$ **34** $k>-\dfrac{9}{4}$ **35** $k<\dfrac{5}{8}$	
36 4 **37** $\dfrac{13}{4}$ **38** ±3	
39 $k>\dfrac{25}{4}$ **40** $k>\dfrac{13}{8}$ **41** $k<-\dfrac{1}{5}$	
42 $k\leq\dfrac{25}{4}$ **43** $k\leq3$ **44** $k\geq\dfrac{7}{8}$	
45 9 **46** $-\dfrac{9}{4}$ **47** ±4	
48 4 **49** -3	

01 (i) $a\neq0$일 때, 양변을 $\boxed{a}$ 로 나누면
$x=\boxed{\dfrac{3}{a}}$
(ii) $a=0$일 때, $0\times x=\boxed{3}$ 이므로 <u>해는 없다</u> .

02 (i) $a\neq2$일 때, 양변을 $a-2$로 나누면
$x=a+1$
(ii) $a=2$일 때, $0\times x=0$이므로 해는 무수히 많다.

03 $(a^2-1)x=a+1$에서 $(a+1)(a-1)x=a+1$
(i) $a\neq\pm1$일 때, 양변을 $(a+1)(a-1)$로 나누면
$x=\dfrac{1}{a-1}$
(ii) $a=1$일 때, $0\times x=2$이므로 해는 없다.
(iii) $a=-1$일 때, $0\times x=0$이므로 해는 무수히 많다.

04 $a(x-a)=2x-4$에서 $(a-2)x=a^2-4$

$(a-2)x=(a+2)(a-2)$

(i) $a\neq2$일 때, 양변을 $a-2$로 나누면

$\qquad x=a+2$

(ii) $a=2$일 때, $0\times x=0$이므로 해는 무수히 많다.

05 $a(ax-1)=-ax+1$에서 $(a^2+a)x=a+1$

$a(a+1)x=a+1$

(i) $a\neq-1$, $a\neq0$일 때, 양변을 $a(a+1)$로 나누면

$\qquad x=\dfrac{1}{a}$

(ii) $a=0$일 때, $0\times x=1$이므로 해는 없다.

(iii) $a=-1$일 때, $0\times x=0$이므로 해는 무수히 많다.

06 $x^2-3x-4=0$에서 $(\boxed{x+1})(\boxed{x-4})=0$

$\therefore x=\boxed{-1}$ 또는 $x=\boxed{4}$

07 $x^2+5x-14=0$에서 $(x+7)(x-2)=0$

$\therefore x=-7$ 또는 $x=2$

08 $2x^2+3x+1=0$에서 $(x+1)(2x+1)=0$

$\therefore x=-1$ 또는 $x=-\dfrac{1}{2}$

09 $3x^2-11x-4=0$에서 $(3x+1)(x-4)=0$

$\therefore x=-\dfrac{1}{3}$ 또는 $x=4$

10 $x^2-10x+25=0$에서 $(x-5)^2=0$

$\therefore x=5$ (중근)

11 $x=\dfrac{-3\pm\sqrt{\boxed{3}^2-4\times\boxed{1}\times(\boxed{-1})}}{2\times\boxed{1}}=\dfrac{-3\pm\sqrt{\boxed{13}}}{\boxed{2}}$

따라서 주어진 이차방정식의 근은 <u>실근</u>이다.

12 $x=\dfrac{-(-7)\pm\sqrt{(-7)^2-4\times1\times5}}{2\times1}=\dfrac{7\pm\sqrt{29}}{2}$

따라서 주어진 이차방정식의 근은 실근이다.

13 $x=\dfrac{-(-1)\pm\sqrt{(-1)^2-4\times2\times3}}{2\times2}=\dfrac{1\pm\sqrt{23}i}{4}$

따라서 주어진 이차방정식의 근은 허근이다.

14 x의 계수가 짝수이다.

$x^2+2\times(-1)\times x-4=0$이므로

$x=\dfrac{-(-1)\pm\sqrt{(-1)^2-1\times(-4)}}{1}=1\pm\sqrt{5}$

따라서 주어진 이차방정식의 근은 실근이다.

15 $3x^2+2\times(-2)\times x+2=0$이므로

$x=\dfrac{-(-2)\pm\sqrt{(-2)^2-3\times2}}{3}=\dfrac{2\pm\sqrt{2}i}{3}$

따라서 주어진 이차방정식의 근은 허근이다.

16 $4x^2+2\times2\times x+3=0$이므로

$x=\dfrac{-2\pm\sqrt{2^2-4\times3}}{4}=\dfrac{-2\pm2\sqrt{2}i}{4}=\dfrac{-1\pm\sqrt{2}i}{2}$

따라서 주어진 이차방정식의 근은 허근이다.

17 $|x-1|=2x+1$에서

(i) $x<\boxed{1}$일 때, $\boxed{-(x-1)}=2x+1$ ← $x-1<0$이므로

$\qquad 3x=0$ $\quad\therefore x=\boxed{0}$

(ii) $x\geq\boxed{1}$일 때, $\boxed{x-1}=2x+1$ ← $x-1\geq0$이므로

$\qquad\therefore x=\boxed{-2}$

그런데 $x\geq\boxed{1}$이므로 해는 없다.

(i), (ii)에서 $x=\boxed{0}$

> **플러스톡**
>
> **절댓값 기호를 포함한 방정식의 풀이; 절댓값 기호가 1개인 경우**
>
> $|x-a|=bx+c$ 꼴의 방정식은 절댓값 기호 안의 식 $x-a$의 값이 0이 되는 x의 값 a를 기준으로 다음과 같이 2개의 범위로 나누어서 푼다.
>
> (i) $x<a$ (ii) $x\geq a$

18 $|x+3|=3x+1$에서 ← $x+3<0$이므로

(i) $x<-3$일 때, $-(x+3)=3x+1$

$\qquad 4x=-4$ $\quad\therefore x=-1$

그런데 $x<-3$이므로 해는 없다.

(ii) $x\geq-3$일 때, $x+3=3x+1$

$\qquad 2x=2$ $\quad\therefore x=1$ ← $x+3\geq0$이므로

(i), (ii)에서 $x=1$

19 $x^2-2|x|-3=0$에서

(i) $x<0$일 때, $x^2+2x-3=0$

$\qquad(x+3)(x-1)=0$ $\quad\therefore x=-3$ 또는 $x=1$

그런데 $x<0$이므로 $x=-3$

(ii) $x\geq0$일 때, $x^2-2x-3=0$

$\qquad(x+1)(x-3)=0$ $\quad\therefore x=-1$ 또는 $x=3$

그런데 $x\geq0$이므로 $x=3$

(i), (ii)에서 $x=-3$ 또는 $x=3$

> **다른 풀이**
>
> $x^2=|x|^2$이므로 주어진 방정식은
>
> $|x|^2-2|x|-3=0$, $(|x|+1)(|x|-3)=0$
>
> 이때 $|x|\geq0$이므로 $|x|=3$
>
> $\therefore x=-3$ 또는 $x=3$

20 $2x^2+|x|-6=0$에서

(i) $x<0$일 때, $2x^2-x-6=0$

$\quad (2x+3)(x-2)=0 \qquad \therefore x=-\dfrac{3}{2}$ 또는 $x=2$

$\quad$ 그런데 $x<0$이므로 $x=-\dfrac{3}{2}$

(ii) $x\geq0$일 때, $2x^2+x-6=0$

$\quad (x+2)(2x-3)=0 \qquad \therefore x=-2$ 또는 $x=\dfrac{3}{2}$

$\quad$ 그런데 $x\geq0$이므로 $x=\dfrac{3}{2}$

(i), (ii)에서 $x=-\dfrac{3}{2}$ 또는 $x=\dfrac{3}{2}$

> **다른 풀이**
>
> $x^2=|x|^2$이므로 주어진 방정식은
>
> $2|x|^2+|x|-6=0$, $(|x|+2)(2|x|-3)=0$
>
> 이때 $|x|\geq0$이므로 $|x|=\dfrac{3}{2}$
>
> $\therefore x=-\dfrac{3}{2}$ 또는 $x=\dfrac{3}{2}$

21 $x^2+|2x-1|-2=0$에서

(i) $x<\dfrac{1}{2}$일 때, $x^2-(2x-1)-2=0$ $\quad$ ($2x-1<0$이므로)

$\quad x^2-2x-1=0$

$\quad \therefore x=\dfrac{-(-1)\pm\sqrt{(-1)^2-1\times(-1)}}{1}$

$\qquad =1\pm\sqrt{2}$

$\quad$ 그런데 $x<\dfrac{1}{2}$이므로 $x=1-\sqrt{2}$

(ii) $x\geq\dfrac{1}{2}$일 때, $x^2+(2x-1)-2=0$ $\quad$ ($2x-1\geq0$이므로)

$\quad x^2+2x-3=0$, $(x+3)(x-1)=0$

$\quad \therefore x=-3$ 또는 $x=1$

$\quad$ 그런데 $x\geq\dfrac{1}{2}$이므로 $x=1$

(i), (ii)에서 $x=1-\sqrt{2}$ 또는 $x=1$

22 $3x^2-2|x-1|-6=0$에서

(i) $x<1$일 때, $3x^2+2(x-1)-6=0$ $\quad$ ($x-1<0$이므로)

$\quad 3x^2+2x-8=0$, $(x+2)(3x-4)=0$

$\quad \therefore x=-2$ 또는 $x=\dfrac{4}{3}$

$\quad$ 그런데 $x<1$이므로 $x=-2$

(ii) $x\geq1$일 때, $3x^2-2(x-1)-6=0$ $\quad$ ($x-1\geq0$이므로)

$\quad 3x^2-2x-4=0$

$\quad \therefore x=\dfrac{-(-1)\pm\sqrt{(-1)^2-3\times(-4)}}{3}$

$\qquad =\dfrac{1\pm\sqrt{13}}{3}$

$\quad$ 그런데 $x\geq1$이므로 $x=\dfrac{1+\sqrt{13}}{3}$

(i), (ii)에서 $x=-2$ 또는 $x=\dfrac{1+\sqrt{13}}{3}$

23 $x=\boxed{1}$을 $x^2+kx-2k+3=0$에 대입하면

$\boxed{1+k-2k+3}=0$, $4-k=0$

$\therefore k=\boxed{4}$

24 $x=-1$을 $x^2-kx+4k-6=0$에 대입하면

$(-1)^2-k\times(-1)+4k-6=0$, $5k-5=0$

$\therefore k=1$

25 $x=2$를 $x^2-2kx+k-3=0$에 대입하면

$2^2-2k\times2+k-3=0$, $1-3k=0$

$\therefore k=\dfrac{1}{3}$

26 $x=3$을 $2x^2+kx-5k=0$에 대입하면

$2\times3^2+k\times3-5k=0$, $18-2k=0$

$\therefore k=9$

27 주어진 이차방정식의 판별식을 D라 하면

$D=\boxed{5}^2-4\times\boxed{1}\times\boxed{2}=17>0$

따라서 서로 다른 두 실근을 갖는다.

28 주어진 이차방정식의 판별식을 D라 하면

$D=(-1)^2-4\times1\times8=-31<0$

따라서 서로 다른 두 허근을 갖는다.

29 주어진 이차방정식의 판별식을 D라 하면

$\dfrac{D}{4}=(-2)^2-4\times1=0$

따라서 중근을 갖는다.

30 주어진 이차방정식의 판별식을 D라 하면

$D=5^2-4\times3\times(-1)=37>0$

따라서 서로 다른 두 실근을 갖는다.

31 주어진 이차방정식의 판별식을 D라 하면

$\dfrac{D}{4}=6^2-9\times4=0$

따라서 중근을 갖는다.

32 주어진 이차방정식의 판별식을 D라 하면

$\dfrac{D}{4}=(-1)^2-2\times5=-9<0$

따라서 서로 다른 두 허근을 갖는다.

33 주어진 이차방정식의 판별식을 D라 하면

$\dfrac{D}{4}=\boxed{1}^2-\boxed{1}\times k=1-k>0$

$\therefore k<\boxed{1}$

34 주어진 이차방정식의 판별식을 D라 하면
$$D=(-3)^2-4\times1\times(-k)=4k+9>0$$
$$\therefore k>-\frac{9}{4}$$

35 주어진 이차방정식의 판별식을 D라 하면
$$D=1^2-4\times1\times(2k-1)=5-8k>0$$
$$\therefore k<\frac{5}{8}$$

36 주어진 이차방정식의 판별식을 D라 하면
$$\frac{D}{4}=2^2-1\times k=4-k=0$$
$$\therefore k=4$$

37 주어진 이차방정식의 판별식을 D라 하면
$$D=5^2-4\times1\times(k+3)=13-4k=0$$
$$\therefore k=\frac{13}{4}$$

38 주어진 이차방정식의 판별식을 D라 하면
$$\frac{D}{4}=(-k)^2-3\times3=k^2-9=0$$
$$k^2=9 \qquad \therefore k=\pm3$$

39 주어진 이차방정식의 판별식을 D라 하면
$$D=(-5)^2-4\times1\times k=25-4k<0$$
$$\therefore k>\frac{25}{4}$$

40 주어진 이차방정식의 판별식을 D라 하면
$$D=3^2-4\times1\times(2k-1)=13-8k<0$$
$$\therefore k>\frac{13}{8}$$

41 주어진 이차방정식의 판별식을 D라 하면
$$\frac{D}{4}=1^2-5\times(-k)=5k+1<0$$
$$\therefore k<-\frac{1}{5}$$

42 주어진 이차방정식의 판별식을 D라 하면
$$D=(-3)^2-4\times1\times(k-4)=25-4k\geq0$$
$$\therefore k\leq\frac{25}{4}$$

43 주어진 이차방정식의 판별식을 D라 하면
$$\frac{D}{4}=(-3)^2-1\times3k=9-3k\geq0$$
$$\therefore k\leq3$$

44 주어진 이차방정식의 판별식을 D라 하면
$$D=(-1)^2-4\times2\times(1-k)=8k-7\geq0$$
$$\therefore k\geq\frac{7}{8}$$

45 이차식 x^2+6x+a가 완전제곱식이 되려면 이차방정식 $x^2+6x+a=0$이 중근을 가져야 하므로 이 이차방정식의 판별식을 D라 하면
$$\frac{D}{4}=\boxed{3}^2-\boxed{1}\times a=9-a=\boxed{0}$$
$$\therefore a=\boxed{9}$$

46 이차식 x^2+3x-a가 완전제곱식이 되려면 이차방정식 $x^2+3x-a=0$이 중근을 가져야 하므로 이 이차방정식의 판별식을 D라 하면
$$D=3^2-4\times1\times(-a)=4a+9=0$$
$$\therefore a=-\frac{9}{4}$$

47 이차식 ax^2-8x+a가 완전제곱식이 되려면 이차방정식 $ax^2-8x+a=0$이 중근을 가져야 하므로 이 이차방정식의 판별식을 D라 하면
$$\frac{D}{4}=(-4)^2-a\times a=16-a^2=0$$
$$a^2=16 \qquad \therefore a=\pm4$$

48 이차식 ax^2-ax+1이 완전제곱식이 되려면 이차방정식 $ax^2-ax+1=0$이 중근을 가져야 하므로 이 이차방정식의 판별식을 D라 하면
$$D=(-a)^2-4\times a\times1=a^2-4a=0$$
$$a(a-4)=0 \qquad \therefore a=4 \;(\because a\neq0)$$
$\quad\quad\quad\quad\quad\quad\quad\quad\quad\quad\;\;$↳ ax^2-ax+1이 이차식이므로

49 이차식 $ax^2+2ax-3$이 완전제곱식이 되려면 이차방정식 $ax^2+2ax-3=0$이 중근을 가져야 하므로 이 이차방정식의 판별식을 D라 하면
$$\frac{D}{4}=a^2-a\times(-3)=a^2+3a=0$$
$$a(a+3)=0 \qquad \therefore a=-3 \;(\because a\neq0)$$
$\quad\quad\quad\quad\quad\quad\quad\quad\quad\quad\quad\;$↳ $ax^2+2ax-3$이 이차식이므로

01 두 근의 합: 5, 두 근의 곱: 1
02 두 근의 합: −4, 두 근의 곱: 2
03 두 근의 합: 1, 두 근의 곱: −3
04 두 근의 합: 0, 두 근의 곱: 7
05 두 근의 합: $\dfrac{3}{2}$, 두 근의 곱: 1
06 두 근의 합: $-\dfrac{1}{2}$, 두 근의 곱: $-\dfrac{5}{2}$
07 두 근의 합: $-\dfrac{4}{3}$, 두 근의 곱: 0　　　08 3　　　09 −5
10 $-\dfrac{3}{5}$　11 −1　12 19　13 $-\dfrac{19}{5}$　14 29　15 72
16 −2　17 $\dfrac{1}{2}$　18 −4　19 $-\dfrac{1}{2}$　20 3　21 6
22 2　　23 −5　24 3　　25 −8　26 5, −5
27 6　　28 12　29 −4　30 6, −6
31 4, −2　　32 $x^2-5x+6=0$　33 $x^2-3x-4=0$
34 $x^2-2x+\dfrac{5}{9}=0$　35 $x^2-2=0$　36 $x^2-4x+1=0$
37 $x^2+25=0$　38 $x^2-4x+5=0$
39 $x^2+2x-3=0$　40 $x^2-4x=0$　41 $x^2+x-6=0$
42 $x^2+\dfrac{2}{3}x-\dfrac{1}{3}=0$　　43 $\left(x-\dfrac{1-\sqrt{5}}{2}\right)\left(x-\dfrac{1+\sqrt{5}}{2}\right)$
44 $(x+2-\sqrt{3}i)(x+2+\sqrt{3}i)$
45 $(x+\sqrt{3})(x-\sqrt{3})$　　46 $(x+2i)(x-2i)$
47 $2\left(x-\dfrac{3-\sqrt{33}}{4}\right)\left(x-\dfrac{3+\sqrt{33}}{4}\right)$
48 $3\left(x-\dfrac{1-\sqrt{59}i}{6}\right)\left(x-\dfrac{1+\sqrt{59}i}{6}\right)$
49 다른 한 근: $1-\sqrt{2}$, $a=-2$, $b=-1$
50 다른 한 근: $3+\sqrt{5}$, $a=-6$, $b=4$
51 다른 한 근: $-2-\sqrt{3}$, $a=4$, $b=1$
52 다른 한 근: $-1+2\sqrt{2}$, $a=2$, $b=-7$
53 다른 한 근: $1-i$, $a=-2$, $b=2$
54 다른 한 근: $3+i$, $a=-6$, $b=10$
55 다른 한 근: $-2-3i$, $a=4$, $b=13$
56 다른 한 근: $1+2\sqrt{2}i$, $a=-2$, $b=9$

10 　$\alpha+\beta=3,\ \alpha\beta=-5$이므로
$\dfrac{1}{\alpha}+\dfrac{1}{\beta}=\dfrac{\alpha+\beta}{\alpha\beta}=\dfrac{\boxed{3}}{\boxed{-5}}=\boxed{-\dfrac{3}{5}}$

11 　$(\alpha+1)(\beta+1)=\alpha\beta+(\alpha+\beta)+1$　$\alpha+\beta=3,\ \alpha\beta=-5$이므로
$=-5+3+1=-1$

12 　$\alpha^2+\beta^2=(\alpha+\beta)^2-2\alpha\beta$　$\alpha+\beta=3,\ \alpha\beta=-5$이므로
$=3^2-2\times(-5)=19$

13 　$\dfrac{\beta}{\alpha}+\dfrac{\alpha}{\beta}=\dfrac{\alpha^2+\beta^2}{\alpha\beta}=\dfrac{19}{-5}=-\dfrac{19}{5}$　12번에서 $\alpha^2+\beta^2=19$

14 　$(\alpha-\beta)^2=(\alpha+\beta)^2-4\alpha\beta$　$\alpha+\beta=3,\ \alpha\beta=-5$이므로
$=3^2-4\times(-5)=29$

15 　$\alpha^3+\beta^3=(\alpha+\beta)^3-3\alpha\beta(\alpha+\beta)$　$\alpha+\beta=3,\ \alpha\beta=-5$이므로
$=3^3-3\times(-5)\times3=72$

18 　$\alpha+\beta=-2,\ \alpha\beta=\dfrac{1}{2}$이므로
$\dfrac{1}{\alpha}+\dfrac{1}{\beta}=\dfrac{\alpha+\beta}{\alpha\beta}=\dfrac{-2}{\dfrac{1}{2}}=-4$

19 　$(\alpha+1)(\beta+1)=\alpha\beta+(\alpha+\beta)+1$　$\alpha+\beta=-2,\ \alpha\beta=\dfrac{1}{2}$이므로
$=\dfrac{1}{2}+(-2)+1=-\dfrac{1}{2}$

20 　$\alpha^2+\beta^2=(\alpha+\beta)^2-2\alpha\beta$　$\alpha+\beta=-2,\ \alpha\beta=\dfrac{1}{2}$이므로
$=(-2)^2-2\times\dfrac{1}{2}=3$

21 　$\dfrac{\beta}{\alpha}+\dfrac{\alpha}{\beta}=\dfrac{\alpha^2+\beta^2}{\alpha\beta}=\dfrac{3}{\dfrac{1}{2}}=6$　20번에서 $\alpha^2+\beta^2=3$

22 　$(\alpha-\beta)^2=(\alpha+\beta)^2-4\alpha\beta$　$\alpha+\beta=-2,\ \alpha\beta=\dfrac{1}{2}$이므로
$=(-2)^2-4\times\dfrac{1}{2}=2$

23 　$\alpha^3+\beta^3=(\alpha+\beta)^3-3\alpha\beta(\alpha+\beta)$　$\alpha+\beta=-2,\ \alpha\beta=\dfrac{1}{2}$이므로
$=(-2)^3-3\times\dfrac{1}{2}\times(-2)=-5$

24 　두 근의 비가 1:3이므로 두 근을 α, $\boxed{3\alpha}$ $(\alpha\neq0)$라 하면
이차방정식의 근과 계수의 관계에 의하여
$\alpha+\boxed{3\alpha}=4$, $4\alpha=4$　　$\therefore \alpha=\boxed{1}$
$\alpha\times\boxed{3\alpha}=k$　　$\therefore k=3\alpha^2$　…… ㉠
$\alpha=\boxed{1}$을 ㉠에 대입하면 $k=\boxed{3}$

25 　두 근의 비가 1:2이므로 두 근을 α, 2α $(\alpha\neq0)$라 하면
이차방정식의 근과 계수의 관계에 의하여
$\alpha+2\alpha=6$, $3\alpha=6$　　$\therefore \alpha=2$
$\alpha\times2\alpha=-k$　　$\therefore k=-2\alpha^2$　…… ㉠
$\alpha=2$를 ㉠에 대입하면 $k=-8$

26 두 근의 비가 $3:2$이므로 두 근을 3α, 2α $(\alpha \neq 0)$라 하면
이차방정식의 근과 계수의 관계에 의하여
$3\alpha + 2\alpha = k$ $\therefore k = 5\alpha$ ······ ㉠
$3\alpha \times 2\alpha = 6$, $6\alpha^2 = 6$ $\therefore \alpha = \pm 1$
이것을 각각 ㉠에 대입하면 $k=5$ 또는 $k=-5$

27 두 근의 비가 $3:4$이므로 두 근을 3α, 4α $(\alpha \neq 0)$라 하면
이차방정식의 근과 계수의 관계에 의하여
$3\alpha + 4\alpha = \dfrac{7}{2}$, $7\alpha = \dfrac{7}{2}$ $\therefore \alpha = \dfrac{1}{2}$
$3\alpha \times 4\alpha = \dfrac{k}{2}$ $\therefore k = 24\alpha^2$ ······ ㉠
$\alpha = \dfrac{1}{2}$을 ㉠에 대입하면 $k=6$

28 두 근의 차가 1이므로 두 근을 α, $\boxed{\alpha+1}$이라 하면
이차방정식의 근과 계수의 관계에 의하여
$\alpha + (\boxed{\alpha+1}) = 7$, $2\alpha = 6$ $\therefore \alpha = \boxed{3}$
$\alpha(\boxed{\alpha+1}) = \boxed{k}$ $\therefore k = \alpha^2 + \alpha$ ······ ㉠
$\alpha = \boxed{3}$을 ㉠에 대입하면 $k = \boxed{12}$

[다른 풀이]
주어진 이차방정식의 두 근을 α, β $(\alpha > \beta)$라 하면 $\alpha - \beta = 1$이고
이차방정식의 근과 계수의 관계에 의하여　　　～두 근의 차가 1이므로
$\alpha + \beta = 7$, $\alpha\beta = k$
이때 $(\alpha - \beta)^2 = (\alpha + \beta)^2 - 4\alpha\beta$이므로
$1^2 = 7^2 - 4k$, $4k = 48$ $\therefore k = 12$

29 두 근의 차가 3이므로 두 근을 α, $\alpha+3$이라 하면
이차방정식의 근과 계수의 관계에 의하여
$\alpha + (\alpha+3) = -5$, $2\alpha = -8$ $\therefore \alpha = -4$
$\alpha(\alpha+3) = -k$ $\therefore k = -\alpha^2 - 3\alpha$ ······ ㉠
$\alpha = -4$를 ㉠에 대입하면 $k = -4$

30 두 근의 차가 2이므로 두 근을 α, $\alpha+2$라 하면
이차방정식의 근과 계수의 관계에 의하여
$\alpha + (\alpha+2) = -k$ $\therefore k = -2\alpha - 2$ ······ ㉠
$\alpha(\alpha+2) = 8$, $\alpha^2 + 2\alpha - 8 = 0$
$(\alpha+4)(\alpha-2) = 0$ $\therefore \alpha = -4$ 또는 $\alpha = 2$
이것을 각각 ㉠에 대입하면 $k=6$ 또는 $k=-6$

31 두 근의 차가 5이므로 두 근을 α, $\alpha+5$라 하면
이차방정식의 근과 계수의 관계에 의하여
$\alpha + (\alpha+5) = k-1$ $\therefore k = 2\alpha + 6$ ······ ㉠
$\alpha(\alpha+5) = -4$, $\alpha^2 + 5\alpha + 4 = 0$
$(\alpha+1)(\alpha+4) = 0$ $\therefore \alpha = -1$ 또는 $\alpha = -4$
이것을 각각 ㉠에 대입하면 $k=4$ 또는 $k=-2$

32 (두 근의 합) $= \boxed{2} + \boxed{3} = \boxed{5}$
(두 근의 곱) $= \boxed{2} \times \boxed{3} = \boxed{6}$
따라서 구하는 이차방정식은 $\underline{x^2 - 5x + 6 = 0}$이다.

33 (두 근의 합) $= (-1) + 4 = 3$
(두 근의 곱) $= (-1) \times 4 = -4$
따라서 구하는 이차방정식은 $x^2 - 3x - 4 = 0$이다.

34 (두 근의 합) $= \dfrac{1}{3} + \dfrac{5}{3} = 2$
(두 근의 곱) $= \dfrac{1}{3} \times \dfrac{5}{3} = \dfrac{5}{9}$
따라서 구하는 이차방정식은 $x^2 - 2x + \dfrac{5}{9} = 0$이다.

35 (두 근의 합) $= (-\sqrt{2}) + \sqrt{2} = 0$
(두 근의 곱) $= (-\sqrt{2}) \times \sqrt{2} = -2$
따라서 구하는 이차방정식은 $x^2 - 2 = 0$이다.

36 (두 근의 합) $= (2 - \sqrt{3}) + (2 + \sqrt{3}) = 4$
(두 근의 곱) $= (2 - \sqrt{3})(2 + \sqrt{3}) = 4 - 3 = 1$
따라서 구하는 이차방정식은 $x^2 - 4x + 1 = 0$이다.

37 (두 근의 합) $= (-5i) + 5i = 0$
(두 근의 곱) $= (-5i) \times 5i = -25i^2 = 25$
따라서 구하는 이차방정식은 $x^2 + 25 = 0$이다.

38 (두 근의 합) $= (2-i) + (2+i) = 4$
(두 근의 곱) $= (2-i)(2+i) = 4 - i^2 = 5$
따라서 구하는 이차방정식은 $x^2 - 4x + 5 = 0$이다.

[39~42] 이차방정식의 근과 계수의 관계에 의하여
$\alpha + \beta = \boxed{2}$, $\alpha\beta = \boxed{-3}$이므로

39 (두 근의 합) $= (-\alpha) + (-\beta) = -(\alpha + \beta) = \boxed{-2}$
(두 근의 곱) $= (-\alpha) \times (-\beta) = \alpha\beta = \boxed{-3}$
따라서 구하는 이차방정식은 $\underline{x^2 + 2x - 3 = 0}$이다.

40 (두 근의 합) $= (\alpha+1) + (\beta+1) = (\alpha+\beta) + 2 = 2 + 2 = 4$
(두 근의 곱) $= (\alpha+1)(\beta+1) = \alpha\beta + (\alpha+\beta) + 1$
$= -3 + 2 + 1 = 0$
따라서 구하는 이차방정식은 $x^2 - 4x = 0$이다.

41 (두 근의 합) $= (\alpha+\beta) + \alpha\beta = 2 + (-3) = -1$
(두 근의 곱) $= (\alpha+\beta) \times \alpha\beta = 2 \times (-3) = -6$
따라서 구하는 이차방정식은 $x^2 + x - 6 = 0$이다.

42 $(\text{두 근의 합})=\dfrac{1}{\alpha}+\dfrac{1}{\beta}=\dfrac{\alpha+\beta}{\alpha\beta}=-\dfrac{2}{3}$

$(\text{두 근의 곱})=\dfrac{1}{\alpha}\times\dfrac{1}{\beta}=\dfrac{1}{\alpha\beta}=-\dfrac{1}{3}$

따라서 구하는 이차방정식은 $x^2+\dfrac{2}{3}x-\dfrac{1}{3}=0$이다.

43 이차방정식 $x^2-x-1=0$의 근은

$x=\dfrac{-(-1)\pm\sqrt{(\boxed{-1})^2-4\times\boxed{1}\times(\boxed{-1})}}{2\times\boxed{1}}=\dfrac{1\pm\sqrt{\boxed{5}}}{\boxed{2}}$

$\therefore x^2-x-1=\left(x-\boxed{\dfrac{1-\sqrt5}{2}}\right)\left(x-\boxed{\dfrac{1+\sqrt5}{2}}\right)$

44 이차방정식 $x^2+4x+7=0$의 근은

$x=\dfrac{-2\pm\sqrt{2^2-1\times7}}{1}=-2\pm\sqrt3 i$

$\therefore x^2+4x+7=\{x-(-2+\sqrt3 i)\}\{x-(-2-\sqrt3 i)\}$
$\qquad\qquad\quad=(x+2-\sqrt3 i)(x+2+\sqrt3 i)$

45 이차방정식 $x^2-3=0$의 근은 $x^2=3$에서 $x=\pm\sqrt3$

$\therefore x^2-3=(x+\sqrt3)(x-\sqrt3)$

46 이차방정식 $x^2+4=0$의 근은 $x^2=-4$에서 $x=\pm2i$

$\therefore x^2+4=(x+2i)(x-2i)$

47 이차방정식 $2x^2-3x-3=0$의 근은

$x=\dfrac{-(-3)\pm\sqrt{(-3)^2-4\times2\times(-3)}}{2\times2}=\dfrac{3\pm\sqrt{33}}{4}$

$\therefore 2x^2-3x-3=2\left(x-\dfrac{3-\sqrt{33}}{4}\right)\left(x-\dfrac{3+\sqrt{33}}{4}\right)$

↳ x^2의 계수가 2이므로

48 이차방정식 $3x^2-x+5=0$의 근은

$x=\dfrac{-(-1)\pm\sqrt{(-1)^2-4\times3\times5}}{2\times3}=\dfrac{1\pm\sqrt{59}i}{6}$

$\therefore 3x^2-x+5=3\left(x-\dfrac{1-\sqrt{59}i}{6}\right)\left(x-\dfrac{1+\sqrt{59}i}{6}\right)$

↳ x^2의 계수가 3이므로

49 a, b가 유리수이고 주어진 이차방정식의 한 근이 $1+\sqrt2$이므로 다른 한 근은 $\boxed{1-\sqrt2}$이다.

따라서 이차방정식의 근과 계수의 관계에 의하여

$(1+\sqrt2)+(\boxed{1-\sqrt2})=-a$ ← 두 근의 합

$(1+\sqrt2)(\boxed{1-\sqrt2})=b$ ← 두 근의 곱

$\therefore a=\boxed{-2}$, $b=\boxed{-1}$

50 a, b가 유리수이고 주어진 이차방정식의 한 근이 $3-\sqrt5$이므로 다른 한 근은 $3+\sqrt5$이다.

따라서 이차방정식의 근과 계수의 관계에 의하여

$(3-\sqrt5)+(3+\sqrt5)=-a$

$(3-\sqrt5)(3+\sqrt5)=b$

$\therefore a=-6$, $b=4$

51 a, b가 유리수이고 주어진 이차방정식의 한 근이 $-2+\sqrt3$이므로 다른 한 근은 $-2-\sqrt3$이다.

따라서 이차방정식의 근과 계수의 관계에 의하여

$(-2+\sqrt3)+(-2-\sqrt3)=-a$

$(-2+\sqrt3)(-2-\sqrt3)=b$

$\therefore a=4$, $b=1$

52 a, b가 유리수이고 주어진 이차방정식의 한 근이 $-1-2\sqrt2$이므로 다른 한 근은 $-1+2\sqrt2$이다.

따라서 이차방정식의 근과 계수의 관계에 의하여

$(-1-2\sqrt2)+(-1+2\sqrt2)=-a$

$(-1-2\sqrt2)(-1+2\sqrt2)=b$

$\therefore a=2$, $b=-7$

53 a, b가 실수이고 주어진 이차방정식의 한 근이 $1+i$이므로 다른 한 근은 $\boxed{1-i}$이다.

따라서 이차방정식의 근과 계수의 관계에 의하여

$(1+i)+(\boxed{1-i})=-a$ ← 두 근의 합

$(1+i)(\boxed{1-i})=b$ ← 두 근의 곱

$\therefore a=\boxed{-2}$, $b=\boxed{2}$

54 a, b가 실수이고 주어진 이차방정식의 한 근이 $3-i$이므로 다른 한 근은 $3+i$이다.

따라서 이차방정식의 근과 계수의 관계에 의하여

$(3-i)+(3+i)=-a$

$(3-i)(3+i)=b$

$\therefore a=-6$, $b=10$

55 a, b가 실수이고 주어진 이차방정식의 한 근이 $-2+3i$이므로 다른 한 근은 $-2-3i$이다.

따라서 이차방정식의 근과 계수의 관계에 의하여

$(-2+3i)+(-2-3i)=-a$

$(-2+3i)(-2-3i)=b$

$\therefore a=4$, $b=13$

56 a, b가 실수이고 주어진 이차방정식의 한 근이 $1-2\sqrt2 i$이므로 다른 한 근은 $1+2\sqrt2 i$이다.

따라서 이차방정식의 근과 계수의 관계에 의하여

$(1-2\sqrt2 i)+(1+2\sqrt2 i)=-a$

$(1-2\sqrt2 i)(1+2\sqrt2 i)=b$

$\therefore a=-2$, $b=9$

13 이차방정식과 이차함수의 관계

본문 062~066쪽

01~04 해설 참조	**05** $a>0$, $b>0$, $c<0$
06 $a>0$, $b<0$, $c>0$	**07** $a<0$, $b>0$, $c>0$
08 $a<0$, $b<0$, $c<0$	**09** ○ **10** ○ **11** ×
12 ○ **13** 1, 2 **14** -4, 1 **15** 4	**16** $-\dfrac{3}{2}$, 1
17 $a=-3$, $b=2$ **18** $a=-1$, $b=-6$ **19** $a=6$, $b=5$
20 서로 다른 두 점에서 만난다. **21** 만나지 않는다.
22 한 점에서 만난다.(접한다.) **23** 만나지 않는다.
24 $k>-\dfrac{1}{4}$ **25** $k<1$ **26** $k<5$ **27** 4
28 $\pm4\sqrt{3}$ **29** 4 **30** $k>\dfrac{9}{4}$ **31** $k<-\dfrac{25}{4}$
32 $k>\dfrac{1}{3}$ **33** 서로 다른 두 점에서 만난다.
34 만나지 않는다. **35** 한 점에서 만난다.(접한다.)
36 서로 다른 두 점에서 만난다. **37** $k<6$
38 $k>\dfrac{15}{4}$ **39** $k>-\dfrac{33}{8}$ **40** 3
41 $\dfrac{17}{4}$ **42** -5, 3 **43** $k>12$
44 $k<-\dfrac{21}{4}$ **45** $k>\dfrac{11}{4}$ **46** $a=7$, $b=-5$
47 $a=-2$, $b=11$ **48** $a=-2$, $b=-4$ **49** $a=-1$, $b=8$

01
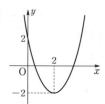

02
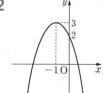

03 $y=x^2+6x+7$
$\quad =(x+3)^2-2$
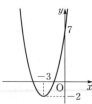

04 $y=-2x^2+4x+3$
$\quad =-2(x-1)^2+5$
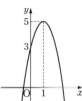

05 그래프가 아래로 볼록하므로 $a>0$
그래프의 축이 y축의 왼쪽에 있으므로 a, b는 같은 부호이다.
즉, $a>0$이므로 $b>0$ $\underset{\sim}{\longrightarrow} -\dfrac{b}{2a}<0$에서 $ab>0$
y축과의 교점이 원점의 아래쪽에 있으므로 $c<0$

06 그래프가 아래로 볼록하므로 $a>0$
그래프의 축이 y축의 오른쪽에 있으므로 a, b는 서로 다른 부호이다.
$\underset{\sim}{\longrightarrow} -\dfrac{b}{2a}>0$에서 $ab<0$

즉, $a>0$이므로 $b<0$
y축과의 교점이 원점의 위쪽에 있으므로 $c>0$

07 그래프가 위로 볼록하므로 $a<0$
그래프의 축이 y축의 오른쪽에 있으므로 a, b는 서로 다른 부호이다.
즉, $a<0$이므로 $b>0$
y축과의 교점이 원점의 위쪽에 있으므로 $c>0$

08 그래프가 위로 볼록하므로 $a<0$
그래프의 축이 y축의 왼쪽에 있으므로 a, b는 같은 부호이다.
즉, $a<0$이므로 $b<0$
y축과의 교점이 원점의 아래쪽에 있으므로 $c<0$

09 그래프가 아래로 볼록하므로 $a>0$
그래프의 축이 y축의 오른쪽에 있으므로 a, b는 서로 다른 부호이다.
즉, $a>0$이므로 $b<0$

10 y축과의 교점이 원점의 위쪽에 있으므로 $c>0$
이때 $a>0$이므로 $ac>0$

11 $a+b+c$는 $x=1$일 때의 y의 값이므로
$a+b+c=0$

12 $a-b+c$는 $x=-1$일 때의 y의 값이므로
$a-b+c>0$

> 다른 풀이
>
> $a>0$, $b<0$, $c>0$이므로
> $a-b+c>0$

13 이차방정식 $x^2-3x+2=0$에서
$(x-1)(x-2)=0$ $\quad \therefore x=1$ 또는 $x=2$
따라서 주어진 이차함수의 그래프와 x축의 교점의 x좌표는 1, 2이다.

14 이차방정식 $x^2+3x-4=0$에서
$(x+4)(x-1)=0$ $\quad \therefore x=-4$ 또는 $x=1$
따라서 주어진 이차함수의 그래프와 x축의 교점의 x좌표는 -4, 1이다.

15 이차방정식 $x^2-8x+16=0$에서
$(x-4)^2=0$ $\quad \therefore x=4$
따라서 주어진 이차함수의 그래프와 x축의 교점의 x좌표는 4이다.

16 이차방정식 $-2x^2-x+3=0$에서
$2x^2+x-3=0$, $(2x+3)(x-1)=0$
$\therefore x=-\dfrac{3}{2}$ 또는 $x=1$
따라서 주어진 이차함수의 그래프와 x축의 교점의 x좌표는 $-\dfrac{3}{2}$, 1이다.

17 이차함수 $y=x^2+ax+b$의 그래프와 x축의 교점의 x좌표가
1, 2이므로 이차방정식 $x^2+ax+b=0$의 두 근이 $\boxed{1}$, $\boxed{2}$이다.
따라서 이차방정식의 근과 계수의 관계에 의하여
$1+\boxed{2}=-a$ ← 두 근의 합
$1\times2=b$ ← 두 근의 곱
$\therefore a=\boxed{-3}$, $b=\boxed{2}$

18 이차함수 $y=x^2+ax+b$의 그래프와 x축의 교점의 x좌표가
-2, 3이므로 이차방정식 $x^2+ax+b=0$의 두 근이 -2, 3이다.
따라서 이차방정식의 근과 계수의 관계에 의하여
$(-2)+3=-a$, $(-2)\times3=b$
$\therefore a=-1$, $b=-6$

19 이차함수 $y=x^2+ax+b$의 그래프와 x축의 교점의 x좌표가
-5, -1이므로 이차방정식 $x^2+ax+b=0$의 두 근이 -5, -1이다.
따라서 이차방정식의 근과 계수의 관계에 의하여
$(-5)+(-1)=-a$, $(-5)\times(-1)=b$
$\therefore a=6$, $b=5$

20 이차방정식 $x^2+3x-2=0$의 판별식을 D라 하면
$D=3^2-4\times1\times(-2)=17>0$
따라서 이차함수 $y=x^2+3x-2$의 그래프와 x축은 서로 다른 두 점
에서 만난다.

21 이차방정식 $-x^2+x-5=0$의 판별식을 D라 하면
$D=1^2-4\times(-1)\times(-5)=-19<0$
따라서 이차함수 $y=-x^2+x-5$의 그래프와 x축은 만나지 않는다.

22 이차방정식 $x^2+6x+9=0$의 판별식을 D라 하면
$\dfrac{D}{4}=3^2-1\times9=0$
따라서 이차함수 $y=x^2+6x+9$의 그래프와 x축은 한 점에서 만난다.
(접한다.)

23 이차방정식 $-3x^2-x-2=0$의 판별식을 D라 하면
$D=(-1)^2-4\times(-3)\times(-2)=-23<0$
따라서 이차함수 $y=-3x^2-x-2$의 그래프와 x축은 만나지 않는다.

24 이차함수 $y=x^2-x-k$의 그래프가 x축과 서로 다른 두 점에서
만나려면 이차방정식 $\boxed{x^2-x-k=0}$이 서로 다른 두 실근을 가져야
하므로 이 이차방정식의 판별식을 D라 하면 $\searrow D>0$
$D=(-1)^2-4\times1\times(\boxed{-k})=4k+1>0$
$\therefore k>\boxed{-\dfrac{1}{4}}$

25 이차함수 $y=x^2+2x+k$의 그래프가 x축과 서로 다른 두 점에
서 만나려면 이차방정식 $x^2+2x+k=0$이 서로 다른 두 실근을 가져
야 하므로 이 이차방정식의 판별식을 D라 하면
$\dfrac{D}{4}=1^2-1\times k=1-k>0$
$\therefore k<1$

26 이차함수 $y=-2x^2+4x+3-k$의 그래프가 x축과 서로 다른
두 점에서 만나려면 이차방정식 $-2x^2+4x+3-k=0$이 서로 다른
두 실근을 가져야 하므로 이 이차방정식의 판별식을 D라 하면
$\dfrac{D}{4}=2^2-(-2)\times(3-k)=10-2k>0$
$\therefore k<5$

27 이차함수 $y=x^2+4x+k$의 그래프가 x축과 한 점에서 만나려
면 이차방정식 $x^2+4x+k=0$이 중근을 가져야 하므로 이 이차방정
식의 판별식을 D라 하면 $\searrow D=0$
$\dfrac{D}{4}=2^2-1\times k=4-k=0$
$\therefore k=4$

28 이차함수 $y=x^2-kx+12$의 그래프가 x축과 한 점에서 만나려
면 이차방정식 $x^2-kx+12=0$이 중근을 가져야 하므로 이 이차방정
식의 판별식을 D라 하면
$D=(-k)^2-4\times1\times12=k^2-48=0$
$k^2=48$ $\therefore k=\pm4\sqrt{3}$

29 이차함수 $y=2x^2+kx+k-2$의 그래프가 x축과 한 점에서 만
나려면 이차방정식 $2x^2+kx+k-2=0$이 중근을 가져야 하므로 이
이차방정식의 판별식을 D라 하면
$D=k^2-4\times2\times(k-2)=k^2-8k+16=0$
$(k-4)^2=0$ $\therefore k=4$

30 이차함수 $y=x^2-3x+k$의 그래프가 x축과 만나지 않으려면
이차방정식 $x^2-3x+k=0$이 서로 다른 두 허근을 가져야 하므로 이
이차방정식의 판별식을 D라 하면 $\searrow D<0$
$D=(-3)^2-4\times1\times k=9-4k<0$
$\therefore k>\dfrac{9}{4}$

31 이차함수 $y=-x^2-5x+k$의 그래프가 x축과 만나지 않으려면
이차방정식 $-x^2-5x+k=0$이 서로 다른 두 허근을 가져야 하므로
이 이차방정식의 판별식을 D라 하면
$D=(-5)^2-4\times(-1)\times k=4k+25<0$
$\therefore k<-\dfrac{25}{4}$

32 이차함수 $y=-3x^2-4x-k-1$의 그래프가 x축과 만나지 않으려면 이차방정식 $-3x^2-4x-k-1=0$이 서로 다른 두 허근을 가져야 하므로 이 이차방정식의 판별식을 D라 하면

$$\frac{D}{4}=(-2)^2-(-3)\times(-k-1)=1-3k<0$$

$$\therefore k>\frac{1}{3}$$

33 이차방정식 $x^2-2x=x+4$에서 $x^2-3x-4=0$
이 이차방정식의 판별식을 D라 하면
$$D=(-3)^2-4\times1\times(-4)=25>0$$
따라서 주어진 이차함수의 그래프와 직선은 서로 다른 두 점에서 만난다.

34 이차방정식 $x^2-2x+5=-x-3$에서 $x^2-x+8=0$
이 이차방정식의 판별식을 D라 하면
$$D=(-1)^2-4\times1\times8=-31<0$$
따라서 주어진 이차함수의 그래프와 직선은 만나지 않는다.

35 이차방정식 $2x^2-x+3=3x+1$에서
$2x^2-4x+2=0$, 즉 $x^2-2x+1=0$
이 이차방정식의 판별식을 D라 하면
$$\frac{D}{4}=(-1)^2-1\times1=0$$
따라서 주어진 이차함수의 그래프와 직선은 한 점에서 만난다. (접한다.)

36 이차방정식 $-x^2+3x-1=5x-2$에서 $x^2+2x-1=0$
이 이차방정식의 판별식을 D라 하면
$$\frac{D}{4}=1^2-1\times(-1)=2>0$$
따라서 주어진 이차함수의 그래프와 직선은 서로 다른 두 점에서 만난다.

37 이차함수 $y=x^2-3x+k$의 그래프와 직선 $y=x+2$가 서로 다른 두 점에서 만나려면 이차방정식 $x^2-3x+k=x+2$, 즉 $\boxed{x^2-4x+k-2=0}$이 서로 다른 두 실근을 가져야 하므로 이 이차방정식의 판별식을 D라 하면 $\overset{\displaystyle\searrow D>0}{}$

$$\frac{D}{4}=(\boxed{-2})^2-1\times(\boxed{k-2})=6-k>0$$

$$\therefore k<\boxed{6}$$

38 이차함수 $y=x^2+2x+4$의 그래프와 직선 $y=x+k$가 서로 다른 두 점에서 만나려면 이차방정식 $x^2+2x+4=x+k$, 즉 $x^2+x+4-k=0$이 서로 다른 두 실근을 가져야 하므로 이 이차방정식의 판별식을 D라 하면
$$D=1^2-4\times1\times(4-k)=4k-15>0$$

$$\therefore k>\frac{15}{4}$$

39 이차함수 $y=-2x^2-4x+k$의 그래프와 직선 $y=-x-3$이 서로 다른 두 점에서 만나려면 이차방정식 $-2x^2-4x+k=-x-3$, 즉 $2x^2+3x-k-3=0$이 서로 다른 두 실근을 가져야 하므로 이 이차방정식의 판별식을 D라 하면
$$D=3^2-4\times2\times(-k-3)=8k+33>0$$

$$\therefore k>-\frac{33}{8}$$

40 이차함수 $y=x^2-2x+k$의 그래프와 직선 $y=2x-1$이 한 점에서 만나려면 이차방정식 $x^2-2x+k=2x-1$, 즉 $x^2-4x+k+1=0$이 중근을 가져야 하므로 이 이차방정식의 판별식을 D라 하면 $\overset{\displaystyle\searrow D=0}{}$
$$\frac{D}{4}=(-2)^2-1\times(k+1)=3-k=0$$

$$\therefore k=3$$

41 이차함수 $y=-x^2+4x+2$의 그래프와 직선 $y=x+k$가 한 점에서 만나려면 이차방정식 $-x^2+4x+2=x+k$, 즉 $x^2-3x+k-2=0$이 중근을 가져야 하므로 이 이차방정식의 판별식을 D라 하면
$$D=(-3)^2-4\times1\times(k-2)=17-4k=0$$

$$\therefore k=\frac{17}{4}$$

42 이차함수 $y=2x^2+kx-3$의 그래프와 직선 $y=-x-5$가 한 점에서 만나려면 이차방정식 $2x^2+kx-3=-x-5$, 즉 $2x^2+(k+1)x+2=0$이 중근을 가져야 하므로 이 이차방정식의 판별식을 D라 하면
$$D=(k+1)^2-4\times2\times2=k^2+2k-15=0$$
$$(k+5)(k-3)=0$$

$$\therefore k=-5 \text{ 또는 } k=3$$

43 이차함수 $y=x^2-5x+k$의 그래프와 직선 $y=x+3$이 만나지 않으려면 이차방정식 $x^2-5x+k=x+3$, 즉 $x^2-6x+k-3=0$이 서로 다른 두 허근을 가져야 하므로 이 이차방정식의 판별식을 D라 하면 $\overset{\displaystyle\searrow D<0}{}$
$$\frac{D}{4}=(-3)^2-1\times(k-3)=12-k<0$$

$$\therefore k>12$$

44 이차함수 $y=-x^2-2x-1$의 그래프와 직선 $y=3x-k$가 만나지 않으려면 이차방정식 $-x^2-2x-1=3x-k$, 즉 $x^2+5x-k+1=0$이 서로 다른 두 허근을 가져야 하므로 이 이차방정식의 판별식을 D라 하면
$$D=5^2-4\times1\times(-k+1)=4k+21<0$$

$$\therefore k<-\frac{21}{4}$$

45 이차함수 $y=3x^2-4x-2$의 그래프와 직선 $y=-x-k$가 만나지 않으려면 이차방정식 $3x^2-4x-2=-x-k$, 즉 $3x^2-3x+k-2=0$이 서로 다른 두 허근을 가져야 하므로 이 이차방정식의 판별식을 D라 하면

$$D=(-3)^2-4\times3\times(k-2)=33-12k<0$$

$$\therefore k>\frac{11}{4}$$

46 이차함수 $y=x^2+3x-2$의 그래프와 직선 $y=ax+b$의 교점의 x좌표가 1, 3이므로 이차방정식 $x^2+3x-2=ax+b$, 즉 $\boxed{x^2-(a-3)x-b-2=0}$의 두 근이 1, 3이다.

따라서 이차방정식의 근과 계수의 관계에 의하여

$\boxed{1}+3=a-3$ ← 두 근의 합

$1\times3=\boxed{-b-2}$ ← 두 근의 곱

$\therefore a=\boxed{7}$, $b=\boxed{-5}$

47 이차함수 $y=x^2+3$의 그래프와 직선 $y=ax+b$의 교점의 x좌표가 -4, 2이므로 이차방정식 $x^2+3=ax+b$, 즉 $x^2-ax+3-b=0$의 두 근이 -4, 2이다.

따라서 이차방정식의 근과 계수의 관계에 의하여

$-4+2=a$, $-4\times2=3-b$

$\therefore a=-2$, $b=11$

48 이차함수 $y=x^2-4x-5$의 그래프와 직선 $y=ax+b$의 교점의 x좌표가 $1-\sqrt{2}$, $1+\sqrt{2}$이므로 이차방정식 $x^2-4x-5=ax+b$, 즉 $x^2-(a+4)x-b-5=0$의 두 근이 $1-\sqrt{2}$, $1+\sqrt{2}$이다.

따라서 이차방정식의 근과 계수의 관계에 의하여 ↘켤레근

$(1-\sqrt{2})+(1+\sqrt{2})=a+4$, $(1-\sqrt{2})(1+\sqrt{2})=-b-5$

$\therefore a=-2$, $b=-4$

49 이차함수 $y=-x^2+3x+7$의 그래프와 직선 $y=ax+b$의 교점의 x좌표가 $2-\sqrt{3}$, $2+\sqrt{3}$이므로 이차방정식 $-x^2+3x+7=ax+b$, 즉 $x^2+(a-3)x+b-7=0$의 두 근이 $2-\sqrt{3}$, $2+\sqrt{3}$이다.

따라서 이차방정식의 근과 계수의 관계에 의하여 ↘켤레근

$(2-\sqrt{3})+(2+\sqrt{3})=-(a-3)$, $(2-\sqrt{3})(2+\sqrt{3})=b-7$

$\therefore a=-1$, $b=8$

14 이차함수의 최대, 최소

본문 067~071쪽

01 최댓값: 없다., 최솟값: 3	**02** 최댓값: -2, 최솟값: 없다.
03 최댓값: 없다., 최솟값: 1	**04** 최댓값: 없다., 최솟값: -2
05 최댓값: 13, 최솟값: 없다.	**06** 최솟값: -1, $x=1$
07 최솟값: -5, $x=2$	**08** 최댓값: 14, $x=3$
09 최솟값: -1, $x=-1$	**10** 최댓값: 8, $x=-2$
11 5 **12** -2 **13** 2	**14** 4 **15** -3
16 $a=-2$, $b=-1$	**17** $a=6$, $b=13$
18 $a=-2$, $b=-3$	**19** $a=1$, $b=7$
20 $a=-2$, $b=-\frac{1}{2}$	**21** 최댓값: 0, 최솟값: -4
22 최댓값: 4, 최솟값: -5	**23** 최댓값: 3, 최솟값: -6
24 최댓값: 5, 최솟값: -1	**25** 최댓값: $\frac{9}{2}$, 최솟값: -3

26 6	**27** -4	**28** 12	**29** -3	**30** $\frac{9}{2}$	**31** 6
32 4	**33** 7	**34** -2	**35** 2	**36** -3	**37** 4
38 2	**39** 100 m^2		**40** 14	**41** 4초, 80 m	

04 $y=x^2+4x+2=(x+2)^2-2$

따라서 최댓값은 없고, $x=-2$에서 최솟값 -2를 갖는다.

05 $y=-2x^2+12x-5=-2(x-3)^2+13$

따라서 $x=3$에서 최댓값 13을 갖고, 최솟값은 없다.

06 $y=x^2-2x=(x-\boxed{1})^2-\boxed{1}$

따라서 $x=\boxed{1}$에서 최솟값 $\boxed{-1}$을 갖는다.

07 $y=x^2-4x-1=(x-2)^2-5$

따라서 $x=2$에서 최솟값 -5를 갖는다.

08 $y=-x^2+6x+5=-(x-3)^2+14$

따라서 $x=3$에서 최댓값 14를 갖는다.

09 $y=2x^2+4x+1=2(x+1)^2-1$

따라서 $x=-1$에서 최솟값 -1을 갖는다.

10 $y=-3x^2-12x-4=-3(x+2)^2+8$

따라서 $x=-2$에서 최댓값 8을 갖는다.

11 **①단계** $y=x^2-2x+k=(x-\boxed{1})^2+\boxed{k-1}$

②단계 이 이차함수의 최솟값이 4이므로

$\boxed{k-1}=4$ $\therefore k=\boxed{5}$

12 **① 단계** $y=x^2+4x-k=(x+2)^2-k-4$
② 단계 이 이차함수의 최솟값이 -2이므로
$-k-4=-2$ ∴ $k=-2$

13 $y=-x^2-4x+1-k=-(x+2)^2+5-k$
이 이차함수의 최댓값이 3이므로
$5-k=3$ ∴ $k=2$

14 $y=3x^2-6x+2k+1=3(x-1)^2+2k-2$
이 이차함수의 최솟값이 6이므로
$2k-2=6$ ∴ $k=4$

15 $y=-2x^2+4x+3k=-2(x-1)^2+3k+2$
이 이차함수의 최댓값이 -7이므로
$3k+2=-7$ ∴ $k=-3$

16 이차항의 계수가 1이고, $x=1$에서 최솟값 -2를 갖는 이차함수의 식은
$y=(x-\boxed{1})^2-\boxed{2}=x^2-\boxed{2}x-\boxed{1}$
∴ $a=\boxed{-2}$, $b=\boxed{-1}$

17 이차항의 계수가 1이고, $x=3$에서 최솟값 4를 갖는 이차함수의 식은
$y=(x-3)^2+4=x^2-6x+13$
따라서 $-a=-6$, $b=13$이므로
$a=6$, $b=13$

18 이차항의 계수가 -1이고, $x=-2$에서 최댓값 7을 갖는 이차함수의 식은
$y=-(x+2)^2+7=-x^2-4x+3$
따라서 $2a=-4$, $-b=3$이므로
$a=-2$, $b=-3$

19 이차항의 계수가 2이고, $x=-1$에서 최솟값 -9를 갖는 이차함수의 식은
$y=2(x+1)^2-9=2x^2+4x-7$
따라서 $4a=4$, $-b=-7$이므로
$a=1$, $b=7$

20 이차항의 계수가 -3이고, $x=2$에서 최댓값 11을 갖는 이차함수의 식은
$y=-3(x-2)^2+11=-3x^2+12x-1$
따라서 $-6a=12$, $2b=-1$이므로
$a=-2$, $b=-\dfrac{1}{2}$

21 $y=x^2+2x-3=(x+\boxed{1})^2-4$
이므로 $-2\leq x\leq 1$에서 주어진 함수의 그래프는 오른쪽 그림과 같다.
따라서 $x=\boxed{1}$에서 최댓값 $\boxed{0}$, $x=\boxed{-1}$에서 최솟값 $\boxed{-4}$를 갖는다.

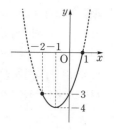

22 $y=x^2-6x+4=(x-3)^2-5$
이므로 $0\leq x\leq 4$에서 주어진 함수의 그래프는 오른쪽 그림과 같다.
따라서 $x=0$에서 최댓값 4, $x=3$에서 최솟값 -5를 갖는다.

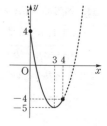

23 $y=-x^2+4x-1=-(x-2)^2+3$
이므로 $-1\leq x\leq 2$에서 주어진 함수의 그래프는 오른쪽 그림과 같다.
따라서 $x=2$에서 최댓값 3, $x=-1$에서 최솟값 -6을 갖는다.

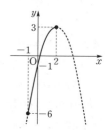

24 $y=2x^2+4x-1=2(x+1)^2-3$
이므로 $-3\leq x\leq -2$에서 주어진 함수의 그래프는 오른쪽 그림과 같다.
따라서 $x=-3$에서 최댓값 5, $x=-2$에서 최솟값 -1을 갖는다.

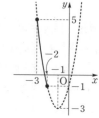

25 $y=-2x^2-8x-3=-2(x+2)^2+5$
이므로 $-\dfrac{3}{2}\leq x\leq 0$에서 주어진 함수의 그래프는 오른쪽 그림과 같다.
따라서 $x=-\dfrac{3}{2}$에서 최댓값 $\dfrac{9}{2}$, $x=0$에서 최솟값 -3을 갖는다.

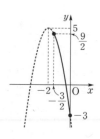

26 $y=x^2+4x+k=(x+2)^2+k-4$
이므로 $-3\leq x\leq 1$에서 주어진 함수의 그래프는 오른쪽 그림과 같다.
이때 꼭짓점의 x좌표 $\boxed{-2}$가 x의 값의 범위에 속하므로 $x=\boxed{-2}$에서 최솟값 $\boxed{k-4}$를 갖는다.
따라서 $\boxed{k-4}=2$이므로
$k=\boxed{6}$

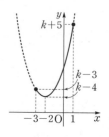

27 $y=-x^2-2x-k=-(x+1)^2-k+1$
이므로 $-3 \leq x \leq 0$에서 주어진 함수의 그래프는 오른쪽 그림과 같다.
이때 꼭짓점의 x좌표 -1이 x의 값의 범위에 속하므로 $x=-1$에서 최댓값 $-k+1$을 갖는다.
따라서 $-k+1=5$이므로
$k=-4$

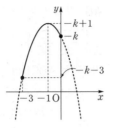

28 $y=x^2-6x+k=(x-3)^2+k-9$
이므로 $1 \leq x \leq 4$에서 주어진 함수의 그래프는 오른쪽 그림과 같다.
따라서 $x=1$에서 최댓값 $k-5$를 가지므로
$k-5=7$
$\therefore k=12$

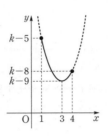

29 $y=2x^2-8x+k=2(x-2)^2+k-8$
이므로 $-1 \leq x \leq 1$에서 주어진 함수의 그래프는 오른쪽 그림과 같다.
이때 꼭짓점의 x좌표 2가 x의 값의 범위에 속하지 않으므로 $x=1$에서 최솟값 $k-6$을 갖는다.
따라서 $k-6=-9$이므로
$k=-3$

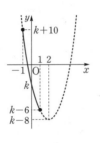

30 $y=-\dfrac{1}{2}x^2-2x-k$
$\quad =-\dfrac{1}{2}(x+2)^2-k+2$
이므로 $-5 \leq x \leq -3$에서 주어진 함수의 그래프는 오른쪽 그림과 같다.
이때 꼭짓점의 x좌표 -2가 x의 값의 범위에 속하지 않으므로 $x=-3$에서 최댓값 $-k+\dfrac{3}{2}$을 갖는다.
따라서 $-k+\dfrac{3}{2}=-3$이므로
$k=\dfrac{9}{2}$

31 ❶ 단계 $x^2-4x=t$로 치환하면
$t=x^2-4x=(x-2)^2-4$이므로
$t \geq \boxed{-4}$
❷ 단계 주어진 함수는
$y=-t^2-2t+5$
$\quad =-(t+1)^2+6 \ (t \geq \boxed{-4})$
이므로 주어진 함수의 그래프는 오른쪽 그림과 같다.
❸ 단계 $t=\boxed{-1}$에서 주어진 함수의 최댓값은 $\boxed{6}$이다.

32 ❶ 단계 $x^2+4x+2=t$로 치환하면
$t=x^2+4x+2=(x+2)^2-2$
이므로
$t \geq -2$
❷ 단계 주어진 함수는
$y=-t^2-6t-4$
$\quad =-(t+3)^2+5 \ (t \geq -2)$
이므로 주어진 함수의 그래프는 오른쪽 그림과 같다.
❸ 단계 $t=-2$에서 주어진 함수의 최댓값은 4이다.

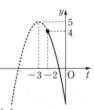

33 $x^2-8x+10=t$로 치환하면
$t=x^2-8x+10=(x-4)^2-6$
이므로
$t \geq -6$
이때 주어진 함수는
$y=-t^2-10(t-1)-28$
$\quad =-t^2-10t-18$
$\quad =-(t+5)^2+7 \ (t \geq -6)$
이므로 주어진 함수의 그래프는 오른쪽 그림과 같다.
따라서 $t=-5$에서 주어진 함수의 최댓값은 7이다.

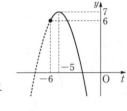

34 $x^2-6x+10=t$로 치환하면
$t=x^2-6x+10=(x-3)^2+1$
이므로
$t \geq 1$
이때 주어진 함수는
$y=-t^2-2(t+1)+3$
$\quad =-t^2-2t+1$
$\quad =-(t+1)^2+2 \ (t \geq 1)$
이므로 주어진 함수의 그래프는 오른쪽 그림과 같다.
따라서 $t=1$에서 주어진 함수의 최댓값은 -2이다.

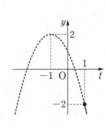

35 $x^2-2x=t$로 치환하면
$t=x^2-2x=(x-1)^2-1$
이므로
$t \geq \boxed{-1}$
이때 주어진 함수는
$y=t^2-2t+3$
$\quad =(t-1)^2+2 \ (t \geq \boxed{-1})$
이므로 주어진 함수의 그래프는 오른쪽 그림과 같다.
따라서 $t=\boxed{1}$에서 주어진 함수의 최솟값은 $\boxed{2}$이다.

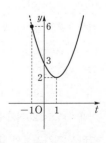

36 $x^2+2x+1=t$로 치환하면

$t=x^2+2x+1$

$=(x+1)^2$

이므로

$t\geq0$

이때 주어진 함수는

$y=t^2+4t-3$

$=(t+2)^2-7\ (t\geq0)$

이므로 주어진 함수의 그래프는 오른쪽 그림
과 같다.

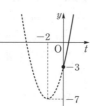

따라서 $t=0$에서 주어진 함수의 최솟값은 -3이다.

37 $x^2-4x+3=t$로 치환하면

$t=x^2-4x+3$

$=(x-2)^2-1$

이므로

$t\geq-1$

이때 주어진 함수는

$y=t^2-6(t-2)+1$

$=t^2-6t+13$

$=(t-3)^2+4\ (t\geq-1)$

이므로 주어진 함수의 그래프는 오른쪽 그림
과 같다.

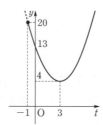

따라서 $t=3$에서 주어진 함수의 최솟값은 4이다.

38 $x^2+6x+12=t$로 치환하면

$t=x^2+6x+12$

$=(x+3)^2+3$

이므로

$t\geq3$

이때 주어진 함수는

$y=t^2-4(t-1)+1$

$=t^2-4t+5$

$=(t-2)^2+1\ (t\geq3)$

이므로 주어진 함수의 그래프는 오른쪽 그림
과 같다.

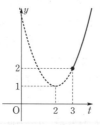

따라서 $t=3$에서 주어진 함수의 최솟값은 2이다.

39 직사각형의 가로의 길이를 x m라 하면 세로의 길이는

($\boxed{20-x}$)m이다.

직사각형의 넓이를 y m²라 하면

$y=x(\boxed{20-x})$

$=-x^2+20x$

$=-(x-10)^2+\boxed{100}$

이때 $0<x<20$이므로 $x=\boxed{10}$에서 최댓값 $\boxed{100}$을 갖는다.

따라서 직사각형의 넓이의 최댓값은 $\boxed{100}$ m²이다.

└ 길이는 양수이므로 $x>0$, $20-x>0$ $\quad\therefore 0<x<20$

40 점 B의 좌표를 $(a,\ 0)\ (a>0)$이라 하면

$C(a,\ -a^2+6)$이므로

$\overline{AB}=2a$, $\overline{BC}=-a^2+6$

직사각형 ABCD의 둘레의 길이를 y라 하면

$y=2\{2a+(-a^2+6)\}$

$=-2a^2+4a+12$

$=-2(a-1)^2+14$

이때 $0<a<\sqrt{6}$이므로 $a=1$에서 최댓값 14를 갖는다.

따라서 직사각형 ABCD의 둘레의 길이의 최댓값은 14이다.

└ 이차함수 $y=-x^2+6$의 그래프가 $x>0$인 부분에서
x축과 만나는 점의 x좌표

41 $y=-5t^2+40t=-5(t-4)^2+80$

이 이차함수의 그래프의 꼭짓점의 t좌표 4가 t의 값의 범위에 속하므
로 $t=4$에서 최댓값 80을 갖는다. └ $0<t<8$

따라서 물체가 최고 높이에 도달할 때까지 걸린 시간은 4초이고, 이
때의 높이는 80 m이다.

01 $x=0$ 또는 $x=4$ 또는 $x=6$

02 $x=-2$ 또는 $x=0$ 또는 $x=2$

03 $x=-3$ 또는 $x=\dfrac{3\pm3\sqrt{3}i}{2}$

04 $x=5$ 또는 $x=\dfrac{-5\pm5\sqrt{3}i}{2}$

05 $x=\dfrac{2}{3}$ 또는 $x=\dfrac{-1\pm\sqrt{3}i}{3}$

06 $x=0$ 또는 $x=4$ 또는 $x=-2\pm2\sqrt{3}i$

07 $x=-2$ 또는 $x=0$ 또는 $x=1\pm\sqrt{3}i$

08 $x=-3$ 또는 $x=0$ (중근) 또는 $x=3$

09 $x=\pm1$ 또는 $x=\pm i$

10 $x=\pm\dfrac{1}{3}$ 또는 $x=\pm\dfrac{1}{3}i$

11 $x=1$ 또는 $x=\dfrac{3\pm\sqrt{17}}{2}$

12 $x=-1$ 또는 $x=2$ 또는 $x=3$

13 $x=-2$ 또는 $x=1$ 또는 $x=4$

14 $x=2$ 또는 $x=1\pm2i$

15 $x=-1$ 또는 $x=2\pm\sqrt{2}i$

16 $x=-1$ 또는 $x=1$ 또는 $x=-2\pm\sqrt{2}i$

17 $x=1$ 또는 $x=2$ 또는 $x=\dfrac{-3\pm\sqrt{7}i}{2}$

18 $x=-5$ 또는 $x=1$ (중근) 또는 $x=2$

19 $x=-1$ 또는 $x=2$ 또는 $x=\dfrac{1\pm\sqrt{7}i}{2}$

20 $x=-3$ 또는 $x=-1$ 또는 $x=1$ 또는 $x=2$

21 $x=-1$ 또는 $x=1$ 또는 $x=4$ 또는 $x=6$

22 $x=-3$ 또는 $x=-1$ 또는 $x=-2\pm\sqrt{7}$

23 $x=-2$ 또는 $x=-1$ 또는 $x=2$ 또는 $x=3$

24 $x=-2$ 또는 $x=1$ 또는 $x=\dfrac{-1\pm3\sqrt{3}i}{2}$

25 $x=\pm i$ 또는 $x=\pm\sqrt{5}$　　**26** $x=\pm2$ 또는 $x=\pm\sqrt{5}$

27 $x=\pm1$ 또는 $x=\pm2\sqrt{2}i$　　**28** $x=\pm\sqrt{6}$ 또는 $x=\pm\sqrt{5}i$

29 $x=-1\pm\sqrt{5}$ 또는 $x=1\pm\sqrt{5}$

30 $x=\dfrac{-3\pm\sqrt{13}}{2}$ 또는 $x=\dfrac{3\pm\sqrt{13}}{2}$

31 $x=-1\pm\sqrt{3}$ 또는 $x=1\pm\sqrt{3}$

32 $x=-1\pm\sqrt{2}i$ 또는 $x=1\pm\sqrt{2}i$

33 $x=\dfrac{-1\pm\sqrt{3}i}{2}$ 또는 $x=\pm i$

34 $x=\dfrac{3\pm\sqrt{5}}{2}$ 또는 $x=\dfrac{-1\pm\sqrt{3}i}{2}$

35 $x=-2\pm\sqrt{3}$ 또는 $x=\dfrac{1\pm\sqrt{3}i}{2}$

01 $x^3-10x^2+24x=0$의 좌변을 인수분해하면

$\boxed{x}(x^2-10x+24)=0$, $\boxed{x}(x-4)(x-\boxed{6})=0$

∴ $x=\boxed{0}$ 또는 $x=4$ 또는 $x=\boxed{6}$

02 $x^3-4x=0$의 좌변을 인수분해하면

$x(x^2-4)=0$, $x(x+2)(x-2)=0$

∴ $x=-2$ 또는 $x=0$ 또는 $x=2$

03 $x^3+27=0$의 좌변을 인수분해하면

$(x+3)(x^2-3x+9)=0$

∴ $x=-3$ 또는 $x=\dfrac{3\pm3\sqrt{3}i}{2}$

04 $x^3-125=0$의 좌변을 인수분해하면

$(x-5)(x^2+5x+25)=0$

∴ $x=5$ 또는 $x=\dfrac{-5\pm5\sqrt{3}i}{2}$

05 $27x^3-8=0$의 좌변을 인수분해하면

$(3x-2)(9x^2+6x+4)=0$

∴ $x=\dfrac{2}{3}$ 또는 $x=\dfrac{-1\pm\sqrt{3}i}{3}$

06 $x^4-64x=0$의 좌변을 인수분해하면

$\boxed{x}(x^3-64)=0$, $\boxed{x}(x-\boxed{4})(x^2+4x+\boxed{16})=0$

∴ $x=\boxed{0}$ 또는 $x=4$ 또는 $x=\boxed{-2\pm2\sqrt{3}i}$

07 $x^4+8x=0$의 좌변을 인수분해하면

$x(x^3+8)=0$, $x(x+2)(x^2-2x+4)=0$

∴ $x=-2$ 또는 $x=0$ 또는 $x=1\pm\sqrt{3}i$

08 $x^4-9x^2=0$의 좌변을 인수분해하면

$x^2(x^2-9)=0$, $x^2(x+3)(x-3)=0$

∴ $x=-3$ 또는 $x=0$ (중근) 또는 $x=3$

09 $x^4-1=0$의 좌변을 인수분해하면

$(x^2-1)(x^2+1)=0$, $(x+1)(x-1)(x^2+1)=0$

∴ $x=\pm1$ 또는 $x=\pm i$

10 $81x^4-1=0$의 좌변을 인수분해하면

$(9x^2-1)(9x^2+1)=0$, $(3x+1)(3x-1)(9x^2+1)=0$

∴ $x=\pm\dfrac{1}{3}$ 또는 $x=\pm\dfrac{1}{3}i$

11 $P(x)=x^3-4x^2+x+2$라 하면

$P(1)=1^3-4\times1^2+1+2=0$이므로 $\boxed{x-1}$은 $P(x)$의 인수이다.

조립제법을 이용하여 $P(x)$를 인수분해하면

$\boxed{1}$	1	-4	1	2
		$\boxed{1}$	-3	$\boxed{-2}$
	1	$\boxed{-3}$	$\boxed{-2}$	0

$P(x)=(x-1)(\boxed{x^2-3x-2})$

따라서 주어진 방정식은

$(x-1)(\boxed{x^2-3x-2})=0$

$\therefore x=1$ 또는 $x=\boxed{\dfrac{3\pm\sqrt{17}}{2}}$

12 $P(x)=x^3-4x^2+x+6$이라 하면

$P(-1)=(-1)^3-4\times(-1)^2-1+6=0$

이므로 $\boxed{x+1}$은 $P(x)$의 인수이다.

조립제법을 이용하여 $P(x)$를 인수분해하면

$$
\begin{array}{r|rrrr}
-1 & 1 & -4 & 1 & 6 \\
   &   & -1 & 5 & -6 \\
\hline
   & 1 & -5 & 6 & 0
\end{array}
$$

$\therefore P(x)=(x+1)(x^2-5x+6)=(x+1)(x-2)(x-3)$

따라서 주어진 방정식은

$(x+1)(x-2)(x-3)=0$

$\therefore x=-1$ 또는 $x=2$ 또는 $x=3$

13 $P(x)=x^3-3x^2-6x+8$이라 하면

$P(1)=1^3-3\times1^2-6\times1+8=0$이므로 $x-1$은 $P(x)$의 인수이다.

조립제법을 이용하여 $P(x)$를 인수분해하면

$$
\begin{array}{r|rrrr}
1 & 1 & -3 & -6 & 8 \\
  &   & 1 & -2 & -8 \\
\hline
  & 1 & -2 & -8 & 0
\end{array}
$$

$\therefore P(x)=(x-1)(x^2-2x-8)=(x-1)(x+2)(x-4)$

따라서 주어진 방정식은

$(x-1)(x+2)(x-4)=0$

$\therefore x=-2$ 또는 $x=1$ 또는 $x=4$

14 $P(x)=x^3-4x^2+9x-10$이라 하면

$P(2)=2^3-4\times2^2+9\times2-10=0$

이므로 $x-2$는 $P(x)$의 인수이다.

조립제법을 이용하여 $P(x)$를 인수분해하면

$$
\begin{array}{r|rrrr}
2 & 1 & -4 & 9 & -10 \\
  &   & 2 & -4 & 10 \\
\hline
  & 1 & -2 & 5 & 0
\end{array}
$$

$\therefore P(x)=(x-2)(x^2-2x+5)$

따라서 주어진 방정식은

$(x-2)(x^2-2x+5)=0$

$\therefore x=2$ 또는 $x=1\pm2i$

15 $P(x)=x^3-3x^2+2x+6$이라 하면

$P(-1)=(-1)^3-3\times(-1)^2+2\times(-1)+6=0$

이므로 $x+1$은 $P(x)$의 인수이다.

조립제법을 이용하여 $P(x)$를 인수분해하면

$$
\begin{array}{r|rrrr}
-1 & 1 & -3 & 2 & 6 \\
   &   & -1 & 4 & -6 \\
\hline
   & 1 & -4 & 6 & 0
\end{array}
$$

$\therefore P(x)=(x+1)(x^2-4x+6)$

따라서 주어진 방정식은

$(x+1)(x^2-4x+6)=0$

$\therefore x=-1$ 또는 $x=2\pm\sqrt{2}i$

16 $P(x)=x^4+4x^3+5x^2-4x-6$이라 하면

$P(1)=1^4+4\times1^3+5\times1^2-4\times1-6=0$이므로

$\boxed{x-1}$은 $P(x)$의 인수이다.

조립제법을 이용하여 $P(x)$를 인수분해하면

$$
\begin{array}{r|rrrrr}
\boxed{1} & 1 & 4 & 5 & -4 & -6 \\
   &   & \boxed{1} & 5 & \boxed{10} & \boxed{6} \\
\hline
   & 1 & \boxed{5} & \boxed{10} & 6 & 0
\end{array}
$$

$\therefore P(x)=(x-\boxed{1})(x^3+5x^2+10x+6)$

이때 $Q(x)=x^3+5x^2+10x+6$이라 하면

$Q(-1)=(-1)^3+5\times(-1)^2+10\times(-1)+6=0$

이므로 $\boxed{x+1}$은 $Q(x)$의 인수이다.

조립제법을 이용하여 $Q(x)$를 인수분해하면

$$
\begin{array}{r|rrrr}
\boxed{-1} & 1 & 5 & 10 & 6 \\
   &   & \boxed{-1} & -4 & \boxed{-6} \\
\hline
   & 1 & \boxed{4} & \boxed{6} & 0
\end{array}
$$

$\therefore Q(x)=(x+1)(\boxed{x^2+4x+6})$

$\therefore P(x)=(x-\boxed{1})Q(x)=(x-\boxed{1})(x+1)(\boxed{x^2+4x+6})$

따라서 주어진 방정식은

$(x-1)(x+1)(\boxed{x^2+4x+6})=0$

$\therefore x=-1$ 또는 $x=1$ 또는 $x=\boxed{-2\pm\sqrt{2}i}$

17 $P(x)=x^4-3x^2-6x+8$이라 하면

$P(1)=1^4-3\times1^2-6\times1+8=0$이므로 $\boxed{x-1}$은 $P(x)$의 인수이다.

조립제법을 이용하여 $P(x)$를 인수분해하면

x^3의 계수가 0이다.

$$
\begin{array}{r|rrrrr}
1 & 1 & 0 & -3 & -6 & 8 \\
  &   & 1 & 1 & -2 & -8 \\
\hline
  & 1 & 1 & -2 & -8 & 0
\end{array}
$$

$\therefore P(x)=(x-1)(x^3+x^2-2x-8)$

이때 $Q(x)=x^3+x^2-2x-8$이라 하면

$Q(2)=2^3+2^2-2\times2-8=0$이므로 $x-2$는 $Q(x)$의 인수이다.

조립제법을 이용하여 $Q(x)$를 인수분해하면

$$
\begin{array}{r|rrrr}
2 & 1 & 1 & -2 & -8 \\
  &   & 2 & 6 & 8 \\
\hline
  & 1 & 3 & 4 & 0
\end{array}
$$

$\therefore Q(x)=(x-2)(x^2+3x+4)$

$\therefore P(x)=(x-1)Q(x)=(x-1)(x-2)(x^2+3x+4)$

따라서 주어진 방정식은

$(x-1)(x-2)(x^2+3x+4)=0$

$\therefore x=1$ 또는 $x=2$ 또는 $x=\dfrac{-3\pm\sqrt{7}i}{2}$

18 $P(x)=x^4+x^3-15x^2+23x-10$이라 하면

$P(1)=1^4+1^3-15\times1^2+23\times1-10=0$이므로 $x-1$은 $P(x)$의 인수이다.

조립제법을 이용하여 $P(x)$를 인수분해하면

$$\begin{array}{r|rrrrr}
1 & 1 & 1 & -15 & 23 & -10 \\
  &   & 1 & 2 & -13 & 10 \\
\hline
  & 1 & 2 & -13 & 10 & 0
\end{array}$$

$\therefore P(x)=(x-1)(x^3+2x^2-13x+10)$

이때 $Q(x)=x^3+2x^2-13x+10$이라 하면

$Q(1)=1^3+2\times1^2-13\times1+10=0$이므로 $x-1$은 $Q(x)$의 인수이다.

조립제법을 이용하여 $Q(x)$를 인수분해하면

$$\begin{array}{r|rrrr}
1 & 1 & 2 & -13 & 10 \\
  &   & 1 & 3 & -10 \\
\hline
  & 1 & 3 & -10 & 0
\end{array}$$

$\therefore Q(x)=(x-1)(x^2+3x-10)=(x-1)(x+5)(x-2)$

$\therefore P(x)=(x-1)Q(x)=(x-1)^2(x+5)(x-2)$

따라서 주어진 방정식은

$(x-1)^2(x+5)(x-2)=0$

$\therefore x=-5$ 또는 $x=1$ (중근) 또는 $x=2$

19 $P(x)=x^4-2x^3+x^2-4$라 하면

$P(-1)=(-1)^4-2\times(-1)^3+(-1)^2-4=0$

이므로 $x+1$은 $P(x)$의 인수이다.

조립제법을 이용하여 $P(x)$를 인수분해하면

→x의 계수가 0이다.

$$\begin{array}{r|rrrrr}
-1 & 1 & -2 & 1 & 0 & -4 \\
   &   & -1 & 3 & -4 & 4 \\
\hline
   & 1 & -3 & 4 & -4 & 0
\end{array}$$

$\therefore P(x)=(x+1)(x^3-3x^2+4x-4)$

이때 $Q(x)=x^3-3x^2+4x-4$라 하면

$Q(2)=2^3-3\times2^2+4\times2-4=0$

이므로 $x-2$는 $Q(x)$의 인수이다.

조립제법을 이용하여 $Q(x)$를 인수분해하면

$$\begin{array}{r|rrrr}
2 & 1 & -3 & 4 & -4 \\
  &   & 2 & -2 & 4 \\
\hline
  & 1 & -1 & 2 & 0
\end{array}$$

$\therefore Q(x)=(x-2)(x^2-x+2)$

$\therefore P(x)=(x+1)Q(x)=(x+1)(x-2)(x^2-x+2)$

따라서 주어진 방정식은

$(x+1)(x-2)(x^2-x+2)=0$

$\therefore x=-1$ 또는 $x=2$ 또는 $x=\dfrac{1\pm\sqrt{7}i}{2}$

20 $P(x)=x^4+x^3-7x^2-x+6$이라 하면

$P(1)=1^4+1^3-7\times1^2-1+6=0$이므로 $x-1$은 $P(x)$의 인수이다.

조립제법을 이용하여 $P(x)$를 인수분해하면

$$\begin{array}{r|rrrrr}
1 & 1 & 1 & -7 & -1 & 6 \\
  &   & 1 & 2 & -5 & -6 \\
\hline
  & 1 & 2 & -5 & -6 & 0
\end{array}$$

$\therefore P(x)=(x-1)(x^3+2x^2-5x-6)$

이때 $Q(x)=x^3+2x^2-5x-6$이라 하면

$Q(-1)=(-1)^3+2\times(-1)^2-5\times(-1)-6=0$

이므로 $x+1$은 $Q(x)$의 인수이다.

조립제법을 이용하여 $Q(x)$를 인수분해하면

$$\begin{array}{r|rrrr}
-1 & 1 & 2 & -5 & -6 \\
   &   & -1 & -1 & 6 \\
\hline
   & 1 & 1 & -6 & 0
\end{array}$$

$\therefore Q(x)=(x+1)(x^2+x-6)=(x+1)(x+3)(x-2)$

$\therefore P(x)=(x-1)Q(x)=(x-1)(x+1)(x+3)(x-2)$

따라서 주어진 방정식은

$(x-1)(x+1)(x+3)(x-2)=0$

$\therefore x=-3$ 또는 $x=-1$ 또는 $x=1$ 또는 $x=2$

21 **①단계** $\boxed{x^2-5x}=X$로 치환하면 주어진 방정식은

$X^2-2X-24=0,\ (X+\boxed{4})(X-6)=0$

$\therefore X=\boxed{-4}$ 또는 $X=6$

②단계 (i) $X=\boxed{-4}$일 때

$\boxed{x^2-5x}=-4$에서 $x^2-5x+4=0$ → $X=x^2-5x$를 대입

$(x-1)(x-4)=0$ $\therefore x=1$ 또는 $x=\boxed{4}$

(ii) $X=6$일 때

$\boxed{x^2-5x}=6$에서 $x^2-5x-6=0$ → $X=x^2-5x$를 대입

$(x+1)(x-6)=0$ $\therefore x=\boxed{-1}$ 또는 $x=6$

(i), (ii)에서 주어진 방정식의 해는

$x=\boxed{-1}$ 또는 $x=1$ 또는 $x=\boxed{4}$ 또는 $x=6$

22 **①단계** $x^2+4x=X$로 치환하면 주어진 방정식은

$(X-2)(X+2)-5=0$

$X^2-9=0,\ (X+3)(X-3)=0$

$\therefore X=-3$ 또는 $X=3$

②단계 (i) $X=-3$일 때

$x^2+4x=-3$에서 $x^2+4x+3=0$

$(x+3)(x+1)=0$ $\therefore x=-3$ 또는 $x=-1$

(ii) $X=3$일 때

$x^2+4x=3$에서 $x^2+4x-3=0$

$\therefore x=-2\pm\sqrt{7}$

(i), (ii)에서 주어진 방정식의 해는

$x=-3$ 또는 $x=-1$ 또는 $x=-2\pm\sqrt{7}$

23 $x^2-x=X$로 치환하면 주어진 방정식은
$X^2-8X+12=0$, $(X-2)(X-6)=0$
$\therefore X=2$ 또는 $X=6$
(i) $X=2$일 때
$x^2-x=2$에서 $x^2-x-2=0$
$(x+1)(x-2)=0$ $\therefore x=-1$ 또는 $x=2$
(ii) $X=6$일 때
$x^2-x=6$에서 $x^2-x-6=0$
$(x+2)(x-3)=0$ $\therefore x=-2$ 또는 $x=3$
(i), (ii)에서 주어진 방정식의 해는
$x=-2$ 또는 $x=-1$ 또는 $x=2$ 또는 $x=3$

24 $x^2+x=X$로 치환하면 주어진 방정식은
$(X+1)(X+4)-18=0$
$X^2+5X-14=0$, $(X+7)(X-2)=0$
$\therefore X=-7$ 또는 $X=2$
(i) $X=-7$일 때
$x^2+x=-7$에서 $x^2+x+7=0$
$\therefore x=\dfrac{-1\pm3\sqrt{3}i}{2}$
(ii) $X=2$일 때
$x^2+x=2$에서 $x^2+x-2=0$
$(x+2)(x-1)=0$
$\therefore x=-2$ 또는 $x=1$
(i), (ii)에서 주어진 방정식의 해는
$x=-2$ 또는 $x=1$ 또는 $x=\dfrac{-1\pm3\sqrt{3}i}{2}$

25 $\boxed{x^2}=X$로 치환하면 주어진 방정식은
$X^2-4X-5=0$, $(X+1)(X-5)=0$
$\therefore X=-1$ 또는 $X=5$
(i) $X=-1$일 때
$x^2=\boxed{-1}$에서 $x=\pm i$
(ii) $X=5$일 때
$x^2=5$에서 $x=\boxed{\pm\sqrt{5}}$
(i), (ii)에서 주어진 방정식의 해는
$x=\pm i$ 또는 $x=\boxed{\pm\sqrt{5}}$

26 $\boxed{x^2}=X$로 치환하면 주어진 방정식은
$X^2-9X+20=0$, $(X-4)(X-5)=0$
$\therefore X=4$ 또는 $X=5$
(i) $X=4$일 때
$x^2=4$에서 $x=\pm2$
(ii) $X=5$일 때
$x^2=5$에서 $x=\pm\sqrt{5}$
(i), (ii)에서 주어진 방정식의 해는
$x=\pm2$ 또는 $x=\pm\sqrt{5}$

27 $x^2=X$로 치환하면 주어진 방정식은
$X^2+7X-8=0$, $(X+8)(X-1)=0$
$\therefore X=-8$ 또는 $X=1$
(i) $X=-8$일 때
$x^2=-8$에서 $x=\pm2\sqrt{2}i$
(ii) $X=1$일 때
$x^2=1$에서 $x=\pm1$
(i), (ii)에서 주어진 방정식의 해는
$x=\pm1$ 또는 $x=\pm2\sqrt{2}i$

28 $x^2=X$로 치환하면 주어진 방정식은
$X^2-X-30=0$, $(X+5)(X-6)=0$
$\therefore X=-5$ 또는 $X=6$
(i) $X=-5$일 때
$x^2=-5$에서 $x=\pm\sqrt{5}i$
(ii) $X=6$일 때
$x^2=6$에서 $x=\pm\sqrt{6}$
(i), (ii)에서 주어진 방정식의 해는
$x=\pm\sqrt{5}i$ 또는 $x=\pm\sqrt{6}$

29 $-12x^2$을 $-8x^2$과 $-4x^2$으로 분리
$x^4-12x^2+16=0$에서 $(x^4-8x^2+16)-\boxed{4x^2}=0$
$(x^2-4)^2-(2x)^2=0$, $(x^2+2x-4)(\boxed{x^2-2x-4})=0$
$\therefore x^2+2x-4=0$ 또는 $\boxed{x^2-2x-4}=0$
따라서 주어진 방정식의 해는
$x=-1\pm\sqrt{5}$ 또는 $x=\boxed{1\pm\sqrt{5}}$

30 $x^4-11x^2+1=0$에서 $(x^4-2x^2+1)-\boxed{9x^2}=0$
$(x^2-1)^2-(3x)^2=0$, $(x^2+3x-1)(x^2-3x-1)=0$
$\therefore x^2+3x-1=0$ 또는 $x^2-3x-1=0$
따라서 주어진 방정식의 해는
$x=\dfrac{-3\pm\sqrt{13}}{2}$ 또는 $x=\dfrac{3\pm\sqrt{13}}{2}$

31 $x^4-8x^2+4=0$에서 $(x^4-4x^2+4)-4x^2=0$
$(x^2-2)^2-(2x)^2=0$, $(x^2+2x-2)(x^2-2x-2)=0$
$\therefore x^2+2x-2=0$ 또는 $x^2-2x-2=0$
따라서 주어진 방정식의 해는
$x=-1\pm\sqrt{3}$ 또는 $x=1\pm\sqrt{3}$

32 $x^4+2x^2+9=0$에서 $(x^4+6x^2+9)-4x^2=0$
$(x^2+3)^2-(2x)^2=0$, $(x^2+2x+3)(x^2-2x+3)=0$
$\therefore x^2+2x+3=0$ 또는 $x^2-2x+3=0$
따라서 주어진 방정식의 해는
$x=-1\pm\sqrt{2}i$ 또는 $x=1\pm\sqrt{2}i$

33 ❶단계 $x \neq 0$이므로 방정식의 양변을 x^2으로 나누면

$x^2+x+2+\dfrac{1}{x}+\dfrac{1}{x^2}=0$, $\left(x^2+\dfrac{1}{x^2}\right)+\left(x+\dfrac{1}{x}\right)+\boxed{2}=0$

$\therefore \left(x+\dfrac{1}{x}\right)^2+\left(x+\dfrac{1}{x}\right)=0$　　$x^2+\dfrac{1}{x^2}=\left(x+\dfrac{1}{x}\right)^2-2$

❷단계 $\boxed{x+\dfrac{1}{x}}=X$로 치환하면 $X^2+X=0$

$X(X+1)=0$　$\therefore X=-1$ 또는 $X=0$

❸단계 (i) $X=-1$일 때

　$\boxed{x+\dfrac{1}{x}}=-1$에서 $x^2+x+1=0$　$\therefore x=\dfrac{-1\pm\sqrt{3}i}{2}$

(ii) $X=0$일 때

　$\boxed{x+\dfrac{1}{x}}=0$에서 $x^2+1=0$　$\therefore x=\boxed{\pm i}$

(i), (ii)에서 주어진 방정식의 해는

$x=\dfrac{-1\pm\sqrt{3}i}{2}$ 또는 $x=\pm i$

34 ❶단계 $x \neq 0$이므로 방정식의 양변을 x^2으로 나누면

$x^2-2x-1-\dfrac{2}{x}+\dfrac{1}{x^2}=0$, $\left(x^2+\dfrac{1}{x^2}\right)-2\left(x+\dfrac{1}{x}\right)-1=0$

$\therefore \left(x+\dfrac{1}{x}\right)^2-2\left(x+\dfrac{1}{x}\right)-3=0$

❷단계 $x+\dfrac{1}{x}=X$로 치환하면 $X^2-2X-3=0$

$(X+1)(X-3)=0$　$\therefore X=-1$ 또는 $X=3$

❸단계 (i) $X=-1$일 때

　$x+\dfrac{1}{x}=-1$에서 $x^2+x+1=0$　$\therefore x=\dfrac{-1\pm\sqrt{3}i}{2}$

(ii) $X=3$일 때

　$x+\dfrac{1}{x}=3$에서 $x^2-3x+1=0$　$\therefore x=\dfrac{3\pm\sqrt{5}}{2}$

(i), (ii)에서 주어진 방정식의 해는

$x=\dfrac{3\pm\sqrt{5}}{2}$ 또는 $x=\dfrac{-1\pm\sqrt{3}i}{2}$

35 $x \neq 0$이므로 방정식의 양변을 x^2으로 나누면

$x^2+3x-2+\dfrac{3}{x}+\dfrac{1}{x^2}=0$, $\left(x^2+\dfrac{1}{x^2}\right)+3\left(x+\dfrac{1}{x}\right)-2=0$

$\therefore \left(x+\dfrac{1}{x}\right)^2+3\left(x+\dfrac{1}{x}\right)-4=0$

$x+\dfrac{1}{x}=X$로 치환하면 $X^2+3X-4=0$

$(X+4)(X-1)=0$　$\therefore X=-4$ 또는 $X=1$

(i) $X=-4$일 때

　$x+\dfrac{1}{x}=-4$에서 $x^2+4x+1=0$　$\therefore x=-2\pm\sqrt{3}$

(ii) $X=1$일 때

　$x+\dfrac{1}{x}=1$에서 $x^2-x+1=0$　$\therefore x=\dfrac{1\pm\sqrt{3}i}{2}$

(i), (ii)에서 주어진 방정식의 해는

$x=-2\pm\sqrt{3}$ 또는 $x=\dfrac{1\pm\sqrt{3}i}{2}$

---

16 삼차방정식의 근의 성질
본문 077~080쪽

01 $\alpha+\beta+\gamma=-5$, $\alpha\beta+\beta\gamma+\gamma\alpha=2$, $\alpha\beta\gamma=1$

02 $\alpha+\beta+\gamma=4$, $\alpha\beta+\beta\gamma+\gamma\alpha=-1$, $\alpha\beta\gamma=-3$

03 $\alpha+\beta+\gamma=0$, $\alpha\beta+\beta\gamma+\gamma\alpha=3$, $\alpha\beta\gamma=5$

04 $\alpha+\beta+\gamma=-2$, $\alpha\beta+\beta\gamma+\gamma\alpha=3$, $\alpha\beta\gamma=1$

05 $\alpha+\beta+\gamma=\dfrac{1}{3}$, $\alpha\beta+\beta\gamma+\gamma\alpha=-2$, $\alpha\beta\gamma=-1$

06 5	**07** 3	**08** 7	**09** 16	**10** $\dfrac{3}{7}$	**11** $\dfrac{5}{7}$
12 19	**13** -3	**14** -6	**15** 9	**16** 11	**17** $-\dfrac{2}{3}$
18 $-\dfrac{1}{3}$	**19** 21	**20** $x^3-5x^2+2x+8=0$			

21 $x^3+2x^2-5x-6=0$　　**22** $x^3-\dfrac{5}{4}x^2-\dfrac{1}{2}x+\dfrac{3}{16}=0$

23 $x^3-x^2-6x-4=0$　　**24** $x^3-3x^2+x+5=0$

25 $x^3+4x^2+3x+1=0$　　**26** $x^3-3x^2+4x-1=0$

27 $a=-2$, $b=4$　　**28** $a=-12$, $b=10$

29 $a=-4$, $b=9$　　**30** $a=1$, $b=8$

31 0	**32** -1	**33** -1	**34** 1	**35** -1	**36** -2
37 0	**38** 1	**39** 1	**40** 1	**41** -1	**42** 11

09 $(\alpha+1)(\beta+1)(\gamma+1)$

$=\alpha\beta\gamma+(\alpha\beta+\beta\gamma+\gamma\alpha)+(\alpha+\beta+\gamma)+1$　$\alpha+\beta+\gamma=5$,

$=7+3+5+1=16$　　　　　　　　　　$\alpha\beta+\beta\gamma+\gamma\alpha=3$,

　　　　　　　　　　　　　　　　　　$\alpha\beta\gamma=7$이므로

$\alpha\beta+\beta\gamma+\gamma\alpha=3$, $\alpha\beta\gamma=7$이므로

10 $\dfrac{1}{\alpha}+\dfrac{1}{\beta}+\dfrac{1}{\gamma}=\dfrac{\alpha\beta+\beta\gamma+\gamma\alpha}{\alpha\beta\gamma}=\boxed{\dfrac{3}{7}}$

$\alpha+\beta+\gamma=5$, $\alpha\beta\gamma=7$이므로

11 $\dfrac{1}{\alpha\beta}+\dfrac{1}{\beta\gamma}+\dfrac{1}{\gamma\alpha}=\dfrac{\alpha+\beta+\gamma}{\alpha\beta\gamma}=\dfrac{5}{7}$

12 $\alpha^2+\beta^2+\gamma^2=(\alpha+\beta+\gamma)^2-2(\alpha\beta+\beta\gamma+\gamma\alpha)$이므로

$\alpha^2+\beta^2+\gamma^2=5^2-2\times3=19$　$\alpha+\beta+\gamma=5$, $\alpha\beta+\beta\gamma+\gamma\alpha=3$이므로

16 $(\alpha-1)(\beta-1)(\gamma-1)$

$=\alpha\beta\gamma-(\alpha\beta+\beta\gamma+\gamma\alpha)+(\alpha+\beta+\gamma)-1$　$\alpha+\beta+\gamma=-3$,

$=9-(-6)-3-1=11$　　　　　　　　　$\alpha\beta+\beta\gamma+\gamma\alpha=-6$,

　　　　　　　　　　　　　　　　　　$\alpha\beta\gamma=9$이므로

$\alpha\beta+\beta\gamma+\gamma\alpha=-6$, $\alpha\beta\gamma=9$이므로

17 $\dfrac{1}{\alpha}+\dfrac{1}{\beta}+\dfrac{1}{\gamma}=\dfrac{\alpha\beta+\beta\gamma+\gamma\alpha}{\alpha\beta\gamma}=\dfrac{-6}{9}=-\dfrac{2}{3}$

$\alpha+\beta+\gamma=-3$, $\alpha\beta\gamma=9$이므로

18 $\dfrac{1}{\alpha\beta}+\dfrac{1}{\beta\gamma}+\dfrac{1}{\gamma\alpha}=\dfrac{\alpha+\beta+\gamma}{\alpha\beta\gamma}=\dfrac{-3}{9}=-\dfrac{1}{3}$

19 $\alpha^2+\beta^2+\gamma^2=(\alpha+\beta+\gamma)^2-2(\alpha\beta+\beta\gamma+\gamma\alpha)$이므로

$\alpha^2+\beta^2+\gamma^2=(-3)^2-2\times(-6)=21$　$\alpha+\beta+\gamma=-3$,

　　　　　　　　　　　　　　　　　　　　　$\alpha\beta+\beta\gamma+\gamma\alpha=-6$이므로

20 (세 근의 합)$=\boxed{-1}+2+4=\boxed{5}$

(두 근끼리의 곱의 합)$=(-1)\times\boxed{2}+2\times4+4\times(\boxed{-1})=\boxed{2}$

(세 근의 곱)$=(-1)\times\boxed{2}\times4=\boxed{-8}$

따라서 구하는 삼차방정식은 $\underline{x^3-5x^2+2x+8=0}$ 이다.

21 (세 근의 합)$=-3+(-1)+2=-2$

(두 근끼리의 곱의 합)$=(-3)\times(-1)+(-1)\times2+2\times(-3)$
$$=-5$$

(세 근의 곱)$=(-3)\times(-1)\times2=6$

따라서 구하는 삼차방정식은 $x^3+2x^2-5x-6=0$이다.

22 (세 근의 합)$=-\dfrac{1}{2}+\dfrac{1}{4}+\dfrac{3}{2}=\dfrac{5}{4}$

(두 근끼리의 곱의 합)

$=\left(-\dfrac{1}{2}\right)\times\dfrac{1}{4}+\dfrac{1}{4}\times\dfrac{3}{2}+\dfrac{3}{2}\times\left(-\dfrac{1}{2}\right)=-\dfrac{1}{2}$

(세 근의 곱)$=\left(-\dfrac{1}{2}\right)\times\dfrac{1}{4}\times\dfrac{3}{2}=-\dfrac{3}{16}$

따라서 구하는 삼차방정식은 $x^3-\dfrac{5}{4}x^2-\dfrac{1}{2}x+\dfrac{3}{16}=0$이다.

23 (세 근의 합)$=-1+(1+\sqrt{5})+(1-\sqrt{5})=1$

(두 근끼리의 곱의 합)

$=(-1)\times(1+\sqrt{5})+(1+\sqrt{5})(1-\sqrt{5})+(1-\sqrt{5})\times(-1)=-6$

(세 근의 곱)$=(-1)\times(1+\sqrt{5})\times(1-\sqrt{5})=4$

따라서 구하는 삼차방정식은 $x^3-x^2-6x-4=0$이다.

24 (세 근의 합)$=-1+(2+i)+(2-i)=3$

(두 근끼리의 곱의 합)

$=(-1)\times(2+i)+(2+i)(2-i)+(2-i)\times(-1)=1$

(세 근의 곱)$=(-1)\times(2+i)\times(2-i)=-5$

따라서 구하는 삼차방정식은 $x^3-3x^2+x+5=0$이다.

[25, 26] 삼차방정식의 근과 계수의 관계에 의하여
$\alpha+\beta+\gamma=\boxed{4}$, $\alpha\beta+\beta\gamma+\gamma\alpha=3$, $\alpha\beta\gamma=\boxed{1}$이므로

25 세 수 $-\alpha$, $-\beta$, $-\gamma$를 근으로 하는 삼차방정식에서

(세 근의 합)$=(-\alpha)+(-\beta)+(-\gamma)=-(\alpha+\beta+\gamma)=\boxed{-4}$

(두 근끼리의 곱의 합)

$=(-\alpha)\times(-\beta)+(-\beta)\times(-\gamma)+(-\gamma)\times(-\alpha)$
$=\alpha\beta+\beta\gamma+\gamma\alpha=\boxed{3}$

(세 근의 곱)$=(-\alpha)\times(-\beta)\times(-\gamma)=-\alpha\beta\gamma=\boxed{-1}$

따라서 구하는 삼차방정식은 $\underline{x^3+4x^2+3x+1=0}$이다.

26 세 수 $\dfrac{1}{\alpha}$, $\dfrac{1}{\beta}$, $\dfrac{1}{\gamma}$을 근으로 하는 삼차방정식에서

(세 근의 합)$=\dfrac{1}{\alpha}+\dfrac{1}{\beta}+\dfrac{1}{\gamma}=\dfrac{\alpha\beta+\beta\gamma+\gamma\alpha}{\alpha\beta\gamma}=3$

(두 근끼리의 곱의 합)$=\dfrac{1}{\alpha}\times\dfrac{1}{\beta}+\dfrac{1}{\beta}\times\dfrac{1}{\gamma}+\dfrac{1}{\gamma}\times\dfrac{1}{\alpha}=\dfrac{\alpha+\beta+\gamma}{\alpha\beta\gamma}=4$

(세 근의 곱)$=\dfrac{1}{\alpha}\times\dfrac{1}{\beta}\times\dfrac{1}{\gamma}=\dfrac{1}{\alpha\beta\gamma}=1$

따라서 구하는 삼차방정식은 $x^3-3x^2+4x-1=0$이다.

27 a, b가 유리수이고 주어진 삼차방정식의 한 근이 $1-\sqrt{5}$이므로
$\boxed{1+\sqrt{5}}$도 근이다.

나머지 한 근을 α라 하면 삼차방정식의 근과 계수의 관계에 의하여

$(1-\sqrt{5})+(1+\sqrt{5})+\alpha=\boxed{3}$ $\therefore$ $\alpha=\boxed{1}$

즉, 주어진 삼차방정식의 세 근이 $1-\sqrt{5}$, $1+\sqrt{5}$, $\boxed{1}$이므로

$(1-\sqrt{5})(1+\sqrt{5})+(1+\sqrt{5})\times\boxed{1}+\boxed{1}\times(1-\sqrt{5})=a$

$(1-\sqrt{5})\times(1+\sqrt{5})\times\boxed{1}=-b$

$\therefore$ $a=\boxed{-2}$, $b=\boxed{4}$

28 a, b가 유리수이고 주어진 삼차방정식의 한 근이 $-1+\sqrt{3}$이므로
$-1-\sqrt{3}$도 근이다.

나머지 한 근을 α라 하면 삼차방정식의 근과 계수의 관계에 의하여

$(-1+\sqrt{3})+(-1-\sqrt{3})+\alpha=3$ $\therefore$ $\alpha=5$

즉, 주어진 삼차방정식의 세 근이 $-1+\sqrt{3}$, $-1-\sqrt{3}$, 5이므로

$(-1+\sqrt{3})(-1-\sqrt{3})+(-1-\sqrt{3})\times5+5\times(-1+\sqrt{3})=a$

$(-1+\sqrt{3})\times(-1-\sqrt{3})\times5=-b$

$\therefore$ $a=-12$, $b=10$

29 a, b가 실수이고 주어진 삼차방정식의 한 근이 $1+2i$이므로
$\boxed{1-2i}$도 근이다.

나머지 한 근을 α라 하면 삼차방정식의 근과 계수의 관계에 의하여

$(1+2i)\times(1-2i)\times\alpha=10$, $5\alpha=10$ $\therefore$ $\alpha=2$

즉, 주어진 삼차방정식의 세 근이 $1+2i$, $1-2i$, 2이므로

$(1+2i)+(1-2i)+2=-a$

$(1+2i)(1-2i)+(1-2i)\times2+2\times(1+2i)=b$

$\therefore$ $a=-4$, $b=9$

30 a, b가 실수이고 주어진 삼차방정식의 한 근이 $-1-3i$이므로
$-1+3i$도 근이다.

나머지 한 근을 α라 하면 삼차방정식의 근과 계수의 관계에 의하여

$(-1-3i)\times(-1+3i)\times\alpha=10$, $10\alpha=10$ $\therefore$ $\alpha=1$

즉, 주어진 삼차방정식의 세 근이 $-1-3i$, $-1+3i$, 1이므로

$(-1-3i)+(-1+3i)+1=-a$

$(-1-3i)(-1+3i)+(-1+3i)\times1+1\times(-1-3i)=b$

$\therefore$ $a=1$, $b=8$

[31~36] $x^3=1$에서 $x^3-1=0$, $(x-1)(x^2+x+1)=0$
이때 ω는 허근이므로 방정식 $x^2+x+1=0$의 근이다.

31 $\omega^2+\omega+1=0$

32 $\omega^2+\omega+1=0$의 양변을 ω로 나누면

$\omega+1+\dfrac{1}{\omega}=0$ $\therefore \omega+\dfrac{1}{\omega}=-1$

33 방정식 $x^2+x+1=0$의 한 허근이 ω이므로 다른 한 허근은 $\overline{\omega}$이다.

따라서 이차방정식의 근과 계수의 관계에 의하여

$\omega+\overline{\omega}=-1$

34 방정식 $x^2+x+1=0$의 한 허근이 ω이므로 다른 한 허근은 $\overline{\omega}$이다.

따라서 이차방정식의 근과 계수의 관계에 의하여

$\omega\overline{\omega}=1$

35 $\omega^3=1$에서 $\dfrac{1}{\omega^2}=\omega$이고, $\omega^2+\omega+1=0$이므로

$\omega^2+\dfrac{1}{\omega^2}=\omega^2+\omega=-1$

36 $\omega^3=1$, $\omega^2+\omega+1=0$이므로

$\omega^{20}+\omega^{10}-1=\omega^{3\times6+2}+\omega^{3\times3+1}-1$

$\qquad =\omega^2+\omega-1=(\omega^2+\omega+1)-2=-2$

[37~42] $x^3=-1$에서 $x^3+1=0$, $(x+1)(x^2-x+1)=0$
이때 ω는 허근이므로 방정식 $x^2-x+1=0$의 근이다.

37 $\omega^2-\omega+1=0$

38 $\omega^2-\omega+1=0$의 양변을 ω로 나누면

$\omega-1+\dfrac{1}{\omega}=0$ $\therefore \omega+\dfrac{1}{\omega}=1$

39 방정식 $x^2-x+1=0$의 한 허근이 ω이므로 다른 한 허근은 $\overline{\omega}$이다.

따라서 이차방정식의 근과 계수의 관계에 의하여

$\omega+\overline{\omega}=1$

40 방정식 $x^2-x+1=0$의 한 허근이 ω이므로 다른 한 허근은 $\overline{\omega}$이다.

따라서 이차방정식의 근과 계수의 관계에 의하여

$\omega\overline{\omega}=1$

41 $\omega^3=-1$에서 $\dfrac{1}{\omega^2}=-\omega$이고, $\omega^2-\omega+1=0$이므로

$\omega^{50}+\dfrac{1}{\omega^{50}}=\omega^{3\times16+2}+\dfrac{1}{\omega^{3\times16+2}}=\omega^2+\dfrac{1}{\omega^2}=\omega^2-\omega=-1$

42 $\omega^3=-1$, $\omega^2-\omega+1=0$이므로

$\omega^{11}-\omega^{10}+10=\omega^{3\times3+2}-\omega^{3\times3+1}+10$

$\qquad =-\omega^2+\omega+10=-(\omega^2-\omega+1)+11=11$

---

17 연립이차방정식

본문 081~084쪽

01 $x=3$, $y=1$　**02** $x=1$, $y=-1$　**03** $x=2$, $y=5$

04 $x=-5$, $y=-1$　**05** $x=3$, $y=2$

06 $\begin{cases} x=-1 \\ y=-2 \end{cases}$ 또는 $\begin{cases} x=2 \\ y=1 \end{cases}$ 　**07** $\begin{cases} x=-2 \\ y=1 \end{cases}$ 또는 $\begin{cases} x=-\dfrac{2}{3} \\ y=\dfrac{5}{3} \end{cases}$

08 $\begin{cases} x=-1 \\ y=-4 \end{cases}$ 또는 $\begin{cases} x=3 \\ y=0 \end{cases}$ 　**09** $\begin{cases} x=-4 \\ y=1 \end{cases}$ 또는 $\begin{cases} x=4 \\ y=5 \end{cases}$

10 $\begin{cases} x=-3 \\ y=-4 \end{cases}$ 또는 $\begin{cases} x=2 \\ y=1 \end{cases}$ 　**11** $\begin{cases} x=-1 \\ y=-4 \end{cases}$ 또는 $\begin{cases} x=6 \\ y=17 \end{cases}$

12 $\begin{cases} x=3\sqrt{5} \\ y=-\sqrt{5} \end{cases}$ 또는 $\begin{cases} x=-3\sqrt{5} \\ y=\sqrt{5} \end{cases}$ 또는 $\begin{cases} x=-1 \\ y=-1 \end{cases}$ 또는 $\begin{cases} x=1 \\ y=1 \end{cases}$

13 $\begin{cases} x=-\sqrt{5} \\ y=-\sqrt{5} \end{cases}$ 또는 $\begin{cases} x=\sqrt{5} \\ y=\sqrt{5} \end{cases}$ 또는 $\begin{cases} x=-2\sqrt{2} \\ y=-\sqrt{2} \end{cases}$ 또는 $\begin{cases} x=2\sqrt{2} \\ y=\sqrt{2} \end{cases}$

14 $\begin{cases} x=-\sqrt{14} \\ y=-2\sqrt{14} \end{cases}$ 또는 $\begin{cases} x=\sqrt{14} \\ y=2\sqrt{14} \end{cases}$ 또는 $\begin{cases} x=-2 \\ y=-6 \end{cases}$ 또는 $\begin{cases} x=2 \\ y=6 \end{cases}$

15 $\begin{cases} x=3 \\ y=-3 \end{cases}$ 또는 $\begin{cases} x=-3 \\ y=3 \end{cases}$ 또는 $\begin{cases} x=-6 \\ y=-3 \end{cases}$ 또는 $\begin{cases} x=6 \\ y=3 \end{cases}$

16 $\begin{cases} x=-2i \\ y=-2i \end{cases}$ 또는 $\begin{cases} x=2i \\ y=2i \end{cases}$ 또는 $\begin{cases} x=-6 \\ y=-2 \end{cases}$ 또는 $\begin{cases} x=6 \\ y=2 \end{cases}$

17 $\begin{cases} x=\sqrt{10} \\ y=-\sqrt{10} \end{cases}$ 또는 $\begin{cases} x=-\sqrt{10} \\ y=\sqrt{10} \end{cases}$ 또는 $\begin{cases} x=-5 \\ y=-1 \end{cases}$ 또는 $\begin{cases} x=5 \\ y=1 \end{cases}$

18 $\begin{cases} x=-3 \\ y=8 \end{cases}$ 또는 $\begin{cases} x=8 \\ y=-3 \end{cases}$ 　**19** $\begin{cases} x=-6 \\ y=3 \end{cases}$ 또는 $\begin{cases} x=3 \\ y=-6 \end{cases}$

20 $\begin{cases} x=-3 \\ y=-5 \end{cases}$ 또는 $\begin{cases} x=-5 \\ y=-3 \end{cases}$

21 $\begin{cases} x=-2 \\ y=1 \end{cases}$ 또는 $\begin{cases} x=1 \\ y=-2 \end{cases}$ 또는 $\begin{cases} x=-1 \\ y=2 \end{cases}$ 또는 $\begin{cases} x=2 \\ y=-1 \end{cases}$

22 $\begin{cases} x=-4 \\ y=2 \end{cases}$ 또는 $\begin{cases} x=2 \\ y=-4 \end{cases}$ 또는 $\begin{cases} x=-2 \\ y=4 \end{cases}$ 또는 $\begin{cases} x=4 \\ y=-2 \end{cases}$

23 $\begin{cases} x=-3 \\ y=1 \end{cases}$ 또는 $\begin{cases} x=1 \\ y=-3 \end{cases}$ 또는 $\begin{cases} x=-1 \\ y=3 \end{cases}$ 또는 $\begin{cases} x=3 \\ y=-1 \end{cases}$

24 $\begin{cases} x=-3 \\ y=-2 \end{cases}$ 또는 $\begin{cases} x=-2 \\ y=-3 \end{cases}$ 또는 $\begin{cases} x=2 \\ y=3 \end{cases}$ 또는 $\begin{cases} x=3 \\ y=2 \end{cases}$

---

01 $\begin{cases} x-2y=1 & \cdots\cdots ㉠ \\ x=-y+4 & \cdots\cdots ㉡ \end{cases}$

㉡을 ㉠에 대입하면

$-y+4-2y=1$, $-3y=-3$ $\therefore y=1$

$y=1$을 ㉡에 대입하면 $x=3$

$\therefore x=3$, $y=1$

02 $\begin{cases} 5x+y=4 & \cdots\cdots ㉠ \\ y=2x-3 & \cdots\cdots ㉡ \end{cases}$

㉡을 ㉠에 대입하면

$5x+2x-3=4$, $7x=7$ $\therefore x=1$

$x=1$을 ㉡에 대입하면 $y=-1$

$\therefore x=1$, $y=-1$

03 $\begin{cases} x+y=7 & \cdots\cdots \ \textcircled{\scriptsize ㄱ} \\ x-y=-3 & \cdots\cdots \ \textcircled{\scriptsize ㄴ} \end{cases}$

$\textcircled{\scriptsize ㄱ}+\textcircled{\scriptsize ㄴ}$을 하면 $2x=4$ $\quad \therefore x=2$

$x=2$를 $\textcircled{\scriptsize ㄱ}$에 대입하면

$2+y=7$ $\quad \therefore y=5$

$\therefore x=2,\ y=5$

04 $\begin{cases} x-2y=-3 & \cdots\cdots \ \textcircled{\scriptsize ㄱ} \\ -x+3y=2 & \cdots\cdots \ \textcircled{\scriptsize ㄴ} \end{cases}$

$\textcircled{\scriptsize ㄱ}+\textcircled{\scriptsize ㄴ}$을 하면 $y=-1$

$y=-1$을 $\textcircled{\scriptsize ㄱ}$에 대입하면

$x-2\times(-1)=-3$ $\quad \therefore x=-5$

$\therefore x=-5,\ y=-1$

05 $\begin{cases} 3x-2y=5 & \cdots\cdots \ \textcircled{\scriptsize ㄱ} \\ 2x+y=8 & \cdots\cdots \ \textcircled{\scriptsize ㄴ} \end{cases}$

$\textcircled{\scriptsize ㄱ}+2\times\textcircled{\scriptsize ㄴ}$을 하면

$7x=21$ $\quad \therefore x=3$

$x=3$을 $\textcircled{\scriptsize ㄱ}$에 대입하면

$9-2y=5,\ 2y=4$ $\quad \therefore y=2$

$\therefore x=3,\ y=2$

06 **①단계** $\begin{cases} x-y=1 & \cdots\cdots \ \textcircled{\scriptsize ㄱ} \\ x^2+y^2=5 & \cdots\cdots \ \textcircled{\scriptsize ㄴ} \end{cases}$

$\textcircled{\scriptsize ㄱ}$에서 $y=\boxed{x-1}$ $\quad\cdots\cdots \ \textcircled{\scriptsize ㄷ}$

②단계 $\textcircled{\scriptsize ㄷ}$을 $\textcircled{\scriptsize ㄴ}$에 대입하면

$x^2+(\boxed{x-1})^2=5,\ x^2-x-2=0$

$(x+1)(x-2)=0$ $\quad \therefore x=-1$ 또는 $x=2$

③단계 (i) $x=-1$을 $\textcircled{\scriptsize ㄷ}$에 대입하면 $y=\boxed{-2}$

(ii) $x=2$를 $\textcircled{\scriptsize ㄷ}$에 대입하면 $y=\boxed{1}$

(i), (ii)에서 주어진 연립방정식의 해는

$\begin{cases} x=-1 \\ y=\boxed{-2} \end{cases}$ 또는 $\begin{cases} x=2 \\ y=\boxed{1} \end{cases}$

07 **①단계** $\begin{cases} x-2y=-4 & \cdots\cdots \ \textcircled{\scriptsize ㄱ} \\ x^2+2y^2=6 & \cdots\cdots \ \textcircled{\scriptsize ㄴ} \end{cases}$

$\textcircled{\scriptsize ㄱ}$에서 $x=2y-4$ $\quad\cdots\cdots \ \textcircled{\scriptsize ㄷ}$

②단계 $\textcircled{\scriptsize ㄷ}$을 $\textcircled{\scriptsize ㄴ}$에 대입하면

$(2y-4)^2+2y^2=6,\ 3y^2-8y+5=0$

$(y-1)(3y-5)=0$ $\quad \therefore y=1$ 또는 $y=\dfrac{5}{3}$

③단계 (i) $y=1$을 $\textcircled{\scriptsize ㄷ}$에 대입하면 $x=-2$

(ii) $y=\dfrac{5}{3}$를 $\textcircled{\scriptsize ㄷ}$에 대입하면 $x=-\dfrac{2}{3}$

(i), (ii)에서 주어진 연립방정식의 해는

$\begin{cases} x=-2 \\ y=1 \end{cases}$ 또는 $\begin{cases} x=-\dfrac{2}{3} \\ y=\dfrac{5}{3} \end{cases}$

08 $\begin{cases} y=x-3 & \cdots\cdots \ \textcircled{\scriptsize ㄱ} \\ 2x^2+y^2=18 & \cdots\cdots \ \textcircled{\scriptsize ㄴ} \end{cases}$

$\textcircled{\scriptsize ㄱ}$을 $\textcircled{\scriptsize ㄴ}$에 대입하면

$2x^2+(x-3)^2=18,\ x^2-2x-3=0$

$(x+1)(x-3)=0$ $\quad \therefore x=-1$ 또는 $x=3$

(i) $x=-1$을 $\textcircled{\scriptsize ㄱ}$에 대입하면 $y=-4$

(ii) $x=3$을 $\textcircled{\scriptsize ㄱ}$에 대입하면 $y=0$

(i), (ii)에서 주어진 연립방정식의 해는

$\begin{cases} x=-1 \\ y=-4 \end{cases}$ 또는 $\begin{cases} x=3 \\ y=0 \end{cases}$

09 $\begin{cases} x=2y-6 & \cdots\cdots \ \textcircled{\scriptsize ㄱ} \\ x^2-xy+y^2=6 & \cdots\cdots \ \textcircled{\scriptsize ㄴ} \end{cases}$

$\textcircled{\scriptsize ㄱ}$을 $\textcircled{\scriptsize ㄴ}$에 대입하면

$(2y-6)^2-(2y-6)y+y^2=21,\ y^2-6y+5=0$

$(y-1)(y-5)=0$ $\quad \therefore y=1$ 또는 $y=5$

(i) $y=1$을 $\textcircled{\scriptsize ㄱ}$에 대입하면 $x=-4$

(ii) $y=5$를 $\textcircled{\scriptsize ㄱ}$에 대입하면 $x=4$

(i), (ii)에서 주어진 연립방정식의 해는

$\begin{cases} x=-4 \\ y=1 \end{cases}$ 또는 $\begin{cases} x=4 \\ y=5 \end{cases}$

10 $\begin{cases} x-y=1 & \cdots\cdots \ \textcircled{\scriptsize ㄱ} \\ 2x^2-xy=6 & \cdots\cdots \ \textcircled{\scriptsize ㄴ} \end{cases}$

$\textcircled{\scriptsize ㄱ}$에서 $x=y+1$ $\quad\cdots\cdots \ \textcircled{\scriptsize ㄷ}$

$\textcircled{\scriptsize ㄷ}$을 $\textcircled{\scriptsize ㄴ}$에 대입하면

$2(y+1)^2-(y+1)\times y=6,\ y^2+3y-4=0$

$(y+4)(y-1)=0$ $\quad \therefore y=-4$ 또는 $y=1$

(i) $y=-4$를 $\textcircled{\scriptsize ㄷ}$에 대입하면 $x=-3$

(ii) $y=1$을 $\textcircled{\scriptsize ㄷ}$에 대입하면 $x=2$

(i), (ii)에서 주어진 연립방정식의 해는

$\begin{cases} x=-3 \\ y=-4 \end{cases}$ 또는 $\begin{cases} x=2 \\ y=1 \end{cases}$

11 $\begin{cases} 3x-y=1 & \cdots\cdots \ \textcircled{\scriptsize ㄱ} \\ 5x^2+xy-y^2=-7 & \cdots\cdots \ \textcircled{\scriptsize ㄴ} \end{cases}$

$\textcircled{\scriptsize ㄱ}$에서 $y=3x-1$ $\quad\cdots\cdots \ \textcircled{\scriptsize ㄷ}$

$\textcircled{\scriptsize ㄷ}$을 $\textcircled{\scriptsize ㄴ}$에 대입하면

$5x^2+x\times(3x-1)-(3x-1)^2=-7$

$x^2-5x-6=0,\ (x+1)(x-6)=0$ $\quad \therefore x=-1$ 또는 $x=6$

(i) $x=-1$을 $\textcircled{\scriptsize ㄷ}$에 대입하면 $y=-4$

(ii) $x=6$을 $\textcircled{\scriptsize ㄷ}$에 대입하면 $y=17$

(i), (ii)에서 주어진 연립방정식의 해는

$\begin{cases} x=-1 \\ y=-4 \end{cases}$ 또는 $\begin{cases} x=6 \\ y=17 \end{cases}$

12 **①단계** $\begin{cases} x^2+2xy-3y^2=0 & \cdots\cdots \ \textcircled{\scriptsize ㄱ} \\ x^2+3xy+y^2=5 & \cdots\cdots \ \textcircled{\scriptsize ㄴ} \end{cases}$

$\textcircled{\scriptsize ㄱ}$에서 $(x+\boxed{3y})(x-\boxed{y})=0$

$\therefore x=\boxed{-3y}$ 또는 $x=\boxed{y}$

② 단계 (i) $x=\boxed{-3y}$를 ㉡에 대입하면

$(-3y)^2+3\times(-3y)\times\boxed{y}+y^2=5,\ y^2=5\quad\therefore y=\pm\sqrt5$

즉, $y=-\sqrt5$일 때 $x=\boxed{3\sqrt5}$, $y=\sqrt5$일 때 $x=\boxed{-3\sqrt5}$

(ii) $x=\boxed{y}$를 ㉡에 대입하면

$y^2+3y^2+y^2=5,\ 5y^2=5\quad\therefore y=\boxed{\pm1}$

즉, $y=\boxed{-1}$일 때 $x=-1$, $y=\boxed{1}$일 때 $x=1$

(i), (ii)에서 주어진 연립방정식의 해는

$\begin{cases}x=\boxed{3\sqrt5}\\y=-\sqrt5\end{cases}$ 또는 $\begin{cases}x=\boxed{-3\sqrt5}\\y=\sqrt5\end{cases}$ 또는 $\begin{cases}x=-1\\y=\boxed{-1}\end{cases}$ 또는 $\begin{cases}x=1\\y=\boxed{1}\end{cases}$

---

13 **①** 단계 $\begin{cases}x^2-3xy+2y^2=0 & \cdots\cdots ㉠\\ x^2+y^2=10 & \cdots\cdots ㉡\end{cases}$

㉠에서 $(x-y)(x-2y)=0$

$\therefore x=y$ 또는 $x=2y$

② 단계 (i) $x=y$를 ㉡에 대입하면

$y^2+y^2=10,\ y^2=5\quad\therefore y=\pm\sqrt5$

즉, $y=-\sqrt5$일 때 $x=-\sqrt5$, $y=\sqrt5$일 때 $x=\sqrt5$

(ii) $x=2y$를 ㉡에 대입하면

$(2y)^2+y^2=10,\ y^2=2\quad\therefore y=\pm\sqrt2$

즉, $y=-\sqrt2$일 때 $x=-2\sqrt2$, $y=\sqrt2$일 때 $x=2\sqrt2$

(i), (ii)에서 주어진 연립방정식의 해는

$\begin{cases}x=-\sqrt5\\y=-\sqrt5\end{cases}$ 또는 $\begin{cases}x=\sqrt5\\y=\sqrt5\end{cases}$ 또는 $\begin{cases}x=-2\sqrt2\\y=-\sqrt2\end{cases}$ 또는 $\begin{cases}x=2\sqrt2\\y=\sqrt2\end{cases}$

---

14 $\begin{cases}6x^2-5xy+y^2=0 & \cdots\cdots ㉠\\ 2x^2-y^2=-28 & \cdots\cdots ㉡\end{cases}$

㉠에서 $(2x-y)(3x-y)=0$

$\therefore y=2x$ 또는 $y=3x$

(i) $y=2x$를 ㉡에 대입하면

$2x^2-(2x)^2=-28,\ -2x^2=-28$

$x^2=14\quad\therefore x=\pm\sqrt{14}$

즉, $x=-\sqrt{14}$일 때 $y=-2\sqrt{14}$, $x=\sqrt{14}$일 때 $y=2\sqrt{14}$

(ii) $y=3x$를 ㉡에 대입하면

$2x^2-(3x)^2=-28,\ -7x^2=-28$

$x^2=4\quad\therefore x=\pm2$

즉, $x=-2$일 때 $y=-6$, $x=2$일 때 $y=6$

(i), (ii)에서 주어진 연립방정식의 해는

$\begin{cases}x=-\sqrt{14}\\y=-2\sqrt{14}\end{cases}$ 또는 $\begin{cases}x=\sqrt{14}\\y=2\sqrt{14}\end{cases}$ 또는 $\begin{cases}x=-2\\y=-6\end{cases}$ 또는 $\begin{cases}x=2\\y=6\end{cases}$

---

15 $\begin{cases}x^2-xy-2y^2=0 & \cdots\cdots ㉠\\ x^2-xy+y^2=27 & \cdots\cdots ㉡\end{cases}$

㉠에서 $(x+y)(x-2y)=0$

$\therefore x=-y$ 또는 $x=2y$

(i) $x=-y$를 ㉡에 대입하면

$(-y)^2-(-y)\times y+y^2=27,\ 3y^2=27$

$y^2=9\quad\therefore y=\pm3$

즉, $y=-3$일 때 $x=3$, $y=3$일 때 $x=-3$

(ii) $x=2y$를 ㉡에 대입하면

$(2y)^2-2y\times y+y^2=27,\ 3y^2=27$

$y^2=9\quad\therefore y=\pm3$

즉, $y=-3$일 때 $x=-6$, $y=3$일 때 $x=6$

(i), (ii)에서 주어진 연립방정식의 해는

$\begin{cases}x=3\\y=-3\end{cases}$ 또는 $\begin{cases}x=-3\\y=3\end{cases}$ 또는 $\begin{cases}x=-6\\y=-3\end{cases}$ 또는 $\begin{cases}x=6\\y=3\end{cases}$

---

16 $\begin{cases}x^2-4xy+3y^2=0 & \cdots\cdots ㉠\\ x^2-2xy-y^2=8 & \cdots\cdots ㉡\end{cases}$

㉠에서 $(x-y)(x-3y)=0$

$\therefore x=y$ 또는 $x=3y$

(i) $x=y$를 ㉡에 대입하면

$y^2-2\times y\times y-y^2=8,\ -2y^2=8$

$y^2=-4\quad\therefore y=\pm2i$

즉, $y=-2i$일 때 $x=-2i$, $y=2i$일 때 $x=2i$

(ii) $x=3y$를 ㉡에 대입하면

$(3y)^2-2\times3y\times y-y^2=8,\ 2y^2=8$

$y^2=4\quad\therefore y=\pm2$

즉, $y=-2$일 때 $x=-6$, $y=2$일 때 $x=6$

(i), (ii)에서 주어진 연립방정식의 해는

$\begin{cases}x=-2i\\y=-2i\end{cases}$ 또는 $\begin{cases}x=2i\\y=2i\end{cases}$ 또는 $\begin{cases}x=-6\\y=-2\end{cases}$ 또는 $\begin{cases}x=6\\y=2\end{cases}$

---

17 $\begin{cases}x^2-xy=20 & \cdots\cdots ㉠\\ x^2-4xy-5y^2=0 & \cdots\cdots ㉡\end{cases}$

㉡에서 $(x+y)(x-5y)=0$

$\therefore x=-y$ 또는 $x=5y$

(i) $x=-y$를 ㉠에 대입하면

$(-y)^2-(-y)\times y=20,\ 2y^2=20$

$y^2=10\quad\therefore y=\pm\sqrt{10}$

즉, $y=-\sqrt{10}$일 때 $x=\sqrt{10}$, $y=\sqrt{10}$일 때 $x=-\sqrt{10}$

(ii) $x=5y$를 ㉠에 대입하면

$(5y)^2-(5y)\times y=20,\ 20y^2=20$

$y^2=1\quad\therefore y=\pm1$

즉, $y=-1$일 때 $x=-5$, $y=1$일 때 $x=5$

(i), (ii)에서 주어진 연립방정식의 해는

$\begin{cases}x=\sqrt{10}\\y=-\sqrt{10}\end{cases}$ 또는 $\begin{cases}x=-\sqrt{10}\\y=\sqrt{10}\end{cases}$ 또는 $\begin{cases}x=-5\\y=-1\end{cases}$ 또는 $\begin{cases}x=5\\y=1\end{cases}$

---

18 주어진 연립방정식을 만족시키는 x, y는 이차방정식의 근과 계수의 관계에 의하여 t에 대한 이차방정식 $t^2-\boxed{5}t-\boxed{24}=0$의 두 근이므로

$t^2-5t-24=0$에서 $(t+3)(t-8)=0$

$\therefore t=-3$ 또는 $t=8$

따라서 주어진 연립방정식의 해는

$\begin{cases} x=-3 \\ y=8 \end{cases}$ 또는 $\begin{cases} x=8 \\ y=-3 \end{cases}$

19 주어진 연립방정식을 만족시키는 x, y는 이차방정식의 근과 계수의 관계에 의하여 t에 대한 이차방정식 $t^2+3t-18=0$의 두 근이므로

$t^2+3t-18=0$에서 $(t+6)(t-3)=0$

$\therefore t=-6$ 또는 $t=3$

따라서 주어진 연립방정식의 해는

$\begin{cases} x=-6 \\ y=3 \end{cases}$ 또는 $\begin{cases} x=3 \\ y=-6 \end{cases}$

20 주어진 연립방정식을 만족시키는 x, y는 이차방정식의 근과 계수의 관계에 의하여 t에 대한 이차방정식 $t^2+8t+15=0$의 두 근이므로

$(t+3)(t+5)=0$ $\therefore t=-3$ 또는 $t=-5$

따라서 주어진 연립방정식의 해는

$\begin{cases} x=-3 \\ y=-5 \end{cases}$ 또는 $\begin{cases} x=-5 \\ y=-3 \end{cases}$

21 ❶단계 $x+y=u$, $xy=v$라 하고 주어진 연립방정식을 변형하면

$\begin{cases} (x+y)^2-2xy=5 \\ xy=-2 \end{cases}$에서

$\begin{cases} \boxed{u^2-2v}=5 \\ v=-2 \end{cases}$

❷단계 $v=-2$를 $\boxed{u^2-2v}=5$에 대입하여 정리하면

$u^2=1$ $\therefore u=\pm1$

(i) $u=-1$, $v=-2$, 즉 $\boxed{x+y}=-1$, $\boxed{xy}=-2$일 때

x, y를 두 근으로 하는 t에 대한 이차방정식은

$t^2+t-2=0$, $(t+2)(t-1)=0$

$\therefore t=-2$ 또는 $t=1$

즉, $x=-2$일 때 $y=\boxed{1}$, $x=1$일 때 $y=\boxed{-2}$

(ii) $u=\boxed{1}$, $v=\boxed{-2}$, 즉 $x+y=\boxed{1}$, $xy=\boxed{-2}$일 때

x, y를 두 근으로 하는 t에 대한 이차방정식은

$t^2-t-2=0$, $(t+1)(t-2)=0$

$\therefore t=-1$ 또는 $t=2$

즉, $x=-1$일 때 $y=\boxed{2}$, $x=2$일 때 $y=\boxed{-1}$

(i), (ii)에서 주어진 연립방정식의 해는

$\begin{cases} x=-2 \\ y=\boxed{1} \end{cases}$ 또는 $\begin{cases} x=1 \\ y=\boxed{-2} \end{cases}$ 또는 $\begin{cases} x=-1 \\ y=\boxed{2} \end{cases}$ 또는 $\begin{cases} x=2 \\ y=\boxed{-1} \end{cases}$

22 ❶단계 $x+y=u$, $xy=v$라 하고 주어진 연립방정식을 변형하면

$\begin{cases} (x+y)^2-2xy=20 \\ xy=-8 \end{cases}$에서

$\begin{cases} u^2-2v=20 \\ v=-8 \end{cases}$

❷단계 $v=-8$을 $u^2-2v=20$에 대입하여 정리하면

$u^2=4$ $\therefore u=\pm2$

(i) $u=-2$, $v=-8$, 즉 $x+y=-2$, $xy=-8$일 때

x, y를 두 근으로 하는 t에 대한 이차방정식은

$t^2+2t-8=0$, $(t+4)(t-2)=0$

$\therefore t=-4$ 또는 $t=2$

즉, $x=-4$일 때 $y=2$, $x=2$일 때 $y=-4$

(ii) $u=2$, $v=-8$, 즉 $x+y=2$, $xy=-8$일 때

x, y를 두 근으로 하는 t에 대한 이차방정식은

$t^2-2t-8=0$, $(t+2)(t-4)=0$

$\therefore t=-2$ 또는 $t=4$

즉, $x=-2$일 때 $y=4$, $x=4$일 때 $y=-2$

(i), (ii)에서 주어진 연립방정식의 해는

$\begin{cases} x=-4 \\ y=2 \end{cases}$ 또는 $\begin{cases} x=2 \\ y=-4 \end{cases}$ 또는 $\begin{cases} x=-2 \\ y=4 \end{cases}$ 또는 $\begin{cases} x=4 \\ y=-2 \end{cases}$

23 $x+y=u$, $xy=v$라 하고 주어진 연립방정식을 변형하면

$\begin{cases} (x+y)^2-2xy=10 \\ xy=-3 \end{cases}$에서

$\begin{cases} u^2-2v=10 \\ v=-3 \end{cases}$

$v=-3$을 $u^2-2v=10$에 대입하여 정리하면

$u^2=4$ $\therefore u=\pm2$

(i) $u=-2$, $v=-3$, 즉 $x+y=-2$, $xy=-3$일 때

x, y를 두 근으로 하는 t에 대한 이차방정식은

$t^2+2t-3=0$, $(t+3)(t-1)=0$

$\therefore t=-3$ 또는 $t=1$

즉, $x=-3$일 때 $y=1$, $x=1$일 때 $y=-3$

(ii) $u=2$, $v=-3$, 즉 $x+y=2$, $xy=-3$일 때

x, y를 두 근으로 하는 t에 대한 이차방정식은

$t^2-2t-3=0$, $(t+1)(t-3)=0$

$\therefore t=-1$ 또는 $t=3$

즉, $x=-1$일 때 $y=3$, $x=3$일 때 $y=-1$

(i), (ii)에서 주어진 연립방정식의 해는

$\begin{cases} x=-3 \\ y=1 \end{cases}$ 또는 $\begin{cases} x=1 \\ y=-3 \end{cases}$ 또는 $\begin{cases} x=-1 \\ y=3 \end{cases}$ 또는 $\begin{cases} x=3 \\ y=-1 \end{cases}$

24 $x+y=u$, $xy=v$라 하고 주어진 연립방정식을 변형하면

$\begin{cases} (x+y)^2-2xy=13 \\ xy=6 \end{cases}$에서

$\begin{cases} u^2-2v=13 \\ v=6 \end{cases}$

$v=6$을 $u^2-2v=13$에 대입하여 정리하면

$u^2=25$　∴ $u=\pm 5$

(ⅰ) $u=-5$, $v=6$, 즉 $x+y=-5$, $xy=6$일 때

　　x, y를 두 근으로 하는 t에 대한 이차방정식은

　　$t^2+5t+6=0$, $(t+3)(t+2)=0$

　　∴ $t=-3$ 또는 $t=-2$

　　즉, $x=-3$일 때 $y=-2$, $x=-2$일 때 $y=-3$

(ⅱ) $u=5$, $v=6$, 즉 $x+y=5$, $xy=6$일 때

　　x, y를 두 근으로 하는 t에 대한 이차방정식은

　　$t^2-5t+6=0$, $(t-2)(t-3)=0$

　　∴ $t=2$ 또는 $t=3$

　　즉, $x=2$일 때 $y=3$, $x=3$일 때 $y=2$

(ⅰ), (ⅱ)에서 주어진 연립방정식의 해는

$\begin{cases} x=-3 \\ y=-2 \end{cases}$ 또는 $\begin{cases} x=-2 \\ y=-3 \end{cases}$ 또는 $\begin{cases} x=2 \\ y=3 \end{cases}$ 또는 $\begin{cases} x=3 \\ y=2 \end{cases}$

18 연립일차부등식

본문 086~090쪽

01 $<$	**02** $<$	**03** $<$　　**04** $>$	**05** $<$　　**06** $<$
07 $>$	**08** $<$	**09** $x\geq 2$　**10** $x\geq -8$	
11 모든 실수	**12** 해는 없다.	**13** $\times$	**14** $\times$
15 ○	**16** $\times$	**17** $2\leq x<6$	**18** $x>5$
19 $-1<x<3$	**20** $x<-2$	**21** $-3\leq x<5$	
22 $x>6$	**23** $x<-2$	**24** $3<x\leq 5$	
25 $x>4$	**26** $x>2$	**27** $0<x\leq 1$	
28 $x\leq -3$	**29** $x>2$	**30** $-2<x\leq 1$	
31 $x\geq 2$	**32** $x=5$	**33** 해는 없다.	
34 해는 없다.	**35** 해는 없다.	**36** $1\leq x<4$	
37 $x<-2$	**38** $0\leq x\leq \dfrac{5}{3}$	**39** $x<-3$	
40 $3<x<7$	**41** $-\dfrac{7}{3}\leq x\leq 3$	**42** $-2<x<7$	
43 $x>1$	**44** $x\leq 6$	**45** 해는 없다.	
46 $x\geq 1$	**47** $-\dfrac{5}{2}\leq x\leq -1$	**48** $-2<x<3$	
49 $-\dfrac{11}{2}\leq x\leq \dfrac{1}{2}$	**50** 모든 실수		

03 $a<b$의 양변에 $\dfrac{1}{6}$을 곱하면 $\dfrac{a}{6}<\dfrac{b}{6}$

양변에서 1을 빼면 $\dfrac{a}{6}-1\boxed{<}\dfrac{b}{6}-1$

04 $a<b$의 양변에 $-\dfrac{1}{4}$을 곱하면 $-\dfrac{a}{4}>-\dfrac{b}{4}$

양변에 3을 더하면 $-\dfrac{a}{4}+3\boxed{>}-\dfrac{b}{4}+3$

05 $a<b$의 양변에 $2a$를 더하면 $3a\boxed{<}2a+b$

06 $a<b$의 양변에 $2b$를 더하면 $a+2b\boxed{<}3b$

07 $a<b$의 양변에 a를 곱하면 $a^2\boxed{>}ab$

$\quad\longrightarrow a<0$이므로 부등호의 방향이 바뀐다.

08 $a<b$의 양변에 b를 곱하면 $ab\boxed{<}b^2$

$\quad\longrightarrow b>0$이므로 부등호의 방향이 바뀌지 않는다.

09 $2x-1\geq -3x+9$에서 $5x\geq 10$

∴ $x\geq 2$

10 $x-1\leq 2x+7$에서 $-x\leq 8$

∴ $x\geq -8$

11 $2(x-1)\leq 3(x+2)-x$에서 $2x-2\leq 3x+6-x$

∴ $0\times x\leq 8$

따라서 주어진 일차부등식의 해는 모든 실수이다.

12 $4(x+1)+2<3(x+2)+x$에서
$4x+4+2<3x+6+x$ ∴ $0×x<0$
따라서 주어진 일차부등식의 해는 없다.

13 $a>0$일 때, $x \leq \dfrac{b}{a}$

14 $a<0$일 때, $x \geq \dfrac{b}{a}$

15 $a=0$, $b=0$이면 $0×x \leq 0$이므로 해는 모든 실수이다.

16 $a=0$, $b<0$이면 $0×x \leq b<0$이므로 해는 없다.

17 각 부등식의 해를 수직선 위에 나타내면 오른쪽 그림과 같으므로 구하는 해는 $2 \leq x<6$

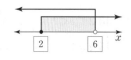

18 각 부등식의 해를 수직선 위에 나타내면 오른쪽 그림과 같으므로 구하는 해는 $x>5$

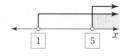

19 각 부등식의 해를 수직선 위에 나타내면 오른쪽 그림과 같으므로 구하는 해는 $-1<x<3$

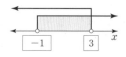

20 각 부등식의 해를 수직선 위에 나타내면 오른쪽 그림과 같으므로 구하는 해는 $x<-2$

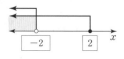

21 **❶단계** $3x-6<9$에서
$3x<15$ ∴ $x<\boxed{5}$ …… ㉠
$4x+5 \geq -7$에서
$4x \geq -12$ ∴ $x \geq \boxed{-3}$ …… ㉡
❷단계 ㉠, ㉡을 수직선 위에 나타내면 다음 그림과 같다.

❸단계 주어진 연립부등식의 해는
$\boxed{-3} \leq x<\boxed{5}$

22 **❶단계** $3x-5>2x+1$에서 $x>6$ …… ㉠
$3-x<-1$에서 $x>4$ …… ㉡
❷단계 ㉠, ㉡을 수직선 위에 나타내면 오른쪽 그림과 같다.
❸단계 주어진 연립부등식의 해는
$x>6$

23 $x+2 \geq 3x-4$에서 $2x \leq 6$ ∴ $x \leq 3$ …… ㉠
$1+2x<-3$에서 $2x<-4$ ∴ $x<-2$ …… ㉡
㉠, ㉡을 수직선 위에 나타내면 오른쪽 그림과 같다.
따라서 주어진 연립부등식의 해는
$x<-2$

24 $3x-2 \leq 2x+3$에서 $x \leq 5$ …… ㉠
$x+1>4$에서 $x>3$ …… ㉡
㉠, ㉡을 수직선 위에 나타내면 오른쪽 그림과 같다.
따라서 주어진 연립부등식의 해는
$3<x \leq 5$

25 $3(x-2)>x+2$에서 $3x-\boxed{6}>x+2$
$2x>\boxed{8}$ ∴ $x>\boxed{4}$ …… ㉠
$2(3-x)<x-3$에서 $\boxed{6}-2x<x-3$
$3x>\boxed{9}$ ∴ $x>\boxed{3}$ …… ㉡
㉠, ㉡을 수직선 위에 나타내면 다음 그림과 같다.

따라서 주어진 연립부등식의 해는
$x>\boxed{4}$

26 $-2(x+2) \leq x+5$에서 $-2x-4 \leq x+5$
$3x \geq -9$ ∴ $x \geq -3$ …… ㉠
$-x-1<x-5$에서 $2x>4$ ∴ $x>2$ …… ㉡
㉠, ㉡을 수직선 위에 나타내면 오른쪽 그림과 같다.
따라서 주어진 연립부등식의 해는
$x>2$

27 $-2x-1 \geq x-4$에서 $3x \leq 3$
∴ $x \leq 1$ …… ㉠
$x-3>-(x+3)$에서 $x-3>-x-3$
$2x>0$ ∴ $x>0$ …… ㉡
㉠, ㉡을 수직선 위에 나타내면 오른쪽 그림과 같다.
따라서 주어진 연립부등식의 해는
$0<x \leq 1$

28 $\dfrac{3}{2}x-\dfrac{2x-5}{2} \leq 1$에서
$3x-(2x-5) \leq \boxed{2}$ ∴ $x \leq \boxed{-3}$ …… ㉠

$\dfrac{1}{2}x-2<\dfrac{1}{4}x-1$에서

$2x-8<x-4$ $\therefore x<\boxed{4}$ $\cdots\cdots$ ⓛ

ⓐ, ⓛ을 수직선 위에 나타내면 다음 그림과 같다.

따라서 주어진 연립부등식의 해는

$x\leq\boxed{-3}$

29 $\dfrac{2}{3}x+2\geq\dfrac{1}{6}x-1$에서 $4x+12\geq x-6$

$3x\geq-18$ $\therefore x\geq-6$ $\cdots\cdots$ ⓐ

$\dfrac{x+3}{5}<\dfrac{x+1}{3}$에서 $3(x+3)<5(x+1)$

$3x+9<5x+5,\ 2x>4$ $\therefore x>2$ $\cdots\cdots$ ⓛ

ⓐ, ⓛ을 수직선 위에 나타내면 오른쪽 그림과 같다.

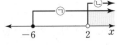

따라서 주어진 연립부등식의 해는

$x>2$

30 $\dfrac{x-4}{3}\geq x-2$에서 $x-4\geq3(x-2)$

$x-4\geq3x-6,\ 2x\leq2$ $\therefore x\leq1$ $\cdots\cdots$ ⓐ

$0.3(x-2)>-0.2(x+8)$에서

$3x-6>-2x-16,\ 5x>-10$ $\therefore x>-2$ $\cdots\cdots$ ⓛ

ⓐ, ⓛ을 수직선 위에 나타내면 오른쪽 그림과 같다.

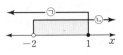

따라서 주어진 연립부등식의 해는

$-2<x\leq1$

31 $\dfrac{3}{10}x-2\leq\dfrac{2}{5}x-1$에서 $3x-20\leq4x-10$

$\therefore x\geq-10$ $\cdots\cdots$ ⓐ

$0.5x-0.1\geq0.2x+0.5$에서 $5x-1\geq2x+5$

$3x\geq6$ $\therefore x\geq2$ $\cdots\cdots$ ⓛ

ⓐ, ⓛ을 수직선 위에 나타내면 오른쪽 그림과 같다.

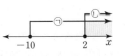

따라서 주어진 연립부등식의 해는

$x\geq2$

32 $2x-5\leq x$에서 $x\leq5$ $\cdots\cdots$ ⓐ

$-x-1\leq-6$에서 $x\geq5$ $\cdots\cdots$ ⓛ

ⓐ, ⓛ을 수직선 위에 나타내면 오른쪽 그림과 같다.

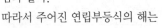

따라서 주어진 연립부등식의 해는

$x=5$

33 $3x+4<x$에서 $2x<-4$

$\therefore x<-2$ $\cdots\cdots$ ⓐ

$5x+7>4x+5$에서 $x>-2$ $\cdots\cdots$ ⓛ

ⓐ, ⓛ을 수직선 위에 나타내면 오른쪽 그림과 같다.

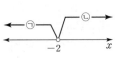

따라서 주어진 연립부등식의 해는 없다.

34 $3x+5\leq2x$에서 $x\leq-5$ $\cdots\cdots$ ⓐ

$4x\geq2x+4$에서 $2x\geq4$ $\therefore x\geq2$ $\cdots\cdots$ ⓛ

ⓐ, ⓛ을 수직선 위에 나타내면 오른쪽 그림과 같다.

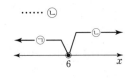

따라서 주어진 연립부등식의 해는 없다.

35 $2x-5\leq7$에서 $2x\leq12$ $\therefore x\leq6$ $\cdots\cdots$ ⓐ

$x-1>5$에서 $x>6$ $\cdots\cdots$ ⓛ

ⓐ, ⓛ을 수직선 위에 나타내면 오른쪽 그림과 같다.

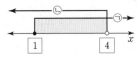

따라서 주어진 연립부등식의 해는 없다.

36 주어진 부등식은 $\begin{cases}-2\leq3x-5\\3x-5<7\end{cases}$로 나타낼 수 있다.

$-2\leq3x-5$에서

$3x\geq3$ $\therefore x\geq\boxed{1}$ $\cdots\cdots$ ⓐ

$3x-5<7$에서

$3x<12$ $\therefore x<\boxed{4}$ $\cdots\cdots$ ⓛ

ⓐ, ⓛ을 수직선 위에 나타내면 다음 그림과 같다.

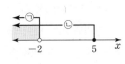

따라서 주어진 부등식의 해는

$\boxed{1}\leq x<\boxed{4}$

37 주어진 부등식은 $\begin{cases}3x<x-4\\x-4\leq1\end{cases}$로 나타낼 수 있다.

$3x<x-4$에서

$2x<-4$ $\therefore x<-2$ $\cdots\cdots$ ⓐ

$x-4\leq1$에서 $x\leq5$ $\cdots\cdots$ ⓛ

ⓐ, ⓛ을 수직선 위에 나타내면 오른쪽 그림과 같다.

따라서 주어진 부등식의 해는

$x<-2$

38 주어진 부등식은 $\begin{cases}x-2\leq2(x-1)\\2(x-1)\leq-x+3\end{cases}$으로 나타낼 수 있다.

$x-2\leq2(x-1)$에서 $x-2\leq2x-2$

$\therefore x\geq0$ $\cdots\cdots$ ⓐ

$2(x-1)\leq -x+3$에서 $2x-2\leq -x+3$

$3x\leq 5$ $\therefore x\leq \dfrac{5}{3}$ ······ ㉡

㉠, ㉡을 수직선 위에 나타내면 오른 쪽 그림과 같다.

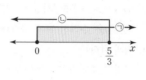

따라서 주어진 부등식의 해는

$0\leq x\leq \dfrac{5}{3}$

39 주어진 부등식은 $\begin{cases} x-1<\dfrac{x}{3} \\ \dfrac{x}{3}<\dfrac{x-1}{4} \end{cases}$ 로 나타낼 수 있다.

$x-1<\dfrac{x}{3}$에서 $3x-3<x$

$2x<3$ $\therefore x<\dfrac{3}{2}$ ······ ㉠

$\dfrac{x}{3}<\dfrac{x-1}{4}$에서 $4x<3(x-1)$

$\therefore x<-3$ ······ ㉡

㉠, ㉡을 수직선 위에 나타내면 오른쪽 그림과 같다.

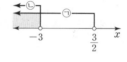

따라서 주어진 부등식의 해는

$x<-3$

40 $\boxed{-2}<x-5<\boxed{2}$이므로

$\boxed{3}<x<\boxed{7}$

41 $-8\leq 3x-1\leq 8$이므로 $-7\leq 3x\leq 9$

$\therefore -\dfrac{7}{3}\leq x\leq 3$

42 $-9<5-2x<9$이므로 $-14<-2x<4$

$\therefore -2<x<7$

43 **❶단계** $x-4=0$, 즉 $x=\boxed{4}$를 기준으로 구간을 나눈다.

(i) $x<\boxed{4}$일 때

$-(x-4)<3x$에서 $4x>4$ $\therefore x>1$

그런데 $x<\boxed{4}$이므로 $1<x<\boxed{4}$

(ii) $x\geq \boxed{4}$일 때

$x-4<3x$에서 $2x>-4$ $\therefore x>-2$

그런데 $x\geq \boxed{4}$이므로 $x\geq \boxed{4}$

❷단계 (i), (ii)에서 주어진 부등식의 해는

$x>\boxed{1}$

44 **❶단계** $x+12=0$, 즉 $x=-12$를 기준으로 구간을 나눈다.

(i) $x<-12$일 때

$-(x+12)\geq 3x$에서 $4x\leq -12$ $\therefore x\leq -3$

그런데 $x<-12$이므로 $x<-12$

(ii) $x\geq -12$일 때

$x+12\geq 3x$에서 $2x\leq 12$ $\therefore x\leq 6$

그런데 $x\geq -12$이므로 $-12\leq x\leq 6$

❷단계 (i), (ii)에서 주어진 부등식의 해는

$x\leq 6$

45 $6x+1=0$, 즉 $x=-\dfrac{1}{6}$을 기준으로 구간을 나눈다.

(i) $x<-\dfrac{1}{6}$일 때

$-(6x+1)<x-4$에서 $7x>3$ $\therefore x>\dfrac{3}{7}$

그런데 $x<-\dfrac{1}{6}$이므로 해는 없다.

(ii) $x\geq -\dfrac{1}{6}$일 때

$6x+1<x-4$에서 $5x<-5$ $\therefore x<-1$

그런데 $x\geq -\dfrac{1}{6}$이므로 해는 없다.

(i), (ii)에서 주어진 부등식의 해는 없다.

46 $3-x=0$, 즉 $x=3$을 기준으로 구간을 나눈다.

(i) $x<3$일 때

$3-x\leq 2x$에서 $3x\geq 3$ $\therefore x\geq 1$

그런데 $x<3$이므로 $1\leq x<3$

(ii) $x\geq 3$일 때

$-(3-x)\leq 2x$에서 $x\geq -3$

그런데 $x\geq 3$이므로 $x\geq 3$

(i), (ii)에서 주어진 부등식의 해는

$x\geq 1$

47 $x+2=0$, 즉 $x=-2$를 기준으로 구간을 나눈다.

(i) $x<-2$일 때

$-3(x+2)\leq x+4$에서 $4x\geq -10$ $\therefore x\geq -\dfrac{5}{2}$

그런데 $x<-2$이므로 $-\dfrac{5}{2}\leq x<-2$

(ii) $x\geq -2$일 때

$3(x+2)\leq x+4$에서 $2x\leq -2$ $\therefore x\leq -1$

그런데 $x\geq -2$이므로 $-2\leq x\leq -1$

(i), (ii)에서 주어진 부등식의 해는

$-\dfrac{5}{2}\leq x\leq -1$

48 **❶단계** $x+1=0$, $x-2=0$, 즉 $x=-1$, $x=2$를 기준으로 구간을 나눈다.

(i) $x<\boxed{-1}$일 때 $\quad x+1<0,\ x-2<0$

$-(x+1)-(x-2)<5$에서 $-2x<4$ $\therefore x>-2$

그런데 $x<\boxed{-1}$이므로 $-2<x<\boxed{-1}$

(ii) $\boxed{-1}\le x<\boxed{2}$일 때
$\underset{\rightarrow x+1\ge0,\ x-2<0}{(x+1)-(x-2)<5}$에서

$0\times x<2$이므로 해는 모든 실수이다.

그런데 $\boxed{-1}\le x<\boxed{2}$이므로 $\boxed{-1}\le x<\boxed{2}$

(iii) $x\ge\boxed{2}$일 때
$\underset{\rightarrow x+1>0,\ x-2\ge0}{(x+1)+(x-2)<5}$에서 $2x<6$ $\therefore x<3$

그런데 $x\ge\boxed{2}$이므로 $\boxed{2}\le x<3$

2 단계 (i), (ii), (iii)에서 주어진 부등식의 해는

$\boxed{-2}<x<\boxed{3}$

49 **1 단계** $x+5=0$, $x=0$, 즉 $x=-5$, $x=0$을 기준으로 구간을 나눈다.

(i) $x<-5$일 때
$\underset{\rightarrow x+5<0,\ x<0}{-(x+5)-x\le6}$에서 $-2x\le11$ $\therefore x\ge-\dfrac{11}{2}$

그런데 $x<-5$이므로 $-\dfrac{11}{2}\le x<-5$

(ii) $-5\le x<0$일 때
$\underset{\rightarrow x+5\ge0,\ x<0}{(x+5)-x\le6}$에서 $0\times x\le1$이므로 해는 모든 실수이다.

그런데 $-5\le x<0$이므로 $-5\le x<0$

(iii) $x\ge0$일 때
$\underset{\rightarrow x+5>0,\ x\ge0}{(x+5)+x\le6}$에서 $2x\le1$ $\therefore x\le\dfrac{1}{2}$

그런데 $x\ge0$이므로 $0\le x\le\dfrac{1}{2}$

2 단계 (i), (ii), (iii)에서 주어진 부등식의 해는

$-\dfrac{11}{2}\le x\le\dfrac{1}{2}$

50 $x+1=0$, $x-2=0$, 즉 $x=-1$, $x=2$를 기준으로 구간을 나눈다.

(i) $x<-1$일 때
$\underset{\rightarrow x+1<0,\ x-2<0}{-2(x+1)-(x-2)\ge3}$에서 $-3x\ge3$

$\therefore x\le-1$

그런데 $x<-1$이므로 $x<-1$

(ii) $-1\le x<2$일 때
$\underset{\rightarrow x+1\ge0,\ x-2<0}{2(x+1)-(x-2)\ge3}$에서 $x\ge-1$

그런데 $-1\le x<2$이므로 $-1\le x<2$

(iii) $x\ge2$일 때
$\underset{\rightarrow x+1>0,\ x-2\ge0}{2(x+1)+(x-2)\ge3}$에서 $3x\ge3$ $\therefore x\ge1$

그런데 $x\ge2$이므로 $x\ge2$

(i), (ii), (iii)에서 주어진 부등식의 해는 모든 실수이다.

---

19 이차부등식

본문 091~094쪽

01 $x<-4$ 또는 $x>1$	**02** $-4<x<1$
03 $x\le-4$ 또는 $x\ge1$	**04** $-4\le x\le1$
05 $-2<x<8$	**06** $x<-2$ 또는 $x>8$
07 $-2\le x\le8$	**08** $x\le-2$ 또는 $x\ge8$
09 $x<2$ 또는 $x>4$	**10** $2<x<4$
11 $x\le2$ 또는 $x\ge4$	**12** $2\le x\le4$
13 $1<x<3$	**14** $x\le-5$ 또는 $x\ge2$
15 $x<-2$ 또는 $x>3$	**16** $\dfrac{3}{2}\le x\le2$
17 $-2<x<-1$	**18** $x\ne2$인 모든 실수
19 해는 없다.	**20** 모든 실수
21 $x=2$	**22** $x\ne7$인 모든 실수
23 모든 실수	**24** $x=5$
25 $x\ne-1$인 모든 실수	**26** 해는 없다.
27 모든 실수	**28** 해는 없다.
29 모든 실수	**30** 해는 없다.
31 해는 없다.	**32** 모든 실수
33 모든 실수	**34** 모든 실수
35 해는 없다.	**36** $x^2-9x+18<0$
37 $x^2+x-6\ge0$	**38** $x^2-4x-5\le0$
39 $x^2-4x>0$	**40** $a=-2$, $b=-15$
41 $a=-3$, $b=-28$	**42** $a=9$, $b=0$
43 $a=2$, $b=-8$	

01 $f(x)>0$의 해는 함수 $y=f(x)$의 그래프에서 x축보다 $\boxed{위쪽}$에 있는 부분의 x의 값의 범위이므로

$x<\boxed{-4}$ 또는 $x>\boxed{1}$

02 $f(x)<0$의 해는 함수 $y=f(x)$의 그래프에서 x축보다 아래쪽에 있는 부분의 x의 값의 범위이므로

$-4<x<1$

03 $f(x)\ge0$의 해는 함수 $y=f(x)$의 그래프에서 x축보다 $\boxed{위쪽}$에 있거나 x축과 만나는 부분의 x의 값의 범위이므로

$x\boxed{\le}-4$ 또는 $x\boxed{\ge}1$

04 $f(x)\le0$의 해는 함수 $y=f(x)$의 그래프에서 x축보다 아래쪽에 있거나 x축과 만나는 부분의 x의 값의 범위이므로

$-4\le x\le1$

05 $f(x)>0$의 해는 함수 $y=f(x)$의 그래프에서 x축보다 위쪽에 있는 부분의 x의 값의 범위이므로

$-2<x<8$

06 $f(x)<0$의 해는 함수 $y=f(x)$의 그래프에서 x축보다 아래쪽에 있는 부분의 x의 값의 범위이므로
$x<-2$ 또는 $x>8$

07 $f(x)\geq0$의 해는 함수 $y=f(x)$의 그래프에서 x축보다 위쪽에 있거나 x축과 만나는 부분의 x의 값의 범위이므로
$-2\leq x\leq8$

08 $f(x)\leq0$의 해는 함수 $y=f(x)$의 그래프에서 x축보다 아래쪽에 있거나 x축과 만나는 부분의 x의 값의 범위이므로
$x\leq-2$ 또는 $x\geq8$

15 $x^2-x-6>0$에서 $(x+\boxed{2})(x-\boxed{3})>0$
$\therefore x<\boxed{-2}$ 또는 $x>\boxed{3}$

16 $2x^2-7x+6\leq0$에서 $(2x-3)(x-2)\leq0$
$\therefore \dfrac{3}{2}\leq x\leq2$

이차부등식의 양변에 -1을 곱하여 x^2의 계수를 양수로 만든다.

17 $-x^2-3x-2>0$에서 $x^2+3x+2<0$
$(x+2)(x+1)<0$ $\therefore -2<x<-1$

24 $x^2-10x+25\leq0$에서 $(x-\boxed{5})^2\leq0$
$\therefore x\boxed{=}5$

이차부등식의 양변에 -1을 곱하여 x^2의 계수를 양수로 만든다.

25 $-x^2-2x-1<0$에서 $x^2+2x+1>0$
이때 $x^2+2x+1=(x+1)^2\geq0$이므로
주어진 이차부등식의 해는 $x\neq-1$인 모든 실수이다.

26 $-3x^2+18x-27>0$에서 $3x^2-18x+27<0$
이때 $3x^2-18x+27=3(x-3)^2\geq0$이므로
주어진 이차부등식의 해는 없다.

이차부등식의 양변에 -1을 곱하여 x^2의 계수를 양수로 만든다.

32 $-(x+1)^2-3\leq0$에서 $(x+1)^2+3\geq0$
따라서 주어진 이차부등식의 해는 모든 실수이다.

33 $x^2+6x+10=(x+3)^2+1\geq1$
따라서 주어진 이차부등식의 해는 <u>모든 실수</u> 이다.

34 $3x^2+2x+1=3\left(x+\dfrac{1}{3}\right)^2+\dfrac{2}{3}\geq\dfrac{2}{3}$
따라서 주어진 이차부등식의 해는 모든 실수이다.

35 $-x^2+4x-6\geq0$에서 $x^2-4x+6\leq0$
이때 $x^2-4x+6=(x-2)^2+2\geq2$
따라서 주어진 이차부등식의 해는 없다.

36 해가 $3<x<6$이고 x^2의 계수가 1인 이차부등식은
$(x-\boxed{3})(x-6)<0$에서
$x^2-\boxed{9}x+\boxed{18}<0$

37 해가 $x\leq-3$ 또는 $x\geq2$이고 x^2의 계수가 1인 이차부등식은
$(x+3)(x-2)\geq0$에서 $x^2+x-6\geq0$

38 해가 $-1\leq x\leq5$이고 x^2의 계수가 1인 이차부등식은
$(x+1)(x-5)\leq0$에서 $x^2-4x-5\leq0$

39 해가 $x<0$ 또는 $x>4$이고 x^2의 계수가 1인 이차부등식은
$x(x-4)>0$에서 $x^2-4x>0$

40 해가 $x<-3$ 또는 $x>5$이고 x^2의 계수가 1인 이차부등식은
$(x+\boxed{3})(x-5)>0$에서 $x^2-\boxed{2}x-\boxed{15}>0$
$\therefore a=\boxed{-2}$, $b=\boxed{-15}$

41 해가 $-4<x<7$이고 x^2의 계수가 1인 이차부등식은
$(x+4)(x-7)<0$에서 $x^2-3x-28<0$
$\therefore a=-3$, $b=-28$

42 해가 $x\leq-9$ 또는 $x\geq0$이고 x^2의 계수가 1인 이차부등식은
$x(x+9)\geq0$에서 $x^2+9x\geq0$
$\therefore a=9$, $b=0$

43 해가 $-4\leq x\leq2$이고 x^2의 계수가 1인 이차부등식은
$(x+4)(x-2)\leq0$에서 $x^2+2x-8\leq0$
$\therefore a=2$, $b=-8$

01 $k>14$	**02** $k<-4$	**03** $k\leq-5$ 또는 $k\geq5$
04 $k<-\dfrac{29}{4}$	**05** $-4<k<4$	**06** -2
07 $0<k\leq2$	**08** $k\leq-7$	**09** $1<k<4$
10 $k<\dfrac{3}{4}$	**11** $-1<k<2$	**12** $-9\leq k<-1$
13 $-3\leq k\leq1$	**14** $0<k<1$	**15** $-1\leq k\leq3$
16 $-2<k<10$	**17** $x\leq-1$ 또는 $3\leq x<5$	
18 $2\leq x\leq3$	**19** $x\leq-1$	**20** $x\geq5$
21 $-3\leq x<-1$	**22** $x\leq-4$ 또는 $1\leq x<4$	
23 $x\leq-6$	**24** $-1<x\leq1$	**25** $3<x<5$
26 해는 없다.	**27** $-5\leq x<-3$ 또는 $-1<x\leq1$	
28 $x<-3$ 또는 $x\geq4$	**29** $-1<x<1$	
30 $x<-5$ 또는 $x\geq1$		

01 모든 실수 x에 대하여 주어진 부등식이 성립하려면 이차함수 $y=x^2-6x+k-5$의 그래프가 x축보다 항상 $\boxed{위쪽}$에 있어야 하므로 이차방정식 $x^2-6x+k-5=0$의 판별식을 D라 하면

$\dfrac{D}{4}=(-3)^2-1\times(k-5)\boxed{<}0$에서 $14-k\boxed{<}0$

$\therefore k\boxed{>}14$

02 모든 실수 x에 대하여 주어진 부등식이 성립하려면 이차함수 $y=-x^2+6x+2k-1$의 그래프가 x축보다 항상 $\boxed{아래쪽}$에 있어야 하므로 이차방정식 $-x^2+6x+2k-1=0$의 판별식을 D라 하면

$\dfrac{D}{4}=3^2-(-1)\times(2k-1)<0$에서 $2k+8<0$

$2k<-8$ $\therefore k<-4$

03 모든 실수 x에 대하여 주어진 부등식이 성립하려면 이차함수 $y=x^2-8x+k^2-9$의 그래프가 x축에 접하거나 x축보다 항상 위쪽에 있어야 하므로 이차방정식 $x^2-8x+k^2-9=0$의 판별식을 D라 하면

$\dfrac{D}{4}=(-4)^2-1\times(k^2-9)\leq0$에서 $-k^2+25\leq0$

$(k+5)(k-5)\geq0$ $\therefore k\leq-5$ 또는 $k\geq5$

04 모든 실수 x에 대하여 주어진 부등식이 성립하려면 이차함수 $y=-x^2-5x+k+1$의 그래프가 x축보다 항상 아래쪽에 있어야 하므로 이차방정식 $-x^2-5x+k+1=0$의 판별식을 D라 하면

$D=(-5)^2-4\times(-1)\times(k+1)<0$에서 $4k+29<0$

$\therefore k<-\dfrac{29}{4}$

05 모든 실수 x에 대하여 주어진 부등식이 성립하려면 이차함수 $y=x^2-4kx+3k^2+16$의 그래프가 x축보다 항상 위쪽에 있어야 하므로 이차방정식 $x^2-4kx+3k^2+16=0$의 판별식을 D라 하면

$\dfrac{D}{4}=(-2k)^2-1\times(3k^2+16)<0$에서 $k^2-16<0$

$(k+4)(k-4)<0$ $\therefore -4<k<4$

06 모든 실수 x에 대하여 주어진 부등식이 성립하려면 이차함수 $y=-x^2+kx+k+1$의 그래프가 x축에 접하거나 x축보다 항상 아래쪽에 있어야 하므로 이차방정식 $-x^2+kx+k+1=0$의 판별식을 D라 하면

$D=k^2-4\times(-1)\times(k+1)\leq0$에서 $k^2+4k+4\leq0$

$(k+2)^2\leq0$ $\therefore k=-2$

07 모든 실수 x에 대하여 주어진 이차부등식이 성립하려면

$k\boxed{>}0$ ...... ㉠

이차함수 $y=kx^2-6kx+8k+2$의 그래프가 x축에 접하거나 x축보다 항상 $\boxed{위쪽}$에 있어야 하므로 이차방정식 $kx^2-6kx+8k+2=0$의 판별식을 D라 하면

$\dfrac{D}{4}=(-3k)^2-k(8k+2)\boxed{\leq}0$에서 $k^2-2k\boxed{\leq}0$

$k(k-2)\boxed{\leq}0$ $\therefore 0\boxed{\leq}k\boxed{\leq}2$ ...... ㉡

㉠, ㉡에서 $0\boxed{<}k\boxed{\leq}2$

08 모든 실수 x에 대하여 주어진 이차부등식이 성립하려면

$k<0$ ...... ㉠

이차함수 $y=kx^2+4kx+5k+7$의 그래프가 x축에 접하거나 x축보다 항상 아래쪽에 있어야 하므로 이차방정식 $kx^2+4kx+5k+7=0$의 판별식을 D라 하면

$\dfrac{D}{4}=(2k)^2-k(5k+7)\leq0$에서 $-k^2-7k\leq0$

$k(k+7)\geq0$ $\therefore k\leq-7$ 또는 $k\geq0$ ...... ㉡

㉠, ㉡에서 $k\leq-7$

09 모든 실수 x에 대하여 주어진 이차부등식이 성립하려면

$k>0$ ...... ㉠

이차함수 $y=kx^2+2(k-2)x+1$의 그래프가 x축보다 항상 위쪽에 있어야 하므로 이차방정식 $kx^2+2(k-2)x+1=0$의 판별식을 D라 하면

$\dfrac{D}{4}=(k-2)^2-k\times1<0$에서 $k^2-5k+4<0$

$(k-1)(k-4)<0$ $\therefore 1<k<4$ ...... ㉡

㉠, ㉡에서 $1<k<4$

10 모든 실수 x에 대하여 주어진 이차부등식이 성립하려면

$k\boxed{<}1$ ...... ㉠

이차함수 $y=(k-1)x^2-2kx+k-3$의 그래프가 x축보다 항상 $\boxed{아래쪽}$에 있어야 하므로 이차방정식 $(k-1)x^2-2kx+k-3=0$의 판별식을 D라 하면

$\dfrac{D}{4}=(-k)^2-(k-1)(k-3)\boxed{<}0$에서

$4k-3 \boxed{<} 0$ $\therefore k \boxed{<} \dfrac{3}{4}$ $\cdots\cdots$ ㉡

㉠, ㉡에서 $k \boxed{<} \dfrac{3}{4}$

11 모든 실수 x에 대하여 주어진 이차부등식이 성립하려면
$k > -2$ $\cdots\cdots$ ㉠
이차함수 $y=(k+2)x^2+2kx+1$의 그래프가 x축보다 항상 위쪽에
있어야 하므로 이차방정식 $(k+2)x^2+2kx+1=0$의 판별식을 D라
하면
$\dfrac{D}{4}=k^2-(k+2)\times1<0$에서
$k^2-k-2<0$, $(k+1)(k-2)<0$
$\therefore -1<k<2$ $\cdots\cdots$ ㉡
㉠, ㉡에서 $-1<k<2$

12 모든 실수 x에 대하여 주어진 이차부등식이 성립하려면
$k<-1$ $\cdots\cdots$ ㉠
이차함수 $y=(k+1)x^2-(k+1)x-2$의 그래프가 x축에 접하거나
x축보다 항상 아래쪽에 있어야 하므로 이차방정식
$(k+1)x^2-(k+1)x-2=0$의 판별식을 D라 하면
$D=\{-(k+1)\}^2-4\times(k+1)\times(-2)\le0$에서
$k^2+10k+9\le0$, $(k+9)(k+1)\le0$
$\therefore -9\le k\le-1$ $\cdots\cdots$ ㉡
㉠, ㉡에서 $-9\le k<-1$

13 주어진 이차부등식의 해가 존재하지 않으려면
$x^2-(k+1)x+1 \boxed{\ge} 0$이 항상 성립해야 한다.
즉, 이차방정식 $x^2-(k+1)x+1=0$의 판별식을 D라 하면
$D=(k+1)^2-4\times1\times1 \boxed{\le} 0$에서
$k^2+2k-3 \boxed{\le} 0$, $(k+3)(k-1) \boxed{\le} 0$
$\therefore \boxed{-3} \le k\le \boxed{1}$

14 주어진 이차부등식의 해가 존재하지 않으려면
$-x^2-2kx-k \boxed{<} 0$이 항상 성립해야 한다.
즉, 이차방정식 $-x^2-2kx-k=0$의 판별식을 D라 하면
$\dfrac{D}{4}=(-k)^2-(-1)\times(-k)<0$에서
$k^2-k<0$, $k(k-1)<0$
$\therefore 0<k<1$

15 주어진 이차부등식의 해가 존재하지 않으려면
$x^2+(k+1)x+k+1\ge0$이 항상 성립해야 한다.
즉, 이차방정식 $x^2+(k+1)x+k+1=0$의 판별식을 D라 하면
$D=(k+1)^2-4\times1\times(k+1)\le0$에서
$k^2-2k-3\le0$, $(k+1)(k-3)\le0$
$\therefore -1\le k\le3$

16 주어진 이차부등식의 해가 존재하지 않으려면
$x^2+(k-2)x+k+6>0$이 항상 성립해야 한다.
즉, 이차방정식 $x^2+(k-2)x+k+6=0$의 판별식을 D라 하면
$D=(k-2)^2-4\times1\times(k+6)<0$에서 $k^2-8k-20<0$
$(k+2)(k-10)<0$ $\therefore -2<k<10$

17 ❶ 단계 $2x-5<x$에서 $x< \boxed{5}$ $\cdots\cdots$ ㉠
$x^2-2x-3\ge0$에서 $(x+1)(x-3)\ge0$
$\therefore x\le \boxed{-1}$ 또는 $x\ge \boxed{3}$ $\cdots\cdots$ ㉡
❷ 단계 ㉠, ㉡을 수직선 위에 나타내면 다음 그림과 같다.

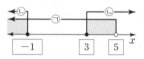

❸ 단계 주어진 연립부등식의 해는
$x\le-1$ 또는 $\boxed{3} \le x< \boxed{5}$

18 ❶ 단계 $-4x+7<2x+1$에서 $6x>6$
$\therefore x>1$ $\cdots\cdots$ ㉠
$x^2-5x+6\le0$에서 $(x-2)(x-3)\le0$
$\therefore 2\le x\le3$ $\cdots\cdots$ ㉡
❷ 단계 ㉠, ㉡을 수직선 위에 나타내면 오른
쪽 그림과 같다.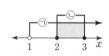
❸ 단계 주어진 연립부등식의 해는
$2\le x\le3$

19 $x-2\le-3x+6$에서 $4x\le8$
$\therefore x\le2$ $\cdots\cdots$ ㉠
$x^2-6x-7\ge0$에서 $(x+1)(x-7)\ge0$
$\therefore x\le-1$ 또는 $x\ge7$ $\cdots\cdots$ ㉡
㉠, ㉡을 수직선 위에 나타내면 오른쪽 그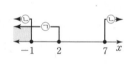
림과 같다.
따라서 주어진 연립부등식의 해는
$x\le-1$

20 $x-1>-2x+11$에서 $3x>12$
$\therefore x>4$ $\cdots\cdots$ ㉠
$x^2-3x-10\ge0$에서 $(x+2)(x-5)\ge0$
$\therefore x\le-2$ 또는 $x\ge5$ $\cdots\cdots$ ㉡
㉠, ㉡을 수직선 위에 나타내면 오른쪽 그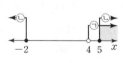
림과 같다.
따라서 주어진 연립부등식의 해는
$x\ge5$

21 $3x+1\ge x-5$에서 $2x\ge-6$
$\therefore x\ge-3$ $\cdots\cdots$ ㉠

$x^2+6x+5<0$에서 $(x+5)(x+1)<0$

$\therefore -5<x<-1$ ...... ㉡

㉠, ㉡을 수직선 위에 나타내면 오른쪽 그림과 같다.

따라서 주어진 연립부등식의 해는

$-3 \le x < -1$

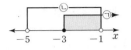

22 주어진 부등식은 $\begin{cases} 2x<x+4 \\ x+4 \le x^2+4x \end{cases}$ 로 나타낼 수 있다.

$2x<x+4$에서 $x<4$ ...... ㉠

$x+4 \le x^2+4x$에서 $x^2+3x-4 \ge 0$

$(x+4)(x-1) \ge 0$ $\therefore x \le -4$ 또는 $x \ge 1$ ...... ㉡

㉠, ㉡을 수직선 위에 나타내면 오른쪽 그림과 같다.

따라서 주어진 부등식의 해는

$x \le -4$ 또는 $1 \le x < 4$

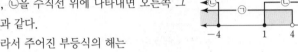

23 주어진 부등식은 $\begin{cases} -x^2+9 \le 2x+1 \\ 2x+1 \le x-5 \end{cases}$ 로 나타낼 수 있다.

$-x^2+9 \le 2x+1$에서 $x^2+2x-8 \ge 0$

$(x+4)(x-2) \ge 0$ $\therefore x \le -4$ 또는 $x \ge 2$ ...... ㉠

$2x+1 \le x-5$에서 $x \le -6$ ...... ㉡

㉠, ㉡을 수직선 위에 나타내면 오른쪽 그림과 같다.

따라서 주어진 부등식의 해는

$x \le -6$

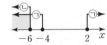

24 ❶ 단계 $x^2-3x-4<0$에서 $(x+1)(x-4)<0$

$\therefore \boxed{-1}<x<\boxed{4}$ ...... ㉠

$x^2+2x-3 \le 0$에서 $(x+3)(x-1) \le 0$

$\therefore \boxed{-3} \le x \le \boxed{1}$ ...... ㉡

❷ 단계 ㉠, ㉡을 수직선 위에 나타내면 다음 그림과 같다.

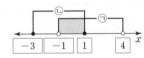

❸ 단계 주어진 연립부등식의 해는

$\boxed{-1}<x \le \boxed{1}$

25 ❶ 단계 $x^2-x-6 \ge 0$에서 $(x+2)(x-3) \ge 0$

$\therefore x \le -2$ 또는 $x \ge 3$ ...... ㉠

$x^2-8x+15<0$에서 $(x-3)(x-5)<0$

$\therefore 3<x<5$ ...... ㉡

❷ 단계 ㉠, ㉡을 수직선 위에 나타내면 오른쪽 그림과 같다.

❸ 단계 주어진 연립부등식의 해는

$3<x<5$

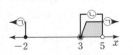

26 $x^2-5x+6<0$에서 $(x-2)(x-3)<0$

$\therefore 2<x<3$ ...... ㉠

$x^2-3x+2<0$에서 $(x-1)(x-2)<0$

$\therefore 1<x<2$ ...... ㉡

㉠, ㉡을 수직선 위에 나타내면 오른쪽 그림과 같다.

따라서 주어진 연립부등식의 해는 없다.

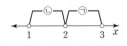

27 $x^2+4x-5 \le 0$에서 $(x+5)(x-1) \le 0$

$\therefore -5 \le x \le 1$ ...... ㉠

$x^2+4x+3>0$에서 $(x+3)(x+1)>0$

$\therefore x<-3$ 또는 $x>-1$ ...... ㉡

㉠, ㉡을 수직선 위에 나타내면 오른쪽 그림과 같다.

따라서 주어진 연립부등식의 해는

$-5 \le x < -3$ 또는 $-1<x \le 1$

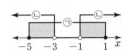

28 $x^2-5x+4 \ge 0$에서 $(x-1)(x-4) \ge 0$

$\therefore x \le 1$ 또는 $x \ge 4$ ...... ㉠

$x^2+x-6>0$에서 $(x+3)(x-2)>0$

$\therefore x<-3$ 또는 $x>2$ ...... ㉡

㉠, ㉡을 수직선 위에 나타내면 오른쪽 그림과 같다.

따라서 주어진 연립부등식의 해는

$x<-3$ 또는 $x \ge 4$

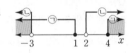

29 주어진 부등식은 $\begin{cases} x^2-2x<-3x+2 \\ -3x+2<x^2+4 \end{cases}$ 로 나타낼 수 있다.

$x^2-2x<-3x+2$에서 $x^2+x-2<0$

$(x+2)(x-1)<0$ $\therefore -2<x<1$ ...... ㉠

$-3x+2<x^2+4$에서 $x^2+3x+2>0$

$(x+2)(x+1)>0$ $\therefore x<-2$ 또는 $x>-1$ ...... ㉡

㉠, ㉡을 수직선 위에 나타내면 오른쪽 그림과 같다.

따라서 주어진 부등식의 해는

$-1<x<1$

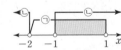

30 주어진 부등식은 $\begin{cases} -5x^2+x \le x-5 \\ x-5<x^2+7x \end{cases}$ 로 나타낼 수 있다.

$-5x^2+x \le x-5$에서 $5x^2-5 \ge 0$

$5(x+1)(x-1) \ge 0$ $\therefore x \le -1$ 또는 $x \ge 1$ ...... ㉠

$x-5<x^2+7x$에서 $x^2+6x+5>0$

$(x+5)(x+1)>0$ $\therefore x<-5$ 또는 $x>-1$ ...... ㉡

㉠, ㉡을 수직선 위에 나타내면 오른쪽 그림과 같다.

따라서 주어진 부등식의 해는

$x<-5$ 또는 $x \ge 1$

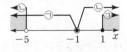

III 경우의 수

21 경우의 수

본문 100~103쪽

01 8	02 10	03 9	04 9	05 30	06 24
07 72	08 80	09 2	10 3	11 4	12 5
13 6	14 8	15 18	16 9	17 12	18 8
19 24	20 12	21 108	22 72	23 48	24 48
25 12	26 11	27 10	28 15	29 20	30 31
31 47	32 34	33 11	34 26	35 29	36 63

03 두 주사위에서 나오는 눈의 수를 순서쌍으로 나타내면
(i) 눈의 수의 합이 5가 되는 경우
　$(1, 4), (2, 3), (3, 2), (4, 1)$의 4가지
(ii) 눈의 수의 합이 8이 되는 경우
　$(2, 6), (3, 5), (4, 4), (5, 3), (6, 2)$의 5가지
(i), (ii)에서 구하는 경우의 수는
$4+5=9$

04 3의 배수가 적힌 카드는 3, 6, 9, 12, 15, 18의 6장
5의 배수가 적힌 카드는 5, 10, 15, 20의 4장
3과 5의 최소공배수인 15의 배수가 적힌 카드는 15의 1장
따라서 구하는 경우의 수는
$6+4-1=9$

07 1개의 주사위에서 나올 수 있는 경우는
1, 2, 3, 4, 5, 6의 6가지
1개의 동전에서 나올 수 있는 경우는
앞면, 뒷면의 2가지
따라서 구하는 경우의 수는
$6 \times 6 \times 2 = 72$

08 백의 자리에 올 수 있는 숫자는 2, 4, 6, 8의 4개
십의 자리에 올 수 있는 숫자는 1, 3, 5, 7, 9의 5개
일의 자리에 올 수 있는 숫자는 2, 3, 5, 7의 4개
따라서 구하는 자연수의 개수는
$4 \times 5 \times 4 = 80$

09 $\curvearrowright$ y의 계수의 절댓값이 더 크므로 먼저 $y=1, 2, \cdots$를 대입한다.
(i) $y=1$일 때, $x=\boxed{4}$이므로 순서쌍 (x, y)는
　$(\boxed{4}, \boxed{1})$의 1개
(ii) $y=2$일 때, $x=\boxed{2}$이므로 순서쌍 (x, y)는
　$(\boxed{2}, \boxed{2})$의 1개
(i), (ii)에서 구하는 순서쌍의 개수는 $\rightarrow$ (i), (ii)는 동시에 일어날 수 없으므로
$\boxed{1}+\boxed{1}=\boxed{2}$　　　　　 합의 법칙

10 (i) $z=1$일 때, $x+2y=6$이므로 순서쌍 (x, y, z)는
　$(4, 1, 1), (2, 2, 1)$의 2개
(ii) $z=2$일 때, $x+2y=3$이므로 순서쌍 (x, y, z)는
　$(1, 1, 2)$의 1개
(i), (ii)에서 구하는 순서쌍의 개수는
$2+1=3$

$\curvearrowright$ $x \geq 1$, $y \geq 1$이므로 $x+2y \geq 3$
11 x, y가 자연수이므로 $x+2y \leq 5$를 만족시키는 경우는
$x+2y=3$, $x+2y=4$, $x+2y=5$
(i) $x+2y=3$일 때, 순서쌍 (x, y)는
　$(\boxed{1}, \boxed{1})$의 1개
(ii) $x+2y=4$일 때, 순서쌍 (x, y)는
　$(\boxed{2}, \boxed{1})$의 1개
(iii) $x+2y=5$일 때, 순서쌍 (x, y)는
　$(\boxed{3}, \boxed{1}), (\boxed{1}, \boxed{2})$의 2개
(i), (ii), (iii)에서 구하는 순서쌍의 개수는
$\boxed{1}+\boxed{1}+\boxed{2}=\boxed{4}$

다른 풀이
(i) $y=1$일 때, $x+2 \leq 5$, 즉 $x \leq 3$이므로 순서쌍 (x, y)는
　$(1, 1), (2, 1), (3, 1)$의 3개
(ii) $y=2$일 때, $x+4 \leq 5$, 즉 $x \leq 1$이므로 순서쌍 (x, y)는
　$(1, 2)$의 1개
(i), (ii)에서 구하는 순서쌍의 개수는
$3+1=4$

$\curvearrowright$ $x \geq 1$, $y \geq 1$이므로 $3x+y \geq 4$
12 x, y가 자연수이므로 $3x+y \leq 7$을 만족시키는 경우는
$3x+y=4$, $3x+y=5$, $3x+y=6$, $3x+y=7$
(i) $3x+y=4$일 때, 순서쌍 (x, y)는
　$(1, 1)$의 1개
(ii) $3x+y=5$일 때, 순서쌍 (x, y)는
　$(1, 2)$의 1개
(iii) $3x+y=6$일 때, 순서쌍 (x, y)는
　$(1, 3)$의 1개
(iv) $3x+y=7$일 때, 순서쌍 (x, y)는
　$(1, 4), (2, 1)$의 2개
(i)~(iv)에서 구하는 순서쌍의 개수는
$1+1+1+2=5$

다른 풀이
(i) $x=1$일 때, $3+y \leq 7$, 즉 $y \leq 4$이므로 순서쌍 (x, y)는
　$(1, 1), (1, 2), (1, 3), (1, 4)$의 4개
(ii) $x=2$일 때, $6+y \leq 7$, 즉 $y \leq 1$이므로 순서쌍 (x, y)는
　$(2, 1)$의 1개
(i), (ii)에서 구하는 순서쌍의 개수는
$4+1=5$

13 $(a+b+c)(x+y)$에서 a, b, c에 곱해지는 항이 각각 $\boxed{x}$, $\boxed{y}$
의 2개이므로 항의 개수는

$\boxed{3}\times 2=\boxed{6}$

14 $(a+b)(x+y)(p+q)$에서 a, b에 곱해지는 항이 각각 x, y의
2개, p, q의 2개이므로 항의 개수는

$2\times 2\times 2=8$ → 세 식의 곱에서 동류항이 생기지 않으므로

15 $(a+b+c)(x+y)(p+q+r)$에서 a, b, c에 곱해지는 항이 각
각 x, y의 2개, p, q, r의 3개이므로 항의 개수는

$3\times 2\times 3=18$

16 $(a+b)^2(x+y+z)=(a^2+2ab+b^2)(x+y+z)$에서 a^2, $2ab$,
b^2에 곱해지는 항이 각각 x, y, z의 3개이므로 항의 개수는

$3\times 3=9$

플러스톡

세 식의 곱에서 동류항이 생기므로
$(a+b)^2(x+y+z)=(a+b)(a+b)(x+y+z)$로 생각하여 항의
개수를 $2\times 2\times 3=12$로 계산하지 않도록 주의한다.

17 $72=2^{\boxed{3}}\times 3^{\boxed{2}}$이므로 72의 약수의 개수는

$(\boxed{3}+1)(\boxed{2}+1)=\boxed{12}$

18 $135=3^3\times 5$이므로 135의 약수의 개수는

$(3+1)(1+1)=8$

19 $360=2^3\times 3^2\times 5$이므로 360의 약수의 개수는

$(3+1)(2+1)(1+1)=24$

20 $220=2^2\times 5\times 11$이므로 220의 약수의 개수는

$(2+1)(1+1)(1+1)=12$

21 영역 A에 칠할 수 있는 색은 $\boxed{4}$가지
영역 B에 칠할 수 있는 색은 영역 A에 칠한 색을 제외한 $\boxed{3}$가지
영역 C에 칠할 수 있는 색은 영역 B에 칠한 색을 제외한 $\boxed{3}$가지
영역 D에 칠할 수 있는 색은 영역 C에 칠한 색을 제외한 $\boxed{3}$가지
따라서 구하는 방법의 수는

$4\times \boxed{3}\times \boxed{3}\times \boxed{3}=\boxed{108}$

22 영역 A에 칠할 수 있는 색은 4가지
영역 B에 칠할 수 있는 색은 영역 A에 칠한 색을 제외한 3가지
영역 C에 칠할 수 있는 색은 영역 B에 칠한 색을 제외한 3가지

영역 D에 칠할 수 있는 색은 영역 B와 영역 C에 칠한 색을 제외한
2가지
따라서 구하는 방법의 수는

$4\times 3\times 3\times 2=72$

23 영역 A에 칠할 수 있는 색은 4가지
영역 B에 칠할 수 있는 색은 영역 A에 칠한 색을 제외한 3가지
영역 C에 칠할 수 있는 색은 영역 A와 영역 B에 칠한 색을 제외한
2가지
영역 D에 칠할 수 있는 색은 영역 B와 영역 C에 칠한 색을 제외한
2가지
따라서 구하는 방법의 수는

$4\times 3\times 2\times 2=48$

24 영역 A에 칠할 수 있는 색은 4가지
영역 B에 칠할 수 있는 색은 영역 A에 칠한 색을 제외한 3가지
영역 C에 칠할 수 있는 색은 영역 A와 영역 B에 칠한 색을 제외한
2가지
영역 D에 칠할 수 있는 색은 영역 A와 영역 C에 칠한 색을 제외한
2가지
따라서 구하는 방법의 수는

$4\times 3\times 2\times 2=48$

25 A → B로 가는 방법의 수는 $\boxed{4}$
B → C로 가는 방법의 수는 $\boxed{3}$
따라서 구하는 방법의 수는

$\boxed{4}\times \boxed{3}=\boxed{12}$

26 A → B로 가는 방법의 수는 3이고
B → C로 가는 방법의 수는 3이므로
A → B → C로 가는 방법의 수는

$3\times 3=9$

A → C로 가는 방법의 수는 2
따라서 구하는 방법의 수는

$9+2=11$

27 A → B로 가는 방법의 수는 2이고
B → C로 가는 방법의 수는 4이므로
A → B → C로 가는 방법의 수는

$2\times 4=8$

A → C로 가는 방법의 수는 2
따라서 구하는 방법의 수는

$8+2=10$

정답 및 해설

28 A → B → D로 가는 방법의 수는 ← C 지점을 지나지 않는다.

$\boxed{3} \times 1 = \boxed{3}$ ← B 지점을 지나지 않는다.

A → C → D로 가는 방법의 수는

$\boxed{2} \times \boxed{2} = \boxed{4}$

A → B → C → D로 가는 방법의 수는

$\boxed{3} \times \boxed{1} \times \boxed{2} = \boxed{6}$

A → C → B → D로 가는 방법의 수는

$\boxed{2} \times 1 \times 1 = \boxed{2}$

따라서 구하는 방법의 수는

$\boxed{3} + \boxed{4} + \boxed{6} + \boxed{2} = \boxed{15}$

29 A → B → D로 가는 방법의 수는

$2 \times 2 = 4$

A → C → D로 가는 방법의 수는

$3 \times 2 = 6$

A → B → C → D로 가는 방법의 수는

$2 \times 1 \times 2 = 4$

A → C → B → D로 가는 방법의 수는

$3 \times 1 \times 2 = 6$

따라서 구하는 방법의 수는

$4 + 6 + 4 + 6 = 20$

30 A → B → D로 가는 방법의 수는

$3 \times 1 = 3$

A → C → D로 가는 방법의 수는

$2 \times 3 = 6$

A → B → C → D로 가는 방법의 수는

$3 \times 2 \times 3 = 18$

A → C → B → D로 가는 방법의 수는

$2 \times 2 \times 1 = 4$

따라서 구하는 방법의 수는

$3 + 6 + 18 + 4 = 31$

31 10원짜리 동전 7개로 지불할 수 있는 방법은

0원, 10원, 20원, …, 70원의 $\boxed{8}$ 가지

100원짜리 동전 5개로 지불할 수 있는 방법은

0원, 100원, 200원, …, 500원의 $\boxed{6}$ 가지

따라서 구하는 방법의 수는

$8 \times \boxed{6} - \boxed{1} = \boxed{47}$

32 100원짜리 동전 4개로 지불할 수 있는 방법은

0원, 100원, 200원, 300원, 400원의 5가지

500원짜리 동전 6개로 지불할 수 있는 방법은

0원, 500원, 1000원, …, 3000원의 7가지

따라서 구하는 방법의 수는

$5 \times 7 - 1 = 34$

33 10원짜리 동전 3개로 지불할 수 있는 방법은

0원, 10원, 20원, 30원의 4가지

1000원짜리 지폐 2장으로 지불할 수 있는 방법은

0원, 1000원, 2000원의 3가지

따라서 구하는 방법의 수는

$4 \times 3 - 1 = 11$

34 50원짜리 동전 2개로 지불할 수 있는 방법은

0원, 50원, 100원의 3가지

5000원짜리 지폐 8장으로 지불할 수 있는 방법은

0원, 5000원, 10000원, …, 40000원의 9가지

따라서 구하는 방법의 수는

$3 \times 9 - 1 = 26$

35 10원짜리 동전 1개로 지불할 수 있는 방법은

0원, 10원의 2가지

1000원짜리 지폐 4장으로 지불할 수 있는 방법은

0원, 1000원, 2000원, 3000원, 4000원의 5가지

10000원짜리 지폐 2장으로 지불할 수 있는 방법은

0원, 10000원, 20000원의 3가지

따라서 구하는 방법의 수는

$2 \times 5 \times 3 - 1 = 29$

36 100원짜리 동전 7개로 지불할 수 있는 방법은

0원, 100원, 200원, …, 700원의 8가지

500원짜리 동전 3개로 지불할 수 있는 방법은

0원, 500원, 1000원, 1500원의 4가지

10000원짜리 지폐 1장으로 지불할 수 있는 방법은

0원, 10000원의 2가지

따라서 구하는 방법의 수는

$8 \times 4 \times 2 - 1 = 63$

22 순열

01 $_7\mathrm{P}_3$	02 $_9\mathrm{P}_4$	03 $_5\mathrm{P}_2$	04 $_{11}\mathrm{P}_2$	05 $_4\mathrm{P}_4$	06 $_5\mathrm{P}_5$
07 6	08 120	09 2	10 720	11 6	12 24
13 60	14 360	15 1	16 24	17 1	18 6
19 6	20 5	21 4	22 9	23 3	24 3
25 0	26 2	27 20	28 56	29 24	30 120
31 720	32 144	33 48	34 96	35 72	36 480
37 144	38 1440	39 8	40 72	41 12	42 144
43 288	44 120	45 24	46 144	47 72	48 50
49 432	50 48	51 300	52 36	53 52	54 108
55 12번째		56 18번째		57 60	
58 DCABE		59 51342			

07 $3!=3\times2\times1=6$

08 $5!=5\times4\times3\times2\times1=120$

09 $2!=2\times1=2$

10 $6!=6\times5\times4\times3\times2\times1=720$

11 $_3\mathrm{P}_2=3\times2=6$

12 $_4\mathrm{P}_3=4\times3\times2=24$

13 $_5\mathrm{P}_3=5\times4\times3=60$

14 $_6\mathrm{P}_4=6\times5\times4\times3=360$

15 $_7\mathrm{P}_0=1$

16 $_4\mathrm{P}_4=4\times3\times2\times1=4!=24$

17 $0!=1$

18 $_3\mathrm{P}_3=3!=3\times2\times1=6$

19 $_n\mathrm{P}_2=30$에서 $n(\boxed{n-1})=30=6\times5$
$\therefore n=\boxed{6}$
↳ n은 2 이상인 자연수이므로
$n(n-1)$은 연속된 두 자연수의 곱이다.

20 $_n\mathrm{P}_3=60$에서
$n(n-1)(n-2)=60=5\times4\times3$
$\therefore n=5$

21 $_n\mathrm{P}_n=24$에서 $_n\mathrm{P}_n=n!$, $24=4\times3\times2\times1$이므로
$n!=4!$ $\therefore n=4$

22 $_n\mathrm{P}_4=42_n\mathrm{P}_2$에서
$n(n-1)(n-2)(n-3)=42n(n-1)$, $(n-2)(n-3)=7\times6$ ⟵ $n\geq3$이므로
$\therefore n=9$

23 $120=6\times5\times4$이므로 $_6\mathrm{P}_{\boxed{3}}=120$
$\therefore r=\boxed{3}$

24 $336=8\times7\times6$이므로 $_8\mathrm{P}_3=336$
$\therefore r=3$

25 n의 값에 관계없이 $_n\mathrm{P}_0=1$이므로
$r=0$

26 $_7\mathrm{P}_r=\dfrac{7!}{5!}=7\times6$이므로
$r=2$

27 $_5\mathrm{P}_2=5\times4=20$

28 구하는 경우의 수는 8명의 학생 중에서 2명을 택하여 일렬로 세우는 경우의 수와 같으므로
$_8\mathrm{P}_2=8\times7=56$

29 구하는 경우의 수는 4권의 책 중에서 3권을 택하여 일렬로 나열하는 경우의 수와 같으므로
$_4\mathrm{P}_3=4\times3\times2=24$

30 $5!=5\times4\times3\times2\times1=120$

31 여학생 3명을 한 사람으로 생각하여 $\boxed{5}$명을 일렬로 세우는 경우의 수는 $5!=120$
여학생 3명이 자리를 바꾸는 경우의 수는 $3!=\boxed{6}$
따라서 구하는 경우의 수는
$120\times\boxed{6}=\boxed{720}$

32 2학년 학생 4명을 한 사람으로 생각하여 3명을 일렬로 세우는 경우의 수는 $3!=6$
2학년 학생 4명이 자리를 바꾸는 경우의 수는 $4!=24$
따라서 구하는 경우의 수는
$6\times24=144$

33 2개의 모음 e, o를 한 문자로 생각하여 4개의 문자를 일렬로 나열하는 경우의 수는 $4!=24$
e와 o의 자리를 바꾸는 경우의 수는 $2!=2$
따라서 구하는 경우의 수는
$24\times2=48$

34 2개의 대문자 A, B, 4개의 소문자 a, b, c, d를 각각 한 문자로 생각하여 2개의 문자를 일렬로 나열하는 경우의 수는 2!=2
대문자 2개의 자리를 바꾸는 경우의 수는 2!=2
소문자 4개의 자리를 바꾸는 경우의 수는 4!=24
따라서 구하는 경우의 수는
$2 \times 2 \times 24 = 96$

35 남자 3명을 일렬로 세우는 경우의 수는 3!=6
남자들 사이사이와 양 끝의 4개의 자리에 여자 2명을 세우는 경우의 수는 $_4P_{\boxed{2}} = \boxed{12}$
따라서 구하는 경우의 수는
$6 \times \boxed{12} = \boxed{72}$

36 아이 4명을 일렬로 세우는 경우의 수는 4!=24
아이들 사이사이와 양 끝의 5개의 자리에 어른 2명을 세우는 경우의 수는 $_5P_2 = 20$
따라서 구하는 경우의 수는
$24 \times 20 = 480$

37 3개의 문자 A, D, E를 일렬로 나열하는 경우의 수는 3!=6
A, D, E의 사이사이와 양 끝의 4개의 자리에 3개의 문자 B, C, F를 나열하는 경우의 수는 $_4P_3 = 24$
따라서 구하는 경우의 수는
$6 \times 24 = 144$

38 소설책 3권을 제외한 나머지 4권의 책을 일렬로 꽂는 경우의 수는 4!=24
4권의 사이사이와 양 끝의 5개의 자리에 소설책 3권을 꽂는 경우의 수는 $_5P_3 = 60$
따라서 구하는 경우의 수는
$24 \times 60 = 1440$

39 (i) 남학생, 여학생의 순서로 번갈아 세우는 경우
남학생 2명을 일렬로 세우는 경우의 수는 2!=2
이때 각각의 남학생의 오른쪽에 여학생 2명을 세우는 경우의 수는
$2! = \boxed{2}$
즉, 이 경우의 수는
$2 \times \boxed{2} = \boxed{4}$
(ii) 여학생, 남학생의 순서로 번갈아 세우는 경우
(i)과 같은 방법으로 $\boxed{4}$
(i), (ii)에서 구하는 경우의 수는
$4 + \boxed{4} = \boxed{8} \rightarrow 2 \times 2! \times 2! = 8$

40 (i) 중학생, 고등학생의 순서로 번갈아 세우는 경우
중학생 3명을 일렬로 세우는 경우의 수는 3!=6

이때 각각의 중학생의 오른쪽에 고등학생 3명을 세우는 경우의 수는 3!=6
즉, 이 경우의 수는
$6 \times 6 = 36$
(ii) 고등학생, 중학생의 순서로 번갈아 세우는 경우
(i)과 같은 방법으로 36
(i), (ii)에서 구하는 경우의 수는
$36 + 36 = 72 \rightarrow 2 \times 3! \times 3! = 72$

41 축구 선수 3명을 일렬로 세우고 그 사이사이에 야구 선수 2명을 세우면 된다.
따라서 구하는 경우의 수는
$3! \times \boxed{2!} = \boxed{12}$

42 4개의 자음 p, c, t, r를 일렬로 나열하고 그 사이사이에 3개의 모음 i, u, e를 나열하면 된다.
따라서 구하는 경우의 수는
$4! \times 3! = 144$

43 양 끝에 1학년 학생 4명 중 2명을 세우는 경우의 수는
$_4P_{\boxed{2}} = \boxed{12}$
양 끝의 1학년 학생 2명을 제외한 나머지 4명을 일렬로 세우는 경우의 수는 4!=24
따라서 구하는 경우의 수는
$\boxed{12} \times 24 = \boxed{288}$

1학년 2명, 2학년 2명
○○○○○○
↑1학년   ↑1학년

44 구하는 경우의 수는 A를 제외한 나머지 6명 중에서 3명을 택하여 일렬로 나열하는 경우의 수와 같으므로
$_6P_3 = 120$

○○○○
↑
A

45 남학생 2명 사이에 여학생 2명이 오도록 묶음을 만드는 경우의 수는 $2! \times _3P_{\boxed{2}} = \boxed{12}$
이 묶음과 나머지 1명을 일렬로 세우는 경우의 수는 2!=2
따라서 구하는 경우의 수는
$\boxed{12} \times 2 = \boxed{24}$

46 B와 D 사이에 2개의 문자가 오도록 묶음을 만드는 경우의 수는 $2! \times _4P_2 = 24$
이 묶음과 나머지 2개의 문자를 일렬로 나열하는 경우의 수는 3!=6
따라서 구하는 경우의 수는
$24 \times 6 = 144$

47 어른 2명, 아이 3명을 일렬로 세우는 경우의 수는 5!=120
어른 2명을 한 사람으로 생각하여 4명을 일렬로 세우는 경우의 수는
$4! = \boxed{24}$
어른 2명이 자리를 바꾸는 경우의 수는 $2! = \boxed{2}$

따라서 구하는 경우의 수는

$120 - \boxed{24} \times \boxed{2} = \boxed{72}$

↳ 어른 2명이 이웃하는 경우의 수

48 8명의 학생 중에서 회장, 부회장을 각각 1명씩 뽑는 경우의 수는 $_8P_2 = 56$

회장, 부회장을 모두 여학생으로 뽑는 경우의 수는 $_3P_2 = 6$

따라서 구하는 경우의 수는 → 남학생을 뽑지 않는 경우의 수

$56 - 6 = 50$

49 6개의 문자를 일렬로 나열하는 경우의 수는 $6! = 720$

자음은 b, c, d, f의 4개이므로 양 끝에 모두 자음이 오는 경우의 수는 $_4P_2 \times 4! = 288$ → 양 끝에 모음이 오지 않는 경우의 수

따라서 구하는 경우의 수는

$720 - 288 = 432$

50 백의 자리에는 0이 올 수 없으므로 백의 자리에 올 수 있는 숫자는 1, 2, 3, 4의 4개

십의 자리와 일의 자리에 숫자를 나열하는 경우의 수는 백의 자리에 사용한 숫자를 제외한 4개의 숫자 중에서 2개를 택하여 일렬로 나열하는 경우의 수와 같으므로 $_4P_{\boxed{2}} = \boxed{12}$

따라서 구하는 세 자리의 자연수의 개수는

$4 \times \boxed{12} = \boxed{48}$

51 천의 자리에는 0이 올 수 없으므로 천의 자리에 올 수 있는 숫자는 1, 2, 3, 4, 5의 5개

백의 자리와 십의 자리, 일의 자리에 숫자를 나열하는 경우의 수는 천의 자리에 사용한 숫자를 제외한 5개의 숫자 중에서 3개를 택하여 일렬로 나열하는 경우의 수와 같으므로 $_5P_3 = 60$

따라서 구하는 네 자리의 자연수의 개수는

$5 \times 60 = 300$

↳ 홀수는 일의 자리의 숫자가 결정한다.

52 홀수이려면 일의 자리의 숫자가 홀수이어야 하므로 일의 자리에 올 수 있는 숫자는 1, 3, 5의 3개

백의 자리와 십의 자리에 숫자를 나열하는 경우의 수는 일의 자리에 사용한 숫자를 제외한 4개의 숫자 중에서 2개를 택하여 일렬로 나열하는 경우의 수와 같으므로 $_4P_2 = 12$

따라서 구하는 홀수의 개수는

$3 \times 12 = 36$

53 짝수이려면 일의 자리의 숫자가 0 또는 짝수이어야 하므로 일의 자리에 올 수 있는 숫자는 0, 2, 4이다.

(i) 일의 자리의 숫자가 0인 경우

일의 자리의 숫자 0을 제외한 5개의 숫자 중에서 2개를 택하여 일렬로 나열하는 경우의 수와 같으므로 $_5P_2 = 20$

(ii) 일의 자리의 숫자가 2 또는 4인 경우

백의 자리에 올 수 있는 숫자는 0과 일의 자리에 사용한 숫자를 제외한 4개

십의 자리에 올 수 있는 숫자는 백의 자리와 일의 자리에 사용한 숫자를 제외한 4개

즉, 일의 자리의 숫자가 2 또는 4인 세 자리의 자연수의 개수는

$2 \times 4 \times 4 = 32$

(i), (ii)에서 구하는 짝수의 개수는

$20 + 32 = 52$

↳ 5의 배수는 일의 자리의 숫자가 결정한다.

54 5의 배수이려면 일의 자리의 숫자가 0 또는 5이어야 한다.

(i) 일의 자리의 숫자가 0인 경우

일의 자리의 숫자 0을 제외한 5개의 숫자 중에서 3개를 택하여 일렬로 나열하는 경우의 수와 같으므로 $_5P_3 = 60$

(ii) 일의 자리의 숫자가 5인 경우

천의 자리에 올 수 있는 숫자는 0과 5를 제외한 1, 2, 3, 4의 4개

백의 자리와 십의 자리에 숫자를 나열하는 경우의 수는 천의 자리와 일의 자리에 사용한 숫자를 제외한 4개의 숫자 중에서 2개를 택하여 일렬로 나열하는 경우의 수와 같으므로 $_4P_2 = 12$

즉, 일의 자리의 숫자가 5인 네 자리의 자연수의 개수는

$4 \times 12 = 48$

(i), (ii)에서 구하는 5의 배수의 개수는

$60 + 48 = 108$

⊕ **플러스톡**

배수 판정법

(1) 2의 배수: 일의 자리의 숫자가 0 또는 2 또는 4 또는 6 또는 8인 수

(2) 3의 배수: 각 자리의 숫자의 합이 3의 배수인 수

(3) 4의 배수: 끝의 두 자리의 수가 4의 배수 또는 00인 수

(4) 5의 배수: 일의 자리의 숫자가 0 또는 5인 수

(5) 8의 배수: 끝의 세 자리의 수가 8의 배수 또는 000인 수

(6) 9의 배수: 각 자리의 숫자의 합이 9의 배수인 수

55 a□□□ 꼴의 문자열의 개수는 $3! = \boxed{6}$

ba□□ 꼴의 문자열의 개수는 $2! = \boxed{2}$

같은 방법으로 bc□□ 꼴의 문자열의 개수도 2이다.

따라서 abcd부터 bcda까지의 문자열의 개수는

$6 + 2 + \boxed{2} = \boxed{10}$

이고, bdac, bdca이므로 bdca는 $\boxed{12}$번째에 오는 문자열이다.

11번째 12번째

56 ㄱ□□□ 꼴의 문자열의 개수는 $3! = 6$

같은 방법으로 ㄴ□□□ 꼴의 문자열의 개수도 6이다.

또한, ㄷㄱ□□ 꼴의 문자열의 개수는 $2! = 2$

같은 방법으로 ㄷㄴ□□ 꼴의 문자열의 개수도 2이다.

따라서 ㄱㄴㄷㄹ부터 ㄷㄴㄹㄱ까지의 문자열의 개수는

$6 + 6 + 2 + 2 = 16$

이고, ㄷㄹㄱㄴ, ㄷㄹㄴㄱ이므로 ㄷㄹㄴㄱ은 18번째에 오는 문자열이다.

57 1□□□□ 꼴의 자연수의 개수는 4!=24

같은 방법으로 2□□□□ 꼴의 자연수의 개수도 24이다.

또한, 31□□□ 꼴의 자연수의 개수는 3!=6

같은 방법으로 32□□□ 꼴의 자연수의 개수도 6이다.

이때 34□□□ 꼴의 자연수는 모두 34000보다 큰 수이므로 구하는 자연수의 개수는

24+24+6+6=60

58 A□□□□ 꼴의 문자열의 개수는 4!=24

같은 방법으로 B□□□□, C□□□□ 꼴의 문자열의 개수도 각각 24이다.

또한, DA□□□ 꼴의 문자열의 개수는 3!=6

같은 방법으로 DB□□□ 꼴의 문자열의 개수도 6이다.

따라서 ABCDE부터 DBECA까지의 문자열의 개수는

24+24+24+6+6=84

이므로 85번째에 오는 문자열은 DC□□□ 꼴의 문자열의 제일 처음의 것인 DCABE이다.

59 1□□□□ 꼴의 자연수의 개수는 4!=24

같은 방법으로 2□□□□, 3□□□□,
4□□□□ 꼴의 자연수의 개수도 각각 24이다.

따라서 12345부터 45321까지의 자연수의 개수는

24+24+24+24=96

이므로 100번째로 작은 수는 51234, 51243, 51324, 51342, …에서
　　　　　　　　　　　97번째　98번째　99번째　100번째
51342이다.

23 조합

01 $_7C_3$	02 $_9C_3$	03 $_6C_4$	04 $_4C_2$	05 $_{12}C_9$	06 $_8C_2$
07 3	08 6	09 56	10 1	11 1	12 35
13 84	14 55	15 5	16 7	17 6	18 8
19 7	20 2	21 3	22 2 또는 6		23 6
24 10	25 45	26 40	27 560	28 15	29 10
30 126	31 35	32 20	33 210	34 10	35 35
36 31	37 65	38 100	39 194	40 70	41 120
42 840	43 720	44 7200	45 4800	46 480	47 840
48 1440	49 5760				

08 $_4C_2 = \dfrac{4 \times 3}{2 \times 1} = 6$

09 $_8C_3 = \dfrac{8 \times 7 \times 6}{3 \times 2 \times 1} = 56$

12 $_7C_4 = {_7C_3} = \dfrac{7 \times 6 \times 5}{3 \times 2 \times 1} = 35$

13 $_9C_6 = {_9C_3} = \dfrac{9 \times 8 \times 7}{3 \times 2 \times 1} = 84$

14 $_{11}C_9 = {_{11}C_2} = \dfrac{11 \times 10}{2 \times 1} = 55$

15 $_nC_2 = 10$에서 $\dfrac{n(\boxed{n-1})}{2 \times 1} = 10$

$n(\boxed{n-1}) = 20 = 5 \times 4$

$\therefore n = \boxed{5}$

16 $_nC_3 = 35$에서 $\dfrac{n(n-1)(n-2)}{3 \times 2 \times 1} = 35$

$n(n-1)(n-2) = 210 = 7 \times 6 \times 5$

$\therefore n = 7$

17 $_nC_2 = {_nC_{\boxed{n-2}}}$이므로 $_nC_{\boxed{n-2}} = {_nC_4}$에서

$\boxed{n-2} = 4$　　$\therefore n = \boxed{6}$

18 $_nC_5 = {_nC_{n-5}}$이므로 $_nC_{n-5} = {_nC_3}$에서

$n-5 = 3$　　$\therefore n = 8$

19 $_9C_r = {_9C_{9-r}}$이므로 $_9C_{9-r} = {_9C_{r-5}}$에서

$9-r = r-5$, $2r = 14$　　$\therefore r = 7$

20 $_{n+3}C_n = {_{n+3}C_{(n+3)-n}} = {_{n+3}C_3}$이므로

$_{n+3}C_3 = 10$에서 $\dfrac{(n+3)(n+2)(n+1)}{3 \times 2 \times 1} = 10$

$(n+3)(n+2)(n+1) = 60 = 5 \times 4 \times 3$

$n+3 = 5$　　$\therefore n = 2$

21 $_6C_r=20$에서 $\dfrac{6!}{r!(\boxed{6-r})!}=20$

$6!=20\times r!(\boxed{6-r})!$

$6\times3\times2\times1=r!(\boxed{6-r})!$

$\boxed{3!}\times\boxed{3!}=r!(\boxed{6-r})!$

$\therefore r=\boxed{3}$

$\llcorner6=3\times2\times1=3!$

22 $_8C_r=28$에서 $\dfrac{8!}{r!(8-r)!}=28$

$8!=28\times r!(8-r)!$

$8\times6\times5\times3\times2\times1=r!(8-r)!$

$2!\times6!=r!(8-r)!$

$\therefore r=2$ 또는 $r=6$

$\llcorner8=4\times2\times1=2!\times4$

23 $_4C_2=\dfrac{4\times3}{2\times1}=6$

24 $_5C_3=_5C_2=\dfrac{5\times4}{2\times1}=10$

25 구하는 총 횟수는 동호회 회원 10명 중에서 2명을 뽑는 경우의 수와 같으므로

$_{10}C_2=\dfrac{10\times9}{2\times1}=45$

26 남학생 5명 중에서 2명을 뽑는 경우의 수는

$_5C_2=\dfrac{5\times4}{2\times1}=10$

여학생 4명 중에서 3명을 뽑는 경우의 수는

$_4C_3=_4C_1=4$

따라서 구하는 경우의 수는

$10\times4=40$

27 8명의 학생 중에서 수비수 3명을 뽑는 경우의 수는

$_8C_3=\dfrac{8\times7\times6}{3\times2\times1}=56$

나머지 5명의 학생 중에서 공격수 2명을 뽑는 경우의 수는

$_5C_2=\dfrac{5\times4}{2\times1}=10$

따라서 구하는 경우의 수는

$56\times10=560$

⊕ 플러스톡

8명의 학생 중에서 공격수 2명을 먼저 뽑고 나머지 6명 중에서 수비수 3명을 뽑는 경우의 수는

$_8C_2\times_6C_3=\dfrac{8\times7}{2\times1}\times\dfrac{6\times5\times4}{3\times2\times1}=560$

즉, 뽑는 순서에 상관없이 결과는 같다.

28 민주와 지훈이를 제외한 6명의 학생 중에서 $\boxed{2}$명을 뽑는 경우의 수와 같으므로 구하는 경우의 수는

$_6C_{\boxed{2}}=\dfrac{6\times5}{2\times1}=\boxed{15}$

29 C를 제외한 5개의 문자 중에서 2개를 뽑는 경우의 수와 같으므로 구하는 경우의 수는

$_5C_2=\dfrac{5\times4}{2\times1}=10$

30 4가 적힌 공을 제외한 9개의 공 중에서 4개를 꺼내는 경우의 수와 같으므로 구하는 경우의 수는

$_9C_4=\dfrac{9\times8\times7\times6}{4\times3\times2\times1}=126$

31 A, B를 제외한 7명의 학생 중에서 $\boxed{3}$명을 뽑는 경우의 수와 같으므로 구하는 경우의 수는

$_7C_{\boxed{3}}=\dfrac{7\times6\times5}{3\times2\times1}=\boxed{35}$

32 노란색, 초록색을 제외한 6가지의 색 중에서 3가지를 선택하는 경우의 수와 같으므로 구하는 경우의 수는

$_6C_3=\dfrac{6\times5\times4}{3\times2\times1}=20$

33 특정한 중학생 2명을 제외한 10명의 학생 중에서 4명을 뽑는 경우의 수와 같으므로 구하는 경우의 수는

$_{10}C_4=\dfrac{10\times9\times8\times7}{4\times3\times2\times1}=210$

34 1과 6이 적힌 카드를 제외한 5장의 카드 중에서 3장을 뽑는 경우의 수와 같으므로 구하는 경우의 수는

$_5C_3=_5C_2=\dfrac{5\times4}{2\times1}=10$

35 A, B를 제외한 7명의 학생 중에서 4명을 뽑는 경우의 수와 같으므로 구하는 경우의 수는

$_7C_4=_7C_3=\dfrac{7\times6\times5}{3\times2\times1}=35$

36 7명의 학생 중에서 3명을 뽑는 경우의 수는

$_7C_{\boxed{3}}=\dfrac{7\times6\times5}{3\times2\times1}=\boxed{35}$

여학생만 3명을 뽑는 경우의 수는

$_4C_3=_4C_{\boxed{1}}=4$ → 남학생을 뽑지 않는 경우의 수

따라서 구하는 경우의 수는

$\boxed{35}-4=\boxed{31}$

37 8개 중에서 4개를 택하는 경우의 수는

$_8C_4=\dfrac{8\times7\times6\times5}{4\times3\times2\times1}=70$

연필만 4개를 택하는 경우의 수는

$_5C_4=_5C_1=5 \rightarrow$ 볼펜을 택하지 않는 경우의 수

따라서 구하는 경우의 수는

$70-5=65$

38 10장의 카드 중에서 3장을 뽑는 경우의 수는

$_{10}C_3=\dfrac{10\times9\times8}{3\times2\times1}=120$

5 이상의 수가 적힌 카드 중에서만 3장을 뽑는 경우의 수는

$_6C_3=\dfrac{6\times5\times4}{3\times2\times1}=20 \rightarrow$ 4 이하의 수가 적힌 카드를 뽑지 않는 경우의 수

따라서 구하는 경우의 수는

$120-20=100$

39 10개 중에서 4개를 사는 경우의 수는

$_{10}C_{\boxed{4}}=\dfrac{10\times9\times8\times7}{4\times3\times2\times1}=\boxed{210}$

초콜릿 4개 중에서 4개를 사는 경우의 수는

$_4C_4=\boxed{1}$

사탕 6개 중에서 4개를 사는 경우의 수는

$_6C_{\boxed{4}}=_6C_{\boxed{2}}=\dfrac{6\times5}{2\times1}=\boxed{15}$

따라서 구하는 경우의 수는

$210-(\boxed{1}+\boxed{15})=\boxed{194}$

40 9개 중에서 3개를 택하는 경우의 수는

$_9C_3=\dfrac{9\times8\times7}{3\times2\times1}=84$

자음 5개 중에서 3개를 택하는 경우의 수는

$_5C_3=_5C_2=\dfrac{5\times4}{2\times1}=10$

모음 4개 중에서 3개를 택하는 경우의 수는

$_4C_3=_4C_1=4$

따라서 구하는 경우의 수는

$84-(10+4)=70$

41 6명의 학생 중에서 3명을 뽑는 경우의 수는

$_6C_{\boxed{3}}=\dfrac{6\times5\times4}{3\times2\times1}=\boxed{20}$

3명을 일렬로 세우는 경우의 수는 $3!=\boxed{6}$

따라서 구하는 경우의 수는

$\boxed{20}\times6=\boxed{120} \rightarrow _6P_3=6\times5\times4=120$

42 7개의 문자 중에서 4개를 택하는 경우의 수는

$_7C_4=_7C_3=\dfrac{7\times6\times5}{3\times2\times1}=35$

4개를 일렬로 나열하는 경우의 수는 $4!=24$

따라서 구하는 경우의 수는

$35\times24=840 \rightarrow _7P_4=7\times6\times5\times4=840$

43 남학생 3명 중에서 2명을 뽑는 경우의 수는

$_3C_2=_3C_{\boxed{1}}=3$

여학생 5명 중에서 2명을 뽑는 경우의 수는

$_5C_2=\dfrac{5\times4}{2\times1}=\boxed{10}$

4명을 일렬로 세우는 경우의 수는 $4!=\boxed{24}$ ⌣ $(2+2)!$

따라서 구하는 경우의 수는

$3\times\boxed{10}\times\boxed{24}=\boxed{720}$

↖ 남학생 2명과 여학생 2명

44 빨간색 꽃 6송이 중에서 2송이를 택하는 경우의 수는

$_6C_2=\dfrac{6\times5}{2\times1}=15$

노란색 꽃 4송이 중에서 3송이를 택하는 경우의 수는

$_4C_3=_4C_1=4$

5송이를 일렬로 나열하는 경우의 수는 $5!=120$ ⌣ $(2+3)!$

따라서 구하는 경우의 수는

$15\times4\times120=7200$

↖ 빨간색 꽃 2송이와 노란색 꽃 3송이

45 홀수는 1, 3, 5, 7, 9의 5개이고, 짝수는 2, 4, 6, 8의 4개이다.

짝수 4개 중에서 3개를 뽑는 경우의 수는

$_4C_3=_4C_1=4$

홀수 5개 중에서 2개를 뽑는 경우의 수는

$_5C_2=\dfrac{5\times4}{2\times1}=10$

숫자 5개를 일렬로 나열하는 경우의 수는 $5!=120$

따라서 구하는 경우의 수는

$4\times10\times120=4800$

46 A, B를 제외한 6명의 학생 중에서 3명을 뽑는 경우의 수는

$_6C_3=\dfrac{6\times5\times4}{3\times2\times1}=20$

4명을 일렬로 세우는 경우의 수는 $4!=24$

따라서 구하는 경우의 수는

$20\times24=480$

47 특정한 학생 2명을 제외한 7명의 학생 중에서 4명을 뽑는 경우의 수는

$_7C_4=_7C_3=\dfrac{7\times6\times5}{3\times2\times1}=35$

4명을 일렬로 세우는 경우의 수는 $4!=24$

따라서 구하는 경우의 수는

$35\times24=840$

48 남자 5명 중에서 2명을 뽑는 경우의 수는

$${}_5C_2=\frac{5\times4}{2\times1}=10$$

여자 4명 중에서 3명을 뽑는 경우의 수는

$${}_4C_3={}_4C_1=4$$

여자 3명을 한 사람으로 생각하여 3명을 일렬로 세우는 경우의 수는

$3!=6$

여자 3명이 자리를 바꾸는 경우의 수는 $3!=6$

따라서 구하는 경우의 수는

$10\times4\times6\times6=1440$

49 홀수는 1, 3, 5, 7, 9의 5개이고, 짝수는 2, 4, 6, 8의 4개이다.

홀수 5개 중에서 3개를 택하는 경우의 수는

$${}_5C_3={}_5C_2=\frac{5\times4}{2\times1}=10$$

짝수 4개 중에서 3개를 택하는 경우의 수는

$${}_4C_3={}_4C_1=4$$

홀수 3개를 일렬로 나열하는 경우의 수는 $3!=6$

홀수들 사이사이와 양 끝의 4개의 자리에 3개의 짝수를 나열하는 경우의 수는

$${}_4P_3=24$$

따라서 구하는 경우의 수는

$10\times4\times6\times24=5760$

24 조합의 여러 가지 활용

본문 115~118쪽

01 10	**02** 28	**03** 66	**04** 14	**05** 18	**06** 32
07 20	**08** 56	**09** 45	**10** 48	**11** 31	**12** 80
13 70	**14** 90	**15** 22	**16** 105	**17** 18	**18** 60
19 150	**20** 60	**21** 1260	**22** 15	**23** 210	**24** 630
25 1680	**26** 12600	**27** 30	**28** 90	**29** 45	

01 구하는 직선의 개수는 5개의 점 중에서 2개를 택하는 경우의 수와 같으므로

$${}_5C_2=\frac{5\times4}{2\times1}=10$$

02 구하는 직선의 개수는 8개의 점 중에서 2개를 택하는 경우의 수와 같으므로

$${}_8C_2=\frac{8\times7}{2\times1}=28$$

03 구하는 직선의 개수는 12개의 점 중에서 2개를 택하는 경우의 수와 같으므로

$${}_{12}C_2=\frac{12\times11}{2\times1}=66$$

04 7개의 점 중에서 2개를 택하는 경우의 수는

$${}_7C_2=\frac{7\times6}{2\times1}=21$$

한 직선 위에 있는 4개의 점 중에서 2개를 택하는 경우의 수는

$${}_4C_2=\frac{4\times3}{2\times1}=6$$

한 직선 위에 있는 3개의 점 중에서 2개를 택하는 경우의 수는

$${}_3C_2={}_3C_1=3$$

주어진 두 직선을 포함하면 구하는 직선의 개수는

$21-6-3+2=14$

〔다른 풀이〕

두 직선 위에 있는 점을 각각 하나씩 택하여 이으면 한 개의 직선을 만들 수 있으므로

$${}_4C_1\times{}_3C_1=4\times3=12$$

또한, 한 직선 위에 있는 점 중에서 2개를 택하여 이은 직선의 개수는 2이므로 구하는 직선의 개수는 → 주어진 두 직선

$12+2=14$

05 8개의 점 중에서 2개를 택하는 경우의 수는

$${}_8C_2=\frac{8\times7}{2\times1}=28$$

한 직선 위에 있는 4개의 점 중에서 2개를 택하는 경우의 수는

$${}_4C_2=\frac{4\times3}{2\times1}=6$$

주어진 두 직선을 포함하면 구하는 직선의 개수는
$$28-2\times6+2=18$$

다른 풀이

두 직선 위에 있는 점을 각각 하나씩 택하여 이으면 한 개의 직선을 만들 수 있으므로
$${}_4C_1\times{}_4C_1=4\times4=16$$
또한, 한 직선 위에 있는 점 중에서 2개를 택하여 이은 직선의 개수는 2이므로 구하는 직선의 개수는
$$16+2=18$$

06 11개의 점 중에서 2개를 택하는 경우의 수는
$${}_{11}C_2=\frac{11\times10}{2\times1}=55$$
한 직선 위에 있는 5개의 점 중에서 2개를 택하는 경우의 수는
$${}_5C_2=\frac{5\times4}{2\times1}=10$$
한 직선 위에 있는 6개의 점 중에서 2개를 택하는 경우의 수는
$${}_6C_2=\frac{6\times5}{2\times1}=15$$
주어진 두 직선을 포함하면 구하는 직선의 개수는
$$55-10-15+2=32$$

다른 풀이

두 직선 위에 있는 점을 각각 하나씩 택하여 이으면 한 개의 직선을 만들 수 있으므로
$${}_5C_1\times{}_6C_1=5\times6=30$$
또한, 한 직선 위에 있는 점 중에서 2개를 택하여 이은 직선의 개수는 2이므로 구하는 직선의 개수는
$$30+2=32$$

07 구하는 삼각형의 개수는 6개의 점 중에서 3개를 택하는 경우의 수와 같으므로
$${}_6C_3=\frac{6\times5\times4}{3\times2\times1}=20$$

08 구하는 삼각형의 개수는 8개의 점에서 3개를 택하는 경우의 수와 같으므로
$${}_8C_3=\frac{8\times7\times6}{3\times2\times1}=56$$

09 8개의 점 중에서 3개를 택하는 경우의 수는
$${}_8C_3=\frac{8\times7\times6}{3\times2\times1}=56$$
한 직선 위에 있는 3개의 점 중에서 3개를 택하는 경우의 수는
$${}_3C_3=1$$
한 직선 위에 있는 5개의 점 중에서 3개를 택하는 경우의 수는
$${}_5C_3={}_5C_2=\frac{5\times4}{2\times1}=10$$

따라서 구하는 삼각형의 개수는
$$56-1-10=45$$

다른 풀이

한 직선 위에 있는 3개의 점 중에서 2개를 택하고, 한 직선 위에 있는 5개의 점 중에서 1개를 택하는 경우의 수는
$${}_3C_2\times{}_5C_1={}_3C_1\times{}_5C_1=3\times5=15$$
한 직선 위에 있는 3개의 점 중에서 1개를 택하고, 한 직선 위에 있는 5개의 점 중에서 2개를 택하는 경우의 수는
$${}_3C_1\times{}_5C_2=3\times\frac{5\times4}{2\times1}=30$$
따라서 구하는 삼각형의 개수는
$$15+30=45$$

10 8개의 점 중에서 3개를 택하는 경우의 수는
$${}_8C_3=\frac{8\times7\times6}{3\times2\times1}=56$$
한 직선 위에 있는 4개의 점 중에서 3개를 택하는 경우의 수는
$${}_4C_3={}_4C_1=4$$
따라서 구하는 삼각형의 개수는
$$56-2\times4=48$$

다른 풀이

한 직선 위에 있는 4개의 점 중에서 2개를 택하고, 또 다른 한 직선 위에 있는 4개의 점 중에서 1개를 택하는 경우의 수는
$${}_4C_2\times{}_4C_1=\frac{4\times3}{2\times1}\times4=24$$
따라서 구하는 삼각형의 개수는
$$2\times24=48$$

11 7개의 점 중에서 3개를 택하는 경우의 수는
$${}_7C_3=\frac{7\times6\times5}{3\times2\times1}=35$$
한 직선 위에 있는 4개의 점 중에서 3개를 택하는 경우의 수는
$${}_4C_3={}_4C_1=4$$
따라서 구하는 삼각형의 개수는
$$35-4=31$$

12 9개의 점 중에서 3개를 택하는 경우의 수는
$${}_9C_3=\frac{9\times8\times7}{3\times2\times1}=84$$
한 직선 위에 있는 4개의 점 중에서 3개를 택하는 경우의 수는
$${}_4C_3={}_4C_1=4$$
따라서 구하는 삼각형의 개수는
$$84-4=80$$

13 구하는 사각형의 개수는 8개의 점 중에서 4개를 택하는 경우의 수와 같으므로
$${}_8C_4=\frac{8\times7\times6\times5}{4\times3\times2\times1}=70$$

14 한 직선 위에 있는 4개의 점 중에서 2개를 택하는 경우의 수는

$$_4C_2=\frac{4\times3}{2\times1}=6$$

한 직선 위에 있는 6개의 점 중에서 2개를 택하는 경우의 수는

$$_6C_2=\frac{6\times5}{2\times1}=15$$

따라서 구하는 사각형의 개수는

$$6\times15=90$$

15 7개의 점 중에서 4개를 택하는 경우의 수는

$$_7C_4=_7C_3=\frac{7\times6\times5}{3\times2\times1}=35$$

한 직선 위에 있는 4개의 점 중에서 4개를 택하는 경우의 수는

$$_4C_4=1$$

한 직선 위에 있는 4개의 점 중에서 3개를 택하고, 나머지 3개의 점 중에서 1개를 택하는 경우의 수는

$$_4C_3\times_3C_1=_4C_1\times_3C_1=4\times3=12$$

따라서 구하는 사각형의 개수는

$$35-1-12=22$$

16 9개의 점 중에서 4개를 택하는 경우의 수는

$$_9C_4=\frac{9\times8\times7\times6}{4\times3\times2\times1}=126$$

한 직선 위에 있는 4개의 점 중에서 4개를 택하는 경우의 수는

$$_4C_4=1$$

한 직선 위에 있는 4개의 점 중에서 3개를 택하고, 나머지 5개의 점 중에서 1개를 택하는 경우의 수는

$$_4C_3\times_5C_1=_4C_1\times_5C_1=4\times5=20$$

따라서 구하는 사각형의 개수는

$$126-1-20=105$$

17 가로로 나열된 $\boxed{3}$개의 평행한 직선 중에서 2개, 세로로 나열된 4개의 평행한 직선 중에서 $\boxed{2}$개를 택하면 한 개의 평행사변형이 만들어진다.

따라서 구하는 평행사변형의 개수는

$$_{\boxed{3}}C_2\times_4C_{\boxed{2}}=_{\boxed{3}}C_1\times_4C_{\boxed{2}}$$
$$=\boxed{3}\times\frac{4\times3}{2\times1}=\boxed{18}$$

18 가로로 나열된 4개의 평행한 직선 중에서 2개, 세로로 나열된 5개의 평행한 직선 중에서 2개를 택하면 한 개의 평행사변형이 만들어지므로 구하는 평행사변형의 개수는

$$_4C_2\times_5C_2=\frac{4\times3}{2\times1}\times\frac{5\times4}{2\times1}=60$$

19 가로로 나열된 6개의 평행한 직선 중에서 2개, 세로로 나열된 5개의 평행한 직선 중에서 2개를 택하면 한 개의 평행사변형이 만들어지므로 구하는 평행사변형의 개수는

$$_6C_2\times_5C_2=\frac{6\times5}{2\times1}\times\frac{5\times4}{2\times1}=150$$

20 6권의 책을 1권, 2권, 3권의 세 묶음으로 나누는 경우의 수는

$$_6C_1\times_5C_2\times_{\boxed{3}}C_3=6\times\frac{5\times4}{2\times1}\times1=6\times\boxed{10}\times1=\boxed{60}$$

21 9종류의 과일을 2종류, 3종류, 4종류의 세 묶음으로 나누는 경우의 수는

$$_9C_2\times_7C_3\times_4C_4=\frac{9\times8}{2\times1}\times\frac{7\times6\times5}{3\times2\times1}\times1$$
$$=36\times35\times1=1260$$

22 5개 중 1개를 택한 후, 남은 $\boxed{4}$개 중 2개를 택하고 나머지 $\boxed{2}$개 중 2개를 택하는 경우의 수는

$$_5C_1\times_{\boxed{4}}C_2\times_{\boxed{2}}C_2$$

이때 2개를 택한 두 묶음은 구별되지 않으므로 2!만큼 중복하여 나타난다.

따라서 구하는 경우의 수는

$$_5C_1\times_{\boxed{4}}C_2\times_{\boxed{2}}C_2\times\frac{1}{\boxed{2}!}$$
$$=5\times\frac{4\times3}{2\times1}\times1\times\frac{1}{2\times1}$$
$$=5\times\boxed{6}\times\boxed{1}\times\frac{1}{2}=\boxed{15}$$

23 8명의 학생을 4명, 2명, 2명의 세 팀으로 나누는 경우의 수는

$$_8C_4\times_4C_2\times_2C_2\times\frac{1}{2!}=\frac{8\times7\times6\times5}{4\times3\times2\times1}\times\frac{4\times3}{2\times1}\times1\times\frac{1}{2\times1}=210$$

2!만큼 중복

24 7송이의 꽃을 3송이, 2송이, 2송이의 세 묶음으로 나누는 경우의 수는

$$_7C_3\times_{\boxed{4}}C_2\times_{\boxed{2}}C_2\times\frac{1}{2!}=\frac{7\times6\times5}{3\times2\times1}\times\frac{4\times3}{2\times1}\times1\times\frac{1}{2\times1}$$
$$=35\times\boxed{6}\times1\times\frac{1}{2}=\boxed{105}$$

2!만큼 중복

세 묶음을 3명의 학생에게 나누어 주는 경우의 수는 3!=$\boxed{6}$

따라서 구하는 경우의 수는

$$105\times\boxed{6}=\boxed{630}$$

25 9장의 카드를 3장, 3장, 3장의 세 묶음으로 나누는 경우의 수는

$$_9C_3\times_6C_3\times_3C_3\times\frac{1}{3!}=\frac{9\times8\times7}{3\times2\times1}\times\frac{6\times5\times4}{3\times2\times1}\times1\times\frac{1}{3\times2\times1}=280$$

3!만큼 중복

세 묶음을 3명의 학생에게 나누어 주는 경우의 수는 3!=6

따라서 구하는 경우의 수는

$$280\times6=1680$$

26 10권의 책을 4권, 3권, 3권의 세 묶음으로 나누는 경우의 수는

$$_{10}C_4\times_6C_3\times_3C_3\times\frac{1}{2!}=\frac{10\times9\times8\times7}{4\times3\times2\times1}\times\frac{6\times5\times4}{3\times2\times1}\times1\times\frac{1}{2\times1}$$
$$=2100$$

2!만큼 중복

세 묶음을 3명의 학생에게 나누어 주는 경우의 수는 $3!=6$
따라서 구하는 경우의 수는
$2100 \times 6 = 12600$

27 5개의 학급을 2개, 3개의 두 조로 나누는 경우의 수는
$_5C_2 \times _3C_3 = \dfrac{5 \times 4}{2 \times 1} \times 1 = \boxed{10} \times 1 = \boxed{10}$

3개의 학급 중에서 부전승으로 올라가는 1개의 학급을 정하는 경우의 수는
$_3C_1 = 3$

따라서 구하는 경우의 수는
$\boxed{10} \times 3 = \boxed{30}$

28 6개의 팀을 3개, 3개의 두 조로 나누는 경우의 수는
$_6C_3 \times _3C_3 \times \dfrac{1}{2!} = \dfrac{6 \times 5 \times 4}{3 \times 2 \times 1} \times 1 \times \dfrac{1}{2 \times 1} = 10$

2!만큼 중복

3개의 팀 중에서 부전승으로 올라가는 1개의 팀을 정하는 경우의 수는
$_3C_1 = 3$

따라서 구하는 경우의 수는
$10 \times 3 = 90$

부전승으로 올라가는 팀이 2팀이므로

29 6명의 학생을 2명, 4명의 두 조로 나누는 경우의 수는
$_6C_2 \times _4C_4 = \dfrac{6 \times 5}{2 \times 1} \times 1 = 15$

4명의 학생을 2명, 2명의 두 조로 나누는 경우의 수는
$_4C_2 \times _2C_2 \times \dfrac{1}{2!} = \dfrac{4 \times 3}{2 \times 1} \times 1 \times \dfrac{1}{2 \times 1} = 3$

2!만큼 중복

따라서 구하는 경우의 수는
$15 \times 3 = 45$

Ⅳ 행렬

25 행렬의 덧셈, 뺄셈과 실수배

본문 121~124쪽

01 1×3 행렬 　　　**02** 2×1 행렬
03 2×2 행렬, 2차정사각행렬　**04** 2×3 행렬
05 1×2 행렬　　**06** 3×3 행렬, 3차정사각행렬
07 3　　**08** 0　　**09** -1　**10** 0　　**11** 2, -5
12 -5, 3, 6　　**13** 0, 3　**14** 8　　**15** $A=(3 \ \ 5 \ \ 7)$
16 $A=\begin{pmatrix} -1 & -3 \\ 2 & 0 \end{pmatrix}$ 　　**17** $A=\begin{pmatrix} 1 & 1 & 1 \\ 3 & 4 & 5 \end{pmatrix}$
18 $A=\begin{pmatrix} 3 & 6 \\ 4 & 7 \\ 5 & 8 \end{pmatrix}$ 　　**19** $A=\begin{pmatrix} 0 & 1 \\ 1 & 0 \end{pmatrix}$
20 $A=\begin{pmatrix} 2 \\ 2 \\ 3 \end{pmatrix}$ 　　**21** $A=\begin{pmatrix} 0 & 5 \\ 5 & 0 \\ 10 & 13 \end{pmatrix}$
22 $A=\begin{pmatrix} 2 & 4 & 6 \\ 4 & 4 & 12 \end{pmatrix}$ 　　**23** $A=\begin{pmatrix} 1 & -1 & 0 \\ 3 & 1 & 1 \\ 8 & 7 & 1 \end{pmatrix}$
24 $a=-2$, $b=3$ 　　**25** $a=2$, $b=9$
26 $a=2$, $b=-5$ 　　**27** $a=1$, $b=-3$
28 $a=2$, $b=1$, $c=-5$ 　　**29** $a=1$, $b=2$, $c=3$
30 $a=4$, $b=3$, $c=-2$ 　　**31** $a=2$, $b=3$, $c=4$
32 $\begin{pmatrix} 3 \\ 2 \end{pmatrix}$ 　**33** $(3 \ \ 6)$ 　**34** $\begin{pmatrix} 4 & -1 \\ 6 & -1 \end{pmatrix}$
35 $(-6 \ \ -4 \ \ 9)$ 　　**36** $\begin{pmatrix} -3 & 4 & 4 \\ 5 & 7 & 5 \end{pmatrix}$
37 $\begin{pmatrix} -1 & 6 \\ 6 & 0 \\ 2 & 1 \end{pmatrix}$ 　　**38** $\begin{pmatrix} 1 & 1 & -7 \\ -2 & 1 & 3 \\ 1 & -1 & 9 \end{pmatrix}$
39 $\begin{pmatrix} 4 & 1 \\ 4 & 0 \end{pmatrix}$ 　**40** $\begin{pmatrix} 4 & 1 \\ 4 & 0 \end{pmatrix}$ 　**41** $\begin{pmatrix} 5 & 5 \\ 1 & 2 \end{pmatrix}$
42 $\begin{pmatrix} 5 & 5 \\ 1 & 2 \end{pmatrix}$ 　　**43** $X=\begin{pmatrix} 3 & -5 \\ -1 & 3 \end{pmatrix}$
44 $X=\begin{pmatrix} 4 & -8 \\ 4 & 1 \end{pmatrix}$ 　　**45** $X=\begin{pmatrix} -1 & 5 & 11 \\ 7 & 0 & -4 \end{pmatrix}$
46 $X=\begin{pmatrix} 5 & 7 \\ 1 & -1 \end{pmatrix}$ 　**47** $\begin{pmatrix} 8 & -6 \\ 12 & 4 \end{pmatrix}$ 　**48** $\begin{pmatrix} -12 & 9 \\ -18 & -6 \end{pmatrix}$
49 $\begin{pmatrix} \frac{4}{3} & -1 \\ 2 & \frac{2}{3} \end{pmatrix}$ 　**50** $\begin{pmatrix} -2 & \frac{3}{2} \\ -3 & -1 \end{pmatrix}$ 　**51** $\begin{pmatrix} 5 & -2 \\ 3 & 4 \end{pmatrix}$
52 $\begin{pmatrix} 5 & -2 \\ 3 & 4 \end{pmatrix}$ 　**53** $\begin{pmatrix} 0 & 0 \\ 0 & 0 \end{pmatrix}$ 　**54** $\begin{pmatrix} 0 & 0 \\ 0 & 0 \end{pmatrix}$
55 $\begin{pmatrix} 9 & -5 \\ 0 & 14 \end{pmatrix}$ 　**56** $\begin{pmatrix} -3 & 4 \\ -7 & -7 \end{pmatrix}$ 　**57** $\begin{pmatrix} 3 & 1 \\ -8 & 2 \end{pmatrix}$
58 $\begin{pmatrix} 21 & -6 \\ -17 & 27 \end{pmatrix}$ 　**59** $\begin{pmatrix} 3 & 0 \\ 13 & 9 \end{pmatrix}$ 　**60** $\begin{pmatrix} 3 & -3 \\ -1 & 9 \end{pmatrix}$
61 $\begin{pmatrix} -4 & 5 \\ 6 & -12 \end{pmatrix}$ 　**62** $\begin{pmatrix} -8 & 7 \\ -2 & -24 \end{pmatrix}$

14 $a_{11}=2$, $a_{23}=6$이므로

$a_{11}+a_{23}=2+6=8$

15 $i=1$, $j=1$, 2, 3을 $a_{ij}=i+2j$에 대입하여

행렬 A의 각 성분을 구하면

$a_{11}=1+2\times\boxed{1}=3$, $a_{12}=1+2\times\boxed{2}=\boxed{5}$,

$a_{13}=1+2\times\boxed{3}=7$

$\therefore A=(3\ \ \boxed{5}\ \ \ \boxed{7}\ )$

16 $i=1$, 2, $j=1$, 2를 $a_{ij}=i^2-2j$에 대입하여

행렬 A의 각 성분을 구하면

$a_{11}=1^2-2\times1=-1$, $a_{12}=1^2-2\times2=-3$,

$a_{21}=2^2-2\times1=2$, $a_{22}=2^2-2\times2=0$

$\therefore A=\begin{pmatrix} -1 & -3 \\ 2 & 0 \end{pmatrix}$

17 $i=1$, 2, $j=1$, 2, 3을 $a_{ij}=i-j+ij$에 대입하여

행렬 A의 각 성분을 구하면

$a_{11}=1-1+1\times1=1$, $a_{12}=1-2+1\times2=1$,

$a_{13}=1-3+1\times3=1$, $a_{21}=2-1+2\times1=3$,

$a_{22}=2-2+2\times2=4$, $a_{23}=2-3+2\times3=5$

$\therefore A=\begin{pmatrix} 1 & 1 & 1 \\ 3 & 4 & 5 \end{pmatrix}$

18 $i=1$, 2, 3, $j=1$, 2를 $a_{ij}=i+3j-1$에 대입하여

행렬 A의 각 성분을 구하면

$a_{11}=1+3\times1-1=3$, $a_{12}=1+3\times2-1=6$,

$a_{21}=2+3\times1-1=4$, $a_{22}=2+3\times2-1=7$,

$a_{31}=3+3\times1-1=5$, $a_{32}=3+3\times2-1=8$

$\therefore A=\begin{pmatrix} 3 & 6 \\ 4 & 7 \\ 5 & 8 \end{pmatrix}$

19 $i=j$일 때, $a_{ij}=\boxed{0}$이므로

$a_{\boxed{11}}=a_{22}=0$

$i\ne j$일 때, $a_{ij}=1$이므로

$a_{12}=a_{\boxed{21}}=\boxed{1}$

$\therefore A=\begin{pmatrix} 0 & 1 \\ \boxed{1} & \boxed{0} \end{pmatrix}$

20 $i=j$일 때, $a_{ij}=i+j$이므로

$a_{11}=1+1=2$

$i\ne j$일 때, $a_{ij}=ij$이므로

$a_{21}=2\times1=2$, $a_{31}=3\times1=3$

$\therefore A=\begin{pmatrix} 2 \\ 2 \\ 3 \end{pmatrix}$

21 $i>j$일 때, $a_{ij}=i^2+j^2$이므로

$a_{21}=2^2+1^2=5$, $a_{31}=3^2+1^2=10$,

$a_{32}=3^2+2^2=13$

$i=j$일 때, $a_{ij}=i-j$이므로

$a_{11}=1-1=0$, $a_{22}=2-2=0$

$i<j$일 때, $a_{ij}=i+2j$이므로

$a_{12}=1+2\times2=5$

$\therefore A=\begin{pmatrix} 0 & 5 \\ 5 & 0 \\ 10 & 13 \end{pmatrix}$

22 $i>j$일 때, $a_{ij}=2^i$이므로

$a_{21}=2^2=4$

$i=j$일 때, $a_{ij}=3i-j$이므로

$a_{11}=3\times1-1=2$, $a_{22}=3\times2-2=4$

$i<j$일 때, $a_{ij}=2ij$이므로

$a_{12}=2\times1\times2=4$, $a_{13}=2\times1\times3=6$,

$a_{23}=2\times2\times3=12$

$\therefore A=\begin{pmatrix} 2 & 4 & 6 \\ 4 & 4 & 12 \end{pmatrix}$

23 $i>j$일 때, $a_{ij}=i^2-j$이므로

$a_{21}=2^2-1=3$, $a_{31}=3^2-1=8$,

$a_{32}=3^2-2=7$

$i=j$일 때, $a_{ij}=1$이므로

$a_{11}=a_{22}=a_{33}=1$

$i<j$일 때, $a_{ij}=i+j-4$이므로

$a_{12}=1+2-4=-1$, $a_{13}=1+3-4=0$,

$a_{23}=2+3-4=1$

$\therefore A=\begin{pmatrix} 1 & -1 & 0 \\ 3 & 1 & 1 \\ 8 & 7 & 1 \end{pmatrix}$

24 두 행렬이 서로 같을 조건에 의하여

$a+1=-1$, $2b-1=5$

$a+1=-1$에서 $a=-2$

$2b-1=5$에서 $2b=6$ $\quad\therefore b=3$

25 두 행렬이 서로 같을 조건에 의하여

$3a-1=5$, $a-b=-7$

$3a-1=5$에서 $3a=6$ $\quad\therefore a=2$

$a=2$를 $a-b=-7$에 대입하여 정리하면

$b=9$

26 두 행렬이 서로 같을 조건에 의하여

$2a+3=7$, $b-2=2b+3$

$2a+3=7$에서 $2a=4$ $\quad\therefore a=2$

$b-2=2b+3$에서 $b=-5$

27 두 행렬이 서로 같을 조건에 의하여

$a+b=-2$ ······ ㉠

$a-b=3a+1$ ∴ $2a+b=-1$ ······ ㉡

㉠, ㉡을 연립하여 풀면

$a=1$, $b=-3$

28 두 행렬이 서로 같을 조건에 의하여

$4a-1=7$ ······ ㉠, $b+c=-4$ ······ ㉡

$-b+c=-6$ ······ ㉢

㉠에서 $4a=8$ ∴ $a=2$

㉡, ㉢을 연립하여 풀면

$b=1$, $c=-5$

29 두 행렬이 서로 같을 조건에 의하여

$a+b=3$ ······ ㉠, $3a+1=4$ ······ ㉡

$2b-c=1$ ······ ㉢, $3b+c=9$ ······ ㉣

㉡에서 $a=1$

$a=1$을 ㉠에 대입하여 정리하면 $b=2$

$b=2$를 ㉢, ㉣에 대입하여 정리하면

$c=3$

30 두 행렬이 서로 같을 조건에 의하여

$a+4=8$ ······ ㉠, $1=a-b$ ······ ㉡

$a+c=2$ ······ ㉢, $c-6=-a+2c$ ······ ㉣

㉠에서 $a=4$

$a=4$를 ㉡에 대입하여 정리하면 $b=3$

$a=4$를 ㉢, ㉣에 대입하여 정리하면

$c=-2$

31 두 행렬이 서로 같을 조건에 의하여

$a+b=5$ ······ ㉠, $7=2c-1$ ······ ㉡

$4a-3b=b-4$ ······ ㉢

㉡에서 $c=4$

㉢에서 $4a-4b=-4$ ∴ $a-b=-1$ ······ ㉣

㉠, ㉣을 연립하여 풀면

$a=2$, $b=3$

32 $\begin{pmatrix} -2 \\ 3 \end{pmatrix} + \begin{pmatrix} 5 \\ -1 \end{pmatrix} = \begin{pmatrix} -2+\boxed{5} \\ \boxed{3}+(-1) \end{pmatrix}$

$\qquad = \begin{pmatrix} 3 \\ \boxed{2} \end{pmatrix}$

33 $(1 \quad 9)-(-2 \quad 3)=(1-(-2) \quad 9-3)=(3 \quad 6)$

34 $\begin{pmatrix} 9 & -4 \\ 0 & 1 \end{pmatrix} + \begin{pmatrix} -5 & 3 \\ 6 & -2 \end{pmatrix} = \begin{pmatrix} 9+(-5) & -4+3 \\ 0+6 & 1+(-2) \end{pmatrix}$

$\qquad = \begin{pmatrix} 4 & -1 \\ 6 & -1 \end{pmatrix}$

35 $(-5 \quad 0 \quad 7)-(1 \quad 4 \quad -2)$

$=(-5-1 \quad 0-4 \quad 7-(-2))$

$=(-6 \quad -4 \quad 9)$

36 $\begin{pmatrix} 0 & 3 & -2 \\ -5 & 8 & 7 \end{pmatrix} + \begin{pmatrix} -3 & 1 & 6 \\ 10 & -1 & -2 \end{pmatrix}$

$=\begin{pmatrix} 0+(-3) & 3+1 & -2+6 \\ -5+10 & 8+(-1) & 7+(-2) \end{pmatrix}$

$=\begin{pmatrix} -3 & 4 & 4 \\ 5 & 7 & 5 \end{pmatrix}$

37 $\begin{pmatrix} -5 & 4 \\ 6 & 1 \\ 3 & -2 \end{pmatrix} + \begin{pmatrix} 4 & 2 \\ 0 & -1 \\ -1 & 3 \end{pmatrix} = \begin{pmatrix} -5+4 & 4+2 \\ 6+0 & 1+(-1) \\ 3+(-1) & -2+3 \end{pmatrix}$

$\qquad\qquad = \begin{pmatrix} -1 & 6 \\ 6 & 0 \\ 2 & 1 \end{pmatrix}$

38 $\begin{pmatrix} -4 & 2 & 0 \\ 9 & -1 & 5 \\ 1 & 3 & 8 \end{pmatrix} - \begin{pmatrix} -5 & 1 & 7 \\ 11 & -2 & 2 \\ 0 & 4 & -1 \end{pmatrix}$

$=\begin{pmatrix} -4-(-5) & 2-1 & 0-7 \\ 9-11 & -1-(-2) & 5-2 \\ 1-0 & 3-4 & 8-(-1) \end{pmatrix}$

$=\begin{pmatrix} 1 & 1 & -7 \\ -2 & 1 & 3 \\ 1 & -1 & 9 \end{pmatrix}$

39 $A+B=\begin{pmatrix} 3 & -4 \\ 2 & 1 \end{pmatrix} + \begin{pmatrix} 1 & 5 \\ 2 & -1 \end{pmatrix}$

$\qquad = \begin{pmatrix} 3+1 & -4+5 \\ 2+2 & 1+(-1) \end{pmatrix} = \begin{pmatrix} 4 & 1 \\ 4 & 0 \end{pmatrix}$

40 $B+A=\begin{pmatrix} 1 & 5 \\ 2 & -1 \end{pmatrix} + \begin{pmatrix} 3 & -4 \\ 2 & 1 \end{pmatrix}$

$\qquad = \begin{pmatrix} 1+3 & 5+(-4) \\ 2+2 & -1+1 \end{pmatrix} = \begin{pmatrix} 4 & 1 \\ 4 & 0 \end{pmatrix}$

41 $B+C=\begin{pmatrix} 1 & 5 \\ 2 & -1 \end{pmatrix} + \begin{pmatrix} 1 & 4 \\ -3 & 2 \end{pmatrix}$

$\qquad = \begin{pmatrix} 1+1 & 5+4 \\ 2+(-3) & -1+2 \end{pmatrix} = \begin{pmatrix} 2 & 9 \\ -1 & 1 \end{pmatrix}$

이므로

$A+(B+C)=\begin{pmatrix} 3 & -4 \\ 2 & 1 \end{pmatrix} + \begin{pmatrix} 2 & 9 \\ -1 & 1 \end{pmatrix}$

$\qquad = \begin{pmatrix} 3+2 & -4+9 \\ 2+(-1) & 1+1 \end{pmatrix} = \begin{pmatrix} 5 & 5 \\ 1 & 2 \end{pmatrix}$

42 39번에서 $A+B=\begin{pmatrix} 4 & 1 \\ 4 & 0 \end{pmatrix}$

이므로

$$(A+B)+C=\begin{pmatrix} 4 & 1 \\ 4 & 0 \end{pmatrix}+\begin{pmatrix} 1 & 4 \\ -3 & 2 \end{pmatrix}$$

$$=\begin{pmatrix} 4+1 & 1+4 \\ 4+(-3) & 0+2 \end{pmatrix}$$

$$=\begin{pmatrix} 5 & 5 \\ 1 & 2 \end{pmatrix}$$

> ⊕ **플러스톡**
>
> 같은 꼴의 세 행렬 A, B, C의 덧셈에서는 실수에서의 덧셈에서와 같이 다음과 같은 교환법칙, 결합법칙이 성립한다.
> (1) $A+B=B+A$ (교환법칙)
> (2) $(A+B)+C=A+(B+C)$ (결합법칙)

43 $X=\begin{pmatrix} 1 & -1 \\ 2 & 4 \end{pmatrix}-\begin{pmatrix} -2 & 4 \\ 3 & 1 \end{pmatrix}$

$$=\begin{pmatrix} 1-(-2) & -1-4 \\ 2-3 & 4-1 \end{pmatrix}=\begin{pmatrix} 3 & -5 \\ -1 & 3 \end{pmatrix}$$

44 $X=\begin{pmatrix} 5 & -2 \\ 1 & 3 \end{pmatrix}-\begin{pmatrix} 1 & 6 \\ -3 & 2 \end{pmatrix}$

$$=\begin{pmatrix} 5-1 & -2-6 \\ 1-(-3) & 3-2 \end{pmatrix}=\begin{pmatrix} 4 & -8 \\ 4 & 1 \end{pmatrix}$$

45 $X=\begin{pmatrix} -3 & 1 & 6 \\ 10 & -1 & -2 \end{pmatrix}+\begin{pmatrix} 2 & 4 & 5 \\ -3 & 1 & -2 \end{pmatrix}$

$$=\begin{pmatrix} -3+2 & 1+4 & 6+5 \\ 10+(-3) & -1+1 & -2+(-2) \end{pmatrix}$$

$$=\begin{pmatrix} -1 & 5 & 11 \\ 7 & 0 & -4 \end{pmatrix}$$

46 $X=\begin{pmatrix} 1 & 2 \\ 3 & 0 \end{pmatrix}-\begin{pmatrix} -4 & -5 \\ 2 & 1 \end{pmatrix}$

$$=\begin{pmatrix} 1-(-4) & 2-(-5) \\ 3-2 & 0-1 \end{pmatrix}$$

$$=\begin{pmatrix} 5 & 7 \\ 1 & -1 \end{pmatrix}$$

47 $2A=2\begin{pmatrix} 4 & -3 \\ 6 & 2 \end{pmatrix}=\begin{pmatrix} 2\times 4 & 2\times(-3) \\ 2\times 6 & 2\times 2 \end{pmatrix}=\begin{pmatrix} 8 & -6 \\ 12 & 4 \end{pmatrix}$

48 $-3A=-3\begin{pmatrix} 4 & -3 \\ 6 & 2 \end{pmatrix}=\begin{pmatrix} -3\times 4 & -3\times(-3) \\ -3\times 6 & -3\times 2 \end{pmatrix}=\begin{pmatrix} -12 & 9 \\ -18 & -6 \end{pmatrix}$

49 $\frac{1}{3}A=\frac{1}{3}\begin{pmatrix} 4 & -3 \\ 6 & 2 \end{pmatrix}$

$$=\begin{pmatrix} \frac{1}{3}\times 4 & \frac{1}{3}\times(-3) \\ \frac{1}{3}\times 6 & \frac{1}{3}\times 2 \end{pmatrix}=\begin{pmatrix} \frac{4}{3} & -1 \\ 2 & \frac{2}{3} \end{pmatrix}$$

50 $-\frac{1}{2}A=-\frac{1}{2}\begin{pmatrix} 4 & -3 \\ 6 & 2 \end{pmatrix}$

$$=\begin{pmatrix} -\frac{1}{2}\times 4 & -\frac{1}{2}\times(-3) \\ -\frac{1}{2}\times 6 & -\frac{1}{2}\times 2 \end{pmatrix}$$

$$=\begin{pmatrix} -2 & \frac{3}{2} \\ -3 & -1 \end{pmatrix}$$

51 $A+O=\begin{pmatrix} 5 & -2 \\ 3 & 4 \end{pmatrix}+\begin{pmatrix} 0 & 0 \\ 0 & 0 \end{pmatrix}=\begin{pmatrix} 5 & -2 \\ 3 & 4 \end{pmatrix}$

52 $O+A=\begin{pmatrix} 0 & 0 \\ 0 & 0 \end{pmatrix}+\begin{pmatrix} 5 & -2 \\ 3 & 4 \end{pmatrix}=\begin{pmatrix} 5 & -2 \\ 3 & 4 \end{pmatrix}$

53 $-A=\begin{pmatrix} -5 & 2 \\ -3 & -4 \end{pmatrix}$이므로

$$A+(-A)=\begin{pmatrix} 5 & -2 \\ 3 & 4 \end{pmatrix}+\begin{pmatrix} -5 & 2 \\ -3 & -4 \end{pmatrix}$$

$$=\begin{pmatrix} 5+(-5) & -2+2 \\ 3+(-3) & 4+(-4) \end{pmatrix}=\begin{pmatrix} 0 & 0 \\ 0 & 0 \end{pmatrix}$$

54 $(-A)+A=\begin{pmatrix} -5 & 2 \\ -3 & -4 \end{pmatrix}+\begin{pmatrix} 5 & -2 \\ 3 & 4 \end{pmatrix}$

$$=\begin{pmatrix} -5+5 & 2+(-2) \\ -3+3 & -4+4 \end{pmatrix}=\begin{pmatrix} 0 & 0 \\ 0 & 0 \end{pmatrix}$$

> ⊕ **플러스톡**
>
> 51~54번 문제에서 다음과 같은 성질이 성립함을 알 수 있다.
> 두 행렬 A, O가 같은 꼴일 때
> (1) $A+O=O+A=A$
> (2) $A+(-A)=(-A)+A=O$

55 $A+2B=\begin{pmatrix} 3 & -1 \\ -2 & 4 \end{pmatrix}+2\begin{pmatrix} 3 & -2 \\ 1 & 5 \end{pmatrix}$

$$=\begin{pmatrix} 3+6 & -1+(-4) \\ -2+2 & 4+10 \end{pmatrix}=\begin{pmatrix} 9 & -5 \\ 0 & 14 \end{pmatrix}$$

56 $2A-3B=2\begin{pmatrix} 3 & -1 \\ -2 & 4 \end{pmatrix}-3\begin{pmatrix} 3 & -2 \\ 1 & 5 \end{pmatrix}$

$$=\begin{pmatrix} 6-9 & -2-(-6) \\ -4-3 & 8-15 \end{pmatrix}=\begin{pmatrix} -3 & 4 \\ -7 & -7 \end{pmatrix}$$

57 $5A-2(A+B)=5A-2A-2B=3A-2B$이므로

$$3A-2B=3\begin{pmatrix} 3 & -1 \\ -2 & 4 \end{pmatrix}-2\begin{pmatrix} 3 & -2 \\ 1 & 5 \end{pmatrix}$$

$$=\begin{pmatrix} 9-6 & -3-(-4) \\ -6-2 & 12-10 \end{pmatrix}=\begin{pmatrix} 3 & 1 \\ -8 & 2 \end{pmatrix}$$

58 $4(2A-B)+3B=8A-4B+3B=8A-B$이므로

$8A-B=8\begin{pmatrix} 3 & -1 \\ -2 & 4 \end{pmatrix}-\begin{pmatrix} 3 & -2 \\ 1 & 5 \end{pmatrix}$

$\quad =\begin{pmatrix} 24-3 & -8-(-2) \\ -16-1 & 32-5 \end{pmatrix}=\begin{pmatrix} 21 & -6 \\ -17 & 27 \end{pmatrix}$

59 $3X-A=2A+6B$에서

$3X=3A+6B$

$\therefore X=A+2B$

$\quad =\begin{pmatrix} -1 & 2 \\ 5 & -3 \end{pmatrix}+2\begin{pmatrix} 2 & -1 \\ 4 & 6 \end{pmatrix}$

$\quad =\begin{pmatrix} -1+4 & 2+(-2) \\ 5+8 & -3+12 \end{pmatrix}=\begin{pmatrix} 3 & 0 \\ 13 & 9 \end{pmatrix}$

60 $2(A-X)=4A-2B$에서

$2A-2X=4A-2B,\ 2X=-2A+2B$

$\therefore X=-A+B$

$\quad =\begin{pmatrix} 1 & -2 \\ -5 & 3 \end{pmatrix}+\begin{pmatrix} 2 & -1 \\ 4 & 6 \end{pmatrix}$

$\quad =\begin{pmatrix} 1+2 & -2+(-1) \\ -5+4 & 3+6 \end{pmatrix}=\begin{pmatrix} 3 & -3 \\ -1 & 9 \end{pmatrix}$

61 $B+3X=2(X+A)$에서

$B+3X=2X+2A$

$\therefore X=2A-B$

$\quad =2\begin{pmatrix} -1 & 2 \\ 5 & -3 \end{pmatrix}-\begin{pmatrix} 2 & -1 \\ 4 & 6 \end{pmatrix}$

$\quad =\begin{pmatrix} -2-2 & 4-(-1) \\ 10-4 & -6-6 \end{pmatrix}=\begin{pmatrix} -4 & 5 \\ 6 & -12 \end{pmatrix}$

62 $2(2X-A)=3(X-B)$에서

$4X-2A=3X-3B$

$\therefore X=2A-3B$

$\quad =2\begin{pmatrix} -1 & 2 \\ 5 & -3 \end{pmatrix}-3\begin{pmatrix} 2 & -1 \\ 4 & 6 \end{pmatrix}$

$\quad =\begin{pmatrix} -2-6 & 4-(-3) \\ 10-12 & -6-18 \end{pmatrix}=\begin{pmatrix} -8 & 7 \\ -2 & -24 \end{pmatrix}$

26 행렬의 곱셈
본문 125~130쪽

01 (11)	**02** (-7)	**03** (3)
04 (1)	**05** (15)	**06** $(0\ \ 2)$
07 $(-2\ \ 4)$	**08** $(17\ \ 3)$	**09** $(6\ \ 13)$
10 $(6\ \ -7)$	**11** $\begin{pmatrix} 3 & 15 \\ 2 & 10 \end{pmatrix}$	**12** $\begin{pmatrix} -10 & 5 \\ 6 & -3 \end{pmatrix}$
13 $\begin{pmatrix} -3 & 4 \\ 6 & -8 \end{pmatrix}$	**14** $\begin{pmatrix} -5 & -2 \\ -30 & -12 \end{pmatrix}$	**15** $\begin{pmatrix} 2 & -6 \\ -5 & 15 \end{pmatrix}$
16 $\begin{pmatrix} 4 \\ 10 \end{pmatrix}$	**17** $\begin{pmatrix} 5 \\ 4 \end{pmatrix}$	**18** $\begin{pmatrix} -11 \\ 19 \end{pmatrix}$
19 $\begin{pmatrix} -3 \\ 10 \end{pmatrix}$	**20** $\begin{pmatrix} -5 \\ -6 \end{pmatrix}$	**21** $\begin{pmatrix} 8 & 11 \\ 11 & 12 \end{pmatrix}$
22 $\begin{pmatrix} 1 & -11 \\ 3 & -3 \end{pmatrix}$	**23** $\begin{pmatrix} -20 & -7 \\ 20 & -2 \end{pmatrix}$	**24** $\begin{pmatrix} 9 & 0 \\ 13 & 1 \end{pmatrix}$
25 $\begin{pmatrix} 6 & -18 \\ 9 & -13 \end{pmatrix}$	**26** $\begin{pmatrix} -7 & -11 \\ 1 & 11 \end{pmatrix}$	**27** $\begin{pmatrix} 2 & 14 \\ 5 & 2 \end{pmatrix}$
28 $\begin{pmatrix} -9 & -25 \\ -4 & 9 \end{pmatrix}$	**29** $\begin{pmatrix} -3 & -4 \\ -4 & -7 \end{pmatrix}$	**30** $\begin{pmatrix} -3 & -4 \\ -4 & -7 \end{pmatrix}$
31 $\begin{pmatrix} 0 & 0 \\ 0 & 0 \end{pmatrix}$	**32** $a=3,\ b=0$	**33** $a=1,\ b=7$
34 $a=3,\ b=2$	**35** $a=2,\ b=3$	**36** $a=-2,\ b=-1$
37 $a=5,\ b=2$	**38** $\begin{pmatrix} 1 & 0 \\ -3 & 4 \end{pmatrix}$	**39** $\begin{pmatrix} 1 & 0 \\ -7 & 8 \end{pmatrix}$
40 $\begin{pmatrix} 1 & 0 \\ -31 & 32 \end{pmatrix}$	**41** $\begin{pmatrix} 1 & 0 \\ -1023 & 1024 \end{pmatrix}$	**42** $\begin{pmatrix} 1 & 0 \\ 4 & 1 \end{pmatrix}$
43 $\begin{pmatrix} 1 & 0 \\ 6 & 1 \end{pmatrix}$	**44** $\begin{pmatrix} 64 & 0 \\ 768 & 64 \end{pmatrix}$	**45** $\begin{pmatrix} 1 & -2 \\ 0 & 1 \end{pmatrix}$
46 $\begin{pmatrix} 1 & -3 \\ 0 & 1 \end{pmatrix}$	**47** $\begin{pmatrix} 1 & -4 \\ 0 & 1 \end{pmatrix}$	**48** $\begin{pmatrix} 1 & -100 \\ 0 & 1 \end{pmatrix}$
49 $\begin{pmatrix} 1 & 0 \\ 0 & 4 \end{pmatrix}$	**50** $\begin{pmatrix} 1 & 0 \\ 0 & 8 \end{pmatrix}$	**51** $\begin{pmatrix} 1 & 0 \\ 0 & 16 \end{pmatrix}$
52 $\begin{pmatrix} 1 & 0 \\ 0 & 2^{100} \end{pmatrix}$	**53** $\begin{pmatrix} 1 & 0 \\ 0 & 1 \end{pmatrix}$	**54** $\begin{pmatrix} -1 & 0 \\ 0 & -1 \end{pmatrix}$
55 $\begin{pmatrix} 2 & 0 \\ 0 & 2 \end{pmatrix}$	**56** $\begin{pmatrix} 0 & 0 \\ 0 & 0 \end{pmatrix}$	**57** $\begin{pmatrix} 1 & 1 \\ 2 & -1 \end{pmatrix}$
58 $\begin{pmatrix} 1 & 1 \\ 2 & -1 \end{pmatrix}$	**59** $\begin{pmatrix} 3 & 0 \\ 0 & 3 \end{pmatrix}$	**60** $\begin{pmatrix} 81 & 0 \\ 0 & 81 \end{pmatrix}$
61 $\begin{pmatrix} 1 & 0 \\ 0 & 1 \end{pmatrix}$	**62** $\begin{pmatrix} 1 & 0 \\ 0 & 1 \end{pmatrix}$	**63** $\begin{pmatrix} -1 & 0 \\ 0 & -1 \end{pmatrix}$
64 $\begin{pmatrix} 1 & 0 \\ 0 & 1 \end{pmatrix}$	**65** $\begin{pmatrix} 1 & 0 \\ 0 & 1 \end{pmatrix}$	

01 $(2\ \ 3)\begin{pmatrix} 4 \\ 1 \end{pmatrix}=(\boxed{2}\times 4+3\times \boxed{1})=(\boxed{11})$

02 $(-1\ \ 2)\begin{pmatrix} 3 \\ -2 \end{pmatrix}=(-1\times 3+2\times(-2))=(-7)$

03 $(4\ \ -1)\begin{pmatrix} 0 \\ -3 \end{pmatrix}=(4\times 0+(-1)\times(-3))=(3)$

04 $(-2\ \ 3)\begin{pmatrix} -2 \\ -1 \end{pmatrix}=(-2\times(-2)+3\times(-1))=(1)$

05 $(-3 \quad -4)\begin{pmatrix} -1 \\ -3 \end{pmatrix} = (-3 \times (-1) + (-4) \times (-3)) = (15)$

06 $(2 \quad -1)\begin{pmatrix} 1 & 3 \\ 2 & 4 \end{pmatrix}$
$= (\boxed{2} \times 1 + (-1) \times \boxed{2} \quad 2 \times 3 + (\boxed{-1}) \times 4)$
$= (\boxed{0} \quad \boxed{2})$

07 $(-3 \quad 2)\begin{pmatrix} 0 & 2 \\ -1 & 5 \end{pmatrix} = (-3 \times 0 + 2 \times (-1) \quad -3 \times 2 + 2 \times 5)$
$= (-2 \quad 4)$

08 $(5 \quad 2)\begin{pmatrix} 3 & -1 \\ 1 & 4 \end{pmatrix} = (5 \times 3 + 2 \times 1 \quad 5 \times (-1) + 2 \times 4)$
$= (17 \quad 3)$

09 $(-4 \quad 1)\begin{pmatrix} -1 & -3 \\ 2 & 1 \end{pmatrix}$
$= (-4 \times (-1) + 1 \times 2 \quad -4 \times (-3) + 1 \times 1)$
$= (6 \quad 13)$

10 $(-1 \quad -3)\begin{pmatrix} 0 & -2 \\ -2 & 3 \end{pmatrix}$
$= (-1 \times 0 + (-3) \times (-2) \quad -1 \times (-2) + (-3) \times 3)$
$= (6 \quad -7)$

11 $\begin{pmatrix} 3 \\ 2 \end{pmatrix}(1 \quad 5) = \begin{pmatrix} 3 \times 1 & \boxed{3} \times 5 \\ \boxed{2} \times 1 & 2 \times \boxed{5} \end{pmatrix}$
$= \begin{pmatrix} 3 & \boxed{15} \\ \boxed{2} & \boxed{10} \end{pmatrix}$

12 $\begin{pmatrix} 5 \\ -3 \end{pmatrix}(-2 \quad 1) = \begin{pmatrix} 5 \times (-2) & 5 \times 1 \\ -3 \times (-2) & -3 \times 1 \end{pmatrix}$
$= \begin{pmatrix} -10 & 5 \\ 6 & -3 \end{pmatrix}$

13 $\begin{pmatrix} -1 \\ 2 \end{pmatrix}(3 \quad -4) = \begin{pmatrix} -1 \times 3 & -1 \times (-4) \\ 2 \times 3 & 2 \times (-4) \end{pmatrix}$
$= \begin{pmatrix} -3 & 4 \\ 6 & -8 \end{pmatrix}$

14 $\begin{pmatrix} 1 \\ 6 \end{pmatrix}(-5 \quad -2) = \begin{pmatrix} 1 \times (-5) & 1 \times (-2) \\ 6 \times (-5) & 6 \times (-2) \end{pmatrix}$
$= \begin{pmatrix} -5 & -2 \\ -30 & -12 \end{pmatrix}$

15 $\begin{pmatrix} -2 \\ 5 \end{pmatrix}(-1 \quad 3) = \begin{pmatrix} -2 \times (-1) & -2 \times 3 \\ 5 \times (-1) & 5 \times 3 \end{pmatrix}$
$= \begin{pmatrix} 2 & -6 \\ -5 & 15 \end{pmatrix}$

16 $\begin{pmatrix} 1 & 2 \\ 3 & 4 \end{pmatrix}\begin{pmatrix} 2 \\ 1 \end{pmatrix} = \begin{pmatrix} 1 \times 2 + \boxed{2} \times 1 \\ \boxed{3} \times 2 + 4 \times \boxed{1} \end{pmatrix}$
$= \begin{pmatrix} \boxed{4} \\ \boxed{10} \end{pmatrix}$

17 $\begin{pmatrix} 1 & 4 \\ 0 & 2 \end{pmatrix}\begin{pmatrix} -3 \\ 2 \end{pmatrix} = \begin{pmatrix} 1 \times (-3) + 4 \times 2 \\ 0 \times (-3) + 2 \times 2 \end{pmatrix}$
$= \begin{pmatrix} 5 \\ 4 \end{pmatrix}$

18 $\begin{pmatrix} 2 & -1 \\ -3 & 4 \end{pmatrix}\begin{pmatrix} -5 \\ 1 \end{pmatrix} = \begin{pmatrix} 2 \times (-5) + (-1) \times 1 \\ -3 \times (-5) + 4 \times 1 \end{pmatrix}$
$= \begin{pmatrix} -11 \\ 19 \end{pmatrix}$

19 $\begin{pmatrix} -5 & -3 \\ 2 & -1 \end{pmatrix}\begin{pmatrix} 3 \\ -4 \end{pmatrix} = \begin{pmatrix} -5 \times 3 + (-3) \times (-4) \\ 2 \times 3 + (-1) \times (-4) \end{pmatrix}$
$= \begin{pmatrix} -3 \\ 10 \end{pmatrix}$

20 $\begin{pmatrix} 1 & 2 \\ -4 & 5 \end{pmatrix}\begin{pmatrix} -1 \\ -2 \end{pmatrix} = \begin{pmatrix} 1 \times (-1) + 2 \times (-2) \\ -4 \times (-1) + 5 \times (-2) \end{pmatrix}$
$= \begin{pmatrix} -5 \\ -6 \end{pmatrix}$

21 $\begin{pmatrix} 1 & 4 \\ 2 & 3 \end{pmatrix}\begin{pmatrix} 4 & 3 \\ 1 & 2 \end{pmatrix}$
$= \begin{pmatrix} \boxed{1} \times 4 + 4 \times \boxed{1} & 1 \times \boxed{3} + \boxed{4} \times 2 \\ 2 \times \boxed{4} + 3 \times 1 & 2 \times 3 + 3 \times 2 \end{pmatrix}$
$= \begin{pmatrix} 8 & \boxed{11} \\ \boxed{11} & 12 \end{pmatrix}$

22 $\begin{pmatrix} -2 & 1 \\ 0 & 3 \end{pmatrix}\begin{pmatrix} 0 & 5 \\ 1 & -1 \end{pmatrix}$
$= \begin{pmatrix} -2 \times 0 + 1 \times 1 & -2 \times 5 + 1 \times (-1) \\ 0 \times 0 + 3 \times 1 & 0 \times 5 + 3 \times (-1) \end{pmatrix}$
$= \begin{pmatrix} 1 & -11 \\ 3 & -3 \end{pmatrix}$

23 $\begin{pmatrix} -1 & -3 \\ 4 & 2 \end{pmatrix}\begin{pmatrix} 2 & -2 \\ 6 & 3 \end{pmatrix}$
$= \begin{pmatrix} -1 \times 2 + (-3) \times 6 & -1 \times (-2) + (-3) \times 3 \\ 4 \times 2 + 2 \times 6 & 4 \times (-2) + 2 \times 3 \end{pmatrix}$
$= \begin{pmatrix} -20 & -7 \\ 20 & -2 \end{pmatrix}$

24 $\begin{pmatrix} 2 & 1 \\ 3 & 2 \end{pmatrix}\begin{pmatrix} 5 & -1 \\ -1 & 2 \end{pmatrix}$

$=\begin{pmatrix} 2\times5+1\times(-1) & 2\times(-1)+1\times2 \\ 3\times5+2\times(-1) & 3\times(-1)+2\times2 \end{pmatrix}$

$=\begin{pmatrix} 9 & 0 \\ 13 & 1 \end{pmatrix}$

25 $\begin{pmatrix} -2 & -4 \\ -3 & 1 \end{pmatrix}\begin{pmatrix} -3 & 5 \\ 0 & 2 \end{pmatrix}$

$=\begin{pmatrix} -2\times(-3)+(-4)\times0 & -2\times5+(-4)\times2 \\ -3\times(-3)+1\times0 & -3\times5+1\times2 \end{pmatrix}$

$=\begin{pmatrix} 6 & -18 \\ 9 & -13 \end{pmatrix}$

26 $AB=\begin{pmatrix} -3 & 1 \\ 2 & 3 \end{pmatrix}\begin{pmatrix} 2 & 4 \\ -1 & 1 \end{pmatrix}$

$=\begin{pmatrix} -3\times2+1\times(-1) & -3\times4+1\times1 \\ 2\times2+3\times(-1) & 2\times4+3\times1 \end{pmatrix}$

$=\begin{pmatrix} -7 & -11 \\ 1 & 11 \end{pmatrix}$

27 $BA=\begin{pmatrix} 2 & 4 \\ -1 & 1 \end{pmatrix}\begin{pmatrix} -3 & 1 \\ 2 & 3 \end{pmatrix}$

$=\begin{pmatrix} 2\times(-3)+4\times2 & 2\times1+4\times3 \\ -1\times(-3)+1\times2 & -1\times1+1\times3 \end{pmatrix}$

$=\begin{pmatrix} 2 & 14 \\ 5 & 2 \end{pmatrix}$

28 $AB-BA=\begin{pmatrix} -7 & -11 \\ 1 & 11 \end{pmatrix}-\begin{pmatrix} 2 & 14 \\ 5 & 2 \end{pmatrix}$

$=\begin{pmatrix} -7-2 & -11-14 \\ 1-5 & 11-2 \end{pmatrix}$

$=\begin{pmatrix} -9 & -25 \\ -4 & 9 \end{pmatrix}$

29 $AB=\begin{pmatrix} 1 & -2 \\ -2 & -1 \end{pmatrix}\begin{pmatrix} 1 & 2 \\ 2 & 3 \end{pmatrix}$

$=\begin{pmatrix} 1\times1+(-2)\times2 & 1\times2+(-2)\times3 \\ -2\times1+(-1)\times2 & -2\times2+(-1)\times3 \end{pmatrix}$

$=\begin{pmatrix} -3 & -4 \\ -4 & -7 \end{pmatrix}$

30 $BA=\begin{pmatrix} 1 & 2 \\ 2 & 3 \end{pmatrix}\begin{pmatrix} 1 & -2 \\ -2 & -1 \end{pmatrix}$

$=\begin{pmatrix} 1\times1+2\times(-2) & 1\times(-2)+2\times(-1) \\ 2\times1+3\times(-2) & 2\times(-2)+3\times(-1) \end{pmatrix}$

$=\begin{pmatrix} -3 & -4 \\ -4 & -7 \end{pmatrix}$

31 $AB-BA=\begin{pmatrix} -3 & -4 \\ -4 & -7 \end{pmatrix}-\begin{pmatrix} -3 & -4 \\ -4 & -7 \end{pmatrix}$

$=\begin{pmatrix} -3-(-3) & -4-(-4) \\ -4-(-4) & -7-(-7) \end{pmatrix}=\begin{pmatrix} 0 & 0 \\ 0 & 0 \end{pmatrix}$

> **플러스톡**
>
> 26~28번과 29~31번의 결과에서 두 행렬 A, B의 곱에서 $AB=BA$는 성립할 수도 있고 성립하지 않을 수도 있음을 알 수 있다.
> 즉, 두 실수의 곱셈과 달리 두 행렬 A, B에 대하여 $AB=BA$는 일반적으로 성립하지 않으므로 두 행렬의 곱셈을 계산할 때는 계산 순서에 주의해야 한다.

32 $(a \quad 2)\begin{pmatrix} 1 & -2 \\ 3 & b \end{pmatrix}=(a\times1+2\times3 \quad a\times(-2)+2\times b)$

$=(a+6 \quad -2a+2b)$

$=(9 \quad -6)$

두 행렬이 서로 같을 조건에 의하여

$a+6=9$, $-2a+2b=-6$

$a+6=9$에서 $a=3$

$a=3$을 $-2a+2b=-6$에 대입하여 정리하면

$b=0$

33 $(1 \quad a)\begin{pmatrix} 2 & b \\ -4 & -3 \end{pmatrix}=(1\times2+a\times(-4) \quad 1\times b+a\times(-3))$

$=(2-4a \quad b-3a)$

$=(-2 \quad 4)$

두 행렬이 서로 같을 조건에 의하여

$2-4a=-2$, $b-3a=4$

$2-4a=-2$에서 $-4a=-4$ $\quad\therefore a=1$

$a=1$을 $b-3a=4$에 대입하여 정리하면

$b=7$

34 $\begin{pmatrix} 1 & 2 \\ -4 & 5 \end{pmatrix}\begin{pmatrix} a \\ b \end{pmatrix}=\begin{pmatrix} 1\times a+2\times b \\ -4\times a+5\times b \end{pmatrix}$

$=\begin{pmatrix} a+2b \\ -4a+5b \end{pmatrix}=\begin{pmatrix} 7 \\ -2 \end{pmatrix}$

두 행렬이 서로 같을 조건에 의하여

$a+2b=7$, $-4a+5b=-2$

위의 두 식을 연립하여 풀면

$a=3$, $b=2$

35 $\begin{pmatrix} -1 & 1 \\ a & 5 \end{pmatrix}\begin{pmatrix} -1 \\ b \end{pmatrix}=\begin{pmatrix} -1\times(-1)+1\times b \\ a\times(-1)+5\times b \end{pmatrix}$

$=\begin{pmatrix} 1+b \\ -a+5b \end{pmatrix}=\begin{pmatrix} 4 \\ 13 \end{pmatrix}$

두 행렬이 서로 같을 조건에 의하여

$1+b=4$, $-a+5b=13$

$1+b=4$에서 $b=3$

$b=3$을 $-a+5b=13$에 대입하여 정리하면

$a=2$

36 $\begin{pmatrix} -1 & 0 \\ 2 & -3 \end{pmatrix}\begin{pmatrix} 2 & b \\ b & a \end{pmatrix}$

$= \begin{pmatrix} -1\times2+0\times b & -1\times b+0\times a \\ 2\times2+(-3)\times b & 2\times b+(-3)\times a \end{pmatrix}$

$= \begin{pmatrix} -2 & -b \\ 4-3b & 2b-3a \end{pmatrix}$

$= \begin{pmatrix} a & -b \\ 7 & 4 \end{pmatrix}$

두 행렬이 서로 같을 조건에 의하여

$a=-2$, $4-3b=7$에서

$-3b=3$ $\quad \therefore b=-1$

37 $\begin{pmatrix} a & 2 \\ -1 & 3 \end{pmatrix}\begin{pmatrix} 1 & -3 \\ b & 4 \end{pmatrix}$

$= \begin{pmatrix} a\times1+2\times b & a\times(-3)+2\times4 \\ -1\times1+3\times b & -1\times(-3)+3\times4 \end{pmatrix}$

$= \begin{pmatrix} a+2b & -3a+8 \\ -1+3b & 15 \end{pmatrix}$

$= \begin{pmatrix} 9 & -7 \\ a & 15 \end{pmatrix}$

두 행렬이 서로 같을 조건에 의하여

$a+2b=9$, $-1+3b=a$

위의 두 식을 연립하여 풀면

$a=5$, $b=2$

38 $A^2=AA=\begin{pmatrix} 1 & 0 \\ -1 & 2 \end{pmatrix}\begin{pmatrix} 1 & 0 \\ -1 & 2 \end{pmatrix}$

$= \begin{pmatrix} 1\times1+0\times(-1) & 1\times0+0\times2 \\ -1\times1+2+(-1) & -1\times0+2\times2 \end{pmatrix}$

$= \begin{pmatrix} 1 & 0 \\ -3 & 4 \end{pmatrix}$

39 $A^3=A^2A=\begin{pmatrix} 1 & 0 \\ -3 & 4 \end{pmatrix}\begin{pmatrix} 1 & 0 \\ -1 & 2 \end{pmatrix}$

$= \begin{pmatrix} 1\times1+0\times(-1) & 1\times0+0\times2 \\ -3\times1+4\times(-1) & -3\times0+4\times2 \end{pmatrix}$

$= \begin{pmatrix} 1 & 0 \\ -7 & 8 \end{pmatrix}$

40 $A^5-A^2A^3-\begin{pmatrix} 1 & 0 \\ -3 & 4 \end{pmatrix}\begin{pmatrix} 1 & 0 \\ -7 & 8 \end{pmatrix}$

$= \begin{pmatrix} 1\times1+0\times(-7) & 1\times0+0\times8 \\ -3\times1+4\times(-7) & -3\times0+4\times8 \end{pmatrix}$

$= \begin{pmatrix} 1 & 0 \\ -31 & 32 \end{pmatrix}$

41 $A^{10}=(A^5)^2=A^5A^5=\begin{pmatrix} 1 & 0 \\ -31 & 32 \end{pmatrix}\begin{pmatrix} 1 & 0 \\ -31 & 32 \end{pmatrix}$

$= \begin{pmatrix} 1\times1+0\times(-31) & 1\times0+0\times32 \\ -31\times1+32\times(-31) & -31\times0+32\times32 \end{pmatrix}$

$= \begin{pmatrix} 1 & 0 \\ -1023 & 1024 \end{pmatrix}$

42 $A^2=AA=\begin{pmatrix} 1 & 0 \\ 2 & 1 \end{pmatrix}\begin{pmatrix} 1 & 0 \\ 2 & 1 \end{pmatrix}$

$= \begin{pmatrix} 1\times1+0\times2 & 1\times0+0\times1 \\ 2\times1+1\times2 & 2\times0+1\times1 \end{pmatrix}$

$= \begin{pmatrix} 1 & 0 \\ 4 & 1 \end{pmatrix}$

43 $A^3=A^2A=\begin{pmatrix} 1 & 0 \\ 4 & 1 \end{pmatrix}\begin{pmatrix} 1 & 0 \\ 2 & 1 \end{pmatrix}$

$= \begin{pmatrix} 1\times1+0\times2 & 1\times0+0\times1 \\ 4\times1+1\times2 & 4\times0+1\times1 \end{pmatrix}$

$= \begin{pmatrix} 1 & 0 \\ 6 & 1 \end{pmatrix}$

44 $(2A)^6=2^6A^6=64A^3A^3=64\begin{pmatrix} 1 & 0 \\ 6 & 1 \end{pmatrix}\begin{pmatrix} 1 & 0 \\ 6 & 1 \end{pmatrix}$

$= 64\begin{pmatrix} 1\times1+0\times6 & 1\times0+0\times1 \\ 6\times1+1\times6 & 6\times0+1\times1 \end{pmatrix}$

$= 64\begin{pmatrix} 1 & 0 \\ 12 & 1 \end{pmatrix}$

$= \begin{pmatrix} 64 & 0 \\ 768 & 64 \end{pmatrix}$

45 $A^2=AA=\begin{pmatrix} 1 & -1 \\ 0 & 1 \end{pmatrix}\begin{pmatrix} 1 & -1 \\ 0 & 1 \end{pmatrix}$

$= \begin{pmatrix} 1\times1+(-1)\times0 & 1\times(-1)+(-1)\times1 \\ 0\times1+1\times0 & 0\times(-1)+1\times1 \end{pmatrix}$

$= \begin{pmatrix} 1 & -2 \\ 0 & 1 \end{pmatrix}$

46 $A^3=A^2A=\begin{pmatrix} 1 & -2 \\ 0 & 1 \end{pmatrix}\begin{pmatrix} 1 & -1 \\ 0 & 1 \end{pmatrix}$

$= \begin{pmatrix} 1\times1+(-2)\times0 & 1\times(-1)+(-2)\times1 \\ 0\times1+1\times0 & 0\times(-1)+1\times1 \end{pmatrix}$

$= \begin{pmatrix} 1 & -3 \\ 0 & 1 \end{pmatrix}$

47 $A^4=A^3A=\begin{pmatrix} 1 & -3 \\ 0 & 1 \end{pmatrix}\begin{pmatrix} 1 & -1 \\ 0 & 1 \end{pmatrix}$

$= \begin{pmatrix} 1\times1+(-3)\times0 & 1\times(-1)+(-3)\times1 \\ 0\times1+1\times0 & 0\times(-1)+1\times1 \end{pmatrix}$

$= \begin{pmatrix} 1 & -4 \\ 0 & 1 \end{pmatrix}$

48 45~47번에서 $A^n=\begin{pmatrix} 1 & -n \\ 0 & 1 \end{pmatrix}$ (n은 자연수)임을 추정할 수 있으므로

$A^{100}=\begin{pmatrix} 1 & -100 \\ 0 & 1 \end{pmatrix}$

49 $A^2=AA=\begin{pmatrix}1&0\\0&2\end{pmatrix}\begin{pmatrix}1&0\\0&2\end{pmatrix}$

$\qquad=\begin{pmatrix}1\times1+0\times0&1\times0+0\times2\\0\times1+2\times0&0\times0+2\times2\end{pmatrix}$

$\qquad=\begin{pmatrix}1&0\\0&4\end{pmatrix}$

50 $A^3=A^2A=\begin{pmatrix}1&0\\0&4\end{pmatrix}\begin{pmatrix}1&0\\0&2\end{pmatrix}$

$\qquad=\begin{pmatrix}1\times1+0\times0&1\times0+0\times2\\0\times1+4\times0&0\times0+4\times2\end{pmatrix}$

$\qquad=\begin{pmatrix}1&0\\0&8\end{pmatrix}$

51 $A^4=A^3A=\begin{pmatrix}1&0\\0&8\end{pmatrix}\begin{pmatrix}1&0\\0&2\end{pmatrix}$

$\qquad=\begin{pmatrix}1\times1+0\times0&1\times0+0\times2\\0\times1+8\times0&0\times0+8\times2\end{pmatrix}$

$\qquad=\begin{pmatrix}1&0\\0&16\end{pmatrix}$

52 **49~51**번에서 $A^n=\begin{pmatrix}1&0\\0&2^n\end{pmatrix}$ (n은 자연수)임을 추정할 수 있으므로

$A^{100}=\begin{pmatrix}1&0\\0&2^{100}\end{pmatrix}$

53 $E^2=E=\begin{pmatrix}1&0\\0&1\end{pmatrix}$

참고

$E^2=EE=\begin{pmatrix}1&0\\0&1\end{pmatrix}\begin{pmatrix}1&0\\0&1\end{pmatrix}$

$\quad=\begin{pmatrix}1\times1+0\times0&1\times0+0\times1\\0\times1+1\times0&0\times0+1\times1\end{pmatrix}=\begin{pmatrix}1&0\\0&1\end{pmatrix}=E$

와 같이 직접 계산해도 $E^2=E$가 성립함을 확인할 수 있다.

54 $(-E)^5=(-1)^5E^5=-E=-\begin{pmatrix}1&0\\0&1\end{pmatrix}=\begin{pmatrix}-1&0\\0&-1\end{pmatrix}$

55 $E^{20}+(-E)^{20}=E+(-1)^{20}E^{20}=E+E$

$\qquad\qquad=2E=2\begin{pmatrix}1&0\\0&1\end{pmatrix}=\begin{pmatrix}2&0\\0&2\end{pmatrix}$

56 $E^{101}+(-E)^{101}=E+(-1)^{101}E^{101}$

$\qquad\qquad=E-E=\begin{pmatrix}0&0\\0&0\end{pmatrix}$

57 $AE=A=\begin{pmatrix}1&1\\2&-1\end{pmatrix}$

58 $EA=A=\begin{pmatrix}1&1\\2&-1\end{pmatrix}$

참고

$EA=\begin{pmatrix}1&0\\0&1\end{pmatrix}\begin{pmatrix}1&1\\2&-1\end{pmatrix}=\begin{pmatrix}1&1\\2&-1\end{pmatrix}=A,$

$AE=\begin{pmatrix}1&1\\2&-1\end{pmatrix}\begin{pmatrix}1&0\\0&1\end{pmatrix}=\begin{pmatrix}1&1\\2&-1\end{pmatrix}=A$

와 같이 직접 계산해도 $EA=A$, $AE=A$가 성립함을 확인할 수 있다.

59 $A^2=\begin{pmatrix}1&1\\2&-1\end{pmatrix}\begin{pmatrix}1&1\\2&-1\end{pmatrix}$

$\qquad=\begin{pmatrix}1\times1+1\times2&1\times1+1\times(-1)\\2\times1+(-1)\times2&2\times1+(-1)\times(-1)\end{pmatrix}$

$\qquad=\begin{pmatrix}3&0\\0&3\end{pmatrix}$

60 **59**번에서 $A^2=\boxed{3}E$이므로

$A^8=(A^2)^4=(\boxed{3}E)^4$

$\quad=\boxed{3}^4E^4=\boxed{81}E$

$\quad=\begin{pmatrix}\boxed{81}&0\\0&\boxed{81}\end{pmatrix}$

61 $A^2=\begin{pmatrix}1&0\\0&-1\end{pmatrix}\begin{pmatrix}1&0\\0&-1\end{pmatrix}$

$\qquad=\begin{pmatrix}1\times1+0\times0&1\times0+0\times(-1)\\0\times1+(-1)\times0&0\times0+(-1)\times(-1)\end{pmatrix}$

$\qquad=\begin{pmatrix}1&0\\0&1\end{pmatrix}$

62 **61**번에서 $A^2=E$이므로

$A^{10}=(A^2)^5=E^5=E=\begin{pmatrix}1&0\\0&1\end{pmatrix}$

63 $A^2=\begin{pmatrix}1&1\\-2&-1\end{pmatrix}\begin{pmatrix}1&1\\-2&-1\end{pmatrix}$

$\qquad=\begin{pmatrix}1\times1+1\times(-2)&1\times1+1\times(-1)\\-2\times1+(-1)\times(-2)&-2\times1+(-1)\times(-1)\end{pmatrix}$

$\qquad=\begin{pmatrix}-1&0\\0&-1\end{pmatrix}$

64 **63**번에서 $A^2=-E$이므로

$A^4=(A^2)^2=(-E)^2=E=\begin{pmatrix}1&0\\0&1\end{pmatrix}$

65 **64**번에서 $A^4=E$이므로

$A^{100}=(A^4)^{25}=E^{25}=E=\begin{pmatrix}1&0\\0&1\end{pmatrix}$

다항식

01 다항식의 덧셈, 뺄셈, 곱셈

본문 133쪽

1 $7x^2-7xy+4y^2$		**1-1** $3x^2-2xy-11y^2$	
2 ③	**2-1** ⑤	**3** ③	**3-1** ①

1 $A-X=B-2A$에서
$X=3A-B$ → X를 A, B에 대한 식으로 나타낸다.
$\quad=3(2x^2-xy+y^2)-(-x^2+4xy-y^2)$
$\quad=6x^2-3xy+3y^2+x^2-4xy+y^2$
$\quad=7x^2-7xy+4y^2$

1-1 $3X+2A=-5B+X$에서
$2X=-2A-5B$
$\therefore X=-A-\dfrac{5}{2}B$ → X를 A, B에 대한 식으로 나타낸다.
$\quad=-(y^2+2x^2-3xy)-\dfrac{5}{2}(2xy+4y^2-2x^2)$
$\quad=-y^2-2x^2+3xy-5xy-10y^2+5x^2$
$\quad=3x^2-2xy-11y^2$

2 $A+BC=(2x^3+3x^2-x+1)+(x^2-4)(-x+2)$
$\quad\quad\quad\ =(2x^3+3x^2-x+1)+(-x^3+2x^2+4x-8)$
$\quad\quad\quad\ =2x^3+3x^2-x+1-x^3+2x^2+4x-8$
$\quad\quad\quad\ =x^3+5x^2+3x-7$

공통부분이 있으므로 분배법칙을 이용한다.
2-1 $AB-BC=B(A-C)$
$\quad\quad\quad\quad\ =(x^2+2xy)\{(x^2+4xy-y^2)-(xy-3x^2-y^2)\}$
$\quad\quad\quad\quad\ =(x^2+2xy)(x^2+4xy-y^2-xy+3x^2+y^2)$
$\quad\quad\quad\quad\ =(x^2+2xy)(4x^2+3xy)$
$\quad\quad\quad\quad\ =4x^4+3x^3y+8x^3y+6x^2y^2$
$\quad\quad\quad\quad\ =4x^4+11x^3y+6x^2y^2$

3 $(x+3y-1)(2x-y+6)$의 전개식에서 xy항은
$x\times(-y)+3y\times 2x=-xy+6xy=5xy$
따라서 xy의 계수는 5이다.

⊕ 플러스톡
여러 개의 다항식의 곱으로 나타내어진 다항식의 전개식에서 특정한 항의 계수를 구할 때에는 분배법칙을 이용하여 필요한 항이 나오도록 각 다항식에서 하나씩 선택하여 곱한다.

3-1 $(x^2-2x-2)(3x^2-x+5)$의 전개식에서 x^2항은
$x^2\times 5+(-2x)\times(-x)+(-2)\times 3x^2=5x^2+2x^2-6x^2$
$\quad\quad\quad\quad\quad\quad\quad\quad\quad\quad\quad\quad\quad\quad\ =x^2$
따라서 x^2의 계수는 1이다.

02 곱셈 공식

본문 134, 135쪽

1 ⑤	**1-1** ②		
2 $4x^2-12x+8$	**2-1** $2x^3+54x$	**2-2** ④	
3 ①	**3-1** 55	**4** ①	**4-1** ④
5 ⑤	**5-1** ④	**6** ③	**6-1** ④
7 15	**7-1** ①		

1 $(x^2+ax+3)^2$
$=(x^2)^2+(ax)^2+3^2+2\times x^2\times ax+2\times ax\times 3+2\times 3\times x^2$
$=x^4+a^2x^2+9+2ax^3+6ax+6x^2$
$=x^4+2ax^3+(a^2+6)x^2+6ax+9$
이때 x^3의 계수가 4이므로
$2a=4\quad\therefore a=2$
따라서 x^2의 계수 $b=a^2+6=2^2+6=10$이므로
$a+b=2+10=12$

1-1 $(a-4b+kc)^2$
$=\{a+(-4b)+kc\}^2$
$=a^2+(-4b)^2+(kc)^2+2\times a\times(-4b)$
$\quad\quad\quad\quad\quad\quad\quad\quad\quad +2\times(-4b)\times kc+2\times kc\times a$
$=a^2+16b^2+k^2c^2-8ab-8kbc+2kca$
이때 bc의 계수가 16이므로
$-8k=16\quad\therefore k=-2$
따라서 ca의 계수는
$2k=2\times(-2)=-4$

2 구하는 입체도형의 부피는 직육면체의 부피에서 정육면체의 부피를 뺀 것과 같으므로
$x\times x\times(x-2)-(x-2)^3$
$=x^2(x-2)-(x^3-3\times x^2\times 2+3\times x\times 2^2-2^3)$
$=x^3-2x^2-x^3+6x^2-12x+8$
$=4x^2-12x+8$

2-1 $A=(x+3)^3$, $B=(x-3)^3$이므로
$A+B=(x+3)^3+(x-3)^3$
$\quad\quad\ =(x^3+3\times x^2\times 3+3\times x\times 3^2+3^3)$
$\quad\quad\quad\quad\quad\quad +(x^3-3\times x^2\times 3+3\times x\times 3^2-3^3)$
$\quad\quad\ =x^3+9x^2+27x+27+x^3-9x^2+27x-27$
$\quad\quad\ =2x^3+54x$

2-2 $(3x-1)^2(x+2)^3$

$=\{(3x)^2-2\times 3x\times 1+1^2\}(x^3+3\times x^2\times 2+3\times x\times 2^2+2^3)$

$=(9x^2-6x+1)(x^3+6x^2+12x+8)$

의 전개식에서 x^4항은

$9x^2\times 6x^2+(-6x)\times x^3=54x^4-6x^4=48x^4$

따라서 x^4의 계수는 48이다.

3 $(a+b)(a-b)(a^2+ab+b^2)(a^2-ab+b^2)$ ──교환법칙, 결합법칙

$=\{(a+b)(a^2-ab+b^2)\}\{(a-b)(a^2+ab+b^2)\}$

$=(a^3+b^3)(a^3-b^3)$

$=(a^3)^2-(b^3)^2=a^6-b^6$

〔다른 풀이〕

$(a+b)(a-b)(a^2+ab+b^2)(a^2-ab+b^2)$

$=\{(a+b)(a-b)\}\{(a^2+ab+b^2)(a^2-ab+b^2)\}$

$=(a^2-b^2)(a^4+a^2b^2+b^4)$

$=(a^2-b^2)\{(a^2)^2+a^2\times b^2+(b^2)^2\}$

$=(a^2)^3-(b^2)^3=a^6-b^6$

3-1 $(x+3)(x^2+3x+9)(x-3)(x^2-3x+9)$ ──곱셈 공식을 이용할 수 있도록 식을 정리한다.

$=\{(x+3)(x^2-x\times 3+3^2)\}\{(x-3)(x^2+x\times 3+3^2)\}$

$=(x^3+3^3)(x^3-3^3)=(x^3+27)(x^3-27)$

이때 $x^3=28$이므로 구하는 값은

$(28+27)(28-27)=55\times 1=55$

4 $(2a-3b-c)(4a^2+9b^2+c^2+6ab-3bc+2ca)$

$=\{2a+(-3b)+(-c)\}\{(2a)^2+(-3b)^2+(-c)^2-2a\times(-3b)$

$\qquad\qquad\qquad\qquad\qquad\qquad -(-3b)\times(-c)-(-c)\times 2a\}$

$=(2a)^3+(-3b)^3+(-c)^3-3\times 2a\times(-3b)\times(-c)$

$=8a^3-27b^3-c^3-18abc$

따라서 abc의 계수는 -18이다.

4-1 $(x+3y-2z)(x^2+9y^2+4z^2-3xy+6yz+2zx)$

$=\{x+3y+(-2z)\}$

$\qquad\times\{x^2+(3y)^2+(-2z)^2-x\times 3y-3y\times(-2z)-(-2z)\times x\}$

$=x^3+(3y)^3+(-2z)^3-3\times x\times 3y\times(-2z)$

$=x^3+27y^3-8z^3+18xyz$

따라서 $a=27$, $b=-8$, $c=18$이므로

$a+b+c=27+(-8)+18=37$

5 $(x^2+3xy+9y^2)(x^2-3xy+9y^2)$

$=\{x^2+x\times 3y+(3y)^2\}\{x^2-x\times 3y+(3y)^2\}$

$=x^4+x^2\times(3y)^2+(3y)^4$

$=x^4+9x^2y^2+81y^4$

따라서 $a=9$, $b=81$이므로

$\dfrac{b}{a}=\dfrac{81}{9}=9$

5-1 $(a^2+4ab+16b^2)(a^2-4ab+16b^2)$

$=\{a^2+a\times 4b+(4b)^2\}\{a^2-a\times 4b+(4b)^2\}$

$=a^4+a^2\times(4b)^2+(4b)^4$

$=a^4+16a^2b^2+256b^4$

따라서 $p=16$, $q=256$이므로

$\dfrac{q}{p}=\dfrac{256}{16}=16$

6 ① $(x-3)(x^2+3x+9)=(x-3)(x^2+x\times 3+3^2)$

$\qquad\qquad\qquad\qquad\qquad =x^3-3^3=x^3-27$

② $(x+4)^3=x^3+3\times x^2\times 4+3\times x\times 4^2+4^3$

$\qquad\qquad =x^3+12x^2+48x+64$

③ $(x-y+z)^2$

$=\{x+(-y)+z\}^2$

$=x^2+(-y)^2+z^2+2\times x\times(-y)+2\times(-y)\times z+2\times z\times x$

$=x^2+y^2+z^2-2xy-2yz+2zx$

④ $(x-2)(x+3)(x+5)$

$=\{x+(-2)\}(x+3)(x+5)$

$=x^3+\{(-2)+3+5\}x^2+\{(-2)\times 3+3\times 5+5\times(-2)\}x$

$\qquad\qquad\qquad\qquad\qquad\qquad\qquad\qquad +(-2)\times 3\times 5$

$=x^3+6x^2-x-30$

⑤ $(x-y+1)(x^2+y^2+1+xy+y-x)$

$=\{x+(-y)+1\}$

$\qquad\times\{x^2+(-y)^2+1^2-x\times(-y)-(-y)\times 1-1\times x\}$

$=x^3+(-y)^3+1^3-3\times x\times(-y)\times 1$

$=x^3-y^3+3xy+1$

따라서 옳지 않은 것은 ③이다.

6-1 ㄱ. $(x-5)^3=x^3-3\times x^2\times 5+3\times x\times 5^2-5^3$

$\qquad\qquad\qquad =x^3-15x^2+75x-125$

ㄴ. $(x+4)(x^2-4x+16)=(x+4)(x^2-x\times 4+4^2)$

$\qquad\qquad\qquad\qquad\qquad\qquad =x^3+4^3=x^3+64$

ㄷ. $(x+3y+2z)^2$

$\qquad=x^2+(3y)^2+(2z)^2+2\times x\times 3y+2\times 3y\times 2z+2\times 2z\times x$

$\qquad=x^2+9y^2+4z^2+6xy+12yz+4zx$

따라서 옳은 것은 ㄱ, ㄷ이다.

7 $x^2+4x=X$로 치환하면

$(x^2+4x+1)(x^2+4x-5)$

$=(X+1)(X-5)$

$=X^2-4X-5$

$=(x^2+4x)^2-4(x^2+4x)-5$

$=(x^4+8x^3+16x^2)+(-4x^2-16x)-5$

$=x^4+8x^3+12x^2-16x-5$

따라서 $a=8$, $b=12$, $c=-5$이므로

$a+b+c=8+12+(-5)=15$

7-1 $(x-5)(x-2)(x+1)(x+4)$
$=\{(x+1)(x-2)\}\{(x+4)(x-5)\}$
$=(x^2-x-2)(x^2-x-20)$
$x^2-x=X$로 치환하면
(주어진 식)
$=(X-2)(X-20)$
$=X^2-22X+40$
$=(x^2-x)^2-22(x^2-x)+40$
$=(x^4-2x^3+x^2)+(-22x^2+22x)+40$
$=x^4-2x^3-21x^2+22x+40$
따라서 $a=-21$, $b=22$, $c=40$이므로
$a-b+c=-21-22+40=-3$

03 곱셈 공식의 변형

본문 136쪽

1 ①	**1-1** ④	**1-2** 52
2 ④	**2-1** ④	**2-2** ②
3 ①	**3-1** ①	**3-2** ③

1 $\dfrac{1}{x}-\dfrac{1}{y}=-\dfrac{x-y}{xy}$이므로
$-\dfrac{x-y}{7}=-\dfrac{1}{7}$ $\therefore x-y=1$
$\therefore x^3-y^3=(x-y)^3+3xy(x-y)$
$\qquad\qquad =1^3+3\times7\times1$
$\qquad\qquad =22$

1-1 $x+y=(1+\sqrt{3})+(1-\sqrt{3})=2$,
$xy=(1+\sqrt{3})(1-\sqrt{3})=1-3=-2$
이므로
$x^3+y^3-x^2y-xy^2=(x+y)^3-3xy(x+y)-xy(x+y)$
$\qquad\qquad\qquad\qquad =2^3-3\times(-2)\times2-(-2)\times2$
$\qquad\qquad\qquad\qquad =24$

> 🔵 **플러스톡**
>
> $x+y$, xy의 값이 간단하게 나오므로 주어진 식을 먼저 간단히 하여 계산한다.

1-2 $a^2+b^2=(7+4\sqrt{3})+(7-4\sqrt{3})=14$이고,
$a^2b^2=(7+4\sqrt{3})(7-4\sqrt{3})=49-48=1$에서
$ab=1$ ($\because a>0$, $b>0$)
또한, $a^2+b^2=(a+b)^2-2ab$에서
$14=(a+b)^2-2\times1$, $(a+b)^2=16$
$\therefore a+b=4$ ($\because a>0$, $b>0$)
$\therefore a^3+b^3=(a+b)^3-3ab(a+b)$
$\qquad\qquad =4^3-3\times1\times4$
$\qquad\qquad =52$

2 $x\neq0$이므로 $x^2-3x+1=0$의 양변을 x로 나누면
$x-3+\dfrac{1}{x}=0$ $\therefore x+\dfrac{1}{x}=3$
$\therefore x^2+\dfrac{1}{x^2}=\left(x+\dfrac{1}{x}\right)^2-2=3^2-2=7$

2-1 $x\neq0$이므로 $x^2-2x-1=0$의 양변을 x로 나누면
$x-2-\dfrac{1}{x}=0$ $\therefore x-\dfrac{1}{x}=2$
$\therefore x^3-\dfrac{1}{x^3}=\left(x-\dfrac{1}{x}\right)^3+3\left(x-\dfrac{1}{x}\right)$
$\qquad\qquad =2^3+3\times2=14$

2-2 $x^2+\dfrac{1}{x^2}=\left(x+\dfrac{1}{x}\right)^2-2$에서
$7=\left(x+\dfrac{1}{x}\right)^2-2$, $\left(x+\dfrac{1}{x}\right)^2=9$
$\therefore x+\dfrac{1}{x}=3$ ($\because x>0$)
$\therefore x^3+\dfrac{1}{x^3}=\left(x+\dfrac{1}{x}\right)^3-3\left(x+\dfrac{1}{x}\right)$
$\qquad\qquad =3^3-3\times3=18$

3 $x^2+y^2+z^2=(x+y+z)^2-2(xy+yz+zx)$에서
$9=5^2-2(xy+yz+zx)$, $2(xy+yz+zx)=16$
$\therefore xy+yz+zx=8$
$\therefore \dfrac{1}{x}+\dfrac{1}{y}+\dfrac{1}{z}=\dfrac{xy+yz+zx}{xyz}=\dfrac{8}{4}=2$

3-1 $a^3+b^3+c^3=(a+b+c)(a^2+b^2+c^2-ab-bc-ca)+3abc$
에서
$-15=(a+b+c)(a^2+b^2+c^2-ab-bc-ca)+3abc$
이때 $a^2+b^2+c^2=ab+bc+ca$이므로
$a^2+b^2+c^2-ab-bc-ca=0$
따라서 $-15=0+3abc$이므로
$3abc=-15$
$\therefore abc=-5$

3-2 오른쪽 그림과 같이 직육면체의 세 모서리의 길이를 각각 a, b, c라 하자.
이 직육면체의 겉넓이가 52이므로
$2(ab+bc+ca)=52$
또한, 대각선의 길이가 $\sqrt{29}$이므로
$\sqrt{a^2+b^2+c^2}=\sqrt{29}$
$\therefore a^2+b^2+c^2=29$
$a^2+b^2+c^2=(a+b+c)^2-2(ab+bc+ca)$에서
$29=(a+b+c)^2-52$, $(a+b+c)^2=81$
$\therefore a+b+c=9$ ($\because a>0$, $b>0$, $c>0$)
따라서 모든 모서리의 길이의 합은 ↝ 길이는 항상 양수이므로
$4(a+b+c)=4\times9=36$

04 다항식의 나눗셈
본문 137쪽

1 13	1-1 ①	2 ②	2-1 ⑤
3 ④	3-1 ⑤		

1

$$x^2+x-3 \overline{)\begin{array}{l} \quad\quad 2x\ -7 \\ 2x^3-5x^2-\ x+\ 1 \end{array}}$$

$$\begin{array}{l} 2x^3+2x^2-6x \\ \hline \quad\ -7x^2+5x+\ 1 \\ \quad\ -7x^2-7x+21 \\ \hline \quad\quad\quad 12x-20 \end{array}$$

따라서 $Q(x)=2x-7$, $R(x)=12x-20$이므로
$Q(2)+R(3)=(2\times2-7)+(12\times3-20)=13$

1-1

$$x^2+x-1 \overline{)\begin{array}{l} \quad\quad 3x\ -4 \\ 3x^3-\ x^2\quad\quad -4 \end{array}}$$

$$\begin{array}{l} 3x^3+3x^2-3x \\ \hline \quad -4x^2+3x-4 \\ \quad -4x^2-4x+4 \\ \hline \quad\quad\quad 7x-8 \end{array}$$

즉, 다항식 $3x^3-x^2-4$를 x^2+x-1로 나누었을 때의 몫이 $3x-4$이고, 나머지가 $7x-8$이므로 $a=-4$, $b=7$, $c=-8$
$\therefore a+b+c=(-4)+7+(-8)=-5$

2 $x^4+3x^3-x^2-4=A(x^2+4x+5)+13x+6$이므로
$A(x^2+4x+5)=x^4+3x^3-x^2-4-(13x+6)$
$\qquad\qquad\qquad\quad =x^4+3x^3-x^2-13x-10$
$\therefore A=(x^4+3x^3-x^2-13x-10)\div(x^2+4x+5)$

$$x^2+4x+5 \overline{)\begin{array}{l} \quad\quad x^2-\ x\ -2 \\ x^4+3x^3-\ x^2-13x-10 \end{array}}$$

$$\begin{array}{l} x^4+4x^3+5x^2 \\ \hline \quad -\ x^3-6x^2-13x \\ \quad -\ x^3-4x^2-\ 5x \\ \hline \quad\quad -2x^2-\ 8x-10 \\ \quad\quad -2x^2-\ 8x-10 \\ \hline \quad\quad\quad\quad\quad\quad 0 \rightarrow 나누어떨어진다. \end{array}$$

$\therefore A=x^2-x-2$

2-1 직육면체의 높이를 A라 하면
$(a-3)(a+2)A=a^3+4a^2-11a-30$
$(a^2-a-6)A=a^3+4a^2-11a-30$
$\therefore A=(a^3+4a^2-11a-30)\div(a^2-a-6)$

$$a^2-a-6 \overline{)\begin{array}{l} \quad\quad a\ +5 \\ a^3+4a^2-11a-30 \end{array}}$$

$$\begin{array}{l} a^3-\ a^2-\ 6a \\ \hline \quad\ 5a^2-\ 5a-30 \\ \quad\ 5a^2-\ 5a-30 \\ \hline \quad\quad\quad\quad 0 \rightarrow 나누어떨어진다. \end{array}$$

따라서 $A=a+5$이므로 직육면체의 높이는 $a+5$이다.

3 다항식 $2x^3+ax^2+x+b$를 $x-2$로 나누었을 때의 몫과 나머지를 조립제법을 이용하여 구하면 다음과 같다.

$$\begin{array}{c|cccc} 2 & 2 & a & 1 & b \\ & & 4 & 2a+8 & 4a+18 \\ \hline & 2 & a+4 & 2a+9 & 4a+b+18 \end{array}$$

즉, $k=2$, $c=4$, $a+4=1$, $2a+8=d$, $4a+b+18=1$이므로
$k=2$, $a=-3$, $b=-5$, $c=4$, $d=2$
따라서 옳지 않은 것은 ④이다.

3-1 다항식 x^3-4x^2+ax+b를 $x-3$으로 나누었을 때의 몫과 나머지를 조립제법을 이용하여 구하면 다음과 같다.

$$\begin{array}{c|cccc} 3 & 1 & -4 & a & b \\ & & 3 & -3 & 3a-9 \\ \hline & 1 & -1 & a-3 & 3a+b-9 \end{array}$$

따라서 $k=3$, $c=3$, $d=-3$, $a-3=-1$, $3a+b-9=-8$이므로
$k=3$, $a=2$, $b=-5$, $c=3$, $d=-3$
$\therefore \dfrac{abcd}{k}=\dfrac{2\times(-5)\times3\times(-3)}{3}=30$

05 항등식과 나머지정리
본문 138, 139쪽

1 ②	1-1 ①	2 ①	2-1 ③
3 ④	3-1 ①	4 ⑤	4-1 ①
5 $2x+3$	5-1 27		
6 ①	6-1 ④	6-2 5	

1 주어진 등식의 좌변을 전개하여 정리하면
$x^3+(a+b)x^2+(ab+6)x+6a=x^3-6x^2+cx-12$
위의 등식이 x에 대한 항등식이므로 양변의 동류항의 계수를 서로 비교하면
$a+b=-6$, $ab+6=c$, $6a=-12$
$\therefore a=-2$, $b=-4$, $c=14$
$\therefore a-b+c=(-2)-(-4)+14=16$

1-1 주어진 등식을 k에 대하여 정리하면
$(x-y-3)k+(3x+y-5)=0$
위의 등식이 k에 대한 항등식이므로 → 주어진 등식이 k의 값에 관계없이 항상 성립하므로
$x-y-3=0$, $3x+y-5=0$
위의 두 식을 연립하여 풀면
$x=2$, $y=-1$
$\therefore xy=2\times(-1)=-2$

⊕ **플러스톡**
주어진 등식이 모든 실수 x에 대하여 성립하면 x에 대한 항등식이므로 ■$x+$▲$=0$ 꼴로 정리하고, k의 값에 관계없이 항상 성립하면 k에 대한 항등식이므로 ■$k+$▲$=0$ 꼴로 정리한다.

2 주어진 등식의 양변에 $x=0$을 대입하면

$-4=-b$ $\therefore b=4$

주어진 등식의 양변에 $x=1$을 대입하면

$3+5-4=2c$, $4=2c$

$\therefore c=2$

주어진 등식의 양변에 $x=-1$을 대입하면

$3\times(-1)^2+5\times(-1)-4=2a$, $-6=2a$

$\therefore a=-3$

$\therefore a-b+c=-3-4+2=-5$

2-1 주어진 등식의 양변에 $x=-1$을 대입하면

$0=(-1)^4+a\times(-1)^3+b\times(-1)^2+4\times(-1)+1$

$\therefore -a+b=2$ ······ ㉠

주어진 등식의 양변에 $x=1$을 대입하면

$2^4=1+a+b+4+1$ $\therefore a+b=10$ ······ ㉡

㉠, ㉡을 연립하여 풀면

$a=4$, $b=6$

$\therefore ab=4\times6=24$

3 주어진 등식의 양변에 $x=1$을 대입하면 →주어진 등식의 양변에 적당한 값을 대입하여 계수에 대한 식으로 나타낸다.

$a_0+a_1+a_2+\cdots+a_6=5^3=125$

3-1 주어진 등식의 양변에 $x=0$을 대입하면

$1=a_0$

주어진 등식의 양변에 $x=1$을 대입하면

$2^6=a_6+a_5+a_4+\cdots+a_1+a_0$

$\therefore a_1+a_2+a_3+\cdots+a_6=(a_0+a_1+a_2+\cdots+a_6)-a_0$

$=2^6-1=63$

4 나머지정리에 의하여 $P(1)=8$, $P(-1)=-4$이므로

$1+a-b+4=8$

$(-1)^3+a\times(-1)^2-b\times(-1)+4=-4$

$\therefore a-b=3$, $a+b=-7$

위의 두 식을 연립하여 풀면

$a=-2$, $b=-5$

$\therefore ab=(-2)\times(-5)=10$

4-1 나머지정리에 의하여 $P(-2)=P(3)$이므로

$(-2)^3-2\times(-2)^2+a\times(-2)-8=3^3-2\times3^2+3a-8$

$-2a-24=3a+1$, $5a=-25$

$\therefore a=-5$

5 다항식 $P(x)$를 $(x+1)(x-3)$으로 나누었을 때의 몫을 →이차식

$Q(x)$, 나머지를 $R(x)=ax+b$ (a, b는 상수)라 하면

$P(x)=(x+1)(x-3)Q(x)+ax+b$ →일차식

나머지정리에 의하여 $P(-1)=1$, $P(3)=9$이므로 위의 식의 양변에

$x=-1$, $x=3$을 각각 대입하면

$P(-1)=-a+b$, $P(3)=3a+b$

$\therefore -a+b=1$, $3a+b=9$

위의 두 식을 연립하여 풀면

$a=2$, $b=3$

$\therefore R(x)=2x+3$

플러스톡

다항식의 나눗셈에서의 나머지

다항식 $P(x)$를 다항식 $A(x)$로 나누었을 때의 나머지 $R(x)$는

① $A(x)$가 일차식 ➡ $R(x)=a$ (단, a는 상수) → 나머지는 상수

② $A(x)$가 이차식 ➡ $R(x)=ax+b$ (단, a, b는 상수)

→ 나머지는 일차식 또는 상수

5-1 나머지정리에 의하여

$P(-1)=7$, $P(1)=-3$

다항식 $(x+3)P(x)$를 x^2-1로 나누었을 때의 몫을 $Q(x)$, 나머지를

$R(x)=ax+b$ (a, b는 상수)라 하면

$(x+3)P(x)=(x^2-1)Q(x)+ax+b$

$=(x+1)(x-1)Q(x)+ax+b$

위의 식의 양변에 $x=-1$, $x=1$을 각각 대입하면

$2P(-1)=-a+b$, $4P(1)=a+b$

$\therefore -a+b=14$, $a+b=-12$

위의 두 식을 연립하여 풀면

$a=-13$, $b=1$

따라서 $R(x)=-13x+1$이므로

$R(-2)=-13\times(-2)+1=27$

6 인수정리에 의하여 $P(-1)=0$이므로

$(-1)^3+3\times(-1)^2+k\times(-1)-1=0$

$-k+1=0$

$\therefore k=1$

6-1 인수정리에 의하여 $P(1)=0$, $P(3)=0$이므로

$-1^3+a\times1^2+b\times1+6=0$, $-3^3+a\times3^2+b\times3+6=0$

$\therefore a+b=-5$, $3a+b=7$

위의 두 식을 연립하여 풀면

$a=6$, $b=-11$

$\therefore a-b=6-(-11)=17$

6-2 다항식 $P(x)$가 $(x+2)(x-1)$로 나누어떨어지므로 인수정리

에 의하여

$P(-2)=0$, $P(1)=0$ →다항식 $P(x)$가 $(x+2)(x-1)$로 나누어떨어지므로 $x+2$, $x-1$로도 각각 나누어떨어진다.

$(-2)^3+a\times(-2)^2+b\times(-2)-2=0$, $1^3+a\times1^2+b\times1-2=0$

$\therefore 2a-b=5$, $a+b=1$

위의 두 식을 연립하여 풀면

$a=2$, $b=-1$

$\therefore a^2+b^2=2^2+(-1)^2=5$

06 인수분해

본문 140, 141쪽

> **1** ④
> **1-1** $(x+y+z)(x+y-z)(x-y+z)(x-y-z)$
> **1-2** $a^2(a+1)(a^3-a^2-2)$
> **2** ②　　　　**2-1** ③　　　　**3** ③　　　　**3-1** ①
> **4** ①　　　　**4-1** ㄱ, ㄷ, ㅂ　**5** ①　　　　**5-1** ②
> **6** ⑤　　　　**6-1** ③

1 공통인수 $y-z$로 묶어 낸다.

$$x^2y-x^2z-y^3+y^2z=x^2(y-z)-y^2(y-z)=(y-z)(x^2-y^2)$$
$$=(x+y)(x-y)(y-z)$$

> ➕ **플러스톡**
>
> 인수분해 공식을 바로 사용할 수 없는 경우에는 먼저 공통인수로 묶어서 정리한다.

1-1 $(x^2+y^2-z^2)^2-4x^2y^2$
$=(x^2+y^2-z^2)^2-(2xy)^2$
$=\{(x^2+y^2-z^2)+2xy\}\{(x^2+y^2-z^2)-2xy\}$
$=\{(x^2+2xy+y^2)-z^2\}\{(x^2-2xy+y^2)-z^2\}$
$=\{(x+y)^2-z^2\}\{(x-y)^2-z^2\}$
$=(x+y+z)(x+y-z)(x-y+z)(x-y-z)$

1-2 $a^6-2a^3-a^4-2a^2$
$=(a^6-2a^3+1)-(a^4+2a^2+1)$
$=\{(a^3)^2-2\times a^3\times 1+1^2\}-\{(a^2)^2+2\times a^2\times 1+1^2\}$
$=(a^3-1)^2-(a^2+1)^2$
$=\{(a^3-1)+(a^2+1)\}\{(a^3-1)-(a^2+1)\}$
$=(a^3+a^2)(a^3-a^2-2)$
$=a^2(a+1)(a^3-a^2-2)$

다른 풀이
$a^6-2a^3-a^4-2a^2=a^6-a^4-2a^3-2a^2$
$\qquad\qquad\qquad=a^4(a^2-1)-2a^2(a+1)$
$\qquad\qquad\qquad=a^4(a+1)(a-1)-2a^2(a+1)$
$\qquad\qquad\qquad=a^2(a+1)\{a^2(a-1)-2\}$
$\qquad\qquad\qquad=a^2(a+1)(a^3-a^2-2)$

2 $x^2-(3a+5)x+(a+2)(2a+3)$
$=\{x-(a+2)\}\{x-(2a+3)\}$
$=(x-a-2)(x-2a-3)$
즉, $(x-a-2)+(x-2a-3)=2x+7$이므로
$2x-3a-5=2x+7$
$-3a-5=7$, $3a=-12$
$\therefore a=-4$

2-1 $3x^2+(5a-2)x+(a+1)(2a-5)$
$=\{x+(a+1)\}\{3x+(2a-5)\}$
$=(x+a+1)(3x+2a-5)$

즉, $(x+a+1)+(3x+2a-5)=4x+5$이므로
$4x+3a-4=4x+5$
$3a-4=5$, $3a=9$
$\therefore a=3$

3 $4x^2+9y^2+z^2-12xy-6yz+4zx$
$=(2x)^2+(-3y)^2+z^2+2\times 2x\times(-3y)+2\times(-3y)\times z$
　$a>0$이므로　　　　　　　　　　　　$+2\times z\times 2x$
$=(2x-3y+z)^2$
따라서 $a=2$, $b=-3$, $c=1$이므로
$a+b+c=2+(-3)+1=0$

3-1 $9a^2+25b^2+4c^2+30ab-20bc-12ca$
$=(3a)^2+(5b)^2+(-2c)^2+2\times 3a\times 5b+2\times 5b\times(-2c)$
　$p>0$이므로　　　　　　　　　　　　$+2\times(-2c)\times 3a$
$=(3a+5b-2c)^2$
따라서 $p=3$, $q=5$, $r=-2$이므로
$pqr=3\times 5\times(-2)=-30$

4 $8x^3+y^3=(2x)^3+y^3$
$\qquad\qquad=(2x+y)\{(2x)^2-2x\times y+y^2\}$
$\qquad\qquad=(2x+y)(4x^2-2xy+y^2)$
따라서 인수인 것은 ①이다.

> ➕ **플러스톡**
>
> 하나의 다항식을 2개 이상의 다항식의 곱의 꼴로 나타낼 때, 이들 각각의 식을 처음 다항식의 인수라 한다.
> $8x^3+y^3=(2x+y)(4x^2-2xy+y^2)$이므로 $2x+y$, $4x^2-2xy+y^2$은 다항식 $8x^3+y^3$의 인수이다.
> 또한, $8x^3+y^3=1\times(8x^3+y^3)$이므로 1, $8x^3+y^3$도 다항식 $8x^3+y^3$의 인수이다.

4-1 $a^6-64=(a^3)^2-(2^3)^2$
$\qquad\qquad=(a^3+2^3)(a^3-2^3)$
$\qquad\qquad=(a+2)(a^2-a\times 2+2^2)(a-2)(a^2+a\times 2+2^2)$
$\qquad\qquad=(a+2)(a^2-2a+4)(a-2)(a^2+2a+4)$
$\qquad\qquad=(a+2)(a-2)(a^2-2a+4)(a^2+2a+4)$
따라서 인수인 것은 ㄱ, ㄷ, ㅂ이다.

다른 풀이
$a^6-64=(a^2)^3-(2^2)^3$
$\qquad\qquad=(a^2-2^2)\{(a^2)^2+a^2\times 2^2+(2^2)^2\}$
$\qquad\qquad=(a+2)(a-2)\{(a^2)^2+a^2\times 2^2+2^4\}$
$\qquad\qquad=(a+2)(a-2)(a^2+a\times 2+2^2)(a^2-a\times 2+2^2)$
$\qquad\qquad=(a+2)(a-2)(a^2+2a+4)(a^2-2a+4)$

5 $a^3+b^3-3ab+1$

$=a^3+a^3+1^3-3\times a\times b\times 1$

$=(a+b+1)(a^2+b^2+1^2-a\times b-b\times 1-1\times a)$

$=(a+b+1)(a^2+b^2+1-ab-a-b)$

따라서 $p=1$, $q=1$, $r=-1$이므로

$p+q-r=1+1-(-1)=3$

5-1 $27x^3-8y^3+z^3+18xyz$

$=(3x)^3+(-2y)^3+z^3-3\times 3x\times(-2y)\times z$

$=\{3x+(-2y)+z\}\times\{(3x)^2+(-2y)^2+z^2$
$\qquad\qquad\qquad\qquad\qquad -3x\times(-2y)-(-2y)\times z-z\times 3x\}$

$=(3x-2y+z)(9x^2+4y^2+z^2+6xy+2yz-3zx)$

따라서 $a=3$, $b=-2$, $c=6$, $d=2$, $e=-3$이므로

$a+b+c+de=3+(-2)+6+2\times(-3)=1$

6   ② $x^2+y^2+4z^2-2xy+4yz-4zx$

$=x^2+(-y)^2+(-2z)^2+2\times x\times(-y)+2\times(-y)\times(-2z)$
$\qquad\qquad\qquad\qquad\qquad\qquad\qquad +2\times(-2z)\times x$

$=(x-y-2z)^2$

③ $x^3-6x^2+12x-8=x^3-3\times x^2\times 2+3\times x\times 2^2-2^3$
$\qquad\qquad\qquad\qquad\qquad =(x-2)^3$

④ $x^3+64=x^3+4^3$
$\qquad\qquad\quad =(x+4)(x^2-x\times 4+4^2)$
$\qquad\qquad\quad =(x+4)(x^2-4x+16)$

⑤ $x^3+y^3-1+3xy$
$=x^3+y^3+(-1)^3-3\times x\times y\times(-1)$
$=\{x+y+(-1)\}$
$\qquad\times\{x^2+y^2+(-1)^2-x\times y-y\times(-1)-(-1)\times x\}$
$=(x+y-1)(x^2+y^2+1-xy+y+x)$

따라서 옳지 않은 것은 ⑤이다.

6-1   ㄱ. $x^3-15x^2+75x-125$
$\qquad =x^3-3\times x^2\times 5+3\times x\times 5^2-5^3$
$\qquad =(x-5)^3$

ㄴ. $8x^3+27=(2x)^3+3^3$
$\qquad\qquad\qquad =(2x+3)\{(2x)^2-2x\times 3+3^2\}$
$\qquad\qquad\qquad =(2x+3)(4x^2-6x+9)$

ㄷ. $16x^4+4x^2y^2+y^4=(2x)^4+(2x)^2\times y^2+y^4$
$\qquad\qquad\qquad\qquad =\{(2x)^2+2x\times y+y^2\}\{(2x)^2-2x\times y+y^2\}$
$\qquad\qquad\qquad\qquad =(4x^2+2xy+y^2)(4x^2-2xy+y^2)$

따라서 옳은 것은 ㄱ, ㄴ이다.

---

1 ②	**1-1** ⑤	**2** 1	**2-1** 24
3 ③	**3-1** ③	**4** ②	**4-1** ①

1 $x^2+2x=X$로 치환하면

$(x^2+2x-2)(x^2+2x-6)+3=(X-2)(X-6)+3$
$\qquad\qquad\qquad\qquad\qquad\qquad =X^2-8X+15$
$\qquad\qquad\qquad\qquad\qquad\qquad =(X-3)(X-5)$ ←$X=x^2+2x$를 대입
$\qquad\qquad\qquad\qquad\qquad\qquad =(x^2+2x-3)(x^2+2x-5)$
$\qquad\qquad\qquad\qquad\qquad\qquad =(x+3)(x-1)(x^2+2x-5)$

따라서 인수가 아닌 것은 ②이다.

1-1 $x^2+x=X$로 치환하면

$(x^2+x)(x^2+x-6)+8=X(X-6)+8$
$\qquad\qquad\qquad\qquad\qquad =X^2-6X+8$
$\qquad\qquad\qquad\qquad\qquad =(X-2)(X-4)$ ←$X=x^2+x$를 대입
$\qquad\qquad\qquad\qquad\qquad =(x^2+x-2)(x^2+x-4)$
$\qquad\qquad\qquad\qquad\qquad =(x+2)(x-1)(x^2+x-4)$

따라서 인수인 것은 ⑤이다.

2 $x(x-2)(x+3)(x+5)+24$
$=\{x(x+3)\}\{(x-2)(x+5)\}+24$
$=(x^2+3x)(x^2+3x-10)+24$ ←일차항의 계수가 3으로 같다.

$x^2+3x=X$로 치환하면

(주어진 식)$=X(X-10)+24$
$\qquad\qquad\quad =X^2-10X+24$
$\qquad\qquad\quad =(X-4)(X-6)$ ←$X=x^2+3x$를 대입
$\qquad\qquad\quad =(x^2+3x-4)(x^2+3x-6)$
$\qquad\qquad\quad =(x+4)(x-1)(x^2+3x-6)$

따라서 $a=4$, $b=3$, $c=-6$이므로

$a+b+c=4+3+(-6)=1$

2-1 $(x-4)(x-3)(x+1)(x+2)-36$
$=\{(x-4)(x+2)\}\{(x-3)(x+1)\}-36$
$=(x^2-2x-8)(x^2-2x-3)-36$

$x^2-2x=X$로 치환하면 ←일차항의 계수가 -2로 같다.

(주어진 식)$=(X-8)(X-3)-36$
$\qquad\qquad\quad =X^2-11X-12$
$\qquad\qquad\quad =(X+1)(X-12)$ ←$X=x^2-2x$를 대입
$\qquad\qquad\quad =(x^2-2x+1)(x^2-2x-12)$
$\qquad\qquad\quad =(x-1)^2(x^2-2x-12)$

따라서 $a=1$, $b=-2$, $c=-12$이므로

$abc=1\times(-2)\times(-12)=24$

3 $x^2=X$로 치환하면
$$x^4-15x^2-16=X^2-15X-16$$
$$=(X+1)(X-16)$$
$$=(x^2+1)(x^2-16)$$
$X=x^2$을 대입
$$=(x^2+1)(x+4)(x-4)$$

3-1 $x^2=X$로 치환하면
$$x^4-13x^2+36=X^2-13X+36$$
$$=(X-4)(X-9)$$
$$=(x^2-4)(x^2-9)$$
$X=x^2$을 대입
$$=(x+2)(x-2)(x+3)(x-3)$$
따라서 인수인 것은 ㄴ, ㄷ이다.

4 주어진 식을 b에 대하여 내림차순으로 정리하면
↗ b의 차수가 가장 낮으므로
$$a^2c-ab-ac^2+bc=(-a+c)b+a^2c-ac^2$$
$$=-(a-c)b+ac(a-c)$$
$$=(a-c)(ac-b)$$
$$=(c-a)(b-ac)$$
따라서 인수인 것은 ②이다.

4-1 주어진 식을 a에 대하여 내림차순으로 정리하면
↗ a의 차수가 가장 낮으므로
$$b^2c+ac^2-c^3-ab^2=(c^2-b^2)a+b^2c-c^3$$
$$=-(b^2-c^2)a+c(b^2-c^2)$$
$$=(b^2-c^2)(c-a)$$
$$=(b+c)(b-c)(c-a)$$
따라서 인수가 아닌 것은 ①이다.

08 인수정리를 이용한 인수분해

본문 143쪽

1 ③	1-1 ④	2 ③	2-1 ⑤
3 16	3-1 ①	3-2 ⑤	

1 $P(x)=x^3+3x^2-6x-8$이라 하면
$$P(-1)=(-1)^3+3\times(-1)^2-6\times(-1)-8=0$$
이므로 $x+1$은 $P(x)$의 인수이다.
조립제법을 이용하여 $P(x)$를 인수분해하면

$$\begin{array}{r|rrrr} -1 & 1 & 3 & -6 & -8 \\ & & -1 & -2 & 8 \\ \hline & 1 & 2 & -8 & 0 \end{array}$$

$$P(x)=(x+1)(x^2+2x-8)$$
$$=(x+1)(x+4)(x-2)$$
$$\therefore a+b-c=1+4-(-2)=7$$

1-1 $P(x)=2x^4+3x^3-3x^2+4$라 하면
$$P(-1)=2\times(-1)^4+3\times(-1)^3-3\times(-1)^2+4=0$$
이므로 $x+1$은 $P(x)$의 인수이다.
조립제법을 이용하여 $P(x)$를 인수분해하면

$$\begin{array}{r|rrrrr} -1 & 2 & 3 & -3 & 0 & 4 \\ & & -2 & -1 & 4 & -4 \\ \hline & 2 & 1 & -4 & 4 & 0 \end{array}$$

$$P(x)=(x+1)(2x^3+x^2-4x+4)$$
$Q(x)=2x^3+x^2-4x+4$라 하면
$$Q(-2)=2\times(-2)^3+(-2)^2-4\times(-2)+4=0$$
이므로 $x+2$는 $Q(x)$의 인수이다.
조립제법을 이용하여 $Q(x)$를 인수분해하면

$$\begin{array}{r|rrrr} -2 & 2 & 1 & -4 & 4 \\ & & -4 & 6 & -4 \\ \hline & 2 & -3 & 2 & 0 \end{array}$$

$$Q(x)=(x+2)(2x^2-3x+2)$$
$$\therefore P(x)=(x+1)Q(x)$$
$$=(x+1)(x+2)(2x^2-3x+2)$$
따라서 $a=2$, $b=-3$, $c=2$이므로
$$a^2+b^2+c^2=2^2+(-3)^2+2^2=17$$

2 $P(x)$가 $x-2$를 인수로 가지므로 $P(2)=0$에서
↗ 인수정리
$$2^3-3\times2^2+2a-2=0$$
$$2a-6=0 \quad \therefore a=3$$
즉, $P(x)=x^3-3x^2+3x-2$이므로 조립제법을 이용하여 인수분해하면

$$\begin{array}{r|rrrr} 2 & 1 & -3 & 3 & -2 \\ & & 2 & -2 & 2 \\ \hline & 1 & -1 & 1 & 0 \end{array}$$

$$P(x)=(x-2)(x^2-x+1)$$

2-1 $P(x)$가 $x+1$을 인수로 가지므로 $P(-1)=0$에서
↗ 인수정리
$$(-1)^4+a\times(-1)^3-(-1)^2-16\times(-1)-12=0$$
$$-a+4=0 \quad \therefore a=4$$
즉, $P(x)=x^4+4x^3-x^2-16x-12$이므로 조립제법을 이용하여 인수분해하면

$$\begin{array}{r|rrrrr} -1 & 1 & 4 & -1 & -16 & -12 \\ & & -1 & -3 & 4 & 12 \\ \hline & 1 & 3 & -4 & -12 & 0 \end{array}$$

$$P(x)=(x+1)(x^3+3x^2-4x-12)$$
$Q(x)=x^3+3x^2-4x-12$라 하면
$$Q(2)=2^3+3\times2^2-4\times2-12=0$$
이므로 $x-2$는 $Q(x)$의 인수이다.

조립제법을 이용하여 $Q(x)$를 인수분해하면

$$
\begin{array}{r|rrrr}
2 & 1 & 3 & -4 & -12 \\
  &   & 2 & 10 & 12 \\
\hline
  & 1 & 5 & 6 & 0
\end{array}
$$

$$
\begin{aligned}
Q(x) &= (x-2)(x^2+5x+6) \\
&= (x-2)(x+2)(x+3)
\end{aligned}
$$

$$\therefore P(x)=(x+1)Q(x)=(x+1)(x-2)(x+2)(x+3)$$

3

$$
\begin{aligned}
x^3-y^3+x^2y-xy^2 &= (x+y)x^2-(x+y)y^2 \\
&= (x+y)(x^2-y^2) \\
&= (x+y)(x+y)(x-y) \\
&= (x+y)^2(x-y)
\end{aligned}
$$

이고

$x+y=(\sqrt{2}+1)+(\sqrt{2}-1)=2\sqrt{2}$,

$x-y=(\sqrt{2}+1)-(\sqrt{2}-1)=2$

이므로

$x^3-y^3+x^2y-xy^2=(2\sqrt{2})^2\times 2=16$

3-1

$$
\begin{aligned}
&19^2-17^2+16^2-14^2+13^2-11^2 \\
&=(19+17)(19-17)+(16+14)(16-14)+(13+11)(13-11) \\
&=2\times(36+30+24) \\
&=2\times 90=180
\end{aligned}
$$

3-2 주어진 등식의 좌변을 a에 대한 내림차순으로 정리하면

$b^2+c^2-2bc+ab-ac=0$에서

$(b-c)a+b^2-2bc+c^2=0$

$(b-c)a+(b-c)^2=0$

$(b-c)(a+b-c)=0$

a, b, c가 삼각형의 세 변의 길이이므로

$a+b-c\neq 0$

$\therefore b-c=0$, 즉 $b=c$

따라서 이 삼각형은 $b=c$인 이등변삼각형이다.

---

09 복소수

본문 144, 145쪽

1 ⑤	**1-1** ③	**2** ②	**2-1** ④
3 ②	**3-1** ⑤	**4** ③	**4-1** ④
5 ③	**5-1** ⑤	**6** ④	**6-1** ④

1 ④ $(3+i)^2=9+6i+i^2=8+6i$

⑤ $\dfrac{1}{2+i}+\dfrac{1}{2-i}=\dfrac{(2-i)+(2+i)}{(2+i)(2-i)}=\dfrac{4}{4-i^2}=\dfrac{4}{5}$

따라서 옳지 않은 것은 ⑤이다.

1-1 $z_1-z_2+z_1z_2$

$=(4+5i)-(-2-i)+(4+5i)(-2-i)$

$=6+6i+(-8-4i-10i-5i^2)$

$=6+6i-3-14i$

$=3-8i$

따라서 실수부분은 3이다.

2
$$
\begin{aligned}
z &= x(2-i)+4(-1+i) \\
&= 2x-xi-4+4i \\
&= (2x-4)+(-x+4)i
\end{aligned}
$$

z^2이 음의 실수가 되려면 z의 실수부분은 0이고 허수부분은 0이 아니어야 하므로 〔→ $(a+bi)^2=a^2-b^2+2abi$에서 $a^2<b^2$, $2ab=0$ 즉, $a=0$, $b\neq 0$〕

$2x-4=0$, $-x+4\neq 0$

$\therefore x=2$

⊕ **플러스톡**

복소수 $z=a+bi$ (a, b는 실수)에 대하여

$z^2=(a+bi)^2=a^2-b^2+2abi$이므로

① z^2이 실수이려면 $a=0$ 또는 $b=0$ → z가 실수 또는 순허수

② z^2이 음의 실수이려면 $a=0$, $b\neq 0$ → z가 순허수

③ z^2이 양의 실수이려면 $a\neq 0$, $b=0$ → z가 0이 아닌 실수

2-1
$$
\begin{aligned}
z &= x(3+i)-(1+6i) \\
&= 3x+xi-1-6i \\
&= (3x-1)+(x-6)i
\end{aligned}
$$

z^2이 실수가 되려면 z의 실수부분이 0이거나 허수부분이 0이어야 하므로 〔→ $(a+bi)^2=a^2-b^2+2abi$에서 $2ab=0$, 즉 $a=0$ 또는 $b=0$〕

$3x-1=0$ 또는 $x-6=0$ $\therefore x=\dfrac{1}{3}$ 또는 $x=6$

따라서 모든 실수 x의 값의 곱은

$\dfrac{1}{3}\times 6=2$

3 $x(1+2i)-y(4-i)=7+5i$에서

$x+2xi-4y+yi=7+5i$

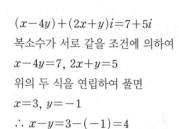

$(x-4y)+(2x+y)i=7+5i$

복소수가 서로 같을 조건에 의하여

$x-4y=7, 2x+y=5$

위의 두 식을 연립하여 풀면

$x=3, y=-1$

$\therefore x-y=3-(-1)=4$

3-1 $x(4+7i)+y(-2-10i)=8+i$에서

$4x+7xi-2y-10yi=8+i$

$(4x-2y)+(7x-10y)i=8+i$

복소수가 서로 같을 조건에 의하여

$4x-2y=8, 7x-10y=1$

위의 두 식을 연립하여 풀면

$x=3, y=2$

$\therefore xy=3\times2=6$

4 $a\bar{a}+a\bar{\beta}+\bar{a}\beta+\beta\bar{\beta}=\alpha(\bar{a}+\bar{\beta})+\beta(\bar{a}+\bar{\beta})$
$=(\alpha+\beta)(\bar{a}+\bar{\beta})$
$=(\alpha+\beta)(\overline{a+\beta})$

이때

$\alpha+\beta=(2+3i)+(1-2i)=3+i$

이므로

$\overline{\alpha+\beta}=3-i$

$\therefore a\bar{a}+a\bar{\beta}+\bar{a}\beta+\beta\bar{\beta}=(3+i)(3-i)=9-i^2=10$

4-1 $\alpha\beta-\alpha\bar{\beta}-\bar{a}\beta+\bar{a}\bar{\beta}=\alpha(\beta-\bar{\beta})-\bar{a}(\beta-\bar{\beta})$
$=(\alpha-\bar{a})(\beta-\bar{\beta})$

이때 $\bar{a}=3-i$, $\bar{\beta}=1+i$이므로

$\alpha\beta-\alpha\bar{\beta}-\bar{a}\beta+\bar{a}\bar{\beta}=\{(3+i)-(3-i)\}\{(1-i)-(1+i)\}$
$=2i\times(-2i)$
$=-4i^2=4$

5 $z=a+bi$ (a, b는 실수)라 하면 $\bar{z}=a-bi$이므로

① $z-\bar{z}=(a+bi)-(a-bi)=2bi \rightarrow$ 허수

② $z^2=(a+bi)^2=a^2+2abi+b^2i^2$
$=a^2-b^2+2abi \rightarrow$ 실수 또는 허수

③ $z\bar{z}=(a+bi)(a-bi)=a^2-b^2i^2$
$=a^2+b^2 \rightarrow$ 실수

④ $\dfrac{1}{z}=\dfrac{1}{a-bi}=\dfrac{a+bi}{(a-bi)(a+bi)}=\dfrac{a+bi}{a^2-b^2i^2}$
$=\dfrac{a+bi}{a^2+b^2}=\dfrac{a}{a^2+b^2}+\dfrac{b}{a^2+b^2}i \rightarrow$ 실수 또는 허수

⑤ $\dfrac{\bar{z}}{z}=\dfrac{a-bi}{a+bi}=\dfrac{(a-bi)^2}{(a+bi)(a-bi)}$
$=\dfrac{a^2-2abi+b^2i^2}{a^2-b^2i^2}=\dfrac{a^2-b^2-2abi}{a^2+b^2}$
$=\dfrac{a^2-b^2}{a^2+b^2}-\dfrac{2ab}{a^2+b^2}i \rightarrow$ 실수 또는 허수

따라서 그 값이 항상 실수인 것은 ③이다.

5-1 $z=a+bi$ (a, b는 실수)라 하면 $\bar{z}=a-bi$이므로

ㄱ. $z+\bar{z}=(a+bi)+(a-bi)=2a$
   이므로 $z+\bar{z}$는 실수이다.

ㄴ. $z=\bar{z}$에서 $a+bi=a-bi$
   복소수가 서로 같을 조건에 의하여
   $b=-b$ $\therefore b=0$
   즉, $z=a$이므로 z는 실수이다.

ㄷ. $z\bar{z}=(a+bi)(a-bi)=a^2-b^2i^2$
   $=a^2+b^2=0$
   에서 $a=0$, $b=0$
   $\therefore z=0$

따라서 옳은 것은 ㄱ, ㄴ, ㄷ이다.

6 $z=a+bi$ (a, b는 실수)라 하면 $\bar{z}=a-bi$이므로

$(3+2i)(a+bi)-i(a-bi)=3+5i$

$3a+3bi+2ai+2bi^2-ai+bi^2=3+5i$

$(3a-3b)+(a+3b)i=3+5i$

복소수가 서로 같을 조건에 의하여

$3a-3b=3, a+3b=5$

위의 두 식을 연립하여 풀면

$a=2, b=1$

$\therefore z=2+i$

6-1 $z=a+bi$ (a, b는 실수)라 하면 $\bar{z}=a-bi$이므로

$(1-2i)(a+bi)+(5-3i)(a-bi)=4-13i$

$a+bi-2ai-2bi^2+5a-5bi-3ai+3bi^2=4-13i$

$(6a-b)-(5a+4b)i=4-13i$

복소수가 서로 같을 조건에 의하여

$6a-b=4, 5a+4b=13$

위의 두 식을 연립하여 풀면

$a=1, b=2$

따라서 $z=1+2i$, $\bar{z}=1-2i$이므로

$z+\bar{z}=(1+2i)+(1-2i)=2$

10 i의 거듭제곱, 음수의 제곱근

본문 146쪽

| 1 ④ | 1-1 8 | 2 ① | 2-1 ③ |
| 3 ④ | 3-1 ③ | 4 ④ | 4-1 ⑤ |

1 $i=i^5=i^9=i^{13}=i^{17}$, $i^2=i^6=i^{10}=i^{14}=i^{18}=-1$,
$i^3=i^7=i^{11}=i^{15}=i^{19}=-i$, $i^4=i^8=i^{12}=i^{16}=i^{20}=1$이므로

$i+2i^2+3i^3+\cdots+20i^{20}$
$=(i-2-3i+4)+(5i-6-7i+8)+\cdots+(17i-18-19i+20)$
$=(2-2i)+(2-2i)+\cdots+(2-2i)$
$=5(2-2i)=10-10i$

따라서 $a=10$, $b=-10$이므로

$a-b=10-(-10)=20$

1-1 $i=i^5$, $i^2=i^6=-1$, $i^3=i^7=-i$, $i^4=i^8=1$이므로

$$\frac{1}{i}+\frac{2}{i^2}+\frac{3}{i^3}+\cdots+\frac{8}{i^8}=\left(\frac{1}{i}-2-\frac{3}{i}+4\right)+\left(\frac{5}{i}-6-\frac{7}{i}+8\right)$$
$$=\left(2-\frac{2}{i}\right)+\left(2-\frac{2}{i}\right)=4-\frac{4}{i}$$
$$=4-\frac{4i}{i^2}=4+4i$$

따라서 $a=4$, $b=4$이므로

$a+b=4+4=8$

2 $z^2=\left(\frac{1+i}{\sqrt{2}}\right)^2=\frac{(1+i)^2}{2}=\frac{2i}{2}=i$이므로

$z^{14}=(z^2)^7=i^7=i^{4\times1+3}=i^3=-i$

2-1 $z^2=\left(\frac{1-i}{\sqrt{2}}\right)^2=\frac{(1-i)^2}{2}=\frac{-2i}{2}=-i$이므로

$$z^2+z^4+z^6+z^8=z^2+(z^2)^2+(z^2)^3+(z^2)^4$$
$$=(-i)+(-i)^2+(-i)^3+(-i)^4$$
$$=-i-1+i+1=0$$

플러스톡

$-i$의 거듭제곱 $(-i)^n$ (n은 자연수)의 값을 차례대로 구하면 $-i$, -1, i, 1의 값이 반복되어 나타난다. 즉,

$(-i)^{4k-3}=-i^{4k-3}=-i$, $(-i)^{4k-2}=i^{4k-2}=-1$,

$(-i)^{4k-1}=-i^{4k-1}=i$, $(-i)^{4k}=i^{4k}=1$ (단, k는 자연수)

3 ① $\sqrt{-2}\sqrt{5}=\sqrt{2}i\times\sqrt{5}=\sqrt{10}i=\sqrt{-10}$

② $\sqrt{-2}\sqrt{-5}=\sqrt{2}i\times\sqrt{5}i=\sqrt{10}i^2=-\sqrt{10}$

③ $\frac{\sqrt{-2}}{\sqrt{5}}=\frac{\sqrt{2}i}{\sqrt{5}}=\sqrt{\frac{2}{5}}i=\sqrt{-\frac{2}{5}}$

④ $\frac{\sqrt{2}}{\sqrt{-5}}=\frac{\sqrt{2}}{\sqrt{5}i}=\frac{\sqrt{2}i}{\sqrt{5}i^2}=-\frac{\sqrt{2}i}{\sqrt{5}}=-\sqrt{\frac{2}{5}}i=-\sqrt{-\frac{2}{5}}$

⑤ $\frac{\sqrt{-2}}{\sqrt{-5}}=\frac{\sqrt{2}i}{\sqrt{5}i}=\frac{\sqrt{2}}{\sqrt{5}}=\sqrt{\frac{2}{5}}$

따라서 옳지 않은 것은 ④이다.

3-1 $z=\frac{3-\sqrt{-9}}{3+\sqrt{-9}}=\frac{3-3i}{3+3i}=\frac{1-i}{1+i}$

$$=\frac{(1-i)^2}{(1+i)(1-i)}=\frac{-2i}{1-i^2}$$
$$=\frac{-2i}{2}=-i$$

이므로 $\bar{z}=i$

$\therefore z+\bar{z}=-i+i=0$

4 $\sqrt{a}\sqrt{b}=-\sqrt{ab}$에서 $a<0$, $b<0$이므로

$\frac{\sqrt{-b}}{\sqrt{a}}=-\sqrt{-\frac{b}{a}}$ ← $a<0$, $-b>0$이므로

4-1 $\frac{\sqrt{a}}{\sqrt{b}}=-\sqrt{\frac{a}{b}}$에서 $a>0$, $b<0$이므로

① $\sqrt{a^2b}=\sqrt{a^2}\times\sqrt{b}=|a|\times\sqrt{b}=a\sqrt{b}$

② $\sqrt{ab^2}=\sqrt{a}\times\sqrt{b^2}=\sqrt{a}\times|b|=-b\sqrt{a}$

⑤ $\sqrt{a}\sqrt{-b}=\sqrt{-ab}$ ← $a>0$, $-b>0$이므로

따라서 옳지 않은 것은 ⑤이다.

11 이차방정식의 근과 판별식

본문 147, 148쪽

1 ①	**1-1** ⑤		
2 ①	**2-1** ④	**2-2** ②	
3 ②	**3-1** ②	**4** ①	**4-1** ⑤
5 ③	**5-1** ④	**5-2** 3	
6 ④	**6-1** $k<-\frac{1}{8}$		

1 $2(x-1)^2-5=3x+1$에서

$2x^2-7x-4=0$, $(2x+1)(x-4)=0$

$\therefore x=-\frac{1}{2}$ 또는 $x=4$

따라서 두 근의 곱은 $-\frac{1}{2}\times4=-2$

1-1 $x=\frac{-(-7)\pm\sqrt{(-7)^2-4\times a\times4}}{2a}$

$$=\frac{7\pm\sqrt{49-16a}}{2a}$$

에서 $2a=4$, $49-16a=b$이므로

$a=2$, $b=17$

$\therefore a+b=2+17=19$

2 $|x|+|x-1|=5$에서

(i) $x<0$일 때, $-x-(x-1)=5$ ← $x<0$, $x-1<0$이므로

$-2x=4$ $\quad\therefore x=-2$

(ii) $0\le x<1$일 때, $x-(x-1)=5$ ← $x\ge0$, $x-1<0$이므로

$0\times x=4$이므로 해는 없다.

(iii) $x\ge1$일 때, $x+(x-1)=5$ ← $x>0$, $x-1\ge0$이므로

$2x=6$ $\quad\therefore x=3$

(i), (ii), (iii)에서 $x=-2$ 또는 $x=3$

따라서 모든 근의 곱은 $-2\times3=-6$

플러스톡

절댓값 기호를 포함한 방정식의 풀이; 절댓값 기호가 2개인 경우

$|x-a|\pm|x-b|=c$ $(a<b)$ 꼴의 방정식은 절댓값 기호 안의 식 $x-a$, $x-b$의 값이 0이 되는 x의 값 a, b를 기준으로 다음과 같이 3개의 범위로 나누어서 푼다.

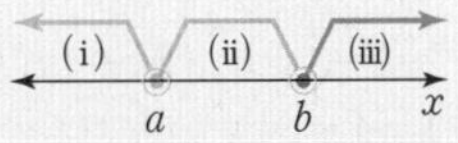

(i) $x<a$ (ii) $a\le x<b$ (iii) $x\ge b$

2-1 $|x-3|+|x-4|=9$에서

(i) $x<3$일 때, $-(x-3)-(x-4)=9$

    $-2x=2$ $\therefore x=-1$ → $x-3<0,\ x-4<0$이므로

(ii) $3 \le x < 4$일 때, $(x-3)-(x-4)=9$

    $0 \times x=8$이므로 해는 없다. → $x-3 \ge 0,\ x-4<0$이므로

(iii) $x \ge 4$일 때, $(x-3)+(x-4)=9$

    $2x=16$ $\therefore x=8$ → $x-3>0,\ x-4 \ge 0$이므로

(i), (ii), (iii)에서 $x=-1$ 또는 $x=8$

따라서 모든 근의 합은

$-1+8=7$

2-2 $|2x-3|=|x+6|$에서

(i) $x<-6$일 때, $-(2x-3)=-(x+6)$

    $-x=-9$ $\therefore x=9$ → $2x-3<0,\ x+6<0$이므로

    그런데 $x<-6$이므로 해는 없다.

(ii) $-6 \le x < \dfrac{3}{2}$일 때, $-(2x-3)=x+6$

    $-3x=3$ $\therefore x=-1$ → $2x-3<0,\ x+6 \ge 0$이므로

(iii) $x \ge \dfrac{3}{2}$일 때, $2x-3=x+6$

    $\therefore x=9$ → $2x-3 \ge 0,\ x+6>0$이므로

(i), (ii), (iii)에서 $x=-1$ 또는 $x=9$

따라서 모든 근의 합은

$-1+9=8$

[다른 풀이]

$|2x-3|=|x+6|$에서 $2x-3=\pm(x+6)$

(i) $2x-3=x+6$ $\therefore x=9$

(ii) $2x-3=-x-6,\ 3x=-3$ $\therefore x=-1$

⊕ **플러스톡**
(1) $|x|=a$이면 $x=\pm a$ (단, $a>0$)
(2) $|x|=|y|$이면 $x=\pm y$

3 $x=-1$을 $x^2+kx+3k+5=0$에 대입하면

$(-1)^2+k \times (-1)+3k+5=0,\ 2k+6=0$

$\therefore k=-3$

즉, 주어진 이차방정식은 $x^2-3x-4=0$이므로

$(x+1)(x-4)=0$ $\therefore x=-1$ 또는 $x=4$

따라서 다른 한 근은 4이다. → 이미 주어진 근

3-1 $x=-2$를 $x^2+(k^2-1)x+k-5=0$에 대입하면

$(-2)^2+(k^2-1) \times (-2)+k-5=0$

$2k^2-k-1=0,\ (2k+1)(k-1)=0$

$\therefore k=1 \ (\because k>0)$

즉, 주어진 이차방정식은 $x^2-4=0$이므로

$x^2=4$ $\therefore x=\pm2$

따라서 다른 한 근은 2이다.

4 주어진 이차방정식의 판별식을 D라 하면

$D=\{-(2k+1)\}^2-4 \times 1 \times (k^2+1)=4k-3>0$

$\therefore k>\dfrac{3}{4}$

따라서 가장 작은 정수 k의 값은 1이다.

4-1 주어진 이차방정식의 판별식을 D라 하면

$\dfrac{D}{4}=(-3)^2-1 \times (2k-5)=14-2k \ge 0$

$\therefore k \le 7$

따라서 자연수 k는 $1, 2, 3, \cdots, 7$의 7개이다.

5 주어진 이차방정식의 판별식을 D라 하면

$\dfrac{D}{4}=k^2-1 \times (-3k)=k^2+3k=0$

$k(k+3)=0$

$\therefore k=-3 \ (\because k \ne 0)$

5-1 $kx^2-3kx+1=0$이 x에 대한 이차방정식이므로

$k \ne 0$ → (x^2의 계수)$\ne 0$

주어진 이차방정식의 판별식을 D라 하면

$D=(-3k)^2-4 \times k \times 1=9k^2-4k=0$

$k(9k-4)=0$

$\therefore k=\dfrac{4}{9} \ (\because k \ne 0)$

⊕ **플러스톡**
x에 대한 이차방정식이므로 x^2의 계수가 0이 아니어야 한다.

5-2 주어진 이차방정식의 판별식을 D라 하면

$\dfrac{D}{4}=(k+a)^2-(k^2+6k+a^2)=2ka-6k=0$

$2k(a-3)=0$

위의 식이 k의 값에 관계없이 항상 성립하려면

$a-3=0$ $\therefore a=3$

6 주어진 이차방정식의 판별식을 D라 하면

$\dfrac{D}{4}=\{-(k+1)\}^2-1 \times (k^2+5)=2k-4<0$

$\therefore k<2$

따라서 가장 큰 정수 k의 값은 1이다.

6-1 $(1-k)x^2+3x+2=0$이 x에 대한 이차방정식이므로 → (x^2의 계수)$\ne 0$

$1-k \ne 0$ $\therefore k \ne 1$ …… ㉠

주어진 이차방정식의 판별식을 D라 하면

$D=3^2-4 \times (1-k) \times 2=8k+1<0$

$\therefore k<-\dfrac{1}{8}$ …… ㉡

㉠, ㉡에서 $k<-\dfrac{1}{8}$

12 이차방정식의 근과 계수의 관계

본문 149, 150쪽

1 ③	**1-1** $\dfrac{3}{2}$	**1-2** ④	
2 ④	**2-1** ②	**3** ②	**3-1** ②
4 $x^2-9x+18=0$	**4-1** ④		
5 ④	**5-1** ①	**6** ②	**6-1** ③

1 이차방정식의 근과 계수의 관계에 의하여

$\alpha+\beta=-2,\ \alpha\beta=-\dfrac{1}{3}$

$\therefore \dfrac{\beta^2}{\alpha}+\dfrac{\alpha^2}{\beta}=\dfrac{\alpha^3+\beta^3}{\alpha\beta}=\dfrac{(\alpha+\beta)^3-3\alpha\beta(\alpha+\beta)}{\alpha\beta}$

$\qquad =\dfrac{(-2)^3-3\times\left(-\dfrac{1}{3}\right)\times(-2)}{-\dfrac{1}{3}}=30$

1-1 이차방정식의 근과 계수의 관계에 의하여

$\alpha+\beta=-2,\ \alpha\beta=-8$

$\dfrac{\alpha}{\beta}-\dfrac{\beta}{\alpha}=\dfrac{\alpha^2-\beta^2}{\alpha\beta}=\dfrac{(\alpha+\beta)(\alpha-\beta)}{\alpha\beta}$

$\qquad =\dfrac{-2(\alpha-\beta)}{-8}=\dfrac{1}{4}(\alpha-\beta)$

이때 $(\alpha-\beta)^2=(\alpha+\beta)^2-4\alpha\beta$이므로

$(\alpha-\beta)^2=(-2)^2-4\times(-8)=36$

$\therefore \alpha-\beta=6\ (\because \alpha>\beta)$

$\therefore \dfrac{\alpha}{\beta}-\dfrac{\beta}{\alpha}=\dfrac{1}{4}(\alpha-\beta)=\dfrac{3}{2}$

1-2 $\alpha,\ \beta$가 이차방정식 $x^2-x+5=0$의 두 근이므로

$\alpha^2-\alpha+5=0,\ \beta^2-\beta+5=0$ → 주어진 이차방정식에 $x=\alpha$, $x=\beta$를 대입하면 등식이 성립한다.

$\therefore \alpha^2-2\alpha+4=-\alpha-1,\ \beta^2-2\beta+4=-\beta-1$

한편, 이차방정식의 근과 계수의 관계에 의하여

$\alpha+\beta=1,\ \alpha\beta=5$

$\therefore (\alpha^2-2\alpha+4)(\beta^2-2\beta+4)=(-\alpha-1)(-\beta-1)$

$\qquad =\alpha\beta+(\alpha+\beta)+1$

$\qquad =5+1+1=7$

> 🔵 **플러스톡**
> 이차방정식 $ax^2+bx+c=0$이 두 근이 $\alpha,\ \beta$일 때
> $a\alpha^2+b\alpha+c=0,\ a\beta^2+b\beta+c=0$

2 두 근의 비가 $3:1$이므로 두 근을 $3\alpha,\ \alpha\ (\alpha\neq0)$라 하면 이차 방정식의 근과 계수의 관계에 의하여

$3\alpha+\alpha=k-4 \quad \therefore 4\alpha=k-4 \qquad \cdots\cdots ㉠$

$3\alpha\times\alpha=k \quad \therefore k=3\alpha^2 \qquad \cdots\cdots ㉡$

㉡을 ㉠에 대입하면

$4\alpha=3\alpha^2-4,\ 3\alpha^2-4\alpha-4=0$

$(3\alpha+2)(\alpha-2)=0 \quad \therefore \alpha=-\dfrac{2}{3}\ 또는\ \alpha=2$

이것을 각각 ㉡에 대입하면

$k=\dfrac{4}{3}\ 또는\ k=12$

따라서 모든 실수 k의 값의 곱은

$\dfrac{4}{3}\times12=16$

2-1 두 근의 차가 3이므로 두 근을 $\alpha,\ \alpha+3$이라 하면 이차방정식 의 근과 계수의 관계에 의하여

$\alpha+(\alpha+3)=2k+1 \quad \therefore \alpha=k-1 \qquad \cdots\cdots ㉠$

$\alpha(\alpha+3)=3k+1 \qquad \cdots\cdots ㉡$

㉠을 ㉡에 대입하면

$(k-1)(k+2)=3k+1,\ k^2-2k-3=0$

$(k+1)(k-3)=0$

$\therefore k=-1\ 또는\ k=3$

따라서 모든 실수 k의 값의 합은

$-1+3=2$

> **다른 풀이**
> 주어진 이차방정식의 두 근을 $\alpha,\ \beta\ (\alpha>\beta)$라 하면 $\alpha-\beta=3$이고 이 차방정식의 근과 계수의 관계에 의하여 → 두 근의 차가 3이므로
> $\alpha+\beta=2k+1,\ \alpha\beta=3k+1$
> 이때 $(\alpha-\beta)^2=(\alpha+\beta)^2-4\alpha\beta$이므로
> $3^2=(2k+1)^2-4(3k+1)$
> $4k^2-8k-12=0,\ k^2-2k-3=0$
> $(k+1)(k-3)=0 \quad \therefore k=-1\ 또는\ k=3$

3 이차방정식의 근과 계수의 관계에 의하여

$\alpha+\beta=2k,\ \alpha\beta=3k+2$

$\alpha^2+\beta^2=(\alpha+\beta)^2-2\alpha\beta=0$에서

$(2k)^2-2(3k+2)=0,\ 4k^2-6k-4=0$

$2k^2-3k-2=0,\ (2k+1)(k-2)=0$

$\therefore k=2\ (\because k>0)$

3-1 이차방정식의 근과 계수의 관계에 의하여

$\alpha+\beta=3k+4,\ \alpha\beta=k+2$

$\alpha^2\beta+\alpha\beta^2+\alpha+\beta=\alpha\beta(\alpha+\beta)+(\alpha+\beta)$

$\qquad =(\alpha+\beta)(\alpha\beta+1)=8$

에서 $(3k+4)(k+3)=8$

$3k^2+13k+4=0,\ (k+4)(3k+1)=0$

$\therefore k=-4\ (\because k는\ 정수)$

4 이차방정식의 근과 계수의 관계에 의하여

$\alpha+\beta=6,\ \alpha\beta=3$이므로

$(두\ 근의\ 합)=(\alpha+\beta)+\alpha\beta=6+3=9$

$(두\ 근의\ 곱)=(\alpha+\beta)\times\alpha\beta=6\times3=18$

따라서 구하는 이차방정식은 $x^2-9x+18=0$이다.

4-1 이차방정식의 근과 계수의 관계에 의하여
$\alpha+\beta=4$, $\alpha\beta=-2$이므로
$(\text{두 근의 합})=\dfrac{1}{\alpha}+\dfrac{1}{\beta}=\dfrac{\alpha+\beta}{\alpha\beta}=-2$
$(\text{두 근의 곱})=\dfrac{1}{\alpha}\times\dfrac{1}{\beta}=\dfrac{1}{\alpha\beta}=-\dfrac{1}{2}$
이때 x^2의 계수가 2이므로 구하는 이차방정식은
$2\left(x^2+2x-\dfrac{1}{2}\right)=0$, 즉 $2x^2+4x-1=0$이다.

5 이차방정식 $x^2+2x+6=0$의 근은
$x=\dfrac{-1\pm\sqrt{1^2-1\times6}}{1}=-1\pm\sqrt{5}i$
$\therefore x^2+2x+6=\{x-(-1+\sqrt{5}i)\}\{x-(-1-\sqrt{5}i)\}$
$\qquad\qquad\qquad=(x+1-\sqrt{5}i)(x+1+\sqrt{5}i)$
따라서 인수인 것은 ④이다.

5-1 $\overset{\text{식을 간단히 하기 위하여 양변에 2를 곱한다.}}{\frown}$
$\dfrac{1}{2}x^2-x+5=0$에서 $x^2-2x+10=0$
이차방정식 $x^2-2x+10=0$의 근은
$x=\dfrac{-(-1)\pm\sqrt{(-1)^2-1\times10}}{1}=1\pm3i$
$\overset{\frown}{}$ x^2의 계수가 $\frac{1}{2}$이므로
$\therefore \dfrac{1}{2}x^2-x+5=\dfrac{1}{2}\{x-(1+3i)\}\{x-(1-3i)\}$
$\qquad\qquad\qquad=\dfrac{1}{2}(x-1-3i)(x-1+3i)$
따라서 $a=1$, $b=3$이므로 $ab=1\times3=3$

6 a, b가 실수이므로 $a+b$, ab도 실수이고, 주어진 이차방정식의 한 근이 $3+2i$이므로 다른 한 근은 $3-2i$이다.
따라서 이차방정식의 근과 계수의 관계에 의하여
$(3+2i)+(3-2i)=-(a+b)$, $(3+2i)(3-2i)=-ab$
$\therefore a+b=-6$, $ab=-13$
$\therefore a^2+b^2=(a+b)^2-2ab=(-6)^2-2\times(-13)=62$

6-1 a, b가 유리수이고 주어진 이차방정식의 한 근이 $b-\sqrt{5}$이므로 다른 한 근은 $b+\sqrt{5}$이다.
따라서 이차방정식의 근과 계수의 관계에 의하여
$(b-\sqrt{5})+(b+\sqrt{5})=8$, $(b-\sqrt{5})(b+\sqrt{5})=a$
$2b=8$, $b^2-5=a$ $\quad\therefore a=11$, $b=4$
$\therefore a+b=11+4=15$

13 이차방정식과 이차함수의 관계
본문 151, 152쪽

1 ④	1-1 ⑤	2 ③	2-1 ②
3 ④	3-1 ⑤	3-2 ⑤	
4 ③	4-1 ③	4-2 ④	
5 ⑤	5-1 ①	6 ④	6-1 ④

1 꼭짓점의 좌표가 (2, 5)이고 이차항의 계수가 1이므로
$y=(x-2)^2+5=x^2-4x+9$
따라서 $a=1$, $b=-4$, $c=9$이므로
$a-b+c=1-(-4)+9=14$

1-1 $y=x^2-2kx-3k-1=(x-k)^2-k^2-3k-1$
이므로 꼭짓점의 좌표는
$(k, -k^2-3k-1)$
이 점이 직선 $y=-x$ 위에 있으므로
$-k^2-3k-1=-k$, $k^2+2k+1=0$ → 직선 $y=-x$에
$(k+1)^2=0$ $\quad\therefore k=-1$ $\qquad$점 $(k, -k^2-3k-1)$을 대입

2 이차함수 $y=2x^2+ax+b$의 그래프가 x축과 만나는 점의 x좌표가 -1, 4이므로 이차방정식 $2x^2+ax+b=0$의 두 근이 -1, 4이다.
즉, 이차방정식의 근과 계수의 관계에 의하여
$(-1)+4=-\dfrac{a}{2}$, $(-1)\times4=\dfrac{b}{2}$
따라서 $a=-6$, $b=-8$이므로
$ab=(-6)\times(-8)=48$

2-1 이차함수 $y=x^2-ax+10$의 그래프가 x축과 만나는 점의 x좌표가 2, b이므로 이차방정식 $x^2-ax+10=0$의 두 근이 2, b이다.
즉, 이차방정식의 근과 계수의 관계에 의하여
$2+b=a$, $2b=10$
따라서 $a=7$, $b=5$이므로
$a+b=7+5=12$

3 이차함수 $y=x^2-2kx+k^2+4k-7$의 그래프가 x축과 서로 다른 두 점에서 만나려면 이차방정식 $x^2-2kx+k^2+4k-7=0$이 서로 다른 두 실근을 가져야 하므로 이 이차방정식의 판별식을 D라 하면
$\dfrac{D}{4}=(-k)^2-1\times(k^2+4k-7)=-4k+7>0$ $\overset{\nearrow D>0}{}$
$\therefore k<\dfrac{7}{4}$
따라서 정수 k의 최댓값은 1이다.

3-1 이차함수 $y=x^2+(k+1)x+3k-2$의 그래프가 x축에 접하므로 이차방정식 $x^2+(k+1)x+3k-2=0$이 중근을 갖는다.
이 이차방정식의 판별식을 D라 하면 $\overset{\searrow D=0}{}$
$D=(k+1)^2-4\times1\times(3k-2)=k^2-10k+9=0$
$(k-1)(k-9)=0$ $\quad\therefore k=1$ 또는 $k=9$
따라서 모든 실수 k의 값의 합은
$1+9=10$

[다른 풀이]

k에 대한 이차방정식 $k^2-10k+9=0$에서 이차방정식의 근과 계수의 관계에 의하여 모든 실수 k의 값의 합은 10이다.

3-2 이차함수 $y=-x^2+5x-k-2$의 그래프가 x축과 만나지 않으므로 이차방정식 $-x^2+5x-k-2=0$이 서로 다른 두 허근을 갖는다. 〔→ $D<0$〕

이 이차방정식의 판별식을 D라 하면

$D=5^2-4\times(-1)\times(-k-2)=-4k+17<0$

$\therefore k>\dfrac{17}{4}$

따라서 정수 k의 최솟값은 5이다.

4 이차함수 $y=x^2+4x+2$의 그래프와 직선 $y=x+k$가 서로 다른 두 점에서 만나려면 이차방정식 $x^2+4x+2=x+k$, 즉 $x^2+3x+2-k=0$이 서로 다른 두 실근을 가져야 하므로 이 이차방정식의 판별식을 D라 하면 〔→ $D>0$〕

$D=3^2-4\times1\times(2-k)=4k+1>0$

$\therefore k>-\dfrac{1}{4}$

4-1 이차함수 $y=3x^2+kx+2$의 그래프와 직선 $y=-x-1$이 접하므로 이차방정식 $3x^2+kx+2=-x-1$, 즉 $3x^2+(k+1)x+3=0$은 중근을 갖는다.

이 이차방정식의 판별식을 D라 하면 〔→ $D=0$〕

$D=(k+1)^2-4\times3\times3=k^2+2k-35=0$

$(k+7)(k-5)=0$

$\therefore k=5\ (\because k>0)$

4-2 이차함수 $y=-x^2+2kx-k^2+5$의 그래프와 직선 $y=2x+1$이 적어도 한 점에서 만나므로 이차방정식 $-x^2+2kx-k^2+5=2x+1$, 즉 $x^2-2(k-1)x+k^2-4=0$은 실근을 갖는다. 〔→ $D\geq0$〕

이 이차방정식의 판별식을 D라 하면

$\dfrac{D}{4}=\{-(k-1)\}^2-1\times(k^2-4)=5-2k\geq0$

$\therefore k\leq\dfrac{5}{2}$

따라서 실수 k의 최댓값은 $\dfrac{5}{2}$이다.

5 직선 $y=ax+b$가 직선 $y=2x+1$에 평행하므로 $a=2$
직선 $y=2x+b$가 이차함수 $y=x^2-2x-3$의 그래프에 접하므로 이차방정식 $2x+b=x^2-2x-3$, 즉 $x^2-4x-b-3=0$은 중근을 갖는다.
이 이차방정식의 판별식을 D라 하면 〔→ $D=0$〕

$\dfrac{D}{4}=(-2)^2-1\times(-b-3)=b+7=0$

$\therefore b=-7$

$\therefore a-b=2-(-7)=9$

> ⊕ **플러스톡**
> 두 직선 $y=ax+b$, $y=a'x+b'$이 평행하면
> $a=a'$, $b\neq b'$

5-1 기울기가 -1인 직선의 방정식은
$y=-x+b$
직선 $y=-x+b$가 이차함수 $y=2x^2+3x-2$의 그래프에 접하므로 이차방정식 $-x+b=2x^2+3x-2$, 즉 $2x^2+4x-b-2=0$은 중근을 갖는다. 〔→ $D=0$〕

이 이차방정식의 판별식을 D라 하면

$\dfrac{D}{4}=2^2-2\times(-b-2)=2b+8=0$

$\therefore b=-4$

따라서 직선의 방정식은 $y=-x-4$이므로 y절편은 -4이다.

> ⊕ **플러스톡**
> 기울기가 m, y절편이 n인 직선의 방정식은
> $y=mx+n$

6 이차함수 $y=-x^2+ax+4$의 그래프와 직선 $y=x+b$의 두 교점의 x좌표가 2, 3이므로 이차방정식 $-x^2+ax+4=x+b$, 즉 $x^2-(a-1)x+b-4=0$의 두 근이 2, 3이다.
즉, 이차방정식의 근과 계수의 관계에 의하여
$2+3=a-1$, $2\times3=b-4$
따라서 $a=6$, $b=10$이므로
$a+b=6+10=16$

6-1 이차함수 $y=x^2+ax+3$의 그래프와 직선 $y=2x-b$의 두 교점의 x좌표가 -4, -1이므로 이차방정식 $x^2+ax+3=2x-b$, 즉 $x^2+(a-2)x+b+3=0$의 두 근이 -4, -1이다.
즉, 이차방정식의 근과 계수의 관계에 의하여
$(-4)+(-1)=-(a-2)$, $(-4)\times(-1)=b+3$
따라서 $a=7$, $b=1$이므로
$ab=7\times1=7$

14 이차함수의 최대, 최소   본문 153쪽

1 ③	1-1 ④	2 14	2-1 ②
3 52	3-1 ⑤		

1 $f(x)=x^2-4x+k=(x-2)^2+k-4$
이므로 $0\leq x\leq3$에서 함수 $y=f(x)$의 그래프는 오른쪽 그림과 같다.
이때 꼭짓점의 x좌표 2가 x의 값의 범위에 속하므로 $x=2$에서 최솟값 $k-4$를 갖는다.
즉, $k-4=2$에서 $k=6$
$\therefore f(x)=(x-2)^2+2$

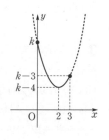

한편, $f(x)$는 $x=0$에서 최댓값을 가지므로 그 값은
$f(0)=(-2)^2+2=6$

1-1 $f(x)=-x^2-6x-k$
$\qquad =-(x+3)^2-k+9$

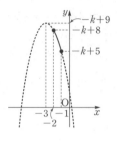

이므로 $-2\leq x\leq-1$에서 $y=f(x)$의 그래프는 오른쪽 그림과 같다.
이때 꼭짓점의 x좌표 -3이 x의 값의 범위에 속하지 않으므로 $x=-2$에서 최댓값 $-k+8$을 갖는다.
즉, $-k+8=10$에서 $k=-2$
$\therefore f(x)=-(x+3)^2+11$
한편, $f(x)$는 $x=-1$에서 최솟값을 가지므로 그 값은
$f(-1)=-2^2+11=7$

2 $x^2-4x+5=t$로 치환하면
$t=x^2-4x+5=(x-2)^2+1$
$1\leq x\leq3$이므로 오른쪽 그림에서
$1\leq t\leq2$

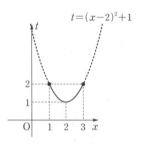

이때 주어진 함수
$y=-t^2+6(t-1)+12$
$\quad =-t^2+6t+6$
$\quad =-(t-3)^2+15 \ (1\leq t\leq2)$
따라서 주어진 함수의 그래프는 오른쪽 그림과 같고 주어진 함수는 $t=2$에서 최댓값은 14를 갖는다.

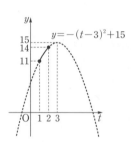

2-1 $x^2+2x=t$로 치환하면
$t=x^2+2x=(x+1)^2-1$
$t\geq-1$
이때 주어진 함수
$y=t^2-2t+k$
$\quad =(t-1)^2+k-1 \ (t\geq-1)$
이므로 주어진 함수의 그래프는 오른쪽 그림과 같다.
따라서 $t=1$에서 최솟값 $k-1$을 가지므로
$k-1=3 \quad \therefore k=4$

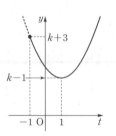

↱이차함수 $y=-x^2+10x$의 그래프가 직선 $x=5$에 대하여 대칭이므로

3 점 A의 좌표를 $(a, 0) \ (0<a<5)$이라 하면
B$(10-a, 0)$, D$(a, -a^2+10a)$이므로
$\overline{AB}=10-2a$, $\overline{AD}=-a^2+10a$
직사각형 ABCD의 둘레의 길이를 y라 하면

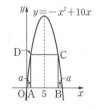

$y=2\{(10-2a)+(-a^2+10a)\}$
$\quad =-2a^2+16a+20$
$\quad =-2(a-4)^2+52$
이때 $0<a<5$이므로 $a=4$에서 최댓값 52를 갖는다.
따라서 직사각형 ABCD의 둘레의 길이의 최댓값은 52이다.

⌜**다른 풀이**⌝
점 B의 좌표를 $(b, 0) \ (5<b<10)$이라 하면
A$(10-b, 0)$, C$(b, -b^2+10b)$이므로
$\overline{AB}=2b-10$, $\overline{BC}=-b^2+10b$
직사각형 ABCD의 둘레의 길이를 y라 하면
$y=2\{(2b-10)+(-b^2+10b)\}$
$\quad =-2b^2+24b-20$
$\quad =-2(b-6)^2+52$
이때 $5<b<10$이므로 $b=6$에서 최댓값 52를 갖는다.
따라서 직사각형 ABCD의 둘레의 길이의 최댓값은 52이다.

3-1 오른쪽 그림과 같이 가축우리의 세로의 길이를 x m라 하면 가로의 길이는 $(48-2x)$m
가축우리의 넓이를 y m^{2}라 하면
$y=x(48-2x)=-2x^2+48x$
$\quad =-2(x-12)^2+288$
이때 $0<x<24$이므로 $x=12$에서 최댓값 288을 갖는다.
따라서 가축우리의 넓이의 최댓값은 288 m^{2}이다.
↳길이는 양수이므로 $x>0$, $48-2x>0$
$\quad \therefore 0<x<24$

15 삼차방정식과 사차방정식
본문 154, 155쪽

1 ④	1-1 ②	2 ③	2-1 ①
3 ③	3-1 ②	4 ②	4-1 ②
5 ①	5-1 ④	6 ②	6-1 ③

1 $x^3-9x^2-10x=0$의 좌변을 인수분해하면
$x(x^2-9x-10)=0$
$x(x+1)(x-10)=0$
$\therefore x=-1$ 또는 $x=0$ 또는 $x=10$
따라서 $\alpha=10$, $\beta=-1$이므로
$\alpha-\beta=10-(-1)=11$

1-1 $x^4+27x=0$의 좌변을 인수분해하면
$x(x^3+27)=0$
$x(x+3)(x^2-3x+9)=0$
$\therefore x=-3$ 또는 $x=0$ 또는 $x=\dfrac{3\pm3\sqrt{3}i}{2}$
└실근┘ └허근┘
따라서 주어진 방정식의 모든 실근의 합은
$-3+0=-3$

2 삼차방정식 $x^3+x^2-5kx+4k=0$의 한 근이 1이므로
$1^3+1^2-5k\times1+4k=0$ $\therefore k=2$
즉, 주어진 방정식은
$x^3+x^2-10x+8=0$
$P(x)=x^3+x^2-10x+8$이라 하면
$P(1)=1^3+1^2-10\times1+8=0$이므로 $x-1$은 $P(x)$의 인수이다.
조립제법을 이용하여 $P(x)$를 인수분해하면

$$
\begin{array}{r|rrrr}
1 & 1 & 1 & -10 & 8 \\
  &   & 1 & 2   & -8 \\
\hline
  & 1 & 2 & -8 & 0
\end{array}
$$

$\therefore P(x)=(x-1)(x^2+2x-8)$
즉, 주어진 방정식은 $(x-1)(x^2+2x-8)=0$
이고 α, β는 이차방정식 $x^2+2x-8=0$의 두 근이므로 이차방정식의 근과 계수의 관계에 의하여 $\alpha+\beta=-2$

2-1 삼차방정식 $x^3+kx^2+(k-1)x-3k=0$의 한 근이 2이므로
$2^3+k\times2^2+(k-1)\times2-3k=0$ → $x=2$ 대입
$8+4k+2k-2-3k=0$, $3k+6=0$ $\therefore k=-2$
즉, 주어진 방정식은
$x^3-2x^2-3x+6=0$
$P(x)=x^3-2x^2-3x+6$이라 하면
$P(2)=2^3-2\times2^2-3\times2+6=0$이므로 $x-2$는 $P(x)$의 인수이다.
조립제법을 이용하여 $P(x)$를 인수분해하면

$$
\begin{array}{r|rrrr}
2 & 1 & -2 & -3 & 6 \\
  &   & 2 & 0 & -6 \\
\hline
  & 1 & 0 & -3 & 0
\end{array}
$$

$\therefore P(x)=(x-2)(x^2-3)$
즉, 주어진 방정식은 $(x-2)(x^2-3)=0$
이고 α, β는 이차방정식 $x^2-3=0$의 두 근이므로 이차방정식의 근과 계수의 관계에 의하여 $\alpha\beta=-3$

3 $P(x)=x^4+2x^3+3x^2-2x-4$라 하면
$P(1)=1^4+2\times1^3+3\times1^2-2\times1-4=0$이므로 $x-1$은 $P(x)$의 인수이다.
조립제법을 이용하여 $P(x)$를 인수분해하면

$$
\begin{array}{r|rrrrr}
1 & 1 & 2 & 3 & 2 & 4 \\
  &   & 1 & 3 & 6 & 4 \\
\hline
  & 1 & 3 & 6 & 4 & 0
\end{array}
$$

$\therefore P(x)=(x-1)(x^3+3x^2+6x+4)$
이때 $Q(x)=x^3+3x^2+6x+4$라 하면
$Q(-1)=(-1)^3+3\times(-1)^2+6\times(-1)+4=0$
이므로 $x+1$은 $Q(x)$의 인수이다.
조립제법을 이용하여 $Q(x)$를 인수분해하면

$$
\begin{array}{r|rrrr}
-1 & 1 & 3 & 6 & 4 \\
   &   & -1 & -2 & -4 \\
\hline
   & 1 & 2 & 4 & 0
\end{array}
$$

$\therefore Q(x)=(x+1)(x^2+2x+4)$
$\therefore P(x)=(x-1)Q(x)$
$\quad\quad\quad =(x-1)(x+1)(x^2+2x+4)$
즉, 주어진 방정식은
$(x-1)(x+1)(x^2+2x+4)=0$
$\therefore \underset{\text{실근}}{x=-1 \text{ 또는 } x=1} \text{ 또는 } \underset{\text{허근}}{x=-1\pm\sqrt{3}i}$
따라서 주어진 방정식의 모든 실근의 곱은
$-1\times1=-1$

3-1 $P(x)=x^4+2x^3-4x^2-26x-21$이라 하면
$P(-1)=(-1)^4+2\times(-1)^3-4\times(-1)^2-26\times(-1)-21=0$
이므로 $x+1$은 $P(x)$의 인수이다.
조립제법을 이용하여 $P(x)$를 인수분해하면

$$
\begin{array}{r|rrrrr}
-1 & 1 & 2 & -4 & -26 & -21 \\
   &   & -1 & -1 & 5 & 21 \\
\hline
   & 1 & 1 & -5 & -21 & 0
\end{array}
$$

$\therefore P(x)=(x+1)(x^3+x^2-5x-21)$
이때 $Q(x)=x^3+x^2-5x-21$이라 하면
$Q(3)=3^3+3^2-5\times3-21=0$이므로 $x-3$은 $Q(x)$의 인수이다.
조립제법을 이용하여 $Q(x)$를 인수분해하면

$$
\begin{array}{r|rrrr}
3 & 1 & 1 & -5 & -21 \\
  &   & 3 & 12 & 21 \\
\hline
  & 1 & 4 & 7 & 0
\end{array}
$$

$\therefore Q(x)=(x-3)(x^2+4x+7)$
$\therefore P(x)=(x+1)Q(x)$
$\quad\quad\quad =(x+1)(x-3)(x^2+4x+7)$
즉, 주어진 방정식은
$\left[\dfrac{D}{4}=2^2-1\times7=-3<0\right]$
$(x+1)(x-3)(x^2+4x+7)=0$
이고 α, β는 이차방정식 $x^2+4x+7=0$의 두 허근이므로 이차방정식의 근과 계수의 관계에 의하여
$\alpha+\beta=-4$, $\alpha\beta=7$
$\therefore \alpha^2+\beta^2=(\alpha+\beta)^2-2\alpha\beta$
$\quad\quad\quad =(-4)^2-2\times7=2$

4 $x^2+2x=X$로 치환하면
$X^2+X-30=0$, $(X+6)(X-5)=0$
$\therefore X=-6 \text{ 또는 } X=5$
(i) $X=-6$일 때
$\quad x^2+2x=-6$에서 $x^2+2x+6=0$
$\quad \therefore x=-1\pm\sqrt{5}i$ → 허근
(ii) $X=5$일 때
$\quad x^2+2x=5$에서 $x^2+2x-5=0$
$\quad \therefore x=-1\pm\sqrt{6}$ → 실근
(i), (ii)에서 주어진 방정식의 실근의 합은
$(-1+\sqrt{6})+(-1-\sqrt{6})=-2$
허근의 곱은
$(-1+\sqrt{5}i)(-1-\sqrt{5}i)=1-5i^2=6$

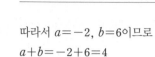

따라서 $a=-2$, $b=6$이므로
$a+b=-2+6=4$

4-1 $x^2+2x=X$로 치환하면
$(X-4)(X+3)+10=0$, $X^2-X-2=0$
$(X+1)(X-2)=0$
$\therefore X=-1$ 또는 $X=2$
(ⅰ) $X=-1$일 때
 $x^2+2x=-1$에서 $x^2+2x+1=0$
 $(x+1)^2=0$ $\therefore x=-1$
(ⅱ) $X=2$일 때
 $x^2+2x=2$에서 $x^2+2x-2=0$
 $\therefore x=-1\pm\sqrt{3}$
따라서 $\alpha=-1+\sqrt{3}$, $\beta=-1-\sqrt{3}$이므로
$\alpha+\beta=(-1+\sqrt{3})+(-1-\sqrt{3})=-2$

5 $x^2=X$로 치환하면
$X^2-5X-6=0$, $(X+1)(X-6)=0$
$\therefore X=-1$ 또는 $X=6$
(ⅰ) $X=-1$일 때
 $x^2=-1$에서 $x=\pm i$ → 허근
(ⅱ) $X=6$일 때
 $x^2=6$에서 $x=\pm\sqrt{6}$ → 실근
(ⅰ), (ⅱ)에서 주어진 방정식의 두 실근의 곱은
$(-\sqrt{6})\times\sqrt{6}=-6$

5-1 $x^4-16x^2+36=0$에서
$(x^4-12x^2+36)-4x^2=0$
$(x^2-6)^2-(2x)^2=0$
$(x^2+2x-6)(x^2-2x-6)=0$
$\therefore x^2+2x-6=0$ 또는 $x^2-2x-6=0$
이차방정식 $x^2+2x-6=0$의 두 근을 α, β이라 하고, 이차방정식
$x^2-2x-6=0$의 두 근을 γ, δ라 하면
$\alpha+\beta=-2$, $\alpha\beta=-6$, $\gamma+\delta=2$, $\gamma\delta=-6$
$\therefore \alpha^2+\beta^2+\gamma^2+\delta^2=(\alpha+\beta)^2-2\alpha\beta+(\gamma+\delta)^2-2\gamma\delta$
$=(-2)^2-2\times(-6)+2^2-2\times(-6)$
$=32$

6 $x\neq0$이므로 방정식의 양변을 x^2으로 나누면
$x^2+5x+2+\dfrac{5}{x}+\dfrac{1}{x^2}=0$
$\left(x^2+\dfrac{1}{x^2}\right)+5\left(x+\dfrac{1}{x}\right)+2=0$
$\left(x+\dfrac{1}{x}\right)^2+5\left(x+\dfrac{1}{x}\right)=0$
$x+\dfrac{1}{x}=X$로 치환하면
$X^2+5X=0$, $X(X+5)=0$
$\therefore X=-5$ 또는 $X=0$

(ⅰ) $X=-5$일 때
 $x+\dfrac{1}{x}=-5$에서 $x^2+5x+1=0$
 $\therefore x=\dfrac{-5\pm\sqrt{21}}{2}$ → 실근
(ⅱ) $X=0$일 때
 $x+\dfrac{1}{x}=0$에서 $x^2+1=0$
 $\therefore x=\pm i$ → 허근
(ⅰ), (ⅱ)에서 주어진 방정식의 두 실근의 합은
$\dfrac{-5+\sqrt{21}}{2}+\dfrac{-5-\sqrt{21}}{2}=-5$

6-1 $x\neq0$이므로 방정식의 양변을 x^2으로 나누면
$x^2-4x-3-\dfrac{4}{x}+\dfrac{1}{x^2}=0$, $\left(x^2+\dfrac{1}{x^2}\right)-4\left(x+\dfrac{1}{x}\right)-3=0$
$\left(x+\dfrac{1}{x}\right)^2-4\left(x+\dfrac{1}{x}\right)-5=0$
$x+\dfrac{1}{x}=X$로 치환하면
$X^2-4X-5=0$, $(X+1)(X-5)=0$
$\therefore X=-1$ 또는 $X=5$
(ⅰ) $X=-1$일 때
 $x+\dfrac{1}{x}=-1$에서 $x^2+x+1=0$
 $\therefore x=\dfrac{-1\pm\sqrt{3}i}{2}$ → 허근
(ⅱ) $X=5$일 때
 $x+\dfrac{1}{x}=5$에서 $x^2-5x+1=0$
 $\therefore x=\dfrac{5\pm\sqrt{21}}{2}$ → 실근
(ⅰ), (ⅱ)에서 주어진 방정식의 실근의 합은
$\dfrac{5+\sqrt{21}}{2}+\dfrac{5-\sqrt{21}}{2}=5$
허근의 곱은
$\dfrac{-1+\sqrt{3}i}{2}\times\dfrac{-1-\sqrt{3}i}{2}=1$
따라서 $a=5$, $b=1$이므로
$a+b=5+1=6$

16 삼차방정식의 근의 성질
본문 156, 157쪽

1 ②	1-1 15	1-2 ③	
2 ③	2-1 ①	3 ①	3-1 ②
4 ①	4-1 ①	5 ①	5-1 ①
6 ①	6-1 1		

1 삼차방정식 $x^3-7x^2+3x-1=0$의 세 근이 α, β, γ이므로 삼차방정식의 근과 계수의 관계에 의하여
$\alpha+\beta+\gamma=7$, $\alpha\beta+\beta\gamma+\gamma\alpha=3$, $\alpha\beta\gamma=1$

$$\therefore \frac{\gamma}{\alpha\beta}+\frac{\alpha}{\beta\gamma}+\frac{\beta}{\gamma\alpha}=\frac{\alpha^2+\beta^2+\gamma^2}{\alpha\beta\gamma}$$
$$=\frac{(\alpha+\beta+\gamma)^2-2(\alpha\beta+\beta\gamma+\gamma\alpha)}{\alpha\beta\gamma}$$
$$=\frac{7^2-2\times3}{1}=43$$

1-1 삼차방정식 $x^3+6x^2-2x+3=0$의 세 근이 α, β, γ이므로 삼차방정식의 근과 계수의 관계에 의하여
$\alpha+\beta+\gamma=-6$, $\alpha\beta+\beta\gamma+\gamma\alpha=-2$, $\alpha\beta\gamma=-3$
$\therefore (\alpha+\beta)(\beta+\gamma)(\gamma+\alpha)$
$\quad=(-6-\gamma)(-6-\alpha)(-6-\beta)$
$\quad=-216-36(\alpha+\beta+\gamma)-6(\alpha\beta+\beta\gamma+\gamma\alpha)-\alpha\beta\gamma$
$\quad=-216-36\times(-6)-6\times(-2)-(-3)$
$\quad=15$

1-2 삼차방정식 $x^3+ax^2+3x-2=0$의 세 근이 α, β, γ이므로 삼차방정식의 근과 계수의 관계에 의하여
$\alpha+\beta+\gamma=-a$, $\alpha\beta+\beta\gamma+\gamma\alpha=3$, $\alpha\beta\gamma=2$
$\therefore (1-\alpha)(1-\beta)(1-\gamma)$
$\quad=1-(\alpha+\beta+\gamma)+(\alpha\beta+\beta\gamma+\gamma\alpha)-\alpha\beta\gamma$
$\quad=1-(-a)+3-2=5$
따라서 $a+2=5$이므로 $a=3$

2 삼차방정식의 근과 계수의 관계에 의하여
$\alpha+\beta+\gamma=2$, $\alpha\beta+\beta\gamma+\gamma\alpha=4$, $\alpha\beta\gamma=1$
세 수 $\dfrac{1}{\alpha}$, $\dfrac{1}{\beta}$, $\dfrac{1}{\gamma}$을 근으로 하는 삼차방정식은
(세 근의 합)$=\dfrac{1}{\alpha}+\dfrac{1}{\beta}+\dfrac{1}{\gamma}=\dfrac{\alpha\beta+\beta\gamma+\gamma\alpha}{\alpha\beta\gamma}=4$,
(두 근끼리의 곱의 합)$=\dfrac{1}{\alpha}\times\dfrac{1}{\beta}+\dfrac{1}{\beta}\times\dfrac{1}{\gamma}+\dfrac{1}{\gamma}\times\dfrac{1}{\alpha}$,
$\qquad=\dfrac{\alpha+\beta+\gamma}{\alpha\beta\gamma}=2$
(세 근의 곱)$=\dfrac{1}{\alpha}\times\dfrac{1}{\beta}\times\dfrac{1}{\gamma}=\dfrac{1}{\alpha\beta\gamma}=1$
이므로 구하는 삼차방정식은 $x^3-4x^2+2x-1=0$이다.

2-1 삼차방정식의 근과 계수의 관계에 의하여
$\alpha+\beta+\gamma=0$, $\alpha\beta+\beta\gamma+\gamma\alpha=6$, $\alpha\beta\gamma=-2$
세 수 $\alpha\beta$, $\beta\gamma$, $\gamma\alpha$를 근으로 하는 삼차방정식은
(세 근의 합)$=\alpha\beta+\beta\gamma+\gamma\alpha=6$,
(두 근끼리의 곱의 합)$=\alpha\beta\times\beta\gamma+\beta\gamma\times\gamma\alpha+\gamma\alpha\times\alpha\beta$
$\qquad\qquad=\alpha\beta\gamma(\alpha+\beta+\gamma)=(-2)\times0=0$,
(세 근의 곱)$=\alpha\beta\times\beta\gamma\times\gamma\alpha=(\alpha\beta\gamma)^2=(-2)^2=4$
이므로 구하는 삼차방정식은 $x^3-6x^2-4=0$이다.

3 주어진 삼차방정식의 세 근을 α, 2α, 3α $(\alpha\ne0)$라 하면 삼차방정식의 근과 계수의 관계에 의하여
$\alpha+2\alpha+3\alpha=6$, $6\alpha=6$ $\therefore \alpha=1$

따라서 세 근이 1, 2, 3이므로
$1\times2+2\times3+3\times1=a$, $1\times2\times3=-b$
$\therefore a=11$, $b=-6$
$\therefore a+b=11+(-6)=5$

3-1 주어진 삼차방정식의 세 근을 $\alpha-1$, α, $\alpha+1$ (α는 정수)이라 하면 삼차방정식의 근과 계수의 관계에 의하여
$(\alpha-1)+\alpha+(\alpha+1)=3$, $3\alpha=3$ $\therefore \alpha=1$
따라서 세 근이 0, 1, 2이므로
$0\times1+1\times2+2\times0=a$, $0\times1\times2=-b$
$\therefore a=2$, $b=0$
$\therefore a+b=2+0=2$

⊕ 플러스톡

삼차방정식의 세 근에 대한 조건이 주어지면 세 근을 다음과 같이 놓고 근과 계수의 관계를 이용하여 미정계수를 구한다.
(1) 세 근의 비가 $l:m:n$이면
➡ $l\alpha$, $m\alpha$, $n\alpha$ $(\alpha\ne0)$
(2) 세 근이 연속한 세 정수이면
➡ $\alpha-1$, α, $\alpha+1$ (α는 정수)

4 a, b가 유리수이고 주어진 삼차방정식의 한 근이 $2+\sqrt{3}$이므로 $2-\sqrt{3}$도 근이다.
나머지 한 근을 α라 하면 삼차방정식의 근과 계수의 관계에 의하여
$(2+\sqrt{3})\times(2-\sqrt{3})\times\alpha=1$ $\therefore \alpha=1$
즉, 주어진 삼차방정식의 세 근이 $2+\sqrt{3}$, $2-\sqrt{3}$, 1이므로
$(2+\sqrt{3})+(2-\sqrt{3})+1=-a$
$(2+\sqrt{3})(2-\sqrt{3})+(2-\sqrt{3})\times1+1\times(2+\sqrt{3})=b$
따라서 $a=-5$, $b=5$이므로
$a-b=-5-5=-10$

4-1 a, b가 실수이고 주어진 삼차방정식의 한 근이 $3-i$이므로 $3+i$도 근이다.
나머지 한 근을 α라 하면 삼차방정식의 근과 계수의 관계에 의하여
$(3-i)+(3+i)+\alpha=8$ $\therefore \alpha=2$
즉, 주어진 삼차방정식의 세 근이 $3-i$, $3+i$, 2이므로
$(3-i)(3+i)+(3+i)\times2+2\times(3-i)=a$
$(3-i)\times(3+i)\times2=-b$
따라서 $a=22$, $b=-20$이므로
$a+b=22+(-20)=2$

5 ㄱ. $x^3=1$에서 $x^3-1=0$
$(x-1)(x^2+x+1)=0$
이때 ω는 허근이므로 방정식 $x^2+x+1=0$의 근이다.
$\therefore \omega^2+\omega+1=0$

ㄴ. 방정식 $x^2+x+1=0$의 한 허근이 ω이므로 다른 한 허근은 $\bar{\omega}$이다.
즉, 이차방정식의 근과 계수의 관계에 의하여
$\omega+\bar{\omega}=-1$

ㄷ. ㄴ에서 이차방정식의 근과 계수의 관계에 의하여

$\omega\bar{\omega}=1$

ㄹ. $\omega^2+\omega+1=0$의 양변을 ω로 나누면

$\omega+1+\dfrac{1}{\omega}=0$ $\therefore \omega+\dfrac{1}{\omega}=-1$

따라서 옳은 것은 ㄱ, ㄷ이다.

5-1 ㄱ. $x^3=1$에서 $x^3-1=0$, $(x-1)(x^2+x+1)=0$

이때 ω는 허근이므로 방정식 $x^2+x+1=0$의 근이다.

즉, $\omega^2+\omega+1=0$이므로

$\omega^{17}+\omega^7+\omega^3=\omega^{3\times5+2}+\omega^{3\times2+1}+1$

$\qquad\qquad\qquad =\omega^2+\omega+1=0$

ㄴ. $\omega^3=1$에서 $\dfrac{1}{\omega^2}=\omega$이므로

$\omega^8+\dfrac{1}{\omega^8}=\omega^{3\times2+2}+\dfrac{1}{\omega^{3\times2+2}}=\omega^2+\dfrac{1}{\omega^2}$

$\qquad\qquad =\omega^2+\omega=-1$

ㄷ. 방정식 $x^2+x+1=0$의 한 허근이 ω이므로 다른 한 허근은 $\bar{\omega}$이다.

즉, 이차방정식의 근과 계수의 관계에 의하여

$\omega+\bar{\omega}=-1$, $\omega\bar{\omega}=1$

$\therefore (1-\omega)(1-\bar{\omega})=1-(\omega+\bar{\omega})+\omega\bar{\omega}$

$\qquad\qquad\qquad\quad =1-(-1)+1=3$

ㄹ. $\omega^2+\omega+1=0$에서 $\omega+1=-\omega^2$이므로

$\dfrac{\omega^2}{\omega+1}=\dfrac{\omega^2}{-\omega^2}=-1$

따라서 옳은 것은 ㄱ, ㄴ이다.

6 $x^3=-1$에서 $x^3+1=0$, $(x+1)(x^2-x+1)=0$이므로

ω는 방정식 $x^2-x+1=0$의 한 허근이고, ω의 켤레복소수인 $\bar{\omega}$도

$x^2-x+1=0$의 허근이다.

즉, $\omega^2-\omega+1=0$, $\bar{\omega}^2-\bar{\omega}+1=0$이므로

$\omega-1=\omega^2$, $\bar{\omega}-1=\bar{\omega}^2$

$\therefore \dfrac{\omega-1}{\omega}+\dfrac{\bar{\omega}-1}{\bar{\omega}}=\dfrac{\omega^2}{\omega}+\dfrac{\bar{\omega}^2}{\bar{\omega}}=\omega+\bar{\omega}=1$

6-1 $x^3=-1$에서 $x^3+1=0$, $(x+1)(x^2-x+1)=0$이므로

ω는 방정식 $x^2-x+1=0$의 한 허근이다.

즉, $\omega^3=-1$, $\omega^2-\omega+1=0$이므로

$\omega^{12}+\omega^{11}+\omega^{10}+\omega^9+\cdots+1$

$=\omega^{3\times4}+\omega^{3\times3+2}+\omega^{3\times3+1}+\omega^{3\times3}+\cdots+1$

$=(-1)^4+(-1)^3\times\omega^2+(-1)^3\times\omega+(-1)^3+\cdots+1$

$=1-\omega^2-\omega-1+\omega^2+\omega+1-\omega^2-\omega-1+\omega^2+\omega+1$

$=1$

17 연립이차방정식

본문 158쪽

1 ③	1-1 ⑤	2 ④	2-1 ⑤
3 ①	3-1 ②		

1 $\begin{cases} x-y=2 & \cdots\cdots ㉠ \\ x^2+y^2=10 & \cdots\cdots ㉡ \end{cases}$

㉠에서 $x=y+2$ $\cdots\cdots ㉢$

㉢을 ㉡에 대입하면

$(y+2)^2+y^2=10$, $2y^2+4y-6=0$

$2(y+3)(y-1)=0$ $\therefore y=-3$ 또는 $y=1$

(i) $y=-3$을 ㉢에 대입하면

$x=-1$

(ii) $y=1$을 ㉢에 대입하면

$x=3$

(i), (ii)에서 주어진 연립방정식의 해는

$\begin{cases} x=-1 \\ y=-3 \end{cases}$ 또는 $\begin{cases} x=3 \\ y=1 \end{cases}$

따라서 $\alpha=-1$, $\beta=-3$ 또는 $\alpha=3$, $\beta=1$이므로

$\alpha\beta=3$ ← $(-1)\times(-3)=3\times1=3$

1-1 $\begin{cases} x+y=5 & \cdots\cdots ㉠ \\ x^2-xy+y^2=7 & \cdots\cdots ㉡ \end{cases}$

㉠에서 $y=-x+5$ $\cdots\cdots ㉢$

㉢을 ㉡에 대입하면

$x^2-x(-x+5)+(-x+5)^2=7$

$x^2-5x+6=0$, $(x-2)(x-3)=0$

$\therefore x=2$ 또는 $x=3$

(i) $x=2$를 ㉢에 대입하면

$y=3$

(ii) $x=3$을 ㉢에 대입하면

$y=2$

(i), (ii)에서 주어진 연립방정식의 해는

$\begin{cases} x=2 \\ y=3 \end{cases}$ 또는 $\begin{cases} x=3 \\ y=2 \end{cases}$

$\therefore x^2+y^2=13$ ← $2^2+3^2=3^2+2^2=13$

2 $\begin{cases} x^2+xy-2y^2=0 & \cdots\cdots ㉠ \\ x^2-xy+2y^2=8 & \cdots\cdots ㉡ \end{cases}$

㉠에서 $(x+2y)(x-y)=0$

$\therefore x=-2y$ 또는 $x=y$

(i) $x=-2y$를 ㉡에 대입하면

$(-2y)^2-(-2y)\times y+2y^2=8$, $8y^2=8$

$y^2=1$ $\therefore y=\pm1$

즉, $y=-1$일 때 $x=2$, $y=1$일 때 $x=-2$

(ii) $x=y$를 ㉡에 대입하면

$y^2-y\times y+2y^2=8$, $2y^2=8$

$y^2=4$ $\therefore y=\pm2$

즉, $y=-2$일 때 $x=-2$, $y=2$일 때 $x=2$

(i), (ii)에서 주어진 연립방정식의 해는

$\begin{cases} x=2 \\ y=-1 \end{cases}$ 또는 $\begin{cases} x=-2 \\ y=1 \end{cases}$ 또는 $\begin{cases} x=-2 \\ y=-2 \end{cases}$ 또는 $\begin{cases} x=2 \\ y=2 \end{cases}$

따라서 $\alpha+\beta$는 $\alpha=2$, $\beta=2$일 때 최대이므로 구하는 최댓값은

$2+2=4$

2-1 $\begin{cases} x^2-2xy-3y^2=0 & \cdots\cdots \text{㉠} \\ x^2-3xy+y^2=10 & \cdots\cdots \text{㉡} \end{cases}$

㉠에서 $(x+y)(x-3y)=0$

$\therefore x=-y$ 또는 $x=3y$

(i) $x=-y$를 ㉡에 대입하면

$(-y)^2-3\times(-y)\times y+y^2=10$, $5y^2=10$

$y^2=2$ $\therefore y=\pm\sqrt{2}$

즉, $y=-\sqrt{2}$일 때 $x=\sqrt{2}$, $y=\sqrt{2}$일 때 $x=-\sqrt{2}$

(ii) $x=3y$를 ㉡에 대입하면

$(3y)^2-3\times3y\times y+y^2=10$, $y^2=10$

$\therefore y=\pm\sqrt{10}$

즉, $y=-\sqrt{10}$일 때 $x=-3\sqrt{10}$, $y=\sqrt{10}$일 때 $x=3\sqrt{10}$

(i), (ii)에서 주어진 연립방정식의 해는

$\begin{cases} x=\sqrt{2} \\ y=-\sqrt{2} \end{cases}$ 또는 $\begin{cases} x=-\sqrt{2} \\ y=\sqrt{2} \end{cases}$ 또는 $\begin{cases} x=-3\sqrt{10} \\ y=-\sqrt{10} \end{cases}$ 또는 $\begin{cases} x=3\sqrt{10} \\ y=\sqrt{10} \end{cases}$

따라서 $\alpha\beta$는 $\alpha=-3\sqrt{10}$, $\beta=-\sqrt{10}$ 또는 $\alpha=3\sqrt{10}$, $\beta=\sqrt{10}$일 때

최대이므로 구하는 최댓값은 30이다. ← $(-3\sqrt{10})\times(-\sqrt{10})$
$=3\sqrt{10}\times\sqrt{10}=30$

3 $x+y=u$, $xy=v$라 하고 주어진 연립방정식을 변형하면

$\begin{cases} (x+y)^2-2xy=41 \\ xy=20 \end{cases}$ 에서 $\begin{cases} u^2-2v=41 \\ v=20 \end{cases}$

$v=20$을 $u^2-2v=41$에 대입하여 정리하면

$u^2=81$ $\therefore u=\pm9$

(i) $u=-9$, $v=20$, 즉 $x+y=-9$, $xy=20$일 때

x, y를 두 근으로 하는 t에 대한 이차방정식은

$t^2+9t+20=0$, $(t+5)(t+4)=0$

$\therefore t=-5$ 또는 $t=-4$

즉, $x=-5$일 때 $y=-4$이고 $x=-4$일 때 $y=-5$

(ii) $u=9$, $v=20$, 즉 $x+y=9$, $xy=20$일 때

x, y를 두 근으로 하는 t에 대한 이차방정식은

$t^2-9t+20=0$, $(t-4)(t-5)=0$

$\therefore t=4$ 또는 $t=5$

즉, $x=4$일 때 $y=5$이고 $x=5$일 때 $y=4$

(i), (ii)에서 주어진 연립방정식의 해는

$\begin{cases} x=-5 \\ y=-4 \end{cases}$ 또는 $\begin{cases} x=-4 \\ y=-5 \end{cases}$ 또는 $\begin{cases} x=4 \\ y=5 \end{cases}$ 또는 $\begin{cases} x=5 \\ y=4 \end{cases}$

따라서 $x+2y$는 $x=-4$, $y=-5$일 때 최소이므로 구하는 최솟값은

$-4+2\times(-5)=-14$

3-1 $\begin{cases} x+y=-4 & \cdots\cdots \text{㉠} \\ x+xy+y=-1 & \cdots\cdots \text{㉡} \end{cases}$

㉠을 ㉡에 대입하여 정리하면 $xy=3$이므로

$\begin{cases} x+y=-4 \\ xy=3 \end{cases}$

위의 연립방정식을 만족시키는 x, y는 이차방정식의 근과 계수의 관계에 의하여 t에 대한 이차방정식 $t^2+4t+3=0$의 두 근이므로

$(t+3)(t+1)=0$

$\therefore t=-3$ 또는 $t=-1$

따라서 주어진 연립방정식의 해는

$\begin{cases} x=-3 \\ y=-1 \end{cases}$ 또는 $\begin{cases} x=-1 \\ y=-3 \end{cases}$

$\therefore |x|+|y|=4$

18 연립일차부등식

본문 159, 160쪽

1 ③	**1-1** ④	**2** ④	**2-1** ②
3 ③	**3-1** ①	**4** ①	**4-1** ③
5 ①	**5-1** ②	**6** ①	**6-1** ③

1 ① $a>b$의 양변에 2를 더하면

$a+2>b+2$

② $a>b$의 양변에서 3을 빼면

$a-3>b-3$

③ $a>b$의 양변에 -3을 곱하면 $-3a<-3b$ ← 음수를 곱했으므로 부등호의 방향이 바뀐다.

위의 식의 양변에 4를 더하면

$4-3a<4-3b$

④ $a>b$의 양변에 $-\dfrac{2}{3}$를 곱하면 $-\dfrac{2}{3}a<-\dfrac{2}{3}b$

위의 식의 양변에 3을 더하면

$-\dfrac{2}{3}a+3<-\dfrac{2}{3}b+3$

⑤ a와 b의 부호가 같을 때, $a>b$의 양변을 역수를 취하면

$\dfrac{1}{a}<\dfrac{1}{b}$

위의 식의 양변에 4를 곱하면

$\dfrac{4}{a}<\dfrac{4}{b}$

따라서 항상 성립하는 것은 ③이다.

1-1 ① $a<b$의 양변에 b를 더하면

$a+b<2b$

② $a<b$의 양변에 a를 더하면

$2a<a+b$

③ $a<0$이므로 $a^2>0$이고 $a<b$의 양변에 a^2을 곱하면

$a^3<a^2b$

④ $b>0$이므로 $a<b$의 양변을 b로 나누면

$\dfrac{a}{b}<1$

⑤ $a<0$이므로 $a<b$의 양변을 a로 나누면

$\dfrac{b}{a}<1$

따라서 항상 성립하는 것은 ④이다.

2 $ax+2>5$에서 $ax>3$

이 부등식의 해가 $x>1$이고, a로 나누었을 때 부등호의 방향이 바뀌지 않았으므로 $a>0$

따라서 $x>\dfrac{3}{a}$에서 $\dfrac{3}{a}=1$ $\therefore a=3$

2-1 부등식 $(a+1)(a-4)x\leq5$의 해가 모든 실수이려면
$(a+1)(a-4)=0$이어야 하므로
$a=-1$ 또는 $a=4$ ← 부등식 $ax\leq b$에서 $a=0$이고 $b\geq0$이면 해는 모든 실수이다.
따라서 모든 실수 a의 값의 합은
$-1+4=3$

3 $2x-1\leq-x+8$에서 $3x\leq9$ $\therefore x\leq3$ ······ ㉠
$5x-6>4x-7$에서 $x>-1$ ······ ㉡
㉠, ㉡을 수직선 위에 나타내면 오른쪽 그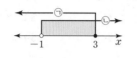
림과 같으므로 주어진 연립부등식의 해는
$-1<x\leq3$
따라서 $\alpha=-1$, $\beta=3$이므로
$\beta-\alpha=3-(-1)=4$

3-1 $\dfrac{x-1}{3}\leq\dfrac{3x}{5}+1$에서 $5(x-1)\leq9x+15$
$4x\geq-20$ $\therefore x\geq-5$ ······ ㉠
$0.1(x-2)<0.3(x+2)$에서 $x-2<3x+6$
$2x>-8$ $\therefore x>-4$ ······ ㉡
㉠, ㉡을 수직선 위에 나타내면 오른쪽 그림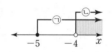
과 같으므로 주어진 연립부등식의 해는
$x>-4$
따라서 x의 값이 될 수 없는 것은 ①이다.

4 $5x+9\leq3x+1$에서 $2x\leq-8$
$\therefore x\leq-4$ ······ ㉠
$3x+2\geq x+a$에서 $2x\geq a-2$
$\therefore x\geq\dfrac{a-2}{2}$ ······ ㉡
㉠, ㉡을 수직선 위에 나타내면 오른쪽 그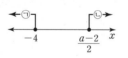
림과 같고, 주어진 연립부등식의 해가 없
으므로
$\dfrac{a-2}{2}>-4$, $a-2>-8$ $\therefore a>-6$

4-1 $3x-4\leq5$에서 $3x\leq9$ $\therefore x\leq3$
$2x-1\geq a$에서 $2x\geq a+1$
$\therefore x\geq\dfrac{a+1}{2}$
이때 주어진 연립부등식의 해가 $x=3$이므로
$\dfrac{a+1}{2}=3$ $\therefore a=5$

5 주어진 부등식은 $\begin{cases} x-1<3x+5 \\ 3x+5<-2x \end{cases}$로 나타낼 수 있다.
$x-1<3x+5$에서 $2x>-6$
$\therefore x>-3$ ······ ㉠
$3x+5<-2x$에서 $5x<-5$
$\therefore x<-1$ ······ ㉡

㉠, ㉡을 수직선 위에 나타내면 오른쪽 그림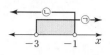
과 같으므로 주어진 연립부등식의 해는
$-3<x<-1$
따라서 정수 x는 -2의 1개이다.

5-1 주어진 부등식은 $\begin{cases} \dfrac{x}{3}+2<x+6 \\ x+6<-x \end{cases}$로 나타낼 수 있다.
$\dfrac{x}{3}+2<x+6$에서 $x+6<3x+18$
$2x>-12$ $\therefore x>-6$ ······ ㉠
$x+6<-x$에서 $2x<-6$ $\therefore x<-3$ ······ ㉡
㉠, ㉡을 수직선 위에 나타내면 오른쪽 그림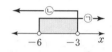
과 같으므로 주어진 부등식의 해는
$-6<x<-3$
따라서 정수 x는 -5, -4이므로 그 합은
$-5+(-4)=-9$

6 $x-1=0$, 즉 $x=1$을 기준으로 구간을 나누면
(i) $x<1$일 때
  $-(x-1)\leq2x-6$에서 $3x\geq7$
  $\therefore x\geq\dfrac{7}{3}$
  그런데 $x<1$이므로 해는 없다.
(ii) $x\geq1$일 때
  $x-1\leq2x-6$에서 $x\geq5$
  그런데 $x\geq1$이므로 $x\geq5$
(i), (ii)에서 주어진 부등식의 해는
$x\geq5$
따라서 x의 값이 될 수 없는 것은 ①이다.

6-1 $5x-5=0$, 즉 $x=1$을 기준으로 구간을 나누면
(i) $x<1$일 때
  $-(5x-5)<x+9$에서 $6x>-4$ $\therefore x>-\dfrac{2}{3}$
  그런데 $x<1$이므로 $-\dfrac{2}{3}<x<1$
(ii) $x\geq1$일 때
  $5x-5<x+9$에서 $4x<14$ $\therefore x<\dfrac{7}{2}$
  그런데 $x\geq1$이므로 $1\leq x<\dfrac{7}{2}$
(i), (ii)에서 주어진 부등식의 해는
$-\dfrac{2}{3}<x<\dfrac{7}{2}$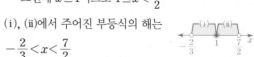
따라서 $\alpha=-\dfrac{2}{3}$, $\beta=\dfrac{7}{2}$이므로
$\alpha+\beta=-\dfrac{2}{3}+\dfrac{7}{2}=\dfrac{17}{6}$

19 이차부등식

1 ③	**1-1** ③	**2** ①	**2-1** ④
3 ⑤	**3-1** ②	**4** ④	**4-1** ①
5 ②	**5-1** ④	**6** ③	**6-1** ⑤

1 이차부등식 $ax^2+bx+c\leq mx+n$의 해는 이차함수
$y=ax^2+bx+c$의 그래프가 직선 $y=mx+n$과 만나거나 직선
$y=mx+n$보다 아래쪽에 있는 부분의 x의 값의 범위이므로
$-3\leq x\leq 0$

> **플러스톡**
> (1) 부등식 $f(x)>g(x)$의 해는 함수 $y=f(x)$의 그래프가 함수
> $y=g(x)$의 그래프보다 위쪽에 있는 부분의 x의 값의 범위이다.
> (2) 부등식 $f(x)<g(x)$의 해는 함수 $y=f(x)$의 그래프가 함수
> $y=g(x)$의 그래프보다 아래쪽에 있는 부분의 x의 값의 범위이다.

1-1 $ax^2+(b-m)x+c-n>0$에서
$ax^2+bx+c-(mx+n)>0$
$\therefore ax^2+bx+c>mx+n$
이차부등식 $ax^2+bx+c>mx+n$의 해는 이차함수 $y=ax^2+bx+c$의
그래프가 직선 $y=mx+n$보다 위쪽에 있는 부분의 x의 값의 범위이
므로
$x<2$ 또는 $x>8$

2 $3x^2-2<-5x$에서 $3x^2+5x-2<0$
$(x+2)(3x-1)<0$ $\quad\therefore -2<x<\dfrac{1}{3}$
따라서 $\alpha=-2$, $\beta=\dfrac{1}{3}$이므로
$\dfrac{\alpha}{\beta}=\dfrac{-2}{\frac{1}{3}}=-6$

2-1 $-2x^2-x+6\geq 0$에서 $2x^2+x-6\leq 0$
$(x+2)(2x-3)\leq 0$ $\quad\therefore -2\leq x\leq\dfrac{3}{2}$
따라서 정수 x는 -2, -1, 0, 1의 4개이다.

3 이차부등식 $2x^2-4x+a\leq 0$이 오직 한 개의 실근을 가지므로
이차방정식 $2x^2-4x+a=0$의 판별식을 D라 하면
$\dfrac{D}{4}=(-2)^2-2\times a=0$, $4-2a=0$ $\quad\therefore a=2$

> **플러스톡**
> **이차부등식이 해를 한 개만 가질 조건**
> 이차방정식 $ax^2+bx+c=0$의 판별식을 D라 할 때
> (1) 이차부등식 $ax^2+bx+c\leq 0$이 해를 한 개만 가지려면
>   　　$a>0$, $D=0$
> (2) 이차부등식 $ax^2+bx+c\geq 0$이 해를 한 개만 가지려면
>   　　$a<0$, $D=0$

3-1 이차부등식 $-x^2+2ax+3a-10\geq 0$, 즉
$x^2-2ax-3a+10\leq 0$이 오직 한 개의 실근을 가지므로 이차방정식
$x^2-2ax-3a+10=0$의 판별식을 D라 하면
$\dfrac{D}{4}=(-a)^2-1\times(-3a+10)=0$, $a^2+3a-10=0$
$(a+5)(a-2)=0$ $\quad\therefore a=-5$ 또는 $a=2$
따라서 모든 실수 a의 값의 합은
$-5+2=-3$

4 ㄱ. $x^2+10x+9\geq 0$에서 $(x+9)(x+1)\geq 0$
　　$\therefore x\leq -9$ 또는 $x\geq -1$
ㄴ. $-x^2+2x-7>0$에서 $x^2-2x+7<0$
　　$x^2-2x+7=(x-1)^2+6\geq 6$
　　즉, 주어진 이차부등식의 해는 없다.
ㄷ. $-2x^2+12x-18\leq 0$에서 $2x^2-12x+18\geq 0$
　　$2x^2-12x+18=2(x-3)^2\geq 0$
　　즉, 주어진 이차부등식의 해는 모든 실수이다.
ㄹ. $x^2+4x+6=(x+2)^2+2\geq 2$
　　즉, 주어진 이차부등식의 해는 없다.
따라서 해가 없는 이차부등식인 것은 ㄴ, ㄹ이다.

4-1 ㄱ. $-2x^2+x-5<0$에서 $2x^2-x+5>0$
　　$2x^2-x+5=2\left(x-\dfrac{1}{4}\right)^2+\dfrac{39}{8}\geq\dfrac{39}{8}$
　　즉, 주어진 이차부등식의 해는 모든 실수이다.
ㄴ. $3x^2+6x+3=3(x+1)^2\geq 0$
　　즉, 주어진 이차부등식의 해는 $x=-1$이다.
ㄷ. $-x^2+2x-5\geq 0$에서 $x^2-2x+5\leq 0$
　　$x^2-2x+5=(x-1)^2+4\geq 4$
　　즉, 주어진 이차부등식의 해는 없다.
ㄹ. $x^2-2x-8<0$에서 $(x+2)(x-4)<0$
　　$\therefore -2<x<4$
따라서 해가 모든 실수인 이차부등식인 것은 ㄱ이다.

5 물체의 높이가 $5\,\text{m}$ 이상이 되려면
$25-5t^2\geq 5$, $5t^2-20\leq 0$
$5(t^2-4)\leq 0$, $5(t+2)(t-2)\leq 0$
$\therefore -2\leq t\leq 2$
그런데 $t\geq 0$이므로 $0\leq t\leq 2$
따라서 높이가 $5\,\text{m}$ 이상인 시간은 2초 동안이다.

5-1 축구공의 높이가 $1\,\text{m}$ 이상이 되려면
$-5t^2+6t\geq 1$, $5t^2-6t+1\leq 0$
$(5t-1)(t-1)\leq 0$
$\therefore \dfrac{1}{5}\leq t\leq 1$
따라서 높이가 $1\,\text{m}$ 이상인 시간은 $\dfrac{4}{5}$초, 즉 0.8초 동안이다.

6 해가 $x<-3$ 또는 $x>5$이고 x^2의 계수가 1인 이차부등식은
$(x+3)(x-5)>0$에서 $x^2-2x-15>0$
따라서 $a=-2$, $b=-15$이므로
$a-b=-2-(-15)=13$

6-1 해가 $1\leq x\leq 6$이고 x^2의 계수가 1인 이차부등식은
$(x-1)(x-6)\leq 0$에서 $x^2-7x+6\leq 0$
즉, $a=-7$, $b=6$이므로 이차부등식 $6x^2-7x+1<0$에서
$(6x-1)(x-1)<0$
따라서 구하는 이차부등식의 해는
$\dfrac{1}{6}<x<1$

20 이차부등식과 연립이차부등식
본문 163, 164쪽

1 ①	**1-1** ④	**2** ②	**2-1** ⑤
3 ④	**3-1** ②	**4** ②	**4-1** ②
5 ③	**5-1** ②	**6** ③	**6-1** ⑤

1 모든 실수 x에 대하여 이차부등식 $-x^2+2kx-k\leq 0$이 성립 〜〜〜〜〜〜〜〜〜〜〜〜 (x^2의 계수)<0이고 $D\leq 0$이어야 한다.
하려면 이차함수 $y=-x^2+2kx-k$의 그래프가 x축에 접하거나 x축
보다 항상 아래쪽에 있어야 하므로 이차방정식 $-x^2+2kx-k=0$의
판별식을 D라 하면
$\dfrac{D}{4}=k^2-(-1)\times(-k)\leq 0$에서
$k^2-k\leq 0$, $k(k-1)\leq 0$
$\therefore 0\leq k\leq 1$
따라서 $\alpha=0$, $\beta=1$이므로
$\alpha+\beta=0+1=1$

1-1 모든 실수 x에 대하여 이차부등식 $kx^2+2(k+3)x-4<0$이
성립하려면 →(x^2의 계수)<0이고 $D<0$이어야 한다.
$k<0$ $\qquad\qquad$ …… ㉠
이차함수 $y=kx^2+2(k+3)x-4$의 그래프가 x축보다 항상 아래쪽에
있어야 하므로 이차방정식 $kx^2+2(k+3)x-4=0$의 판별식을 D라
하면
$\dfrac{D}{4}=(k+3)^2-k\times(-4)<0$에서
$k^2+10k+9<0$, $(k+9)(k+1)<0$
$\therefore -9<k<-1$ …… ㉡
㉠, ㉡에서 $-9<k<-1$
따라서 $\alpha=-9$, $\beta=-1$이므로
$\alpha\beta=(-9)\times(-1)=9$

2 〜〜〜(x^2의 계수)>0이고 $D<0$이어야 한다.
주어진 이차부등식의 해가 존재하지 않으려면 이차부등식
$x^2+(k-8)x+k>0$이 항상 성립해야 한다.
즉, 이차방정식 $x^2+(k-8)x+k=0$의 판별식을 D라 하면

$D=(k-8)^2-4\times k=k^2-20k+64<0$에서
$(k-4)(k-16)<0$ $\qquad\therefore 4<k<16$
따라서 해가 존재하지 않도록 하는 정수 k의 최댓값은 15, 최솟값은
5이므로 그 합은
$15+5=20$

2-1 〜〜〜(x^2의 계수)<0이고 $D\leq 0$이어야 한다.
주어진 이차부등식의 해가 존재하지 않으려면 이차부등식
$-x^2+(k+2)x-k-2\leq 0$이 항상 성립해야 한다.
즉, 이차방정식 $-x^2+(k+2)x-k-2=0$의 판별식을 D라 하면
$D=(k+2)^2-4\times(-1)\times(-k-2)=k^2-4\leq 0$에서
$(k+2)(k-2)\leq 0$ $\qquad\therefore -2\leq k\leq 2$
따라서 주어진 이차부등식의 해가 존재하지 않도록 하는 실수 k의 값
이 아닌 것은 ⑤이다.

3 $x+6<-x-2$에서 $2x<-8$
$\therefore x<-4$ …… ㉠
$x^2+8x+15\leq 0$에서 $(x+5)(x+3)\leq 0$
$\therefore -5\leq x\leq -3$ …… ㉡
㉠, ㉡을 수직선 위에 나타내면 오른쪽 그
림과 같다.

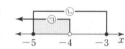

따라서 주어진 연립부등식의 해는
$-5\leq x<-4$이므로
$\alpha=-5$, $\beta=-4$
$\therefore \alpha\beta=(-5)\times(-4)=20$

3-1 $|2-x|\leq 5$에서 $-5\leq 2-x\leq 5$이므로
$-5\leq x-2\leq 5$
$\therefore -3\leq x\leq 7$ …… ㉠
$x^2-6x-7>0$에서 $(x+1)(x-7)>0$
$\therefore x<-1$ 또는 $x>7$ …… ㉡
㉠, ㉡을 수직선 위에 나타내면 오른쪽 그
림과 같다.

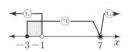

따라서 주어진 연립부등식의 해는
$-3\leq x<-1$이므로 구하는 정수 x는 -3, -2의 2개이다.

4 $2x^2-x-10\geq 0$에서 $(x+2)(2x-5)\geq 0$
$\therefore x\leq -2$ 또는 $x\geq \dfrac{5}{2}$ …… ㉠
$2x^2-3x-5\leq 0$에서 $(x+1)(2x-5)\leq 0$
$\therefore -1\leq x\leq \dfrac{5}{2}$ …… ㉡
㉠, ㉡을 수직선 위에 나타내면 오른쪽 그
림과 같으므로 주어진 연립부등식의 해는
$x=\dfrac{5}{2}$

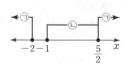

4-1 $x^2-3x-4<0$에서 $(x+1)(x-4)<0$
$\therefore -1<x<4$ …… ㉠

$x^2+6x-7<0$에서 $(x+7)(x-1)<0$

$\therefore -7<x<1$　$\cdots\cdots$ ㉡

㉠, ㉡을 수직선 위에 나타내면 오른쪽 그림과 같으므로 주어진 연립부등식의 해는

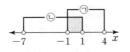

$-1<x<1$

해가 $-1<x<1$이고 x^2의 계수가 1인 이차부등식은

$(x+1)(x-1)<0$　$\therefore x^2-1<0$

이 부등식이 $x^2+ax+b<0$과 같으므로

$a=0,\ b=-1$

$\therefore a+b=0+(-1)=-1$

5 주어진 부등식은 $\begin{cases} x^2-3x-6\le 2x \\ 2x<x^2-x-10 \end{cases}$으로 나타낼 수 있다.

$x^2-3x-6\le 2x$에서 $x^2-5x-6\le 0$

$(x+1)(x-6)\le 0$

$\therefore -1\le x\le 6$　$\cdots\cdots$ ㉠

$2x<x^2-x-10$에서 $x^2-3x-10>0$

$(x+2)(x-5)>0$

$\therefore x<-2$ 또는 $x>5$　$\cdots\cdots$ ㉡

㉠, ㉡을 수직선 위에 나타내면 오른쪽 그림과 같다.

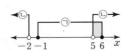

따라서 주어진 부등식의 해는 $5<x\le 6$이므로 부등식을 만족시키는 정수 x의 값은 6이다.

5-1 주어진 부등식은 $\begin{cases} 8x+1<x^2-8 \\ x^2-8<-4x-3 \end{cases}$으로 나타낼 수 있다.

$8x+1<x^2-8$에서 $x^2-8x-9>0$

$(x+1)(x-9)>0$　$\therefore x<-1$ 또는 $x>9$　$\cdots\cdots$ ㉠

$x^2-8<-4x-3$에서 $x^2+4x-5<0$

$(x+5)(x-1)<0$　$\therefore -5<x<1$　$\cdots\cdots$ ㉡

㉠, ㉡을 수직선 위에 나타내면 오른쪽 그림과 같다.

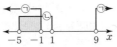

따라서 주어진 부등식의 해는

$-5<x<-1$이므로 부등식을 만족시키는 정수 x는 $-4,\ -3,\ -2$이고 그 합은

$-4+(-3)+(-2)=-9$

6 x에 대한 방정식 $x^2-4kx+5k^2-3k-4=0$이 서로 다른 두 실근을 가지려면 이 이차방정식의 판별식을 D_1이라 할 때, $D_1>0$이어야 하므로

$\dfrac{D_1}{4}=(-2k)^2-(5k^2-3k-4)>0$에서

$-k^2+3k+4>0,\ k^2-3k-4<0$

$(k+1)(k-4)<0$　$\therefore -1<k<4$　$\cdots\cdots$ ㉠

x에 대한 방정식 $x^2-2kx+k^2-2k+4=0$이 허근을 가지려면 이 이차방정식의 판별식을 D_2라 할 때, $D_2<0$이어야 하므로

$\dfrac{D_2}{4}=(-k)^2-(k^2-2k+4)<0$에서

$2k-4<0$　$\therefore k<2$　$\cdots\cdots$ ㉡

㉠, ㉡을 수직선 위에 나타내면 오른쪽 그림과 같으므로

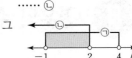

$-1<k<2$

따라서 $\alpha=-1,\ \beta=2$이므로

$\alpha+\beta=-1+2=1$

> ⊕ **플러스톡**
>
> **이차방정식의 근의 판별**
>
> 이차방정식 $ax^2+bx+c=0$의 판별식을 D라 할 때
>
> (1) 서로 다른 두 실근을 가지면 $D>0$
>
> (2) 중근을 가지면 $D=0$
>
> (3) 서로 다른 두 허근을 가지면 $D<0$

6-1 이차방정식 $x^2-2kx+4=0$이 허근을 가지려면 이 이차방정식의 판별식을 D_1이라 할 때, $D_1<0$이어야 하므로

$\dfrac{D_1}{4}=(-k)^2-1\times 4<0$에서

$k^2-4<0,\ (k+2)(k-2)<0$

$\therefore -2<k<2$　$\cdots\cdots$ ㉠

이차방정식 $x^2+2kx+k+2=0$이 실근을 가지려면 이 이차방정식의 판별식을 D_2라 할 때, $D_2\ge 0$이어야 하므로

$\dfrac{D_2}{4}=k^2-1\times (k+2)\ge 0$에서

$k^2-k-2\ge 0,\ (k+1)(k-2)\ge 0$

$\therefore k\le -1$ 또는 $k\ge 2$　$\cdots\cdots$ ㉡

㉠, ㉡을 수직선 위에 나타내면 오른쪽 그림과 같으므로

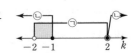

$-2<k\le -1$

따라서 구하는 정수 k의 값은 -1이다.

Ⅲ 경우의 수

21 경우의 수

본문 165, 166쪽

1 ⑤	**1-1** ①		
2 ⑤	**2-1** ④	**2-2** 71	
3 ③	**3-1** ①	**4** ②	**4-1** ④
5 48	**5-1** 84	**6** 31	**6-1** 72

1 세 주사위에서 나오는 눈의 수를 순서쌍으로 나타내면
(i) 세 눈의 수의 곱이 4가 되는 경우
 $(1, 1, 4), (1, 4, 1), (4, 1, 1), (1, 2, 2), (2, 1, 2),$
 $(2, 2, 1)$의 6가지
(ii) 세 눈의 수의 곱이 6이 되는 경우
 $(1, 1, 6), (1, 6, 1), (6, 1, 1), (1, 2, 3), (1, 3, 2),$
 $(2, 1, 3), (2, 3, 1), (3, 1, 2), (3, 2, 1)$의 9가지
(i), (ii)에서 구하는 경우의 수는
$6+9=15$

1-1 6의 배수가 적힌 공은 6, 12, 18, ⋯, 96의 16개
9의 배수가 적힌 공은 9, 18, 27, ⋯, 99의 11개
6과 9의 최소공배수인 18의 배수가 적힌 공은 18, 36, 54, 72, 90의 5개
따라서 구하는 경우의 수는
$16+11-5=22$

2 백의 자리에 올 수 있는 숫자는 3, 6, 9의 3개
두 수의 곱이 홀수이려면 두 수 모두 홀수이어야 하므로 십의 자리와 일의 자리에 올 수 있는 숫자는 각각 1, 3, 5, 7, 9의 5개
〔(홀수)×(홀수)=(홀수)〕
따라서 구하는 자연수의 개수는
$3×5×5=75$

2-1 정의역 X의 원소 1, 3에 각각 대응시킬 수 있는 공역 Y의 원소는 모두 -1, 0, 2, 4의 4개이다.
따라서 X에서 Y로의 함수의 개수는
$4×4=16$

2-2 100원짜리 동전을 지불하는 방법은
0개, 1개, 2개의 3가지
50원짜리 동전을 지불하는 방법은
0개, 1개, 2개, 3개의 4가지
10원짜리 동전을 지불하는 방법은
0개, 1개, 2개, 3개, 4개, 5개의 6가지

이때 0원을 지불하는 경우는 제외해야 하므로 구하는 방법의 수는
$3×4×6-1=71$

3 y가 음이 아닌 정수이므로
(i) $y=0$일 때, $2x+z=6$이므로 순서쌍 (x, y, z)는
 $(0, 0, 6), (1, 0, 4), (2, 0, 2), (3, 0, 0)$의 4개
(ii) $y=1$일 때, $2x+z=3$이므로 순서쌍 (x, y, z)는
 $(0, 1, 3), (1, 1, 1)$의 2개
(iii) $y=2$일 때, $2x+z=0$이므로 순서쌍 (x, y, z)는
 $(0, 2, 0)$의 1개
(i), (ii), (iii)에서 구하는 순서쌍의 개수는
$4+2+1=7$

3-1 (i) $x=0$일 때, $2y≤10$, 즉 $y≤5$이므로 순서쌍 (x, y)는
 $(0, 0), (0, 1), (0, 2), (0, 3), (0, 4), (0, 5)$의 6개
(ii) $x=1$일 때, $5+2y≤10$, 즉 $y≤\dfrac{5}{2}$이므로 순서쌍 (x, y)는
 $(1, 0), (1, 1), (1, 2)$의 3개
(iii) $x=2$일 때, $10+2y≤10$, 즉 $y≤0$이므로 순서쌍 (x, y)는
 $(2, 0)$의 1개
(i), (ii), (iii)에서 구하는 순서쌍의 개수는
$6+3+1=10$

4 $120=2^3×3×5$, $180=2^2×3^2×5$이므로 두 수의 최대공약수는
$2^2×3×5$
120과 180의 공약수의 개수는 $2^2×3×5$의 약수의 개수와 같으므로
$(2+1)(1+1)(1+1)=12$

4-1 $280=2^3×5×7$
5의 배수는 5를 소인수로 가지므로 280의 약수 중 5의 배수의 개수는 $2^3×7$의 약수의 개수와 같다.
∴ $(3+1)(1+1)=8$ → $2^3×7$의 약수에 각각 5를 곱한 것이 280의 약수 중 5의 배수이다.

5 영역 A에 칠할 수 있는 색은 4가지
영역 B에 칠할 수 있는 색은 영역 A에 칠한 색을 제외한 3가지
영역 C에 칠할 수 있는 색은 영역 A와 영역 B에 칠한 색을 제외한 2가지

영역 D에 칠할 수 있는 색은 영역 A와 영역 C에 칠한 색을 제외한 2가지

따라서 구하는 방법의 수는

$4 \times 3 \times 2 \times 2 = 48$

5-1 (i) 영역 A와 영역 C에 같은 색을 칠하는 경우

영역 A에 칠할 수 있는 색은 4가지

영역 B에 칠할 수 있는 색은 영역 A에 칠한 색을 제외한 3가지

영역 C에 칠할 수 있는 색은 영역 A에 칠한 색과 같은 색이므로 1가지

영역 D에 칠할 수 있는 색은 영역 A(C)에 칠한 색을 제외한 3가지 → 영역 A와 영역 C에 같은 색을 칠했으므로

즉, 이 방법의 수는

$4 \times 3 \times 1 \times 3 = 36$

(ii) 영역 A와 영역 C에 다른 색을 칠하는 경우

영역 A에 칠할 수 있는 색은 4가지

영역 B에 칠할 수 있는 색은 영역 A에 칠한 색을 제외한 3가지

영역 C에 칠할 수 있는 색은 영역 A와 영역 B에 칠한 색을 제외한 2가지

영역 D에 칠할 수 있는 색은 영역 A와 영역 C에 칠한 색을 제외한 2가지

즉, 이 방법의 수는

$4 \times 3 \times 2 \times 2 = 48$

(i), (ii)에서 구하는 방법의 수는

$36 + 48 = 84$

🔵 **플러스톡**

영역 A와 영역 C가 인접하지 않으므로 같은 색을 칠하는 경우와 아닌 경우로 나누어 생각한다. 이때 영역 B와 영역 D가 인접하지 않음을 이용하여도 결과는 같다.

6 집 → A → 학교로 가는 방법의 수는

$3 \times 2 = 6$ ↪ B 지점을 지나지 않는다.

집 → B → 학교로 가는 방법의 수는

$1 \times 3 = 3$ ↪ A 지점을 지나지 않는다.

집 → A → B → 학교로 가는 방법의 수는

$3 \times 2 \times 3 = 18$

집 → B → A → 학교로 가는 방법의 수는

$1 \times 2 \times 2 = 4$

따라서 구하는 방법의 수는

$6 + 3 + 18 + 4 = 31$

6-1 출입구 → 쉼터 A → 쉼터 B → 출입구로 가는 방법의 수는

$3 \times 3 \times 4 = 36$

출입구 → 쉼터 B → 쉼터 A → 출입구로 가는 방법의 수는

$4 \times 3 \times 3 = 36$

따라서 구하는 방법의 수는

$36 + 36 = 72$

22 순열

1 ①	**1-1** ②	**2** ④	**2-1** ⑤
3 ③	**3-1** ①	**3-2** ③	
4 ⑤	**4-1** ②	**5** ⑤	**5-1** 72
6 ⑤	**6-1** ③	**7** ①	**7-1** 108
8 ④	**8-1** ⑤	**9** 35	**9-1** ③

1 $_nP_2 + 4_nP_1 = 10$에서

$n(n-1) + 4n = 10$

$n^2 + 3n - 10 = 0, \ (n+5)(n-2) = 0$

$\therefore n = 2 \ (\because n \geq 2)$

↪ $n \geq 2, \ n \geq 1$에서 $n \geq 2$

1-1 $_{n+1}P_3 - 3_nP_2 = 60$에서

$(n+1)n(n-1) - 3n(n-1) = 60$

$n^3 - 3n^2 + 2n - 60 = 0$

$(n-5)(n^2 + 2n + 12) = 0$

$\therefore n = 5 \ (\because n^2 + 2n + 12 > 0, \ n \geq 2)$

↪ $n+1 \geq 3, \ n \geq 2$에서 $n \geq 2$

$$\begin{array}{r|rrr|r} 5 & 1 & -3 & 2 & -60 \\ & & 5 & 10 & 60 \\ \hline & 1 & 2 & 12 & 0 \end{array}$$

📋 **다른 풀이**

$_{n+1}P_3 - 3_nP_2 = 60$에서

$(n+1)n(n-1) - 3n(n-1) = 60$

$n(n-1)\{(n+1) - 3\} = 60$

$n(n-1)(n-2) = 60 = 5 \times 4 \times 3 \quad \therefore n = 5$

2 $_nP_3 = 210$이므로

$n(n-1)(n-2) = 210 = 7 \times 6 \times 5$

$\therefore n = 7$

2-1 $_nP_2 = 90$이므로

$n(n-1) = 90 = 10 \times 9$

$\therefore n = 10$

3 3쌍의 부부를 각각 한 사람으로 생각하여 3명이 일렬로 앉는 경우의 수는 $3! = 6$

3쌍의 부부가 각각 부부끼리 자리를 바꾸는 경우의 수는

$2! \times 2! \times 2! = 8$

따라서 구하는 경우의 수는

$6 \times 8 = 48$

3-1 1학년 학생 2명, 2학년 학생 4명, 3학년 학생 2명을 각각 한 사람으로 생각하여 3명을 일렬로 세우는 경우의 수는 $3! = 6$

1학년 학생 2명이 자리를 바꾸는 경우의 수는 $2! = 2$

2학년 학생 4명이 자리를 바꾸는 경우의 수는 $4! = 24$

3학년 학생 2명이 자리를 바꾸는 경우의 수는 $2! = 2$

따라서 구하는 경우의 수는

$6 \times 2 \times 24 \times 2 = 576$

3-2 남학생 3명을 한 사람으로 생각하여 $(n+1)$명을 일렬로 세우는 경우의 수는 $(n+1)!$
남학생 3명이 자리를 바꾸는 경우의 수는 $3!=6$
즉, $(n+1)!\times6=144$이므로
$(n+1)!=24=4!$, $n+1=4$
∴ $n=3$

4 4개의 자음 m, s, c, l을 일렬로 나열하는 경우의 수는 $4!=24$
m, s, c, l의 사이사이와 양 끝의 5개의 자리에 3개의 모음 u, i, a 를 나열하는 경우의 수는 $_5P_3=60$ ⌣ ∨○∨○∨○∨○∨
따라서 구하는 경우의 수는
$24\times60=1440$

4-1 3개의 의자에만 학생이 앉으므로 빈 의자는 5개이다.
빈 의자들 사이사이와 양 끝의 6개의 자리에 학생이 앉은 의자 3개를 놓으면 되므로 구하는 경우의 수는 ⌣ ∨○∨○∨○∨○∨○∨
$_6P_3=120$

> ⊕ **플러스톡**
> 의자가 모두 똑같으므로 빈 의자 5개를 일렬로 나열하는 경우의 수는 1이다.

5 5개의 홀수 1, 3, 5, 7, 9를 일렬로 나열하고 그 사이사이에 4개의 짝수 2, 4, 6, 8을 나열하면 된다.
따라서 구하는 경우의 수는
$5!\times4!=2880$

5-1 3개의 모음 o, u, e와 3개의 자음 s, r, c를 번갈아 나열하는 경우는 다음과 같이 나누어 생각할 수 있다.
(i) 모음, 자음의 순서로 번갈아 나열하는 경우
모음 3개를 일렬로 나열하는 경우의 수는 $3!=6$
이때 각각의 모음의 오른쪽에 자음 3개를 나열하는 경우의 수는 $3!=6$
즉, 이 경우의 수는
$6\times6=36$
(ii) 자음, 모음의 순서로 번갈아 나열하는 경우
(i)과 같은 방법으로 36
(i), (ii)에서 구하는 경우의 수는
$36+36=72$

6 2개의 모음 a, e를 3개의 홀수 번째 자리에 나열하는 경우의 수는 $_3P_2=6$
나머지 4개의 자리에 4개의 자음 b, k, r, y를 나열하는 경우의 수는 $4!=24$
따라서 구하는 경우의 수는
$6\times24=144$

6-1 (i) C와 D 사이에 2개의 문자가 오는 경우
C와 D 사이에 2개의 문자가 오도록 묶음을 만드는 경우의 수는
$2!\times_3P_2=12$
이 묶음과 나머지 1개의 문자를 일렬로 나열하는 경우의 수는
$2!=2$
즉, 이 경우의 수는
$12\times2=24$
(ii) C와 D 사이에 3개의 문자가 오는 경우
$2!\times3!=12$
(i), (ii)에서 구하는 경우의 수는
$24+12=36$

7 1, 2, 3, 4, 5를 일렬로 나열하는 경우의 수는 $5!=120$
홀수는 1, 3, 5의 3개이므로 양 끝에 모두 홀수가 오는 경우의 수는
$_3P_2\times3!=36$ → 양 끝에 짝수가 오지 않는 경우의 수
따라서 구하는 경우의 수는
$120-36=84$

7-1 5명의 학생을 일렬로 세우는 경우의 수는 $5!=120$
여학생 2명을 일렬로 세우고 여학생들 사이와 양 끝의 3개의 자리에 남학생 3명을 세우는 경우의 수는 ∨○∨○∨
$2!\times3!=12$ → 남학생이 이웃하지 않는 경우의 수
따라서 구하는 경우의 수는
$120-12=108$

8 ⌐ 짝수는 일의 자리의 숫자가 결정한다.
짝수이려면 일의 자리의 숫자가 0 또는 2 또는 4이어야 한다.
(i) 일의 자리의 숫자가 0인 경우
일의 자리의 숫자 0을 제외한 4개의 숫자 중에서 2개를 택하여 일렬로 나열하는 경우의 수와 같으므로 $_4P_2=12$
(ii) 일의 자리의 숫자가 2인 경우
백의 자리에 올 수 있는 숫자는 0과 2를 제외한 1, 3, 4의 3개
십의 자리에 올 수 있는 숫자는 백의 자리와 일의 자리에 사용한 숫자를 제외한 3개
즉, 일의 자리의 숫자가 2인 짝수의 개수는
$3\times3=9$
(iii) 일의 자리의 숫자가 4인 경우
(ii)와 같은 방법으로 9
(i), (ii), (iii)에서 구하는 짝수의 개수는
$12+9+9=30$

8-1 ⌐ 5의 배수는 일의 자리의 숫자가 결정한다.
5의 배수이려면 일의 자리의 숫자가 0 또는 5이어야 한다.
(i) 일의 자리의 숫자가 0인 경우
일의 자리의 숫자 0을 제외한 6개의 숫자 중에서 3개를 택하여 일렬로 나열하는 경우의 수와 같으므로 $_6P_3=120$
(ii) 일의 자리의 숫자가 5인 경우
천의 자리에 올 수 있는 숫자는 0과 5를 제외한 1, 2, 3, 4, 6의 5개

백의 자리와 십의 자리에 숫자를 나열하는 경우의 수는 천의 자리와 일의 자리에 사용한 숫자를 제외한 5개의 숫자 중에서 2개를 택하여 일렬로 나열하는 경우의 수와 같으므로 $_5P_2=20$

즉, 일의 자리의 숫자가 5인 네 자리의 자연수의 개수는

$5 \times 20 = 100$

(i), (ii)에서 구하는 5의 배수의 개수는

$120 + 100 = 220$

9 $1\square\square$ 꼴의 자연수의 개수는 $_4P_2=12$

같은 방법으로 $2\square\square$ 꼴의 자연수의 개수도 12이다.

또한, $31\square$ 꼴의 자연수의 개수는 3

같은 방법으로 $32\square$, $34\square$ 꼴의 자연수의 개수도 각각 3이다.

따라서 123부터 345까지의 자연수의 개수는

$12+12+3+3+3=33$

이고, $\underset{\text{34번째}}{351}$, $\underset{\text{35번째}}{352}$, …이므로 352는 35번째에 나열된다.

9-1 o, r, a, n, g, e를 사전식으로 배열하면 a, e, g, n, o, r 순이다.

$a\square\square\square\square\square$ 꼴의 문자열의 개수는 $5!=120$

같은 방법으로 $e\square\square\square\square\square$, $g\square\square\square\square\square$ 꼴의 문자열의 개수도 각각 120이다.

또한, $na\square\square\square\square$ 꼴의 문자열의 개수는 $4!=24$

따라서 aegnor부터 naroge까지의 문자열의 개수는

$120+120+120+24=384$

이므로 385번째에 배열되는 문자열은 $ne\square\square\square\square$ 꼴의 문자열의 제일 처음의 것인 neagor이다.

23 조합

본문 170, 171쪽

1 ①	1-1 ②	1-2 ③	
2 ④	2-1 ①	3 ④	3-1 ③
4 ③	4-1 ②	5 ④	5-1 455
6 ①	6-1 ④		

1 $_4nC_2 - _{n+1}C_2 = 6$에서

$4 \times \dfrac{n(n-1)}{2 \times 1} - \dfrac{(n+1)n}{2 \times 1} = 6$

$3n^2 - 5n - 12 = 0$

$(3n+4)(n-3) = 0$

$\therefore n = 3 \; (\because n \geq 2)$

1-1 $_{n+1}C_2 + _{n+1}C_3 = 10$에서

$\dfrac{(n+1)n}{2 \times 1} + \dfrac{(n+1)n(n-1)}{3 \times 2 \times 1} = 10$

$n^3 + 3n^2 + 2n - 60 = 0$

$(n-3)(n^2+6n+20) = 0$

$\therefore n = 3 \; (\because n^2+6n+20 > 0, \; \underset{\underset{n+1 \geq 2, \, n+1 \geq 3에서 \, n \geq 2}{}}{n \geq 2})$

$3 \begin{array}{|rrrr} 1 & 3 & 2 & -60 \\ & 3 & 18 & 60 \\ \hline 1 & 6 & 20 & 0 \end{array}$

다른 풀이

$_{n+1}C_2 + _{n+1}C_3 = 10$에서

$\dfrac{(n+1)n}{2 \times 1} + \dfrac{(n+1)n(n-1)}{3 \times 2 \times 1} = 10$

$3(n+1)n + (n+1)n(n-1) = 60$

$(n+1)n\{3+(n-1)\} = 60$

$(n+2)(n+1)n = 60 = 5 \times 4 \times 3$

$\therefore n = 3$

1-2 (i) $_{13}C_{r+4} = _{13}C_{2r}$에서

$r+4 = 2r$ $\therefore r = 4$

(ii) $_{13}C_{2r} = _{13}C_{13-2r}$이므로 $_{13}C_{r+4} = _{13}C_{13-2r}$에서

$r+4 = 13-2r, \; 3r=9$ $\therefore r = 3$

(i), (ii)에서 모든 자연수 r의 값의 합은

$4+3=7$

2 $3_nP_2 + 4_nC_2 = 100$에서

$3n(n-1) + 4 \times \dfrac{n(n-1)}{2 \times 1} = 100$

$n^2 - n - 20 = 0, \; (n+4)(n-5) = 0$

$\therefore n = 5 \; (\because n \geq 2)$

다른 풀이

$3_nP_2 + 4_nC_2 = 100$에서

$3n(n-1) + 4 \times \dfrac{n(n-1)}{2 \times 1} = 100$

$5n(n-1) = 100, \; n(n-1) = 20 = 5 \times 4$

$\therefore n = 5$

2-1 $_nC_r = \dfrac{_nP_r}{r!}$이므로

$56 = \dfrac{336}{r!}, \; r! = 6 = 3 \times 2 \times 1$

$\therefore r = 3$

또한, $_nP_3 = 336$에서

$n(n-1)(n-2) = 336 = 8 \times 7 \times 6$

$\therefore n = 8$

$\therefore n+r = 8+3 = 11$

3 아이스크림 5개 중에서 2개를 택하는 경우의 수는

$_5C_2 = \dfrac{5 \times 4}{2 \times 1} = 10$

과자 n개 중에서 3개를 택하는 경우의 수는

$_nC_3$ ⟵ 두 경우는 동시에 일어나므로 곱의 법칙을 이용한다.

즉, $10 \times _nC_3 = 200$이므로

$_nC_3=20$, $\dfrac{n(n-1)(n-2)}{3\times2\times1}=20$

$n(n-1)(n-2)=120=6\times5\times4$

$\therefore n=6$

3-1 남학생 n명 중에서 3명을 뽑는 경우의 수는 $_nC_3$
여학생 4명 중에서 3명을 뽑는 경우의 수는

$_4C_3=_4C_1=4$ ← 두 경우는 동시에 일어나지 않으므로 합의 법칙을 이용한다.

즉, $_nC_3+4=39$이므로

$_nC_3=35$, $\dfrac{n(n-1)(n-2)}{3\times2\times1}=35$

$n(n-1)(n-2)=210=7\times6\times5$

$\therefore n=7$

4 성우와 수진이를 제외한 7명의 학생 중에서 3명을 뽑는 경우의 수와 같으므로 구하는 경우의 수는

$_7C_3=\dfrac{7\times6\times5}{3\times2\times1}=35$

4-1 (i) 빨간색은 택하고 파란색은 택하지 않는 경우
빨간색, 파란색을 제외한 5가지의 색 중에서 2가지를 택하는 경우의 수와 같으므로

$_5C_2=\dfrac{5\times4}{2\times1}=10$

(ii) 빨간색은 택하지 않고 파란색은 택하는 경우
　(i)과 같은 방법으로 10
(i), (ii)에서 구하는 경우의 수는

$10+10=20$

[다른 풀이]

빨간색, 파란색을 제외한 5가지의 색 중에서 2가지를 택하고, 빨간색, 파란색 중에서 1가지를 택하면 되므로 구하는 경우의 수는

$_5C_2\times_2C_1=\dfrac{5\times4}{2\times1}\times2=20$

5 11명 중에서 4명을 뽑는 경우의 수는

$_{11}C_4=\dfrac{11\times10\times9\times8}{4\times3\times2\times1}=330$

어른만 4명을 뽑는 경우의 수는

$_6C_4=_6C_2=\dfrac{6\times5}{2\times1}=15$ → 어린이를 뽑지 않는 경우의 수

어린이만 4명을 뽑는 경우의 수는

$_5C_4=_5C_1=5$ → 어른을 뽑지 않는 경우의 수

따라서 구하는 경우의 수는

$330-(15+5)=310$

5-1 12개의 제품 중에서 4개를 택하는 경우의 수는

$_{12}C_4=\dfrac{12\times11\times10\times9}{4\times3\times2\times1}=495$

A 회사의 제품만 4개를 택하는 경우의 수는

$_5C_4=_5C_1=5$ → B 회사 제품을 택하지 않는 경우의 수

B 회사의 제품만 4개를 택하는 경우의 수는

$_7C_4=_7C_3=\dfrac{7\times6\times5}{3\times2\times1}=35$ → A 회사 제품을 택하지 않는 경우의 수

따라서 구하는 경우의 수는

$495-(5+35)=455$

6 A, B를 제외한 6명의 학생 중에서 2명을 뽑는 경우의 수는

$_6C_2=\dfrac{6\times5}{2\times1}=15$

A, B를 한 사람으로 생각하여 3명을 일렬로 세우는 경우의 수는

$3!=6$

A와 B의 자리를 바꾸는 경우의 수는

$2!=2$

따라서 구하는 경우의 수는

$15\times6\times2=180$

6-1 홀수는 1, 3, 5, 7, 9의 5개이고, 짝수는 2, 4, 6, 8, 10의 5개이다.

홀수 5개 중에서 2개를 택하는 경우의 수는

$_5C_2=\dfrac{5\times4}{2\times1}=10$

짝수 5개 중에서 2개를 택하는 경우의 수는

$_5C_2=\dfrac{5\times4}{2\times1}=10$

홀수 2개와 짝수 2개를 각각 한 묶음으로 생각하여 2묶음을 일렬로 나열하는 경우의 수는

$2!=2$

홀수 2개, 짝수 2개가 각각 자리를 바꾸는 경우의 수는

$2!\times2!=4$

따라서 구하는 경우의 수는

$10\times10\times2\times4=800$

24 조합의 여러 가지 활용

본문 172쪽

1 ③	1-1 ④	
2 ②	2-1 ①	2-2 40
3 ②	3-1 630	

1 구하는 직선의 개수는 9개의 점 중에서 2개를 택하는 경우의 수와 같으므로

$_9C_2=\dfrac{9\times8}{2\times1}=36$

1-1 7개의 점 중에서 2개를 택하는 경우의 수는

$_7C_2=\dfrac{7\times6}{2\times1}=21$

지름 위에 있는 4개의 점 중에서 2개를 택하는 경우의 수는

$_4C_2=\dfrac{4\times3}{2\times1}=6$

지름을 포함하면 구하는 직선의 개수는

$21-6+1=16$

2 9개의 점 중에서 3개를 택하는 경우의 수는

$_9C_3=\dfrac{9\times8\times7}{3\times2\times1}=84$

한 직선 위에 있는 4개의 점 중에서 3개를 택하는 경우의 수는

$_4C_3=_4C_1=4$

따라서 구하는 삼각형의 개수는

$84-3\times4=72$

↳ 한 직선 위에 4개의 점이 있는 직선이 3개이다.

2-1 10개의 점 중에서 3개를 택하는 경우의 수는

$_{10}C_3=\dfrac{10\times9\times8}{3\times2\times1}=120$

한 직선 위에 있는 4개의 점 중에서 3개를 택하는 경우의 수는

$_4C_3=_4C_1=4$

따라서 구하는 삼각형의 개수는

$120-5\times4=100$

↳ 한 직선 위에 4개의 점이 있는 직선이 5개이다.

2-2 만들 수 있는 직사각형의 개수는

$_4C_2\times_5C_2=\dfrac{4\times3}{2\times1}\times\dfrac{5\times4}{2\times1}=60$

한 변의 길이가 1, 2, 3인 정사각형의 개수는 각각 12, 6, 2이므로
구하는 직사각형의 개수는

$60-(12+6+2)=40$

3 10명의 학생을 5명, 5명의 2개의 조로 나누는 경우의 수는

$_{10}C_5\times_5C_5\times\dfrac{1}{2!}=\dfrac{10\times9\times8\times7\times6}{5\times4\times3\times2\times1}\times1\times\dfrac{1}{2\times1}=126$

여학생 7명을 5명, 2명으로 나누는 경우의 수는

$_7C_5\times_2C_2=_7C_2\times_2C_2=\dfrac{7\times6}{2\times1}\times1=21$

↳ 여학생만 포함된 조가 있도록 나누는 경우

따라서 구하는 경우의 수는

$126-21=105$

(다른 풀이)

각 조에 적어도 한 명의 남학생이 포함되려면 남학생 1명과 여학생
4명, 남학생 2명과 여학생 3명의 2개의 조로 나누어야 한다.
남학생 1명과 여학생 4명을 뽑으면 나머지 한 조가 자동으로 결성되
므로 구하는 경우의 수는

$_3C_1\times_7C_4=_3C_1\times_7C_3=3\times\dfrac{7\times6\times5}{3\times2\times1}=105$

3-1 7명을 3명, 2명, 2명의 3개의 조로 나누는 경우의 수는

$_7C_3\times_4C_2\times_2C_2\times\dfrac{1}{2!}=\dfrac{7\times6\times5}{3\times2\times1}\times\dfrac{4\times3}{2\times1}\times1\times\dfrac{1}{2\times1}=105$

3개의 조를 3개의 층에 분배하는 경우의 수는

$3!=6$

↳ 1층에서 탔으므로 2층, 3층, 4층에서 내리므로

따라서 구하는 경우의 수는

$105\times6=630$

IV 행렬

25 행렬의 덧셈, 뺄셈과 실수배

본문 173쪽

1 43	**1-1** 96	**1-2** ③, ⑤
2 -2	**2-1** 13	
3 21	**3-1** -10	**3-2** 6

1 $i=1, 2$, $j=1, 2, 3$을 $a=i^2+j^2$에 대입하여
행렬 A의 각 성분을 구하면

$a_{11}=1^2+1^2=2$, $a_{12}=1^2+2^2=5$,

$a_{13}=1^2+3^2=10$, $a_{21}=2^2+1^2=5$,

$a_{22}=2^2+2^2=8$, $a_{23}=2^2+3^2=13$

따라서 $A=\begin{pmatrix}2&5&10\\5&8&13\end{pmatrix}$이므로 행렬 A의 모든 성분의 합은

$2+5+10+5+8+13=43$

1-1 삼차정사각행렬이므로

$i=1, 2, 3$, $j=1, 2, 3$

$i\geq j$일 때, $a_{ij}=5i-j$이므로

$a_{11}=5\times1-1=4$, $a_{21}=5\times2-1=9$,

$a_{22}=5\times2-2=8$, $a_{31}=5\times3-1=14$

$a_{32}=5\times3-2=13$, $a_{33}=5\times3-3=12$

$i<j$일 때, $a_{ij}=a_{ji}$이므로

$a_{12}=a_{21}=9$, $a_{13}=a_{31}=14$, $a_{23}=a_{32}=13$

따라서 $A=\begin{pmatrix}4&9&14\\9&8&13\\14&13&12\end{pmatrix}$이므로 행렬 A의 모든 성분의 합은

$4+8+12+2\times(9+14+13)=96$

1-2 ① $a_{11}=a_{22}=1$

② 제1행의 성분이 1, 3, 2이므로
   그 합은 $1+3+2=6$이다.

③ $a_{31}=0$

④ $i<j$일 때, $a_{ij}=i-j+4$이면
   $a_{12}=1-2+4=3$, $a_{13}=1-3+4=2$,
   $a_{23}=2-3+4=3$

⑤ 제2열의 성분이 3, 1, -1이므로
   그 합은 $3+1+(-1)=3$이다.

따라서 옳지 않은 것은 ③, ⑤이다.

2 두 행렬이 서로 같을 조건에 의하여
$x+y=1$, $7=x^3+y^3$이고
$x^3+y^3=(x+y)^3-3xy(x+y)$이므로
$7=1^3-3xy\times1$, $3xy=-6$
$\therefore xy=-2$

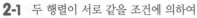

2-1 두 행렬이 서로 같을 조건에 의하여
$3x+y=-2y+3$ ...... ㉠
$x-4y=5x-4$ ...... ㉡
$xy=-6$ ...... ㉢
㉠, ㉡에서 $x+y=1$
이때 $x^2+y^2=(x+y)^2-2xy$이므로
$x^2+y^2=1^2-2\times(-6)=13$

3 $4(X-B)=-6A+2X$에서
$4X-4B=-6A+2X$, $2X=-6A+4B$
$\therefore X=-3A+2B$
$$=-3\begin{pmatrix} 1 & 0 \\ -3 & 1 \end{pmatrix}+2\begin{pmatrix} 3 & 2 \\ -1 & 5 \end{pmatrix}$$
$$=\begin{pmatrix} -3+6 & 0+4 \\ 9+(-2) & -3+10 \end{pmatrix}=\begin{pmatrix} 3 & 4 \\ 7 & 7 \end{pmatrix}$$
따라서 행렬 X의 모든 성분의 합은
$3+4+7+7=21$

3-1 $5X-A=3(X+A)-2B$에서
$5X-A=3X+3A-2B$, $2X=4A-2B$
$\therefore X=2A-B$
$$=2\begin{pmatrix} 2 & -3 \\ 1 & -2 \end{pmatrix}-\begin{pmatrix} -3 & 4 \\ 2 & -1 \end{pmatrix}$$
$$=\begin{pmatrix} 4-(-3) & -6-4 \\ 2-2 & -4-(-1) \end{pmatrix}=\begin{pmatrix} 7 & -10 \\ 0 & -3 \end{pmatrix}$$
따라서 행렬 X의 $(1, 2)$ 성분은 -10이다.

3-2 $x\begin{pmatrix} 1 & -2 \\ 3 & -1 \end{pmatrix}+y\begin{pmatrix} -2 & -4 \\ 1 & 3 \end{pmatrix}=\begin{pmatrix} -4 & -16 \\ 9 & 7 \end{pmatrix}$
$$\begin{pmatrix} x-2y & -2x-4y \\ 3x+y & -x+3y \end{pmatrix}=\begin{pmatrix} -4 & -16 \\ 9 & 7 \end{pmatrix}$$
두 행렬이 서로 같을 조건에 의하여
$x-2y=-4$, $-2x-4y=-16$
위의 두 식을 연립하여 풀면
$x=2$, $y=3$
$\therefore xy=2\times3=6$

26 행렬의 곱셈

본문 174쪽

1 ④	1-1 2	2 4	2-1 1
3 ④	3-1 27	3-2 2	

1 A: 1×2 행렬, B: 2×1 행렬, C: 2×2 행렬
① 행렬 A의 열의 개수와 행렬 B의 행의 개수가 같으므로 행렬 AB는 정의된다.
② 행렬 A의 열의 개수와 행렬 C의 행의 개수가 같으므로 행렬 AC는 정의된다.

③ 행렬 B의 열의 개수와 행렬 A의 행의 개수가 같으므로 행렬 BA는 정의된다.
④ 행렬 C의 열의 개수와 행렬 A의 행의 개수가 같지 않으므로 행렬 CA는 정의할 수 없다.
⑤ 행렬 C의 열의 개수와 행렬 B의 행의 개수가 같으므로 행렬 CB는 정의된다.
따라서 그 곱을 정의할 수 없는 것은 ④이다.

1-1 A: 2×3 행렬, B: 2×2 행렬, C: 2×1 행렬
행렬 AB에서 행렬 A의 열의 개수와 행렬 B의 행의 개수가 같지 않으므로 행렬 AB는 정의할 수 없다.
행렬 AC에서 행렬 A의 열의 개수와 행렬 C의 행의 개수가 같지 않으므로 행렬 AC는 정의할 수 없다.
행렬 BA에서 행렬 B의 열의 개수와 행렬 A의 행의 개수가 같으므로 행렬 BA는 정의된다.
행렬 BC에서 행렬 B의 열의 개수와 행렬 C의 행의 개수가 같으므로 행렬 BC는 정의된다.
행렬 CB에서 행렬 C의 열의 개수와 행렬 B의 행의 개수가 같지 않으므로 행렬 CB는 정의할 수 없다.
따라서 그 곱을 정의할 수 있는 것은 BA, BC의 2개이다.

2 $AB=\begin{pmatrix} -1 & x \\ 2 & -2 \end{pmatrix}\begin{pmatrix} x & y \\ 1 & 3 \end{pmatrix}$
$$=\begin{pmatrix} 0 & 3x-y \\ 2x-2 & 2y-6 \end{pmatrix}=\begin{pmatrix} 0 & 0 \\ 0 & 0 \end{pmatrix}$$
두 행렬이 서로 같을 조건에 의하여
$2x-2=0$, $2y-6=0$
따라서 $x=1$, $y=3$이므로
$x+y=1+3=4$

2-1 $AB=\begin{pmatrix} 1 & -1 \\ 2 & a \end{pmatrix}\begin{pmatrix} 1 & 1 \\ -2 & 1 \end{pmatrix}$
$$=\begin{pmatrix} 3 & 0 \\ 2-2a & 2+a \end{pmatrix}$$
$BA=\begin{pmatrix} 1 & 1 \\ -2 & 1 \end{pmatrix}\begin{pmatrix} 1 & -1 \\ 2 & a \end{pmatrix}$
$$=\begin{pmatrix} 3 & a-1 \\ 0 & a+2 \end{pmatrix}$$
이때 $AB=BA$가 성립해야 하므로
$$\begin{pmatrix} 3 & 0 \\ 2-2a & 2+a \end{pmatrix}=\begin{pmatrix} 3 & a-1 \\ 0 & a+2 \end{pmatrix}$$
두 행렬이 서로 같을 조건에 의하여
$0=a-1$ $\therefore a=1$

3 $A^2=AA=\begin{pmatrix} 1 & 1 \\ a & -2 \end{pmatrix}\begin{pmatrix} 1 & 1 \\ a & -2 \end{pmatrix}=\begin{pmatrix} a+1 & -1 \\ -a & a+4 \end{pmatrix}$
이때 행렬 A^2의 모든 성분의 합이 7이므로
$(a+1)+(-1)+(-a)+(a+4)=7$
$a+4=7$ $\therefore a=3$

3-1 $A^2 = AA = \begin{pmatrix} 1 & 0 \\ 3 & 1 \end{pmatrix}\begin{pmatrix} 1 & 0 \\ 3 & 1 \end{pmatrix} = \begin{pmatrix} 1 & 0 \\ 6 & 1 \end{pmatrix}$

$A^3 = A^2 A = \begin{pmatrix} 1 & 0 \\ 6 & 1 \end{pmatrix}\begin{pmatrix} 1 & 0 \\ 3 & 1 \end{pmatrix} = \begin{pmatrix} 1 & 0 \\ 9 & 1 \end{pmatrix}$

$A^4 = A^3 A = \begin{pmatrix} 1 & 0 \\ 9 & 1 \end{pmatrix}\begin{pmatrix} 1 & 0 \\ 3 & 1 \end{pmatrix} = \begin{pmatrix} 1 & 0 \\ 12 & 1 \end{pmatrix}$

$\vdots$

$A^n = \begin{pmatrix} 1 & 0 \\ 3n & 1 \end{pmatrix}$

따라서 $3n = 81$이므로

$n = 27$

3-2 $A^2 = AA = \begin{pmatrix} 2 & 3 \\ -1 & -2 \end{pmatrix}\begin{pmatrix} 2 & 3 \\ -1 & -2 \end{pmatrix} = \begin{pmatrix} 1 & 0 \\ 0 & 1 \end{pmatrix} = E$

$\therefore A^5 = (A^2)^2 A = E^2 A = A$

따라서 행렬 A^5의 모든 성분은 $2, 3, -1, -2$이므로 그 합은

$2 + 3 + (-1) + (-2) = 2$

M·E·M·O

메가스터디 고등학습 시리즈

메가스터디BOOKS

수학이 쉬워지는 완벽한 솔루션
완쏠
유형 입문

공통수학1

메가스터디BOOKS

내용 문의 02-6984-6901 | 구입 문의 02-6984-6868,9 | www.megastudybooks.com